航天科技图书出版基金资助出版

纳米含能材料

Nano-Energetic Materials

[印]山塔努·巴特查里亚(Shantanu Bhattacharya)
[印]阿文纳什·库马尔·阿加瓦尔(Avinash Kumar Agarwal)
[印]T. 拉贾戈帕兰(T. Rajagopalan)
[印]维奈· K. 帕特尔(Vinay K. Patel)
著

庞爱民 等 译

中国宇航出版社
·北 京·

Translation from the English language edition:
Nano-Energetic Materials
by Shantanu Bhattacharya, Avinash Kumar Agarwal, T. Rajagopalan and Vinay K.Patel.
ISBN 978-981-13-3268-5

著作权合同登记号：图字 01-2019-7455 号

图书在版编目(CIP)数据

纳米含能材料／(印) 山塔努·巴特查里亚等著；庞爱民等译．--北京：中国宇航出版社，2019.12

书名原文：Nano-Energetic Materials
ISBN 978-7-5159-1743-6

Ⅰ.①纳… Ⅱ.①山… ②庞… Ⅲ.①纳米材料-研究 Ⅳ.①TB383

中国版本图书馆 CIP 数据核字(2019)第 301514 号

责任编辑　彭晨光　　　**封面设计**　宇星文化

出版发行　中国宇航出版社
社　址　北京市阜成路 8 号　　**邮　编**　100830
(010)60286808　　(010)68768548
网　址　www.caphbook.com
经　销　新华书店
发行部　(010)60286888　(010)68371900
(010)60286887　(010)60286804(传真)
零售店　读者服务部
(010)68371105
承　印　天津画中画印刷有限公司

版　次　2019 年 12 月第 1 版
2019 年 12 月第 1 次印刷
规　格　787×1092
开　本　1/16
印　张　16.75
字　数　408 千字
书　号　ISBN 978-7-5159-1743-6
定　价　168.00 元

本书如有印装质量问题，可与发行部联系调换

航天科技图书出版基金简介

航天科技图书出版基金是由中国航天科技集团有限公司于2007年设立的，旨在鼓励航天科技人员著书立说，不断积累和传承航天科技知识，为航天事业提供知识储备和技术支持，繁荣航天科技图书出版工作，促进航天事业又好又快地发展。基金资助项目由航天科技图书出版基金评审委员会审定，由中国宇航出版社出版。

申请出版基金资助的项目包括航天基础理论著作，航天工程技术著作，航天科技工具书，航天型号管理经验与管理思想集萃，世界航天各学科前沿技术发展译著以及有代表性的科研生产、经营管理译著，向社会公众普及航天知识、宣传航天文化的优秀读物等。出版基金每年评审1~2次，资助20~30项。

欢迎广大作者积极申请航天科技图书出版基金。可以登录中国宇航出版社网站，点击“出版基金”专栏查询详情并下载基金申请表；也可以通过电话、信函索取申报指南和基金申请表。

网址：http：//www. caphbook. com

电话：(010) 68767205，68768904

译者序

纳米含能材料具有能量释放效率高、起爆可靠、爆轰临界直径小、感度低、爆速高、装药密度大等特点，已广泛应用于航天和国防领域。进入21世纪，受军事需求的牵引，纳米含能材料的合成工作受到了各军事大国的高度关注。美国、俄罗斯采取积极举措大力开发纳米含能材料，并取得了重大突破；在美、俄的带领下，德、英、法、瑞典、荷兰、印度、日本等国也纷纷启动相关发展计划和研究项目，推动了纳米含能材料的研究和应用，显著地提高了武器装备系统、航天动力系统、能源与环境系统等的效能。

本书是国际能源、环境和可持续发展协会在印度召开的“可持续能源与环境挑战”国际会议的优秀成果，研究内容包括纳米含能材料的合成、表征、改性、应用，几乎涵盖了纳米含能材料研究和发展的全部技术方向，并分析了这些技术未来的发展前景和国防实际应用中的技术挑战。本书可作为从事武器装备系统、航天动力系统、能源与环境系统研究的相关技术人员的参考书。

本书由中国航天科技集团有限公司第四研究院第四十二研究所组织翻译、校对和审核工作，参加翻译的人员有庞爱民（第1章、第2章、第3章）、顾健（第4章、第5章）、卢艳华（第6章、第7章）、邱贤平（第8章、第9章）、张思（第10章、第11章）、杨伯涵（第12章、第13章）。校对人员有黎小平、代志龙。全书由中国航天科技集团有限公司第四研究院第四十二研究所所长庞爱民研究员审定，并由庞爱民、黎小平统稿。

本书的出版得到了中国航天科技集团有限公司科技委侯晓院士的大力推荐，中国航天科技集团有限公司第四研究院科技委张小平研究员给予了悉心指导。

在这里，我们对所有关心和帮助本书出版的同行表示诚挚的谢意。

由于译者水平有限，虽几易其稿，但翻译中仍难免存在错误和疏漏之处，敬请读者指正。

译　者

2019年12月

著　者

山塔努·巴特查里亚（Shantanu Bhattacharya）博士是印度坎普尔理工学院机械工程系的教授和设计项目负责人。在此之前，他在得克萨斯州拉科博市的德州理工大学获得了机械工程专业硕士学位，在哥伦比亚的密苏里大学获得了生物工程专业博士学位。他还在普渡大学的 Birck 纳米技术中心完成了博士后项目。他的主要研究方向为微米和纳米传感器及驱动平台的设计和开发，纳米含能材料，微米和纳米制造技术，使用可见光催化的水体修复，以及产品设计和开发。他获得了许多奖项和荣誉，包括工程师学会年轻工程师奖，智能结构和系统青年科学家奖，最佳机械工程设计奖（国家设计研究论坛，IEI），澳大利亚高能材料学会奖学金，工程师学会（印度）奖学金。他指导了多位博士生和硕士生，并发表了多篇国际论文、专利、著作和会议论文。

阿文纳什·库马尔·阿加瓦尔（Avinash Kumar Agarwal）是印度坎普尔理工学院机械工程系的教授。他的研究重点是 IC 发动机，燃烧学，替代燃料，传统燃料，光学诊断，激光点火，HCCI，光发射和微粒控制以及大缸径发动机。他已经出版了 24 本著作和超过 230 篇国际论文及会议论文。他是 SAE（2012），ASME（2013），ISEES（2015）和 INAE（2015）的会员。他获得了多项荣誉，2016 年获得工程科学方面著名的 Shanti Swarup Bhatnagar 奖，2015 年获得 Rajib Goyal 奖，2012 年获得 NASI-信实工业 50 周年突出研究成果奖和 INAE 25 周年年

轻工程师奖，2008 年获得 SAE 国际 Ralph R. Teetor 教育奖，以及 2007 年获得 INSA 及 UICT 年轻科学家奖；2005 年获得 INAE 年轻工程师奖。

T. 拉贾戈帕兰（T. Rajagopalan）博士是印度哥印拜陀阿穆瑞塔工程学院电子与通信工程系副教授，美国密苏里大学电子与计算机工程系兼职教授。他曾担任美国 NEMS / MEMS 项目 LLC 的顾问和高级项目经理，以色列内盖夫本古里安大学访问科学家等。他的研究方向是碳纳米管和石墨烯的合成、加工、表征和应用方面，以及纳米材料，介孔结构材料，纳米含能材料和 2D 材料的自组装。他是美国化学学会会员，美国材料研究学会会员以及 IEEE 成员，已发表 36 篇同行评审的期刊论文和 2 个章节，并拥有 8 项专利。

维奈 · K. 帕特尔（Vinay K. Patel）是印度北阿坎德邦普里的戈文德巴拉布工程技术学院机械工程系助理教授。他于 2015 年在坎普尔理工学院完成了博士学业，主修高能复合材料的纳米制造和表征。他的研究领域包括纳米含能材料，MEMS，高能燃烧学，焊接和摩擦学。他发表了 15 篇高影响力的期刊论文，7 篇会议论文和 2 个章节。

撰稿人

阿文纳什·库马尔·阿加瓦尔（Avinash Kumar Agarwal）印度，北方邦，坎普尔，印度坎普尔理工学院，机械工程系

阿卡什·阿胡亚（Aakash Ahuja）印度，孟买，博威，印度孟买理工学院，能源技术与工程系

沙伊卜·班纳吉（Shaibal Banerjee）印度，浦那，国防高等技术学院（DU），应用化学系，有机合成实验室

阿维罗·库马尔·巴苏（Aviru Kumar Basu）印度，坎普尔，印度坎普尔理工学院，机械工程系，微观系统制造实验室

山塔努·巴特查里亚（Shantanu Bhattacharya）印度，北方邦，坎普尔，印度坎普尔理工学院，机械工程系

默罕默德·S. A. 达尔维什（Mohamed S. A. Darwish）埃及，开罗，埃及石油研究所，炼油部

巴实·库马尔·杜塔（Prasit Kumar Dutta）印度，孟买，博威，印度孟买理工学院，能源技术与工程系

艾哈迈德·M. A. 埃尔·那贾尔（Ahmed M. A. El Naggar）埃及，开罗，埃及石油研究所，炼油部

I. 埃姆雷·京迪兹（I. Emre Gunduz）美国，印第安纳州，西拉菲特，普渡大学，机械工程学院

维什瓦斯·戈埃尔（Vishwas Goel）印度，孟买，博威，印度孟买理工学院，能源技术与工程系

安库尔·古普塔（Ankur Gupta）印度，奥里萨邦，布巴尔斯瓦尔，印度布巴尔斯瓦尔理工学院，机械技术系

姆希塔·A. 霍博相（Mkhitar A. Hobosyan）美国，得克萨斯州，布朗斯维尔，得克萨斯大学里奥格兰德河谷分校，物理与天文学系

苏达尔萨那·杰纳（Sudarsana Jena）印度，奥里萨邦，布巴尔斯瓦尔，印度布巴尔斯瓦尔理工学院，机械技术系；印度，奥里萨邦，布巴瓦尔斯瓦尔，国防研究与发展组织（DRDO）

阿米特·乔希（Amit Joshi）印度，北阿坎德邦，保里加瓦尔，戈文德巴拉布工程技术学院，机械工程系

吉填德拉·库马尔·卡蒂亚（Jitendra Kumar Katiyar）印度，泰米尔纳德邦，金奈，卡坦库拉图尔，SRM 科学技术学院，机械工程系

凯伦·S. 马尔蒂罗相（Karen S. Martirosyan）美国，得克萨斯州，布朗斯维尔，得克萨斯大学里奥格兰德河谷分校，物理与天文学系

K. K. S. **梅尔**（K. K. S. Mer）印度，北阿坎德邦，保里加瓦尔，戈文德巴拉布工程技术学院，机械工程系

萨加尔·密特拉（Sagar Mitra）印度，孟买，博威，印度孟买理工学院，能源技术与工程系

阿斯玛·S. 莫尔西德（Asmaa S. Morshedy）埃及，开罗，埃及石油研究所，炼油部

阿约托米·奥罗昆（Ayotomi Olokun）美国，印第安纳州，西拉菲特，普渡大学，航空航天学院

维奈·K. 帕特尔（Vinay K. Patel）印度，北阿坎德邦，保里加瓦尔，戈文德巴拉布工程技术学院，机械工程系

钱德拉·普拉喀什（Chandra Prakash）美国，印第安纳州，西拉菲特，普渡大学，航空航天学院

奥姆·普拉喀什（Om Prakash）印度，新德里，印度波音公司

P. **普雷塔姆**（P. Preetham）印度，孟买，博威，印度孟买理工学院，能源技术与工程系

T. **拉贾·戈帕兰**（T. Raja Gopalan）印度，哥印拜陀，阿穆瑞塔工程学院，机械工程系

阿努胡提·萨哈（Anubhuti Saha）印度，坎普尔，印度坎普尔理工学院，机械工程系，微观系统制造实验室

梅加·萨胡（Megha Sahu）印度，新德里，印度波音公司

阿比那达·森古普塔（Abhinanada Sengupta）印度，孟买，博威，印度孟买理工学院，能源技术与工程系

赫马·辛格（Hema Singh）印度，浦那，国防高等技术学院（DU），应用化学系，有机合成实验室

普那姆·顺德里耶（Poonam Sundriyal）印度，北方邦，坎普尔，印度坎普尔理工学院，机械工程系，微观系统制造实验室

拉贾戈帕兰·蒂罗万达斯安（Rajagopalan Thiruvengadathan）印度，哥印拜陀，阿穆瑞塔工程学院，电子与通信工程系，SIERS 研究实验室

维卡斯·托马尔（Vikas Tomar）美国，印第安纳州，西拉菲特，普渡大学，航空航天学院

《能源、环境和可持续性》系列丛书
主　编

阿文纳什·库马尔·阿加瓦尔

印度坎普尔理工学院，机械工程系

印度北方邦

阿肖克·潘迪

印度科学与工业研究理事会（CSIR）毒理学研究知名学者

印度北方邦

本系列丛书所包括的前沿专著和专业图书，涉及能源、环境和可持续性的所有方面，尤其与能源问题相关。本系列丛书与国际能源、环境和可持续发展协会合作出版，由全球顶尖学者或专家担任编者。本系列丛书旨在出版包括但不限于下列领域的最新研究和开发成果：

· 可再生能源
· 可替代燃料
· 发动机与机车
· 燃烧与推进
· 化石燃料
· 碳捕获
· 能源控制与自动化
· 环境污染
· 废物管理
· 运输可持续性

更多信息见 http：//www. springer. com/series/15901

前　言

由于人口增长和城市化加剧，能源需求一直在显著增长。能源供应涉及人类生活的方方面面，而全球经济和社会发展在很大程度上也依赖于能源供应。交通运输和发电是能源应用的两个主要方面。如果没有大量的各式各样的运输工具以及全天候的供电，人类文明就不会达到当代水平。

国际能源、环境和可持续发展协会（ISEES）于 2014 年 1 月在印度坎普尔理工学院成立，旨在传播知识、意识，促进能源、环境、可持续发展和燃烧领域的研究活动。该协会的目标是为发展清洁、可负担、安全的能源和可持续发展的环境做出贡献，并在上述领域传播知识，提高人们对当今世界面临的环境挑战的认识。协会采取独特方式，打破传统的专业化（工程、科学、环境、农业、生物技术、材料、燃料等）壁垒，以整体的方式解决与能源、环境和可持续发展有关的问题。来自各个领域的专家均参与解决这些问题。ISEES 举行各种活动，如就其感兴趣的领域举办讲习班、研讨会和会议。该协会还表彰青年科学家和工程师在这些领域所做出的杰出贡献，授予他们不同类别的奖项。

2017 年 12 月 31 日至 2018 年 1 月 3 日，第二届“可持续能源与环境挑战”国际会议在印度科技学院塔塔礼堂举行。这次会议为来自印度、美国、韩国、挪威、芬兰、马来西亚、奥地利、沙特阿拉伯和澳大利亚等国的杰出科学家和工程师提供了一个讨论平台。在这次会议上，来自世界各地的知名科学家就能源、燃烧、排放、替代能源资源、促进可持续发展和更清洁的环境等不同方面提出了他们的看法。会议提出了 5 个热点主题：“内燃机和石油真的终结了吗?”（Gautam Kalghatgi 教授，沙特阿美石油公司）；“印度的能源可持续性：挑战与机遇”（Baldev Raj 教授，印度国家科学院，班加罗尔）；“甲醇经济：可持续能源和环境挑战的选择”［Vijay Kumar Saraswat 博士，印度政府 NITI Aayog 荣誉成员（科技）］；“超临界二氧化碳布雷顿发电循环”（Pradip Dutta 教授，印度科技学院，班加罗尔）；“核聚变对未来能源环境可持续性的作用”（J. S. Rao 教授，Altair Engineering 公司）。

该会议包括 27 场有关能源和环境可持续性的技术研讨会，包括 5 个全体会议、40 个主题演讲、18 个著名科学家邀请报告，以及 142 个专题演讲和 74 个学生和研究人员的海报展示。研讨会包括“IC 发动机方面的进展：SI 发动机、CI 发动机、新概念”“太阳能：储存、燃烧基础、环境保护和可持续性、环境生物技术、煤炭和生物质燃烧/气化、空气污染和控制”“生物质转化为燃料/化学品：清洁燃料”“太阳能：性能”“生物质转化为燃料/化学品”“生产”“燃料”“能源可持续性”“环境生物技术”“雾化和喷雾”“燃烧/燃气涡轮机/流体流动/喷雾”“生物质转化为燃料/化学品”“能源可持续性”“废物转化为财富”“传统和替代燃料、太阳能、废水处理和空气污染”。会议亮点之一是海报展示：1）能源工程；2）环境与可持续性；3）生物技术。超过 75 名学生以极大的热情参与其中，并在激烈竞争的环境中赢得许多奖项。200 多名与会者和演讲者参加了这个为期四天的会议，该会议还邀请了 Vijay Kumar Saraswat 博士作为图书发行仪式的嘉宾，发布了由施普林格（Springer）出版社出版的 16 本 ISEES 图书，即《能源、环境和可持续性》系列丛书。这是印度学术协会首次取得如此重要和高质量的成果。会议最后以“未来运输系统的挑战、机遇和方向”专题讨论结束，小组成员是沙特阿美石油公司的 Gautam Kalghatgi 教授；Caterpillar 公司的 Ravi Prashanth 博士，Mahindra and Mahindra 公司的 Shankar Venugopal 博士；ONGC 能源中心总经理 Bharat Bhargava 博士；班加罗尔 GE 运输公司 Umamaheshwar 博士。小组讨论由 ISEES 主席 Ashok Pandey 教授主持。这次会议为能源、环境和可持续发展领域的技术发展、机遇和挑战制定了路线图。所有这些议题都与世界当前形势息息相关。我们感谢各资助机构和组织为成功举办第二次 ISEES 会议 SEEC-2018 所提供的支持。因此我们要感谢印度政府 SERB（特别感谢秘书 Rajeev Sharma 博士）；ONGC 能源中心（特别感谢 Bharat Bhargava 博士），TAFE（特别感谢 Sh. Anadrao Patil）；卡特彼勒公司（特别感谢 Ravi Prashanth 博士）；印度 TSI Progress Rail（特别感谢 Deepak Sharma 博士）；印度 Tesscorn（特别感谢 Sh. Satyanarayana）；GAIL，沃尔沃，以及我们的出版合作伙伴施普林格（特别感谢 Swati Meherishi）。

衷心感谢来自世界各地的众多作者及时提交了高质量的作品，并在短时间内进行了适当的修改。我们要特别感谢 Saibal Banerjee 博士、Rishi Kant 博士、Vinay K. Patel 博士、Aviru Kumar Basu 先生、Anubhuti Saha 女士、Geeta Bhatt 女士、Pankaj Singh Chauhan 先生、Punam Sundriyal 女士、Mohit Panday 先生、Kapil Manoharan 先生，他（她）们审阅了本书的各个章节，并为作者提供了非常有价值的建议以改进其原稿。

本书涵盖了纳米含能材料的不同方面，分为四个部分，即当前的研究领域、纳米含能材料的制备、纳米含能材料的调节和表征以及新兴的研究领域，以便对纳米含能材料领域进行全面的总结。主要内容包括铝基纳米复合材料、纳米结构含能复合材料、国防应用材料、热分解纳米铝材料、纳米和微米电极的制备、纳米含能气体发生器的反应性调节。与这类材料相关的现有制造和表征技术的各种趋势在一系列的章节中分别进行介绍。这本书还包含了一个关于纳米含能材料的最新进展的单独部分，其中包括在航天器、微推力器中的应用。在另一个与纳米含能材料领域相关的新兴研究领域部分，有几个章节讨论了电荷存储和涉及这种电能控制的纳米材料。另外，讨论了一些其他储能方式，如通过产氢来储能，其中探索了光催化的过程来实现非传统的储能。新兴研究领域部分的重点主要是与以非热能形式储存和产生能量有关的材料的合成和表征，这是迄今为止纳米含能材料的趋势。

山塔努·巴特查里亚（Shantanu Bhattacharya），坎普尔，印度
阿文纳什·库马尔·阿加瓦尔（Avinash Kumar Agarwal），坎普尔，印度
T. 拉贾戈帕兰（T. Rajagopalan），哥印拜陀市，印度
维奈·K. 帕特尔（Vinay K. Patel），普里，印度

目　录

第一部分　纳米含能材料：当前的研究领域

第二部分 纳米含能材料的制备

第三部分 纳米含能材料的调节与表征

第四部分 纳米含能材料：新兴的研究领域

第一部分

纳米含能材料：当前的研究领域

第1章 纳米含能材料介绍

山塔努·巴特查里亚(Shantanu Bhattacharya),
阿文纳什·库马尔·阿加瓦尔(Avinash Kumar Agarwal),
维奈·K. 帕特尔(Vinay K. Patel),
T. 拉贾·戈帕兰(T. Raja Gopalan),
阿维罗·库马尔·巴苏(Aviru Kumar Basu)和
阿努胡提·萨哈(Anubhuti Saha)

摘要：随着微米级和纳米级器件的出现，在分子水平进行能量管理对于提高相应器件的性能至关重要。纳米含能材料研究领域专注于纳米级含能材料或复合材料的合成和制造研究。纳米含能材料包括几乎所有形式的与能量(即热、电、化学等)的产生和储存相关的材料。纳米材料的优点有许多，如粒径小、比表面积大、表面能高和表面活性强等，纳米材料的这些特性是纳米含能材料和复合材料获得高能量转换的关键，并为一些当前非常紧迫的技术需求提供了解决方案。纳米含能材料可以通过燃烧和纳米级的其他过程获得有效的能量释放，可以通过在合成阶段调节含能材料中氧化剂和燃料的比例来调节其能量释放过程，可以通过化学计量控制铝热剂反应以满足不同的能量释放要求。然后将这些合成的材料应用于微/纳米级机电器件，使它们可用于集中爆炸释放、脉冲发电、产生推力、能量转换等。同时这些纳米结构的含能材料可以通过特殊的空间布局、设置等用于推进剂、炸药和烟火剂等含能材料领域。纳米含能材料的制造方法包括湿法化学合成、直流反应磁控溅射、电催化、分子自组装等。这些纳米含能材料和复合材料在微/纳米含能材料领域具有广泛的应用前景，因此本书详细讨论了这些材料的合成、制造、表征、可调性、存储和应用研究进展。

S. Bhattacharya, A. K. Agarwal
印度坎普尔理工学院，机械工程系，坎普尔，208016，印度
V. K. Patel
戈文德巴拉布工程技术学院，机械工程系，246001，保里加瓦尔，北阿坎德邦，印度
T. Raja Gopalan
阿穆瑞塔工程学院，机械工程系，641105，哥印拜陀市，印度
A. K. Basu, A. Saha
印度坎普尔理工学院，机械工程系，微观系统制造实验室，坎普尔，208016，印度

关键词：纳米能量学；纳米机电器件；纳米复合材料；稳定性；表征；高密度储存；电极

纳米含能材料作为一类重要的材料，在分子尺度上的高密度能量管理中得到了广泛的应用。这些材料满足点火、推进和发电平台的高能量需求。该类材料由于具有比较大的表面积，使得其反应更快，能量释放时间更短，在未来的电能存储设备中具有广阔的应用前景。这种较短时间的能量释放对于航天领域的应用是至关重要的，特别是对于微/纳米卫星。在太空中微重力条件下，悬浮的物体可以通过数字化操作进行转动和推进。通过调节纳米含能材料的化学计量、几何结构或者采取其他手段来调节材料能量，从而可以提供一系列的高能量密度材料，并以不同的能量释放速率提供长期持续的能量。

纳米含能材料可与微/纳米级器件很好地相互作用，让这些器件产生能量、脉冲或者推力。纳米含能材料的制造技术是满足微米级能量制动器和动力驱动器的能量需求的关键。纳米含能材料原理上利用外部刺激(如热、冲击或电流)将分子水平的化学能转化为热能、压力能、光能等。类似地，另一类纳米材料还能够以电荷的形式存储高能量密度的电能，可以应用于电池和电容器。纳米含能材料合成的主要理论是对化学过程/结构进行工程设计，使能量管理(如释放、存储和保留)能够在非常高的能量密度下进行。燃料和氧化剂通过物理方法连接的材料称为异质(复合)纳米含能材料，而燃料和氧化剂通过化学方法连接的材料称为同质纳米含能材料。在微/纳米级进行合成和化学处理是获得优化/高效纳米含能材料的第一步。为了满足材料效率的要求，人们一次又一次地制造出各种不同结构和形态的纳米复合材料，如核/壳纳米结构、纳米箔、活性纳米丝和直接组装的纳米颗粒等。利用分子水平的自组装和其他热力学处理方法对纳米材料进行纳米处理的能力以及这些纳米含能材料的堆积方法(主要以粉末和薄膜形式)为解决纳米含能材料点火延迟和使用时经常面临的点火敏感性问题提供了方法和手段。氧化剂和/或燃料通过金属氧化物保护层的扩散导致经过优化燃料和氧化剂比例制备的纳米含能材料熔化延迟。本书讨论了使用各种技术方法(如自组装、冷喷涂、球磨、溶胶-凝胶、气相工艺)组装和制造纳米含能材料的合成过程。此外还广泛讨论了如何在原子级制备纳米复合材料以及使用这种方法制备的纳米含能材料的各种功能方面的变化。使用纳米级方法制备的微米级的材料可以获得更高的点火灵敏度、更高的能量密度和超级反应性，从而对刺激产生即时响应。燃烧特性的稳定性是所有高效纳米含能材料不可或缺的要求。这需要适当选择燃料(铝、硼、镁等)和氧化剂(过渡金属氧化物，如氧化铁、氧化铜等)的比例。在各种可供选择的金属燃料中，从理论和实验配方角度看，铝是用于纳米含能燃料的最优选择，因为纳米铝粉具有良好的催化活性，同时可保持较低的分解温度。因此本书更多地总结了基于铝的纳米含能材料及其在不同领域的应用研究。书中还阐明了纳米铝粉如何在改善相应纳米含能材料的弹道性能和燃烧性能方面发挥作用。强调纳米含能材料的合成制备是脉冲功率、微启动、微点火、微推进、微发电和压力介导基因传递/转染等许多研究领域并行发展的基本要求。由于纳米含能材料在微电子机械系统(MEMS)和含能纳米器件方面具有潜力，因此本书还讨论了硅基材纳米含能材料的配方和模式。

纳米含能材料是近 10 年来发展起来的新型材料之一，并在能量传递和储能器件中得到了广泛的应用。面对当前在非常小的空间领域中对能源管理的极高需求，不同的微米级的能量存储解决方案提出了对高能量存储/释放速率方面的能源管理的需求，研究人员开始探索不同于传统材料领域的纳米含能材料的制备方法(燃料-氧化剂复合材料)，用于制备具有更高能量存储/释放速率的材料。例如，超级电容器/电池或者其他能量产生形式(如氢或燃料电池)的研究快速发展，其中纳米结构化应用是非常普遍的。本书还旨在提供与纳米级的能量管理和利用的概念相关的其他领域的整体观点。当谈论器件技术与纳米含能材料的集成时，由于这些材料的可调性起着非常重要的作用，因此需要研究表征能量密度以及灵敏度的各种方法。为了从结构的角度来研究纳米含能复合材料，需要使用各种机械技术来研究材料中影响材料性能的缺陷。为了研究结构界面的失效问题，介绍了纳米力学拉曼光谱技术。除了上述表征技术之外，纳米含能材料还可以针对能量发生器的反应性进行调节，并且这种调节可以用于具有不同能量密度和释放速率的各种脉冲动力应用中。

纳米含能材料的新兴研究领域是光催化纳米材料的应用，光催化产生的能量存储在产生的氢气中，然后氢气通过燃烧或通过燃料电池产生电能。这种能量的存储和释放的原理被用于开发能源装置。像台式喷墨打印这样的制造工艺被用于最现代的电荷存储技术中。本书把这些新兴研究归入纳米含能材料领域进行介绍。提出将利用纳米级概念以不同形式产生、利用、储存、回收和管理能量的材料归为纳米含能材料领域。在这种纳米级含能材料的新兴研究中，有各种各样的终端应用，这些应用可能最终影响航空航天应用中的载荷大小。在该领域中值得一提的是数字微型推力器装置，它是设备技术与纳米级能量发生器的良好结合。新研究的数字微型推力器是无喷管的，并且通过材料自组装形成特定形状和图案，具有在可控方向上产生高水平推力的能力。

过去的 10 年里纳米含能材料研究及应用已经有了重要的进展，从发电机到能源存储，到利用和管理不同形式的能源，到非常先进的设备技术等。在当前的技术领域，纳米技术与能源和材料相结合后最终可以实现高能量密度和可控能量释放速率的管理。

因此，本书分析了当前的和正在出现的纳米含能材料领域的应用研究进展，为读者提供了深入研究该领域各个方面的视野。本书将一些新颖的合成和制造技术总结为以下四个不同的部分：

1)纳米含能材料：当前的研究领域；

2)纳米含能材料的制备；

3)纳米含能材料的调节和表征；

4)纳米含能材料：新兴的研究领域。

本书可供含能材料领域的研究人员、专业人员和学生等使用。真诚地希望这本书对相关人员具有一定的参考价值。

第2章　铝基纳米含能材料：最新技术和未来展望

拉贾戈帕兰·蒂罗万达斯安(Rajagopalan Thiruvengadathan)

摘要：技术创新确实是由在分子和原子尺度上理解和操控物质的不断增强的能力驱动的。可定制和可调燃烧特性的工程含能纳米复合材料在民用和国防领域中必不可少。具体地说，纳米级的燃料(铝、硼、镁、硅等)和氧化剂[氧化铜、三氧化二铋(Bi_2O_3)、氧化铁等]非均相混合物构成一类称为纳米铝热剂的含能材料。在纳米含能材料配方的各种燃料中，有关铝的应用理论和实验研究的数量超过了任何其他的金属燃料。了解这些成分的物理和化学性质及其对燃烧特性的影响是加速纳米含能复合材料研发的基础。本章致力于全面理解氧化行为。此外，除化学性质外，燃料和氧化剂的组织结构、接触紧密度和尺寸在很大程度上决定了纳米铝热剂的燃烧动力学。对于给定的纳米复合材料，由于质量和热传递距离的急剧减小，燃料和氧化剂之间的界面接触面积显著增大，铝热反应的速率将提高3~5个数量级。为了增强纳米级组分之间的界面接触，可采用不同的方法，其中自下而上的自组装过程提供了最现实的解决方案。本章总结了这一研究领域的关键发现，并列出了应用领域面临的关键挑战和机遇。通过使用铝和金属氧化物纳米颗粒作为添加剂增强含能液体的燃烧特性是另一个相关研究领域，这一领域持续受到越来越多的关注(Sundaram 等，2017)。含能液体具有独特的性质：低的活化温度、高的燃烧压力、高的体积膨胀率。实验研究工作证明了克服含能液体固有问题(如低能量密度和慢的燃烧速率)的巨大希望。在此基础上，本章的主题是分析铝基纳米含能材料的最新进展，同时也提出了纳米含能材料发展领域的挑战和机遇。

关键词：纳米含能材料；铝；氧化；表面钝化；含能燃料；燃烧

2.1　引言

由于燃料和氧化剂之间的化学反应，含能材料在燃烧过程中产生巨大的热能(Son 和

R. Thiruvengadathan
阿穆瑞塔工程学院，电子与通信工程系，641112，哥印拜陀市，印度
电子邮箱：t_rajagopalan@ cb. amrita. edu

Mason，2010；Martirosyan，2011；Rossi，2014；Zhou 等，2014；Mukasyan 和 Rogachev，2016；Zarko，2016；Sundaram 等，2017）。含能材料可大致分为两大类，即单分子含能材料和复合含能材料。当燃料和氧化剂基团同时存在于同一个分子中时，称为单分子含能材料，炸药即属于这一类。另一方面，当燃料和氧化剂是离散的组分，物理混合在一起时，形成的含能材料称为复合含能材料。这类复合含能材料的实例包括纳米铝热剂（定义：金属作为燃料，金属氧化物作为氧化剂，燃料和氧化剂处于纳米级的混合物）和金属间化合物。出于提高单分子含能材料的性能（如能量密度）以及开发新型含能材料的需要，金属和金属氧化物纳米颗粒被用作复合材料配方中的添加剂（Son 和 Mason，2010；Martirosyan，2011；Rossi，2014；Zhou 等，2014；Mukasyan 和 Rogachev，2016；Zarko，2016；Sundaram 等，2017）。例如，常规含能材料的能量密度可通过添加金属颗粒来大幅增大（Sundaram 等，2017）。

在各种金属燃料中，铝（Al）是最佳候选燃料。因为金属铝与氧反应释放约 31kJ/g 的能量，此外，铝在地球上比较丰富，与硼（B）、硅（Si）和镁（Mg）等其他燃料相比，较便宜。铝粒子可应用于多个领域，包括推进剂（Ru 等，2016b；Zarko，2016）、炸药（Zhang 等，2016；Kim 等，2017）以及烟火剂（Patel 等，2015；Sundaram 等，2017）。本章的范围仅限于对铝基含能材料研究现状的讨论。更具体地说，该章致力于与纳米铝粒子在含能混合物中的应用有关的基础研究。考虑到放热反应中能量释放速率受到各种参数的影响，深入理解纳米铝粒子的氧化机理是实现燃烧特性调节的关键。2.2 节重点介绍了氧化机理的主要发现和平衡观点。

除了氧化行为，纳米含能材料的燃烧性能还受到纳米铝粒子的物理和化学特性的影响，如平均粒径、表面钝化性质（钝化材料和钝化层厚度）、金属铝含量等。钝化层的稳定性和纳米铝粒子的抗氧化稳定性至关重要。此外，对于纳米铝粒子在燃烧前后的团聚程度的把握也是至关重要的。本章总结了纳米铝粒子在这些方面的主要发现，并进行了详细的讨论。虽然纳米铝粒子由于其高比表面积而具有很高的活性（Sundaram 等，2017），但是存在诸多问题：静电感度高（ESD）（Kelly 等，2017a，b）、冲击感度高（Wuillaume 等，2014；Gordev 等，2017）和摩擦感度高（Gibot 等，2011；Kelly 等，2017a，b），固态扩散导致的烧结和团聚（Jian 等，2013；Chakraborty 和 Zachariah，2014；Wang 等，2014a，b，2015），以及黏度增加导致的对现有液体分散加工工艺的挑战，造成不稳定和不可靠的燃烧特性（Muthiah 等，1992）。与微米铝粒子相比，纳米铝粒子相对昂贵。因此，为了克服与微米铝粒子有关的点火问题，正在进行大量的研究工作。本章也将讨论与微米铝粒子有关的最新进展。

具有可定制和可调燃烧特性的工程含能纳米复合材料在民用和国防领域中是必不可少的。具体地说，纳米级的燃料（铝、硼、镁、硅等）和氧化剂[氧化铜（CuO）、三氧化二铋（Bi_2O_3）、氧化铁（Fe_2O_3）、氧化钼（MoO_3）等]的非均相混合物构成一类称为纳米铝热剂的含能材料。一般来说，除了化学性质外，燃料和氧化剂的组织结构、接触紧密度和尺寸在很大程度上决定了纳米铝热剂的燃烧动力学。对于给定的纳米复合材料，由于质量和热传递距离的急剧减小，燃料和氧化剂之间的界面接触面积显著增大，反应速率将提高几个数量级。传统的制备复合含能材料的方法是将燃料和氧化剂颗粒通过手工或超声波方法进行物理混合。这种随机含能混合物所表现出的燃烧性能是不可靠的和不可重复的。连接纳米和宏观结构的分子自组装、超分子化学和合成技术的最新进展为下一代先进工程纳米含能材料铺平了道路(Severac 等，2012；Yang 等，2013；Rossi，2014；Thiruvengadathan 等，2014；Zarko，2016；Geeson 等，2018；Zakiyyan 等，2018)。事实上，这些自组装纳米含能材料已被证明具有更高的能量密度、更高的化学反应活性、更好的能量控制速率和质量生成速率、增强的可靠性和再现性，以及通过适当的添加剂而降低的感度。另一个受到纳米含能材料领域关注的研究方向是利用纳米铝粒子来提高液体燃料的固有低能量密度的可能性。本章对最近的研究结果进行了总结和讨论。最后，从基础和应用的角度，列举和讨论了目前仍然存在的挑战，以及通过实验和理论研究推动铝基纳米含能材料发展的机会。

2.2 氧化机理

铝基纳米含能材料可以缩短点火延迟时间和提高燃烧速率至少 2~3 个数量级，这无疑是纳米铝粒子(平均粒径在 20~120nm 范围内)制备和表征技术的研究动力。未经表面钝化的纳米铝粒子具有很高的活性，可以在空气中自燃。因此，纳米铝粒子通常被 2~4nm 厚的氧化层(Al_2O_3)所钝化，从而形成核(金属)/壳(氧化物)结构。近 10 年来，多个研究小组的实验研究结果显示，除了尺度、表面积、形貌和氧化层的化学组成外，纳米铝粒子的平均粒径和粒径分布、氧化层的厚度、活性铝含量等是决定燃料(铝)和氧化剂(如金属氧化物、硝酸盐、氯酸盐、高氯酸盐、含氟聚合物)之间放热反应速率的关键参数(Sundaram 等，2017)。实际上，铝粒子与氧化剂反应过程中释放的总能量和能量释放速率取决于氧化程度和氧化反应动力学。因此，理解氧化反应是非常重要的。科学争论主要体现在两种氧化反应机理中，即扩散(Jeurgens 等，2002；Park 等，2005；Rai 等，2006)氧化反应机理和熔融分散(Levitas 等，2006，2007，2008；Watson 等，2008)氧化反应机理。这两种反应机理如图 2-1 所示。在扩散氧化反应机理(DOM)的情况下，铝原子和氧原子通过生长的氧化物壳不断靠近。

Trunov 等(2005a，b，2006a，b)认为，加热时，纳米铝粒子(外壳 Al_2O_3 钝化)的氧化依次经历几个步骤：1)非晶态氧化物壳层的生长；2)非晶态到 QQγ 的相变；3)γ 相氧化铝的生长；4)γ 到 α 相氧化铝的相变；5)氧化铝的生长(Trunov 等，2005a，b，2006a，b)。

在这些步骤中，非晶态到 γ 相的相变被认为是铝熔化开始时反应性显著增强的关键阶段。Park 等研究了等温加热过程中单个铝纳米颗粒的氧化反应动力学(2005)，该氧化反应动力学依赖于铝纳米颗粒的尺寸，提供了铝和/或氧通过氧化物外壳层扩散的信息。根据这些现象可以得出结论，当材料在 10^3K/s 的加热速率时，氧化反应机理确实是通过扩散来实现的。在这种加热速率下，氧化反应的持续时间为 1s，因此，认为扩散作用是氧化反应的主要反应机理是合理的。

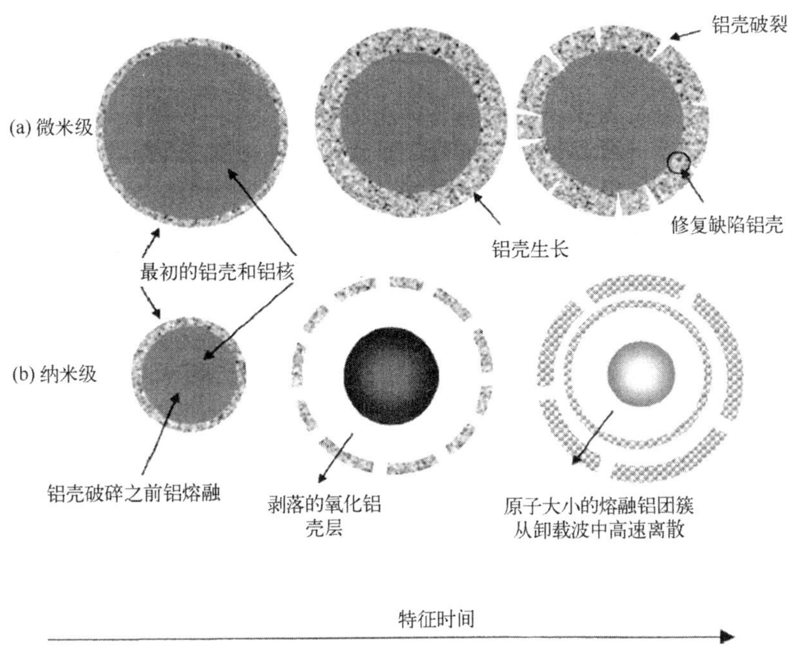

图 2-1　铝粒子氧化的两种主要反应机理示意图。经 AIP 出版许可，转载自 Levitas 等(2007)

然而，由纳米铝和纳米氧化剂形成的含能混合物的反应速率比由微米铝和微米氧化剂形成的混合物至少高 3 个数量级，接下来的一个直接问题是，扩散现象能否解释纳米含能复合材料高反应速率的实验结果(Levitas 等，2006，2008)。而该纳米级组分穿透具有典型厚度的氧化铝壳所需的扩散时间约为几十秒(该纳米级组分扩散系数为 $10^{-18} \sim 10^{-19} cm^2/s$)(Bergsmark 等，1989)。纳米含能混合物的典型反应时间约为 10~100μs(Levitas，2009)。在高加热速率的情况下(如 10^8 K/s，通过热丝或闪光点火完成)，氧化反应持续时间明显缩短。此外，实验发现，通过将纳米铝(通常平均粒径为 80nm，钝化层厚度为2~2.5nm)与各种纳米金属氧化物粉末混合而形成的纳米铝热剂展示出了高燃烧速率(1000~2400m/s)(Apperson 等，2007；Shende 等，2008；Thiruvengadathan 等，2011)性能。这些观察结果促使研究人员探讨和破译纳米铝粒子除了扩散机理以外的氧化反应机理。

当时 Pantoya 等报道了一种机械化学机理，即通过理论和实验获得高加热速率下的熔融分散机理(Levitas 等，2006，2008；Watson 等，2008；Levitas，2009)。据报道，铝的熔化伴随着 6%的体积膨胀应变，产生非常高的压力(在熔融态铝核中为 1~3 GPa 的压力)和很高的拉伸环向应力(在氧化铝外壳中超过 10GPa)，超过了氧化铝(Al_2O_3)的极限强度。在快速加热过程中，这些应力会导致氧化铝壳的动态断裂和迅速剥落。由此产生的裸铝表面和熔融态铝核之间的巨大压力变化，以及由此产生的压力梯度导致了一个球面波传播到核的中心。这反过来会在熔融态核产生一个拉伸压力高达 8GPa 的反射波。这种高压波导致铝核分散成更小的碎片，以 100~250m/s 高速飞溅(Levitas 等，2011，2015)。在这种情况下，这些较小金属碎片的氧化不再受到初始氧化壳的限制(Levitas 等，2011，2015)。同时，对于氧化铝壳的爆炸破裂和随后的微小铝碎片的飞溅机理，直接实验证据尚不充分，不能令人信服。

在熔融分散机理(MDM)提出之后，利用热丝以接近 10^6K/s 的加热速率对 CuO(平均粒径 100nm)/铝纳米铝热剂(铝粒子平均粒径 46nm，Al_2O_3钝化层厚度 2nm)进行了快速加热实验，通过点火延迟法测量的有效扩散系数约为 $10^{-10}cm^2/s$(Chowdhury 等，2010)，比组分扩散系数值($10^{-18} \sim 10^{-19}cm^2/s$)高 8~9 个数量级(Bergsmark 等，1989)。有效扩散系数的增大是由于内置电场促进了壳体内的离子运动(Henz 等，2010)。Firmansyah 等(2012)通过对铝核熔化前后 Al_2O_3外壳的高分辨率透射电镜成像，给出了扩散氧化机理(DOM)的实验证据(见图 2-2)。这项工作最显著的方面是即使在没有氧气流的情况下，也能观察到壳层增厚。此外，壳体破裂表明在非晶态到晶态转变附近存在位错，最终导致相变完成(Firmansyah 等，2012)。不同的研究小组对铝纳米粒子氧化的各个方面进行了认真的计算。这些计算方法主要基于分子动力学(MD)模拟。Clark 等(2011) 基于铝块的嵌入原子势(EAM)和铝/氧相互作用的键序耦合方案，进行了数百万原子反应分子动力学模拟。Campbell 等(2005)采用了静电+电位，应用分子动力学(MD)模拟了直径为 20nm 的铝原子簇的氧化。Henz 等(2010)，Hong 和 Van Duin(2015)分别采用了基于 ReaxFF 反应力场方法的分子动力学模拟。他们都认为铝和氧原子的扩散是主导机理。计算模拟还表明，借助于扩散，在较低温度(通常远低于铝熔点)下具有较低的氧化反应速率，在较高温度(铝熔点附近)下具有较高的氧化反应速率。此外，氧化动力学的影响因素还包括：1)系统温度；2)氧气压力；3)氧化壳内的压差；4)通过氧化壳层的感应电场(Campbell 等，2005；Henz 等，2010；Clark 等，2011；Hong 和 Van Duin，2015)。这些发现有力地支持了 DOM 理论。

然而，有些问题仍然没有得到解答。研究人员继续致力于揭示纳米铝粒子的氧化行为。这里总结了一些其他重要的发现。Farley 等(2014)报道了一项有趣的研究，即大气中的氧浓度对各种金属氧化物与纳米铝粒子(平均粒径 80nm)混合制备的纳米复合含能材料火焰传播速度的影响。据报道，激活熔融分散机理的高速反应，火焰传播速度只会稍微提高。而在大气氧中，对于扩散氧化机理的慢速反应，火焰传播速度提高了 200%。越来越清楚的是，加热速率、氧化层厚度、周围环境以及活性铝含量等实验条件，决定了熔融分散机理或扩散氧化机理是否可操作。很明显，这些条件尚未得到明确定义和界定，一个单一的理论/机理无法全面解释所有实验条件下的氧化行为。因此，关于不同实验条件下氧化行为的争论仍在继续，这点从每年发表的论文数量也可以看出，总而言之，关于氧化行为仍没有定论。采用先进的光谱技术和高分辨率透射电子显微镜(HRTEM)对纳米铝粒子进行原位加热研究，有助于深入了解铝核熔化前后氧化铝壳层的微观结构行为。

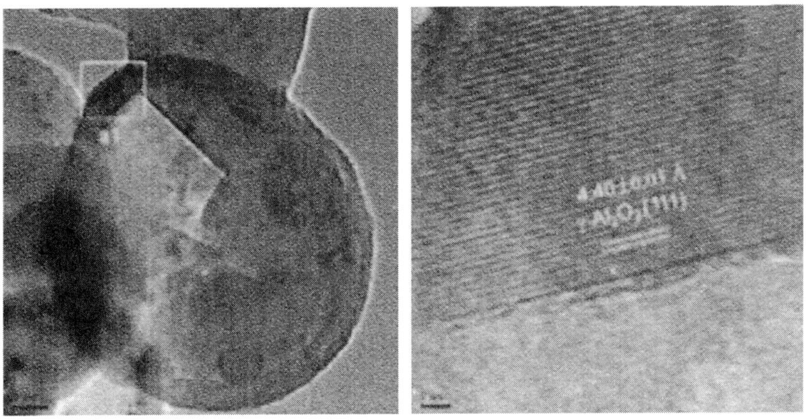

(a)

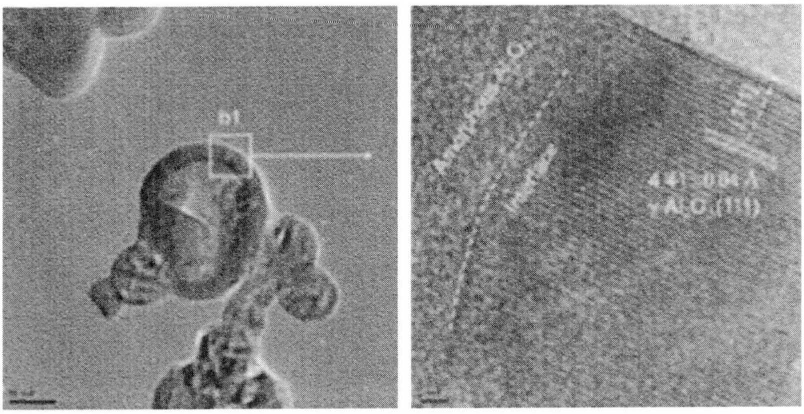

(b)

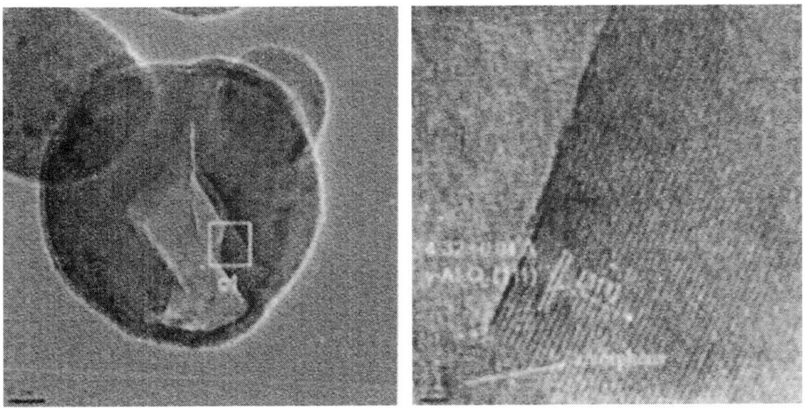

(c)

图 2-2　Al_2O_3壳层在铝核熔化前后的高分辨率透射电镜成像，
显示非晶态 Al_2O_3向 γ 相非均匀(局部)结晶的证据，表明为扩散作用。
经美国化学学会许可，转载自 Firmansyah 等(2012)

2.3　微米铝和纳米铝

微米铝粒子和纳米铝粒子都有其优缺点。纳米铝粒子由于其独特的优越性能而具有很强的吸引力，这可归因于其比表面积大，表面原子能量过剩。因此，在推进和能量转换系统中使用金属纳米粒子的兴趣日益增长。由于黏度的增加，推进剂中纳米铝粒子的加工存在一些问题。此外，纳米铝粒子比微米铝粒子要昂贵，并且存在安全和环境问题。然而，微米铝粒子也存在几个缺点，如点火温度高和颗粒团聚，导致能量释放速率低。相比之下，最近有报道表明，通过适当的预处理可以提高微米铝的反应性。本章对这一研究领域的主要发现进行了总结和讨论。

研究发现，预应力核壳结构的微米铝粒子表现出更高的反应性(Levitas 等，2015)。铝粒子退火、淬火时，铝核周围的氧化铝钝化壳承受压缩应力。为满足熔融分散机理的条件，对铝粒子进行了预处理。实验测得的 CuO/Al(微米)火焰传播速度与基于熔融分散机理的理论预测结果基本一致。通过最佳热处理工艺的 CuO/Al(微米)，与未加预应力的 CuO/Al(微米)相比，火焰传播速度提高了 36%。最重要的是，据报道，微米铝的火焰传播速度是最佳纳米铝粒子的 68%(Levitas 等，2015)。

2.4　表面钝化研究

文献中已充分报道，在炸药配方中加入纳米铝粒子可提高反应速率(Sundaram 等，2017)。然而，新制备的纳米铝粒子具有很高的自燃性，因此，在受控氧气环境下合成期间其表面会原位钝化，在铝粒子周围形成非晶态 Al_2O_3钝化层。Al_2O_3钝化层的典型厚度在 2~4nm 范围内，可作为吸热层和扩散障碍层，最终在点火时减缓铝的氧化。因此，这种天然氧化层的存在导致了点火延迟，这是铝基炸药的主要问题。

更常见的是，纳米铝粒子储存在手套箱中，手套箱用高纯度的氩气或氮气吹扫，从而提供了可控的湿度条件。因此，尽管存在钝化作用，但纳米铝粒子的长期储存仍是一个主要问题，钝化层的性质变得至关重要。从钝化层不参与反应的意义上讲，Al_2O_3壳层属于消极重量。更为不利的是，这一壳层抑制了含能复合材料的反应活性。氧化铝壳层的比例很重要。例如，平均粒径为 80nm、壳层厚 2~2.5nm 的 Al/Al_2O_3核壳纳米铝粒子中，活性铝的质量分数约为(80±2)%，这取决于壳层厚度。为了确保高聚物黏结炸药加工过程中的安全，使用了水基药浆(He 等，2016)。为此，只要纳米铝粒子被用作高能添加剂，就使用氟聚合物作为炸药中的聚合物黏合剂(Yetter 等，2009)。因此，无论何时使用纳米铝粒子，聚合物的选择通常都受到限制。此外，运输高能炸药时，为了保证接收方处理操作的安全性，需将含水量降至最低。这种情况下，在高能配方中使用纳米铝粒子是有问题的。纳米铝粒子的团聚是另一个主要问题。尽管铝基推进剂显示出点火延迟时间缩短和燃烧速率提高，但燃烧性能的可靠性是一个问题(Yetter 等，2009)。

近年来，已有几项研究报告表明，铝核被涂上另一种金属层作为外壳，从而形成金属间结构(Andrzejak 等，2007)。一些研究小组使用氟基涂层作为钝化层(Jouet 等，2005，2006；Dikici 等，2009)。这些涂层和铝核的稳定性需要通过系统的实验来研究。其他研究小组已开发出多种有机涂层，作为钝化壳层的材料，如硅烷(Zhou 和 Yu，2013)和膦酸(Crouse 等，2010)。其中一些材料是惰性的，因此，含能材料的能量密度显著降低。此外，当涂覆惰性物质时，能量释放速率很低，因为增加了质量传递长度。

一些研究小组在蚀刻 Al_2O_3壳之后不是直接钝化 Al 表面，而是努力在纳米铝热剂上涂覆超疏水涂层，以增强其抗老化的长期稳定性。Nixon 等(2011)报告了采用化学气相沉积和原子层沉积相结合的方法，通过依次沉积倍半硅氧烷层作为黏附促进剂，氟碳树脂作为自组装单分子层，在 Al/Fe_2O_3纳米铝热剂上实现超疏水涂层。这些涂层是在含能材料小球上完成的，因此，不可能覆盖每个纳米铝粒子的表面，因为有些表面甚至对于蒸汽都是不可接近的。在这种情况下，长期的抗氧化性仍然是一个问题。在实验室级别上，这种涂层方法可能适用于增强纳米铝粒子的稳定性，因为静态接触角达到 169°。要成功地在水下得到应用，需要克服向大规模技术转化的相关难题。纳米铝粒子的团聚也仍然是一个问题。

燃烧过程中纳米粒子的团聚效应是另一个主要问题，它阻碍我们充分利用纳米铝粒子的反应活性。Jacob 等（2016）最近报道了一种使用硝化纤维素(NC)将商购纳米粒子包覆成细观结构的新方法。含能黏合剂的低温分解将增强纳米粒子的分散性，从而减少燃烧开始时的烧结。他们发现商购纳米粒子燃烧过程中产生一些非常大的球体，这是由于团聚的纳米粉烧结成较大的球体，然后在氧化环境中燃烧。相比之下，由于 NC 的热分解以及随后在较低温度下产生的气体(见图 2-3)，致使纳米粒子的分散性更好，因此硝化纤维素包覆的介观粒子燃烧时不发生聚集，燃烧得更好。

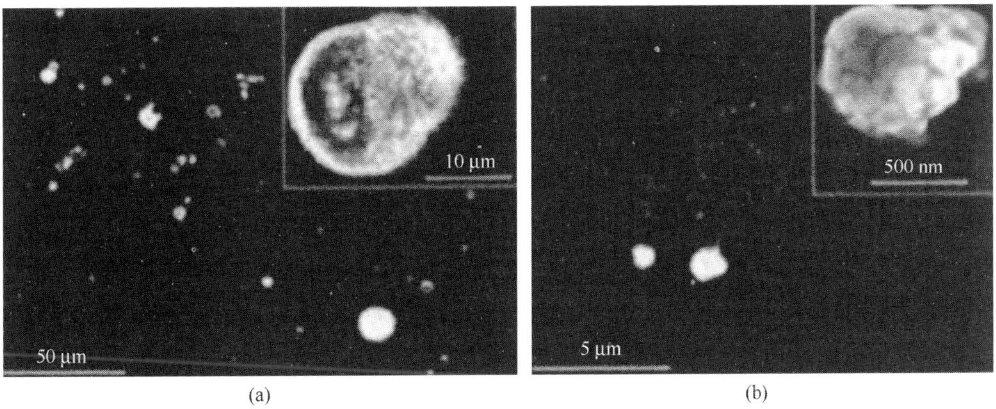

图 2-3　燃烧后收集的产物的扫描电镜图像：(a)商购纳米铝粒子，局部放大图显示高倍放大率下多个纳米粒子团聚成较大尺寸的粒子(约 20～25μm)。(b)由硝化纤维素包覆形成的介观铝粒子，局部放大图(在高倍放大率下)显示形成较小的单个粒子(<1μm)。明显观察到烧结效应显著降低。

经 Elsevier 许可，转载自 Jacob 等（2016）

Yu 等(2018)以全氟癸基三乙氧基硅烷(FAS)包覆 Co_3O_4纳米线/Al，制备了超疏水纳米铝热剂薄膜，研究了水环境中，这种材料的点火和老化特性(见图 2-4)。

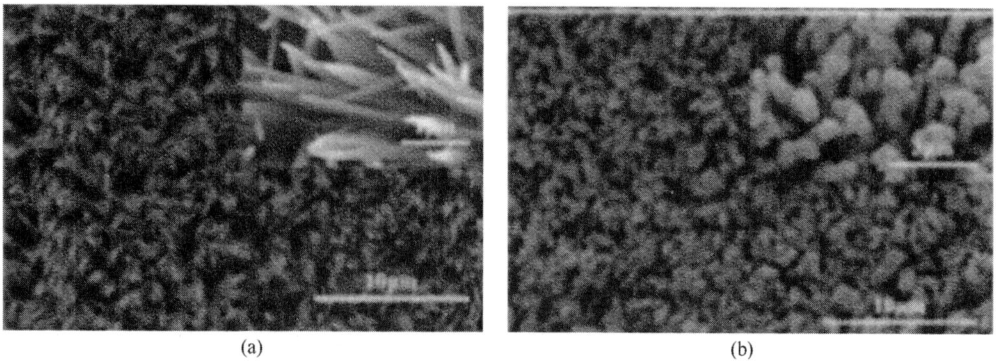

图 2-4　扫描电镜图像：(a) 纯的 Co_3O_4纳米线；(b) Co_3O_4/Al 含能薄膜。在 Co_3O_4纳米线上沉积的铝膜厚度为 600nm。经 Elsevier 许可，转载自 Yu 等 (2018)

这种纳米铝热剂薄膜的接触角为 157°±2°。此外，作者还通过比较热量释放和点火特性，进行了与浸泡时间相关的老化实验。在无水下浸泡的情况下，纯 Co_3O_4/Al 薄膜的总能量释放为 2860J/g，涂有全氟癸基三乙氧基硅烷的 Co_3O_4/Al 薄膜的总能量释放约为 2537J/g。然而，纯 Co_3O_4/Al 纳米铝热剂薄膜的稳定性非常差，因为在水下储存 6h 后，其热量释放仅为 72J/g。相反，全氟癸基三乙氧基硅烷包覆的 Co_3O_4/Al 纳米铝热剂即使在水下浸泡 2 天后仍保留 50%的能量释放(1268J/g)。这些结果对纳米铝热剂的水下应用具有一定的指导意义。与使用惰性涂层进行钝化相比，用含能材料包覆纳米铝粒子是一个有吸引力的策略。几个研究小组为此使用了不同的含能材料。聚叠氮缩水甘油醚(GAP)是一种广泛用作聚合物黏合剂的含能材料。用 GAP 涂覆纳米铝粒子具有多种用途。首先，疏水壳层为铝核提供了保护，防止铝核与水发生反应。其次，GAP 中的叠氮官能团参与反应，从而有助于整体能量含量。最后，GAP 的机械强度非常高，可以作为铝基炸药配方中的黏合剂。

最近，Zeng 等人(2018)利用原位接枝法合成了 Al/GAP(核/壳)纳米结构。接触角测量显示了这些纳米结构具有疏水性，接触角从 20.2°变为 142.4°，从而保护铝核不受水的影响。更重要的是，据报道，Al/GAP(核/壳)纳米粒子中的火焰传播剧烈。尽管这项工作的发现值得注意，但在 GAP 包覆纳米铝粒子的透射电镜图像中仍然显示出 Al_2O_3层的存在。此外，电镜图像和分析中并没有明显证据表明，所有纳米粒子都包覆有 GAP。换言之，包覆过程中纳米铝粒子的团聚问题需要得到明确的解决。Smith 等(2017a, b)证实了在碘酸浓缩溶液中添加纳米铝粒子，从而去除天然氧化层并用六水碘酸铝(AIH)代替的有趣方法。最重要的是，Al/AIH(核/壳)颗粒具有较高的反应性，火焰传播速度为 3200m/s。根据这一结果，Gottfried 等(2018)进行了一项有趣的研究，采用来自含能材料技术的激光诱导的空气冲击波(LASEM)，研究 AIH 对爆炸和/或爆燃反应的影响。

在这些实验中，三硝基甲苯(TNT)与 Al/AIH(核/壳)颗粒结合使用。实验室规模的实验表明，无论是在快燃(爆炸)模式还是慢燃(爆燃)模式下，TNT/Al-AIH 炸药的反应速率均得到巨大的提高。反应速率的提高归因于克服了 TNT 中的氧平衡(-74%)问题，因为碘酸铝(AIH)参与了反应(见图 2-5)。此外，AIH 中的水合物层在低温下脱水，从而提供引发快速反应的碘酸盐氧化剂(Gottfried 等，2018)。虽然这些实验仅仅是在实验室规模进行的，但这项工作可能是对无扩散限制 Al_2O_3层的铝基炸药的燃烧过程的一个独特的演示。

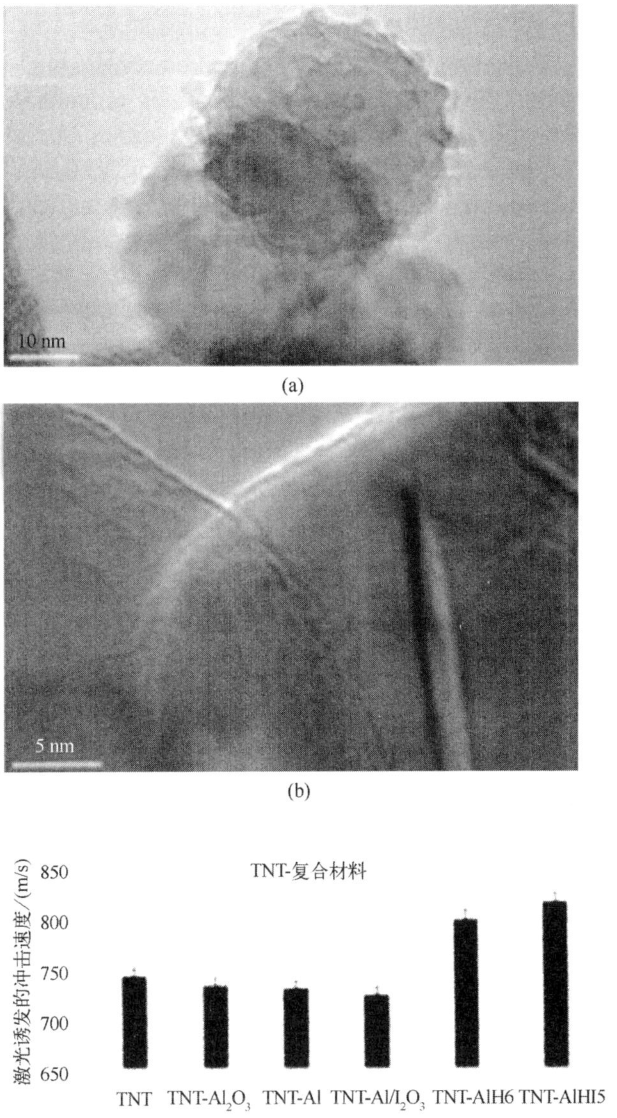

图 2-5　(a)和(b)是 Al(核)/AIH(壳)纳米粒子的高分辨率透射电镜(HRTEM)图像。其中低分辨率图像(a)显示出一定的粗糙度。HRTEM 图像显示了 AIH 外壳的结晶性质。(c) 对 TNT 基复合材料的激光诱导冲击速度的测量清楚地表明，以不同质量分数的 Al(核)/AIH(壳)制备的两种样品的冲击速度是最高的。经英国《自然》周刊出版集团许可，转载自 Gottfried 等(2018)

2.5 自组装的纳米含能复合材料

自组装是这样一个过程：通过特定的相互作用，离散组分自发地组织成清晰的几何形状（Grzelczak 等，2010；Thiruvengadathan 等，2013）。这些相互作用可能是由于组成系统的单个组分的固有特性或在施加的外场的影响下产生的。据了解，纳米含能复合材料中燃料和氧化剂的组织结构、接触紧密度和尺寸在很大程度上影响能量释放速率。随着燃料和氧化剂界面接触面积增大，纳米复合材料的反应速率也相应提高。因此，近年来研究了将燃料和氧化剂自组装成致密排列结构的各种方法。这些方法包括：1）静电组装（Kim and Zachariah，2004；Malchi 等，2009；Zakiyyan 等，2018）；2）DNA 定向自组装（Séverac 等，2012）；3）聚合物介导的自组装（Shende 等，2008；Thiruvengadathan 等，2011）；4）功能化石墨烯的定向自组装（Thiruvengadathan 等，2014）。与随机混合的纳米含能复合材料相比，这些自组装纳米含能材料的燃烧性能提高了几个数量级。在这里，我们重点讨论上述自组装方案的一些经典示例。

利用组分间相互作用的静电力形成自组装复合材料。Malchi 等（2009）通过静电自组装铝和氧化铜纳米粒子来合成直径为 1～5μm 的纳米复合材料活性微球。当包覆有 ω-官能化烷酸的纳米铝粒子的二甲基亚砜（DMSO）悬浮液加入包覆有 ω-官能化烷硫醇的 CuO 纳米粒子悬浮液中后，电荷被中和，两种组分自组装并在数小时内从溶液中沉淀析出。静电组装形成的 CuO/Al 微球的 SEM 图像如图 2-6（a）所示。但是，当它们在二甲基亚砜（DMSO）（浓度为 10mM①）的单独溶液中时，官能化粒子的悬浮液非常稳定，没有任何沉淀。点火时，沉积在矩形微通道中的自组装材料表现出自蔓延燃烧行为，未组装的纳米铝热剂不能被点燃。

最近，Gangopadhyay 等报道了一种自组装团簇成型技术，利用纳米铝粒子和纳米 MoO_3 片表面电性相反的电荷在它们之间产生的静电引力将密堆积纳米铝粒子和具有几微米长程有序的 2D MoO_3 片自组装起来（Zakiyyan 等，2018）。图 2-6（b）所示的自组装 MoO_3/Al 簇的扫描电镜图像揭示了 MoO_3 到 Al 的长程有序性，反之亦然。燃烧测量表明，峰值压力高达（42.05±1.86）MPa，增压速率高达（3.49±0.31）MPa/μs，线性燃烧速率高达（1730±98.1）m/s，这是迄今为止报告的 Al/MoO_3 复合材料的最高值（Zakiyyan 等，2018）。

Shende 等（2008）报道了聚合物介导的 CuO 纳米线/Al 自组装，制造聚（4-乙烯基吡啶）（PVP）单层涂层。CuO 纳米线/Al 自组装结构材料的线性燃烧波速度由 1900m/s 提高到 2400m/s。在这项工作中，CuO 纳米线表面首先包覆一层 PVP，然后再与纳米铝粒子混合。热重分析表明，该聚合物的总失重为 2.13%（质量分数）。尽管 PVP 这个

---

① 1mM＝0.001mol/L。

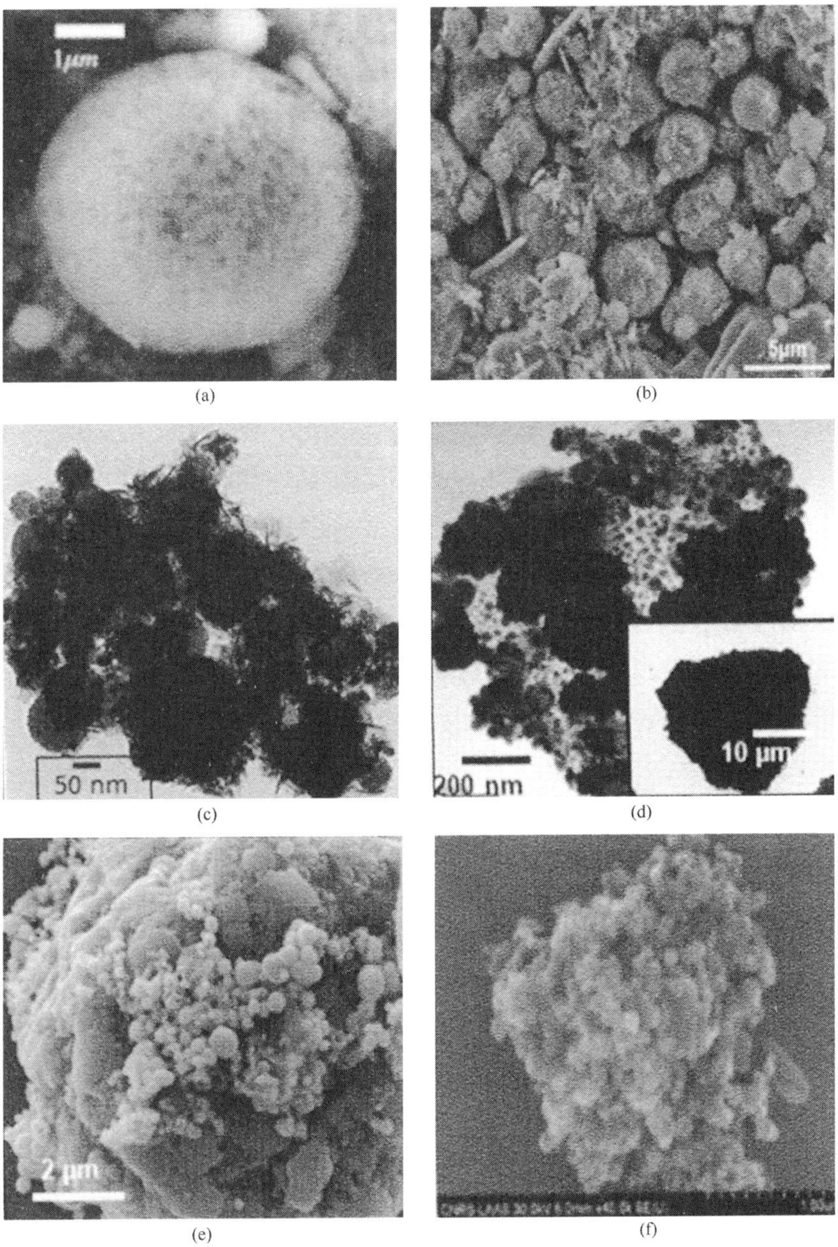

图 2-6　通过静电相互作用自组装的图像：(a) CuO/Al 微球的 SEM 图像；(b) MoO_3/Al 团簇的 SEM 图像；(c) CuO 纳米棒/Al(80nm) 自组装宏观结构的透射电镜图像；(d) 氧化石墨烯(GO)的透射电镜图像，先用 Al，后用 Bi_2O_3致密地进行修饰，Al 和 Bi_2O_3在氧化石墨烯上超致密组装；(e) 超致密 GO(5%)/Al/Bi_2O_3宏观结构的 SEM 图像；(f) DNA 定向自组装 CuO/Al 结构的透射电镜图像。经美国化学学会许可，图 2-6(a) 转载自 Malchi 等(2009)，图 2-6(d) 和图 2-6(e) 转载自 Thiruvengadathan 等(2014)。经 Elsevier 许可，图 2-6(b) 转载自 Zakiyyan 等(2018)，图 2-6(c) 转载自 Thiruvengadathan 等(2011)。经 WILEY-VCH Verlag GmbH & Co. KGaA, Weinheim 许可，图 2-6(f) 转载自 Séverac 等(2012)

量显得较高，但鉴于 PVP 和 CuO 的总摩尔数为 1.25×10^{-6} 和 6×10^{-3}，这相当于 PVP 包覆 CuO 中摩尔数比例大于 99.9%的是 CuO。因此，在自组装复合材料中，PVP 层的存在并没有增加扩散路径长度。在这项工作之后，一些研究小组使用这种方法自组装其他纳米铝热剂成分，并实现了燃烧性能的改进（Cheng 等，2010a，b）。

最近报道了另一种有趣的方法，基于聚乙二醇(PEG-400)薄涂层，即在纳米铝粒子周围组装 CuO 纳米棒，反之亦然(Thiruvengadathan 等，2011)。由于 CuO 纳米棒表面存在一层薄的 PEG 涂层，所以羟基(OH)、甲基和亚甲基 CH_n($n=2$，3)官能团具有强制自组装的功能（Thiruvengadathan 等，2011）。图 2-6(c)所示为用透射电子显微镜(TEM)记录的 CuO/Al 纳米含能复合材料自组装结构的典型图像。CuO 纳米棒/Al 组装后纳米含能复合材料的燃烧性能优越，原因有两个，其一是氧化剂和燃料之间的界面接触增强，通过热传导机理增强了热传递，其二是官能团产生了气体，通过对流机理支持热传递。Séverac 报道了一种以 DNA 为导向的组装过程，通过组装 CuO 和 Al 纳米粒子，从而形成微米大小的 CuO/Al 复合材料球体(Séverac 等，2012)。DNA 定向组装是在两种纳米粒子上覆盖互补序列的单链 DNA 分子。图 2-6(f)所示为通过 DNA 定向自组装的约 2μm 的单个 Al/CuO 聚集体的 SEM 图像。与物理随机混合的纳米复合材料(铝的平均粒径为 80nm，反应热为 1200J/g)相比，这种 CuO/Al 复合材料显示出更高的反应热(铝的平均粒径为 80nm，反应热为 1800J/g)。事实上，该值是迄今为止文献报道的 CuO/Al 体系的最佳值。此外，自组装后反应的起始温度从 470℃降低到 410℃。最近，基于石墨烯的纳米含能材料显示出了开发具有可调燃烧性能的先进含能材料系统的巨大前景（Thiruvengadathan 等，2014，2015）。这归因于把石墨烯用作高能添加剂以及自组装导向剂。利用功能化石墨烯中存在的官能团，进行纳米氧化剂和燃料的分级自组装，通过长距离静电引力、短距离共价[氧化石墨烯(GO)和 Al 之间]以及非共价相互作用(GO/Al 和 Bi_2O_3之间)制备出多功能含能材料(Thiruvengadathan 等，2014，2015)。在功能化石墨烯片(FGS)上引导 Al 和 Bi_2O_3纳米粒子自组装的方法导致在胶体悬浮相中形成纳米复合结构，最终凝聚成超致密宏观结构[见图 2-6(d)，(e)]。

比较随机混合纳米复合材料[(739±18)J/g]与自组装纳米复合材料[(1421±12)J/g]的反应热，由于自组装带来的益处和氧化石墨烯作为高能反应物的作用，反应热值显著增加，高达 92%。此外，自组装纳米含能材料与 Al 和 Bi_2O_3 纳米粒子的随机混合物相比，燃烧性能显著改善，其压力从 60MPa 提高到 200MPa，反应活性从 3MPa/μs 提高到 16MPa/μs，燃烧速率从 1.15km/s 提高到 1.55km/s，比冲从 41s 提高到 71s(Thiruvengadathan 等，2015)。图 2-7(a)~(d)分别为线性燃烧速率、静电感度、推力-时间特征曲线以及比冲与氧化石墨烯含量的关系。毫无疑问，二维材料及其高比表面积功能化材料为调节各种相互作用，以多尺度自组装氧化剂和燃料纳米粒子定制各种纳米复合含能材料提供了一个巨大机会。

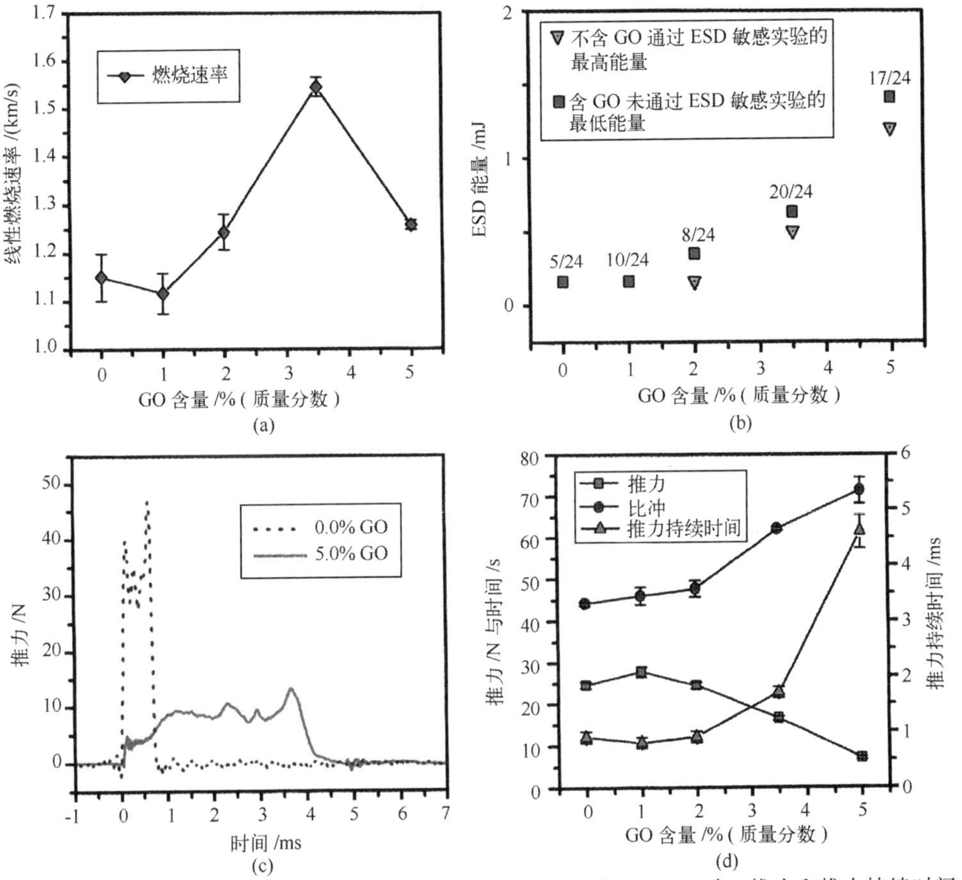

图 2-7　(a)线性燃烧速率，(b)静电感度，(c)推力-时间特征曲线，(d)比冲、推力和推力持续时间与氧化石墨烯含量的关系。所得数据反映了自组装的实用性以及 Al 和 Bi_2O_3 纳米粒子之间的界面接触。经 WILEY-VCH Verlag GmbH & Co. KGaA，Weinheim 许可，转载自 Thiruvengadathan 等（2015）

2.6　含能液体

由于多种原因，在含能固体上应用含能液体是一个有吸引力的命题。烷烃(Huber 等，2005)、富氮离子液体(Singh 等，2006)以及可燃溶剂(Sabourin 等，2009；Liu 等，2012；Basu 和 Miglani，2016)属于高能液体族。它们具有低的活化温度、高的压力和体积膨胀率。高能液体通常用于燃料，因为它们具有低能量密度(通常为 1kJ/g)和缓慢燃烧动力学特性，它们固有的化学成分含有丰富的碳、氮和氢。近年来，人们致力于改善能量密度和燃烧动力学特性(Sabourin 等，2009)。向液体燃料中添加硼和铝等纳米粒子既可以改善燃烧动力学特性，又可以显著增加能量密度。例如，在富氮离子液体和有机燃料中合成低含量的稳定分散的铝和硼纳米粒子为提高能量输出和改善燃烧特性铺平了道路。最近，Yetter 等报道了功能化石墨烯作为含能添加剂在提高硝基甲烷线性燃烧速率方面的巨大潜力。降低点火温度和提高线性燃烧速率(与纯硝基甲烷相比提高了 175%)是这项有趣工作的亮点。在含能液体中加入纳米铝粒子的最大挑战是在相对较高的固体含量下观察到黏度增加，这会严重增加加工限制。另一个挑战是观察到金属纳米粒子的团聚，最终导致固体和液体之间的相分离。换句话说，分散体系的稳定性非常差，导致燃烧性能不稳定。

在过去的 10 年中，文献中报道的几项研究充分证明了纳米铝热剂在许多应用中的实用性，包括化学推进剂、燃气发生剂、杀生物剂和烟火剂。据了解，高能混合物中的燃料和氧化剂的量应该优化，在放热反应过程中实现能量释放的理论预测值。在液体燃料中合成稳定分散的、固体含量相对较高的自组装纳米铝热剂，其在能量释放和反应速率方面都具有不可比拟的燃烧性能。

在这方面，Slocik 等(2017)最近证明了一种新的合成方法，即在不使用稳定剂的情况下，使用铁蛋白液体蛋白质生产含有高浓度纳米铝粒子(质量分数高达 20%)的含能生物铝热剂油墨。在这种含能组分中，据报道，载于铁蛋白腔中的生物衍生氧化铁——亚铁氢化物纳米粒子[FeO(OH)]是一种优良的氧化剂，可提高能量输出和燃烧性能。例如，通过失重和热流测量监测纯铁蛋白离子液体的燃烧显示能量释放为 1kJ/g。相比之下，仅含有纳米铝粒子的蛋白质离子液体样品[无 FeO(OH)]显示能量释放为 2.4kJ/g。另一方面，含有 FeO(OH)和纳米铝粒子的含能样品在蛋白质离子液体中以 8.2 的当量比混合，表现出 11.3kJ/g 的能量释放，而纳米铝粒子和铁蛋白生物铝热剂的混合物则产生 8.9kJ/g 的能量释放(Slocik 等，2017)。此外，作者还报道了含有纳米铝粒子和 FeO(OH)的铁蛋白离子液体具有较低的点火温度和完全燃烧性能，这归因于纳米铝粒子的分散稳定性和均匀性，反过来又导致了较短的质量传递长度。这项工作的显著特点(Slocik 等，2017)是通过在相应的 PDMS 模具中冷冻浇注含纳米铝粉的铁蛋白液体油墨，形成圆柱形蜡笔状含能材料。这项工作的关键结果如图 2-8 所示。将含能材料转移和写入任何被试剂污染的表面上，并通过燃烧墨水中和任何生物/化学剂，进一步说明了这方面的重要性。作为生物含能液体，它们在提高能量输出、抗氧化稳定性、高含量下的分散稳定性，以及降低活化温度、增强燃烧动力学特性和增强功能性等方面优于传统的纳米粉末。

2.7　展望

近 20 年来，由于纳米科学技术领域的技术创新，在铝基纳米含能材料的研究中取得了一些重大成就。特别是，在合成方法上的进步和在多尺度(从分子尺度到宏观尺度)上表征材料的工具的出现极大地促进了纳米含能材料的发展。最重要的成就是能够合成由设计师制造的纳米铝燃料和丰富的氧化剂，并且在尺寸、形状和形态上具有卓越的控制能力。文献报道了多种可以用来合成纳米含能复合材料的方法，包括物理混合、球磨(Umbrajkar 等，2008；Stamatis 等，2009)，以及自组装方法(Shende 等，2008；Malchi 等，

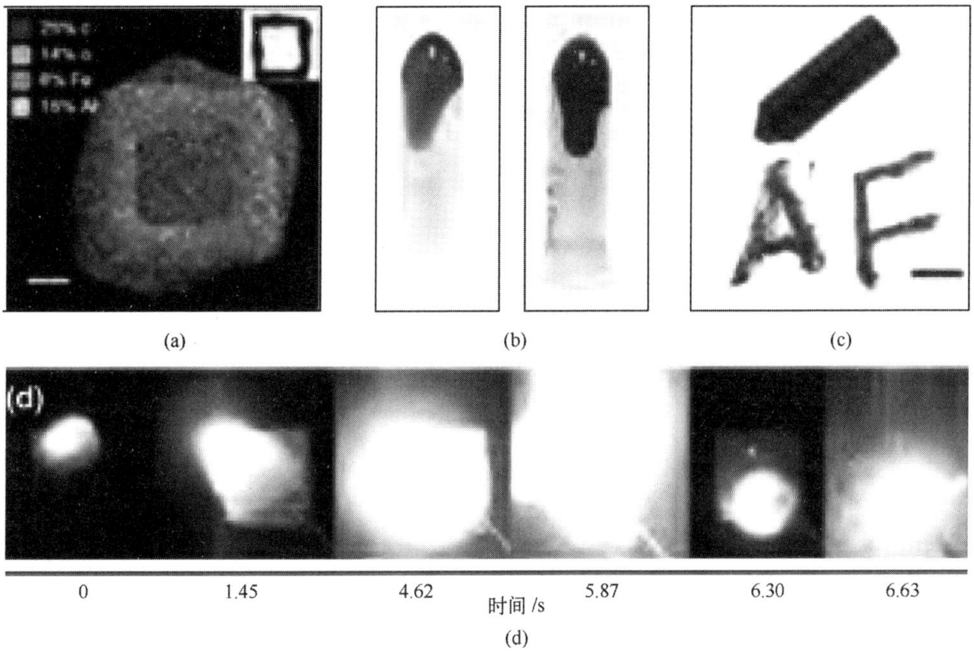

图 2-8　含能生物铝热剂油墨的实用性演示：(a)玻璃上油墨的基本成分，比例尺为 1mm，内插图显示了用墨水在玻璃载玻片上绘制的正方形的光学图像；(b)合成后的铁蛋白离子液体(棕色)和负载纳米铝(质量分数为 20%)的铁蛋白离子液体(灰色)的数字图像；(c)通过在 PDMS 模具中填充墨水进行冷冻铸造，制作的含能材料蜡笔的图像，并用蜡笔在纸上手写“AF”，比例尺为 7mm；(d)在不锈钢细网上以正方形图案涂上墨水，在选定的时间间隔内，燃烧过程的高速摄影视频。经 Nature 出版集团许可，转载自 Slocik 等 (2017)

2009；Séverac 等，2012；Thiruvengadathan 等，2014)。采用自下而上的自组装方法实现增强的界面接触的优点现在已经得到理解。结果表明，自组装纳米含能复合材料的燃烧性能总是优于超声或手工混合制备的随机混合物。观察结果确实如此，它不依赖于自组装方法的性质。理论、实验和计算的研究确实使人们能够充分定性和定量理解各种含能配方(包括固体和液体推进剂、金属–金属氧化物系统和金属间系统)的燃烧性能与复合材料组分的粒径、组织结构和稳定性的关系。燃烧性能包括反应速率、总能量释放、点火延迟和对外部刺激(如静电、冲击和摩擦)的敏感度。尤其是自 2005 年以来，在纳米含能材料领域发表了大量的研究文章。纳米含能材料的合成形式多种多样，如粉末(Shende 等，2008；Thiruvengadathan 等，2011，2014；Piekiel 等，2014)、小球丸(Pantoya 等，2009；Puszynski 等，2012)、薄膜(Fu 等，2013；Zhang 等，2013；Patel 等，2015；Geeson 等，2018；Yu 等，2018；Zheng 等，2018)、泡沫(Comet 等，2017)、隔膜(Yang 等，2013；Zheng 等，2016)以及气凝胶(Wang 等，2018)。由于纳米含能粉末的高度敏感性，其安全性问题显得尤为突出，因此，在实际应用中实现粉末形态是一项复杂的工作。在这种情况下，所有这些形式都具有独特的优势。先进的诊断表征工具，如超快激光光谱仪（Kim 等，2002；Wang 等，2017）、飞行时间质谱仪（Mahadevan 等，2002；Zhou 等，2009，2010），以及使用高速摄像机拍摄的视频(Plummer 等，2011；Jacob 等，2018)等，在很大程度上有助于更好地理解燃烧行为，包括燃烧的开始和传播机理。研究和建立了各种点火启动机理，包括热丝点火(Tappan，2007)、闪光点火（Ohkura 等，2011)、基于微芯片的点火（Staley 等，2011)、激光光学点火(Granier 和 Pantoya，2004)。目前，人们正在研究等离子体光栅作为纳米含能材料的点火平台(Chen 等，2018)。这一点火机理对于基于微芯片或 MEMS 平台上的图案化纳米含能材料非常有吸引力，这一点由两个研究小组(Chen 等，2018；Mutlu 等，2018)独立地进行了验证。

许多研究人员把他们的研究重点放在为应用开发而定制的燃烧特性上。纳米铝热剂在某些应用方面表现出广阔的前景，如微推力器(Apperson 等，2009；Staley 等，2013，2014)、推进剂点火器(Bezmelnitsyn 等，2010)、基于 MEMS 的点火器(Ru 等，2014，2016a；Xue 等，2014；Chaalane 等，2015；Oh 等，2016)以及生物膜消除剂(Lee 等，2013)等。通过包覆硝化纤维素和氟橡胶等材料，纳米铝热剂在降低静电感度、冲击感度、摩擦感度和热敏感性方面取得了一些进展。此外，在纳米高能配方中使用导电添加剂，如还原石墨烯氧化物、炭黑和胶体石墨，可以将静电感度降低 3 个数量级。毫无疑问，世界各地的实验室都进行了广泛的基础和应用研究。然而，实现纳米含能材料的实际应用需要建立从基础研究到技术开发顺利过渡的明确途径。

一些基本的挑战仍然存在，因此需要密切关注和持续研究。这些挑战包括：1)在合成过程中防止颗粒团聚以及燃烧过程中防止烧结；2)实现铝纳米粒子的长期稳定性；3)在去除 Al_2O_3钝化层后，对铝纳米粒子进行原位表面钝化，以克服燃烧过程中扩散带来的限制；4)降低纳米含能配方的感度；5)降低铝纳米粒子的生产成本；6)建立纳米含能材料按比例合成的标准操作程序。毋庸置疑，这些问题需要得到全面解决。

纳米含能混合物反应速率的控制关键在于铝粒子的氧化动力学。到目前为止，DOM 和 MDM 还不能解释铝纳米粒子在所有实验条件下的氧化行为。事实上，这些实验条件的定义需要清楚地描述。目前，普遍认为氧化是通过扩散机理在较低的升温速率下发生的。MDM 描述了在高加热速率下的氧化行为。关于所有实验条件下的氧化行为需要说明的是，在能量学领域的计算研究似乎主要局限于阐明铝粒子的氧化行为和激波在含能材料中的传播。纳米结构含能材料面临着不同的挑战。需开发新的计算模型以确定实现可调燃烧特性的最佳方法。

燃料和氧化剂之间的界面接触的量化与燃烧性能可能令人关注。确定燃料和氧化剂之间的自组装效应以及由此产生的界面接触对燃烧特性的影响可能非常有用。虽然有研究工作讨论了从分子(纳米)到宏观(毫米)多尺度形成有序自组装含能复合材料，但这些合成过程是漫长的，在控制和优化实验参数方面需要特别注意。更重要的是，自组装方法的可扩展性还有待验证。一些研究小组重新对使用微米铝粉作为燃料产生了研究兴趣。微米铝粉提供了现实的解决方案，除了大大降低成本外，还可以将含能材料的感度降低一个数量级。在实验室规模实验中，一些纳米含能配方表现出的爆炸和爆燃行为取决于其化学成分和引发机理。

在含能材料领域开发绿色化学是值得关注的另一个有趣的方面，一些沿着该方向的研究工作已经在进行。采用含能单分子层对铝纳米粒子进行原位钝化是近年来含能材料研究的热点之一。在各种实验研究中，去除 Al_2O_3钝化层，然后用 AlH 层原位钝化，这一做法非常值得称赞(Smith，2017a，b；Gottfried 等，2018)。然而，通过原位钝化法提高反应速率和能量释放的潜力尚未得到全面的论证。纳米粒子团聚的自然趋势对含能粉末的大规模加工提出了巨大的挑战。在液体含能材料领域，纳米燃料和氧化剂的相分离是另一个严重的问题，可能会在可靠性和可重复性方面造成阻碍。其他问题包括大规模处理含能粉末，特别是在它们对静电、冲击和摩擦具有高敏感度的情况下。稳定性和老化相关问题需要通过系统的实验研究以得到全面解决。

在任何应用中，含能液体替代含能固体都是一个有吸引力的提议，因为固体含能材料对静电、摩擦和冲击等外部刺激具有很高的敏感性。最近的研究毫无疑问地表明，将纳米铝(不含金属氧化物纳米粒子)掺杂在含能液体中能够克服诸如低能量密度和较慢的燃烧动力学特性等固有缺点。此外，除了创造 3D 形状和结构外，将含能液体用作书写、印刷或印章用的油墨，发展潜力巨大。在文献报道的各种纳米含能液体的候选材料中，含纳米铝的铁蛋白离子液体有着非常好的应用前景。含能液体燃烧性能的优化范围很大。例如，可以根据与燃料反应时释放更高能量的可能性选择不同的金属氧化物。此外，还可以控制金属氧化物纳米结构的形貌和尺寸，实现与纳米铝的高界面接触。在不破坏含能液体中分散体稳定性的情况下，含金属氧化物的金属燃料在纳米级上的自组装是另一种将反应速率提高一个数量级的潜在途径，并在燃烧时实现更高的能量释放。毫无疑问，实现含能液体的实际应用，需要彻底测试铝纳米粒子的分散稳定性和抗氧化稳定性。在工业规模上长期稳定地制备金属和金属氧化物纳米粒子是另一个需要研究的方向。因此，有必要对这种含能液体更长的适用期进行进一步的研究。

参考文献

[1] Andrzejak TA, Shafirovich E, Varma A (2007) Ignition mechanism of nickel-coated aluminum particles. Combust Flame 150(1-2): 60-70.

[2] Apperson S, Shende RV, Subramanian S, Tappmeyer D, Gangopadhyay S, Chen Z, Gangopadhyay K, Redner P, Nicholich S, Kapoor D (2007) Generation of fast propagating combustion and shock waves with copper oxide/aluminum nanothermite composites. Appl Phys Lett 91(24).

[3] Apperson SJ, Bezmelnitsyn AV, Thiruvengadathan R, Gangopadhyay K, Gangopadhyay S, Balas WA, An-

derson PE, Nicolich SM (2009) Characterization of nanothermite material for solid-fuel microthruster applications. J Propul Power 25(5): 1086-1091.

[4] Basu S, Miglani A (2016) Combustion and heat transfer characteristics of nanofluid fuel droplets: a short review. Int J Heat Mass Transf 96: 482-503.

[5] Bergsmark E, Simensen CJ, Kofstad P (1989) The oxidation of molten aluminum. Mater Sci Eng A 120: 91-95.

[6] Bezmelnitsyn A, Thiruvengadathan R, Barizuddin S, Tappmeyer D, Apperson S, Gangopadhyay K, Gangopadhyay S, Redner P, Donadio M, Kapoor D, Nicolich S (2010) Modified nanoenergetic composites with tunable combustion characteristics for propellant applications. Propellants, Explos, Pyrotech 35 (4): 384-394.

[7] Campbell TJ, Aral G, Ogata S, Kalia RK, Nakano A, Vashishta P (2005) Oxidation of aluminum nanoclusters. Phys Rev B Condens Matter Mater Phys 71(20).

[8] Chaalane A, Chemam R, Houabes M, Yahiaoui R, Metatla A, Ouari B, Metatla N, Mahi D, Dkhissi A, Esteve D (2015) A MEMS-based solid propellant microthruster array for space and military applications.

[9] Chakraborty P, Zachariah MR (2014) Do nanoenergetic particles remain nano-sized during combustion? Combust Flame 161(5): 1408-1416.

[10] Chen B, Zheng H, Riehn M, Bok S, Gangopadhyay K, Maschmann MR, Gangopadhyay S (2018) In situ characterization of photothermal nanoenergetic combustion on a plasmonic microchip. ACS Appl Mater Interfaces 10(1): 427-436.

[11] Cheng JL, Hng HH, Lee YW, Du SW, Thadhani NN (2010a) Kinetic study of thermal- and impact-initiated reactions in Al-Fe_2O_3 nanothermite. Combust Flame 157(12): 2241-2249.

[12] Cheng JL, Hng HH, Ng HY, Soon PC, Lee YW (2010b) Synthesis and characterization of self-assembled nanoenergetic Al-Fe_2O_3 thermite system. J Phys Chem Solid 71(2): 90-94.

[13] Chowdhury S, Sullivan K, Piekiel N, Zhou L, Zachariah MR (2010) Diffusive vs explosive reaction at the nanoscale. J Phys Chem C 114(20): 9191-9195.

[14] Clark R, Wang W, Nomura KI, Kalia RK, Nakano A, Vashishta P (2011) Heat-initiated oxidation of an aluminum nanoparticle.

[15] Comet M, Martin C, Schnell F, Spitzer D (2017) Nanothermite foams: from nanopowder to object. Chem Eng J 316: 807-812.

[16] Crouse CA, Pierce CJ, Spowart JE (2010) Influencing solvent miscibility and aqueous stability of aluminum nanoparticles through surface functionalization with acrylic monomers. ACS Appl Mater Interfaces 2(9): 2560-2569.

[17] Dikici B, Dean SW, Pantoya ML, Levitas VI, Jouet RJ (2009) Influence of aluminum passivation on the reaction mechanism: flame propagation studies. Energy Fuels 23(9): 4231-4235.

[18] Farley CW, Pantoya ML, Levitas VI (2014) A mechanistic perspective of atmospheric oxygen sensitivity on composite energetic material reactions. Combust Flame 161(4): 1131-1134.

[19] Firmansyah DA, Sullivan K, Lee KS, Kim YH, Zahaf R, Zachariah MR, Lee D (2012) Microstructural be-

havior of the alumina shell and aluminum core before and after melting of aluminum nanoparticles. J Phys Chem C 116(1): 404–411.

[20] Fu S, Zhu Y, Li D, Zhu P, Hu B, Ye Y, Shen R (2013) Deposition and characterization of highly energetic Al/MoO_x multilayer nano-films. EPJ Appl Phys 64(3).

[21] Geeson J, Staley C, Bok S, Thiruvengadathan R, Gangopadhyay K, Gangopadhyay S (2018) Graphene-based $Al-Bi_2O_3$ nanoenergetic films by electrophoretic deposition. In: 12th IEEE nanotechnology materials and devices conference, NMDC 2017, Institute of Electrical and Electronics Engineers Inc.

[22] Gibot P, Comet M, Eichhorn A, Schnell F, Muller O, Ciszek F, Boehrer Y, Spitzer D (2011) Highly insensitive/reactive thermite prepared from Cr_2O_3 nanoparticles. Propellants, Explos, Pyrotech 36 (1): 80–87.

[23] Gordeev VV, Kazutin MV, Kozyrev NV (2017) Effect of additives on CuO/Al nanothermite properties. In: All-Russian conference with international participation on modern problems of continuum mechanics and explosion physics: dedicated to the 60th anniversary of Lavrentyev Institute of Hydrodynamics SB RAS, MPC-MEP 2017, Institute of Physics Publishing.

[24] Gottfried JL, Smith DK, Wu CC, Pantoya ML (2018) Improving the explosive performance of aluminum nanoparticles with aluminum iodate hexahydrate (AIH). Sci Rep 8(1).

[25] Granier JJ, Pantoya ML (2004) Laser ignition of nanocomposite thermites. Combust Flame 138 (4): 373–383.

[26] Grzelczak M, Vermant J, Furst EM, Liz-Marzán LM (2010) Directed self-assembly of nanoparticles. ACS Nano 4(7): 3591–3605.

[27] He G, Yang Z, Zhou X, Zhang J, Pan L, Liu S (2016) Polymer bonded explosives (PBXs) with reduced thermal stress and sensitivity by thermal conductivity enhancement with graphene nanoplatelets. Compos Sci Technol 131: 22–31.

[28] Henz BJ, Hawa T, Zachariah MR (2010) On the role of built-in electric fields on the ignition of oxide coated nanoaluminum: ion mobility versus Fickian diffusion. J Appl Phys 107(2).

[29] Hong S, Van Duin ACT (2015) Molecular dynamics simulations of the oxidation of aluminum nanoparticles using the ReaxFF reactive force field. J Phys Chem C 119(31): 17876–17886.

[30] Huber GW, Chheda JN, Barrett CJ, Dumesic JA (2005) Chemistry: production of liquid alkanes by aqueous-phase processing of biomass-derived carbohydrates. Science 308(5727): 1446–1450.

[31] Jacob RJ, Wei B, Zachariah MR (2016) Quantifying the enhanced combustion characteristics of electrospray assembled aluminum mesoparticles. Combust Flame 167: 472–480.

[32] Jacob RJ, Kline DJ, Zachariah MR (2018) High speed 2-dimensional temperature measurements of nanothermite composites: probing thermal vs. Gas generation effects. J Appl Phys 123(11).

[33] Jeurgens LPH, Sloof WG, Tichelaar FD, Mittemeijer EJ (2002) Growth kinetics and mechanisms of aluminum-oxide films formed by thermal oxidation of aluminum. J Appl Phys 92(3): 1649–1656.

[34] Jian G, Chowdhury S, Sullivan K, Zachariah MR (2013) Nanothermite reactions: is gas phase oxygen generation from the oxygen carrier an essential prerequisite to ignition? Combust Flame 160(2): 432–437.

[35] Jouet RJ, Warren AD, Rosenberg DM, Bellitto VJ, Park K, Zachariah MR (2005) Surface passivation of bare aluminum nanoparticles using perfluoroalkyl carboxylic acids. Chem Mater 17(11): 2987–2996.

[36] Jouet RJ, Granholm RH, Sandusky HW, Warren AD (2006) Preparation and shock reactivity analysis of novel perfluoroalkyl-coated aluminum nanocomposites.

[37] Kelly D, Beland P, Brousseau P, Petre CF (2017a) Electrostatic discharge sensitivity and resistivity measurements of Al nanothermites and their fuel and oxidant precursors. Centr Eur J Energ Mater 14(1): 105–119.

[38] Kelly DG, Beland P, Brousseau P, Petre CF (2017b) Formation of additive-containing nanothermites and modifications to their friction sensitivity. J Energ Mater 35(3): 331–345.

[39] Kim SH, Zachariah MR (2004) Enhancing the rate of energy release from nanoenergetic materials by electrostatically enhanced assembly. Adv Mater 16(20): 1821–1825.

[40] Kim H, Hambir SA, Dlott DD (2002) Ultrafast high repetition rate absorption spectroscopy of polymer shock compression. Shock Waves 12(1): 79–86.

[41] Kim JH, Cho MH, Kim KJ, Kim SH (2017) Laser ignition and controlled explosion of nanoenergetic materials: the role of multi-walled carbon nanotubes. Carbon 118: 268–277.

[42] Lee BD, Thiruvengadathan R, Puttaswamy S, Smith BM, Gangopadhyay K, Gangopadhyay S, Sengupta S (2013) Ultra-rapid elimination of biofilms via the combustion of a nanoenergetic coating. BMC Biotechnol 13.

[43] Levitas VI (2009) Burn time of aluminum nanoparticles: strong effect of the heating rate and melt-dispersion mechanism. Combust Flame 156(2): 543–546.

[44] Levitas VI, Asay BW, Son SF, Pantoya M (2006) Melt dispersion mechanism for fast reaction of nanothermites. Appl Phys Lett 89(7).

[45] Levitas VI, Asay BW, Son SF, Pantoya M (2007) Mechanochemical mechanism for fast reaction of metastable intermolecular composites based on dispersion of liquid metal. J Appl Phys 101(8).

[46] Levitas VI, Pantoya ML, Dikici B (2008) Melt dispersion versus diffusive oxidation mechanism for aluminum nanoparticles: critical experiments and controlling parameters. Appl Phys Lett 92 (1).

[47] Levitas VI, Dikici B, Pantoya ML (2011) Toward design of the pre-stressed nano- and microscale aluminum particles covered by oxide shell. Combust Flame 158(7): 1413–1417.

[48] Levitas VI, McCollum J, Pantoya M (2015) Pre-stressing micron-scale aluminum core-shell particles to improve reactivity. Sci Rep 5.

[49] Liu LM, Car R, Selloni A, Dabbs DM, Aksay IA, Yetter RA (2012) Enhanced thermal decomposition of nitromethane on functionalized graphene sheets: Ab initio molecular dynamics simulations. J Am Chem Soc 134(46): 19011–19016.

[50] Mahadevan R, Lee D, Sakurai H, Zachariah MR (2002) Measurement of condensed-phase reaction kinetics in the aerosol phase using single particle mass spectrometry. J Phys Chem A 106 (46): 11083–11092.

[51] Malchi JY, Foley TJ, Yetter RA (2009) Electrostatically self-assembled nanocomposite reactive micro-

spheres. ACS Appl Mater Interfaces 1(11): 2420–2423.

[52] Martirosyan KS (2011) Nanoenergetic gas-generators: principles and applications. J Mater Chem 21(26): 9400–9405.

[53] Mukasyan AS, Rogachev AS (2016) Combustion behavior of nanocomposite energetic materials. In: Energetic nanomaterials: synthesis, characterization, and application. Elsevier Inc, pp 163–192.

[54] Muthiah R, Krishnamurthy VN, Gupta BR (1992) Rheology of HTPB propellant. I. Effect of solid loading, oxidizer particle size, and aluminum content. J Appl Polym Sci 44(11): 2043–2052.

[55] Mutlu M, Kang JH, Raza S, Schoen D, Zheng X, Kik PG, Brongersma ML (2018) Thermoplasmonic ignition of metal nanoparticles. Nano Lett 18(3): 1699–1706.

[56] Nixon E, Pantoya ML, Sivakumar G, Vijayasai A, Dallas T (2011) Effect of a superhydrophobic coating on the combustion of aluminium and iron oxide nanothermites. Surf Coat Technol 205(21–22): 5103–5108.

[57] Oh HU, Ha HW, Kim T, Lee JK (2016) Thermo-mechanical design for on-orbit verification of MEMS based solid propellant thruster array through STEP cube lab mission. Int J Aeronaut Space Sci 17(4): 526–534.

[58] Ohkura Y, Rao PM, Zheng X (2011) Flash ignition of Al nanoparticles: mechanism and applications. Combust Flame 158(12): 2544–2548.

[59] Pantoya ML, Levitas VI, Granier JJ, Henderson JB (2009) Effect of bulk density on reaction propagation in nanothermites and micron thermites. J Propul Power 25(2): 465–470.

[60] Park K, Lee D, Rai A, Mukherjee D, Zachariah MR (2005) Size-resolved kinetic measurements of aluminum nanoparticle oxidation with single particle mass spectrometry. J Phys Chem B 109(15): 7290–7299.

[61] Patel VK, Ganguli A, Kant R, Bhattacharya S (2015) Micropatterning of nanoenergetic films of Bi_2O_3/Al for pyrotechnics. RSC Adv 5(20): 14967–14973.

[62] Piekiel NW, Zhou L, Sullivan KT, Chowdhury S, Egan GC, Zachariah MR (2014) Initiation and reaction in Al/Bi_2O_3 nanothermites: evidence for the predominance of condensed phase chemistry. Combust Sci Technol 186(9): 1209–1224.

[63] Plummer A, Kuznetsov V, Joyner T, Shapter J, Voelcker NH (2011) The burning rate of energetic films of nanostructured porous silicon. Small 7(23): 3392–3398.

[64] Puszynski JA, Bulian CJ, Swiatkiewicz JJ, Kapoor D (2012) Formation of consolidated nanothermite materials using support substrates and/or binder materials. Int J Energ Mater Chem Propul 11(5): 401–412.

[65] Rai A, Park K, Zhou L, Zachariah MR (2006) Understanding the mechanism of aluminium nanoparticle oxidation. Combust Theor Model 10(5): 843–859.

[66] Rossi C (2014) Two decades of research on nano-energetic materials. Propellants, Explos, Pyrotech 39(3): 323–327.

[67] Ru CB, Ye YH, Wang CL, Zhu P, Shen RQ, Hu Y, Wu LZ (2014) Design and fabrication of MEMS-based solid propellant microthrusters array. In: Applied mechanics and materials, vol. 490–491, pp. 1042–1046.

[68] Ru C, Dai J, Xu J, Ye Y, Zhu P, Shen R (2016a) Design and optimization of micro-semiconductor bridge

used for solid propellant microthrusters array. EPJ Appl Phys 74(3).

[69] Ru CB, Wang F, Xu JB, Dai J, Shen Y, Ye YH, Zhu P, Shen RQ (2016b) Micropropulsion characteristics of nanothermites prepared by electrospray. Hanneng Cailiao/Chin J Energ Mater 24(12): 1136-1144.

[70] Sabourin JL, Dabbs DM, Yetter RA, Dryer FL, Aksay IA (2009) Functionalized graphene sheet colloids for enhanced fuel/propellant combustion. ACS Nano 3(12): 3945-3954.

[71] Séverac F, Alphonse P, Estève A, Bancaud A, Rossi C (2012) High-energy Al/CuO nanocomposites obtained by DNA-directed assembly. Adv Func Mater 22(2): 323-329.

[72] Shende R, Subramanian S, Hasan S, Apperson S, Thiruvengadathan R, Gangopadhyay K, Gangopadhyay S, Redner P, Kapoor D, Nicolich S, Balas W (2008) Nanoenergetic composites of CuO nanorods, nanowires, and Al-nanoparticles. Propellants, Explos, Pyrotech 33(2): 122-130.

[73] Singh RP, Verma RD, Meshri DT, Shreeve JM (2006) Energetic nitrogen-rich salts and ionic liquids. Angew Chem Int Ed 45(22): 3584-3601.

[74] Slocik JM, McKenzie R, Dennis PB, Naik RR (2017) Creation of energetic biothermite inks using ferritin liquid protein. Nat Commun 8.

[75] Smith DK, Bello MN, Unruh DK, Pantoya ML (2017a) Synthesis and reactive characterization of aluminum iodate hexahydrate crystals [$Al(H_2O)_6$] $(IO_3)_3(HIO_3)_2$. Combust Flame 179: 154-156.

[76] Smith DK, Unruh DK, Pantoya ML (2017b) Replacing the Al_2O_3 Shell on Al particles with an oxidizing salt, aluminum iodate hexahydrate. Part II: synthesis. J Phys Chem C 121(41): 23192-23199.

[77] Son SF, Mason BA (2010) An overview of nanoscale silicon reactive composites applied to microengergetics. 48th AIAA aerospace sciences meeting including the New Horizons Forum and Aerospace Exposition, Orlando, FL.

[78] Staley CS, Morris CJ, Thiruvengadathan R, Apperson SJ, Gangopadhyay K, Gangopadhyay S (2011) Silicon-based bridge wire micro-chip initiators for bismuth oxide-aluminum nanothermite. J Micromech Microeng 21(11).

[79] Staley CS, Raymond KE, Thiruvengadathan R, Apperson SJ, Gangopadhyay K, Swaszek SM, Taylor RJ, Gangopadhyay S (2013) Fast-impulse nanothermite solid-propellant miniaturized thrusters. J Propul Power 29(6): 1400-1409.

[80] Staley CS, Raymond KE, Thiruvengadathan R, Herbst JJ, Swaszek SM, Taylor RJ, Gangopadhyay K, Gangopadhyay S (2014) Effect of nitrocellulose gasifying binder on thrust performance and high-g launch tolerance of miniaturized nanothermite thrusters. Propellants, Explos, Pyrotech 39(3): 374-382.

[81] Stamatis D, Jiang Z, Hoffmann VK, Schoenitz M, Dreizin EL (2009) Fully dense, aluminum-rich Al-CuO nanocomposite powders for energetic formulations. Combust Sci Technol 181(1): 97-116.

[82] Sundaram D, Yang V, Yetter RA (2017) Metal-based nanoenergetic materials: synthesis, properties, and applications. Prog Energy Combust Sci 61: 293-365.

[83] Tappan AS (2007) Microenergetics: combustion and detonation at sub-millimeter scales.

[84] Thiruvengadathan R, Bezmelnitsyn A, Apperson S, Staley C, Redner P, Balas W, Nicolich S, Kapoor D, Gangopadhyay K, Gangopadhyay S (2011) Combustion characteristics of novel hybrid nanoenergetic formu-

lations. Combust Flame 158(5): 964-978.

[85] Thiruvengadathan R, Korampally V, Ghosh A, Chanda N, Gangopadhyay K, Gangopadhyay S (2013) Nanomaterial processing using self-assembly-bottom-up chemical and biological approaches. Rep Prog Phys 76(6).

[86] Thiruvengadathan R, Chung SW, Basuray S, Balasubramanian B, Staley CS, Gangopadhyay K, Gangopadhyay S (2014) A versatile self-assembly approach toward high performance nanoenergetic composite using functionalized graphene. Langmuir 30(22): 6556-6564.

[87] Thiruvengadathan R, Staley C, Geeson JM, Chung S, Raymond KE, Gangopadhyay K, Gangopadhyay S (2015) Enhanced combustion characteristics of bismuth trioxide-aluminum nanocomposites prepared through graphene oxide directed self-assembly. Propellants, Explos, Pyrotech 40(5): 729-734.

[88] Trunov MA, Schoenitz M, Dreizin EL (2005a) Ignition of aluminum powders under different experimental conditions. Propellants, Explos, Pyrotech 30(1): 36-43.

[89] Trunov MA, Schoenitz M, Zhu X, Dreizin EL (2005b) Effect of polymorphic phase transformations in Al_2O_3 film on oxidation kinetics of aluminum powders. Combust Flame 140(4): 310-318.

[90] Trunov MA, Schoenitz M, Dreizin EL (2006a) Effect of polymorphic phase transformations in alumina layer on ignition of aluminium particles. Combust Theor Model 10(4): 603-623.

[91] Trunov MA, Umbrajkar SM, Schoenitz M, Mang JT, Dreizin EL (2006b) Oxidation and melting of aluminum nanopowders. J Phys Chem B 110(26): 13094-13099.

[92] Umbrajkar SM, Seshadri S, Schoenitz M, Hoffmann VK, Dreizin EL (2008) Aluminum-rich Al-MoO_3 nanocomposite powders prepared by arrested reactive milling. J Propul Power 24(2): 192-198.

[93] Wang H, Jian G, Delisio JB, Zachariah MR (2014a) Microspheres composite of nano-Al and nanothermite: an approach to better utilization of nanomaterials. 52nd AIAA aerospace sciences meeting—AIAA science and technology forum and exposition, SciTech 2014, National Harbor, MD, American Institute of Aeronautics and Astronautics Inc.

[94] Wang H, Jian G, Egan GC, Zachariah MR (2014b) Assembly and reactive properties of Al/CuO based nanothermite microparticles. Combust Flame 161(8): 2203-2208.

[95] Wang H, Zachariah MR, Xie L, Rao G (2015) Ignition and combustion characterization of nano-Al-AP and nano-Al-CuO-AP micro-sized composites produced by electrospray technique. In: 12th international conference on combustion and energy utilisation, ICCEU 2014, Elsevier Ltd.

[96] Wang J, Bassett WP, Dlott DD (2017) Shock initiation of nano-Al/Teflon: high dynamic range pyrometry measurements. J Appl Phys 121(8).

[97] Wang A, Bok S, Thiruvengadathan R, Gangopadhyay K, McFarland JA, Maschmann MR, Gangopadhyay S (2018) Reactive nanoenergetic graphene aerogel synthesized by one-step chemical reduction. Combust Flame 196: 400-406.

[98] Watson KW, Pantoya ML, Levitas VI (2008) Fast reactions with nano- and micrometer aluminum: a study on oxidation versus fluorination. Combust Flame 155(4): 619-634.

[99] Wuillaume A, Beaucamp A, David-Quillot F, Eradès C (2014) Formulation and characterizations of na-

noenergetic compositions with improved safety. Propellants, Explos, Pyrotech 39(3): 390-396.

[100] Xue Y, Shi CJ, Ren XM, Liu L, Xie RZ (2014) Study of MEMS based micropyrotechnic igniter. In: Applied mechanics and materials, vol. 472, pp. 750-755.

[101] Yang Y, Wang PP, Zhang ZC, Liu HL, Zhang J, Zhuang J, Wang X (2013) Nanowire membrane-based nanothermite: towards processable and tunable interfacial diffusion for solid state reactions. Sci Rep 3.

[102] Yetter RA, Risha GA, Son SF (2009) Metal particle combustion and nanotechnology. Proc Combust Inst 32(II): 1819-1838.

[103] Yu C, Zhang W, Gao Y, Ni D, Ye J, Zhu C, Ma K (2018) The super-hydrophobic thermite film of the Co_3O_4/Al core/shell nanowires for an underwater ignition with a favorable aging-resistance. Chem Eng J 338: 99-106.

[104] Zakiyyan N, Wang A, Thiruvengadathan R, Staley C, Mathai J, Gangopadhyay K, Maschmann MR, Gangopadhyay S (2018) Combustion of aluminum nanoparticles and exfoliated 2D molybdenum trioxide composites. Combust Flame 187: 1-10.

[105] Zarko VE (2016) Nanoenergetic materials: a new era in combustion and propulsion. In: Energetic nanomaterials: synthesis, characterization, and application. Elsevier Inc, pp 1-20.

[106] Zeng C, Wang J, He G, Huang C, Yang Z, Liu S, Gong F (2018) Enhanced water resistance and energy performance of core-shell aluminum nanoparticles via in situ grafting of energetic glycidyl azide polymer. J Mater Sci 53(17): 12091-12102.

[107] Zhang W, Yin B, Shen R, Ye J, Thomas JA, Chao Y (2013) Significantly enhanced energy output from 3D ordered macroporous structured Fe_2O_3/Al nanothermite film. ACS Appl Mater Interfaces 5(2): 239-242.

[108] Zhang D, Xiang Q, Li X (2016) Highly reactive Al-Cr_2O_3 coating for electric-explosion applications. RSC Adv 6(103): 100790-100795.

[109] Zheng G, Zhang W, Shen R, Ye J, Qin Z, Chao Y (2016) Three-dimensionally ordered macroporous structure enabled nanothermite membrane of Mn_2O_3/Al. Sci Rep 6.

[110] Zheng Z, Zhang W, Yu C, Zheng G, Ma K, Qin Z, Ye J, Chao Y (2018) Integration of the 3DOM Al/Co_3O_4 nanothermite film with a semiconductor bridge to realize a high-output micro-energetic igniter. RSC Adv 8(5): 2552-2560.

[111] Zhou W, Yu D (2013) Fabrication, thermal, and dielectric properties of self-passivated Al/epoxy nanocomposites. J Mater Sci 48(22): 7960-7968.

[112] Zhou L, Piekiel N, Chowdhury S, Zachariah MR (2009) T-Jump/time-of-flight mass spectrometry for time-resolved analysis of energetic materials. Rapid Commun Mass Spectrom 23(1): 194-202.

[113] Zhou L, Piekiel N, Chowdhury S, Zachariah MR (2010) Time-resolved mass spectrometry of the exothermic reaction between nanoaluminum and metal oxides: the role of oxygen release. J Phys Chem C 114 (33): 14269-14275.

[114] Zhou X, Torabi M, Lu J, Shen R, Zhang K (2014) Nanostructured energetic composites: synthesis, ignition/combustion modeling, and applications. ACS Appl Mater Interfaces 6(5): 3058-3074.

第3章　纳米结构的含能复合材料：一种新兴的含能材料

赫马·辛格(Hema Singh)，沙伊卜·班纳吉(Shaibal Banerjee)

摘要： 纳米技术广泛应用于医药、环境、陶瓷领域，特别是在国防领域取得了令人瞩目的进展。这一进展是受到分子尺度和纳米尺度元素有序组装的启发，以开发含能材料应用领域的多功能智能材料。其中一类重要的材料是由纳米金属和纳米氧化剂组成的纳米含能材料或纳米铝热剂。传统的微米级金属粒子在含能材料领域使用时，其主要缺点是燃烧时存在较长的点火延迟。这些微米级金属粒子与氧化剂(如铝热剂中的金属氧化物)结合时会导致金属点火延迟，这通常与氧化剂和/或燃料通过金属氧化物保护层的扩散有关。含能复合材料制备技术(通过自组装、冷喷涂、球磨、溶胶-凝胶、气相工艺等技术)正在拓展新的研究领域。本章着重介绍目前的研究方向，重点是操控单个原子和分子制备有序的纳米复合材料结构，用于铝热剂。纳米铝热剂是一种由金属燃料和金属氧化物组成的新型的纳米级含能材料。常用的粉末混合方法具有内在的限制，特别是燃料和氧化剂颗粒的随机分布和不可避免的燃料预氧化。当前新兴的纳米技术提供了一些含能复合材料制备的替代方法。本章还将详细总结制备此类纳米复合材料所采用的方法及技术。这些纳米结构材料在燃烧、点火和机械特性方面具有理想的性能。最后，介绍了纳米结构含能复合材料在微电子机械系统(MEMS)、火箭推进剂、炸药等领域中的应用前景。

关键词： 纳米铝热剂；纳米含能材料；自组装

3.1　引言

技术优势是应对日益增加的恐怖主义威胁的必要条件。通过使用纳米技术可以制备新型具有重要应用前景的功能材料。纳米技术将材料的制备尺度从微米级转变为纳米级，允许科学家在分子水平上对材料性能进行调控，提供了合成纳米结构材料的新方法，其中就

H. Singh, S. Banerjee
国防高等技术学院(DU)，应用化学系，有机合成实验室，411025，浦那，印度
电子邮箱：shaibal. b2001@ gmail. com

包含纳米含能材料。开发限制氧化剂和燃料两者平衡的新的合成方法，是探索纳米含能材料的动力。在此基础上，含能材料受到了一些研究小组的广泛关注。纳米粒子的独特之处在于它们具有比较高的比表面积，研究人员发现纳米级含能材料的点火和燃烧性能、机械性能和热释放性能显著提升(Dreizin，2009)。纳米结构材料将化学焓转化为热焓的能力使其被称为纳米含能材料，与传统材料相比，这种材料可以释放出更多的能量。主要有两种类型的纳米含能复合材料(也称为纳米铝热剂)，即纳米铝粉和氧化剂形成的亚稳态分子间复合材料(MIC)(Zhou 等，2010)和 Ni/Ti、Co/Al、Ni/Al 和 Pt/Al 双金属含能纳米结构材料(如纳米粒子和纳米层压材料)(Picard 等，2008)。

传统的含能材料合成方法包括固体氧化剂和燃料的物理混合方法(Aumann 等，1994)(与黑火药一样)；氧化剂和燃料结合在一个分子中形成单分子含能材料的方法，如 TNT($C_7H_5N_3O_6$)(Clarkson 等，2003)。亚稳态分子间复合材料与单分子材料相比，发现能量密度要大得多(铝热剂的能量密度为 16736J/g，TNT 的能量密度为 2094J/g)(Zarko 和 Gromov，2016)，而且所需能量可以通过改变氧化剂和燃料的比例来实现。复合材料中使用的铝、硼、镁、钛、锆等燃料与某些选定的单分子材料相比，具有较高的燃烧焓和能量密度。然而与单分子材料的释放速率相比，复合材料能量的释放速率相对较慢(Rossi 等，2007)。这些复合材料的主要缺点是，微米级金属颗粒与单分子含能化合物相比，其点火延迟时间相对较长。其次，当这些微米级金属颗粒与氧化剂(如金属氧化物)结合形成铝热剂时，氧化剂和/或燃料通过金属氧化物保护层的扩散通常导致点火延迟(Rossi 等，2007)。

近年来关于纳米含能复合材料的研究发现，铝热剂(燃料/氧化剂)的燃烧速率比传统含能材料高约 1000 倍(Danen 和 Martin，1993)。可能的原因是燃料纳米粒子和氧化剂之间的扩散距离减小导致反应速率提高(Chen 和 Sachtler，1998)。图 3-1 描绘了不同的氧化剂和亲氧金属结合在一起产生含能混合物。

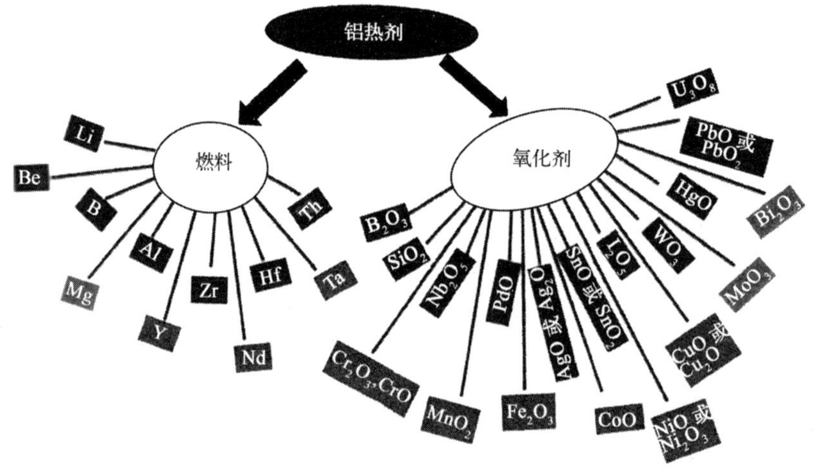

图 3-1　用于铝热剂的不同类型的氧化剂和燃料

反应方程式为

$$M^1_{(s)} + M^2O_{(s)} \rightarrow M^1O_{(s)} + M^2_{(s)} + \Delta H \tag{3-1}$$

其中，M^1是金属燃料颗粒(通常是 Al)；M^2O 是氧化剂。

含能复合材料中燃料组分的选择取决于材料的性能，如高生成热、高密度、低熔点、低毒性及与其他成分的相容性。在考虑这些特性之后，铝成为纳米燃料的首选物。

使用铝纳米粒子(n-Al)作为燃料的原因如下：

1)高燃烧焓(约 1676kJ/mol)；

2)低熔点(约 660℃)，导致点火温度低；

3)易形成氧化物保护层，防止其自燃(Park 等，2005)；

4)高导热性，可以提高复合含能材料的燃烧速率；

5)蒸气压低。

在铝热反应中，可通过氧化剂的氧化反应获得氧气，这种游离氧原子与铝的结合力更强，生成氧化铝，同时释放出大量的能量(Bernstein，2014)。据 Ivanov 和 Tepper(1997)报道，通过加入纳米铝，铝热反应的燃烧速率可以提升 5~10 倍。纳米铝热剂具有较高的能量释放速率(见图 3-2)，因为它们的中间气相反应产物和它们的点火敏感性使其能够产生相当剧烈的爆炸效果。

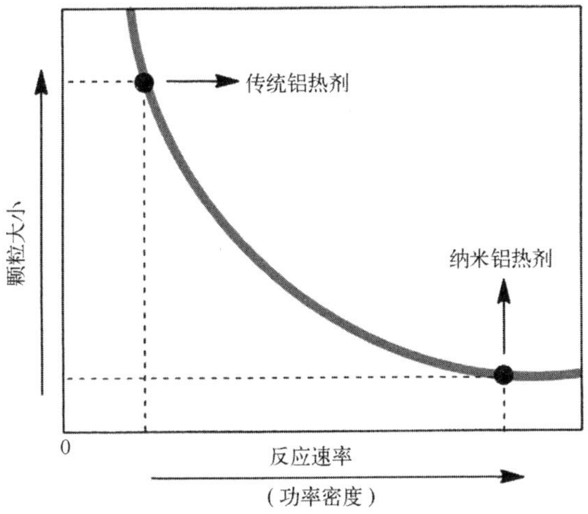

图 3-2　传统铝热剂和纳米铝热剂反应速率的比较

随着时间的推移，纳米含能材料在其合成方案中经历了各种修改，可简要分为以下几个阶段：

(1)第一代

纳米铝(燃料)和氧化剂的合成。

(2)第二代

包覆的纳米级粒子。

(3)第三代

1)三维纳米含能材料。

2)纳米含能材料的有序组装。

三维纳米含能材料由于其独特的性能和优异的表现而成为研究热点。图 3-3 所示为第三代纳米铝热剂，由自组装的高度有序结构组成，与传统的第二代或第一代纳米铝热剂相比，其爆炸速率要高得多。

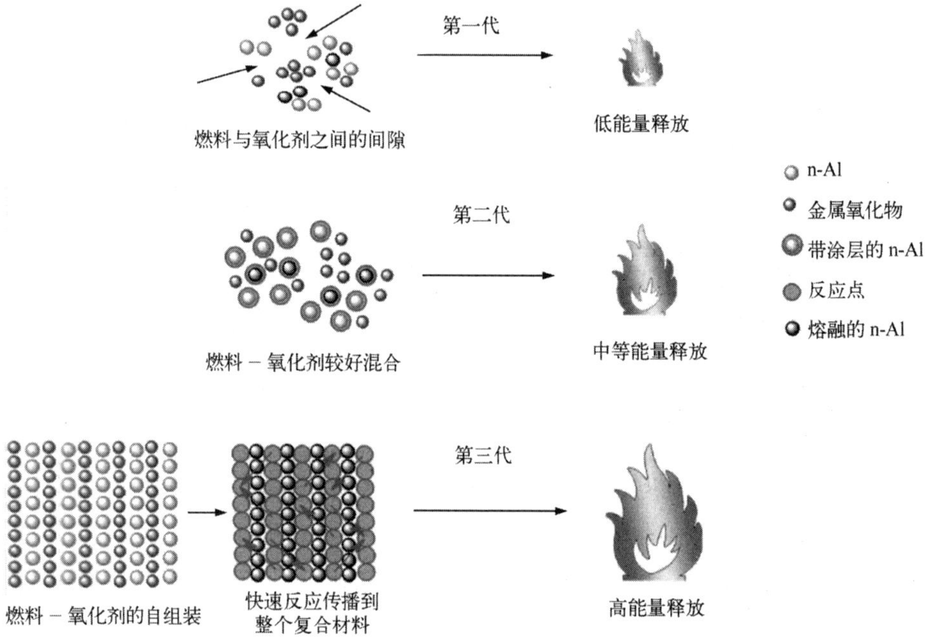

图 3-3　纳米铝热剂发展示意图

3.2　纳米铝热剂的合成

传统铝热剂由燃料和氧化剂两种组分使用常规混合的方法制备。现阶段纳米铝热剂的合成分为自下而上和自上而下两种方法。自下而上方法使用原子和分子制备纳米铝热剂，而自上而下方法是一个由大变小的过程，大块粉末通过破碎等方式转变为纳米量级的铝热剂颗粒。图 3-4 描述了纳米铝热剂制备技术的大致分类情况。

3.2.1　使用自下而上方法合成纳米燃料

进一步将自下而上的方法分为两种，第一种是使用纳米铝粉的技术，第二种是使用燃料和氧化剂的沉积技术。

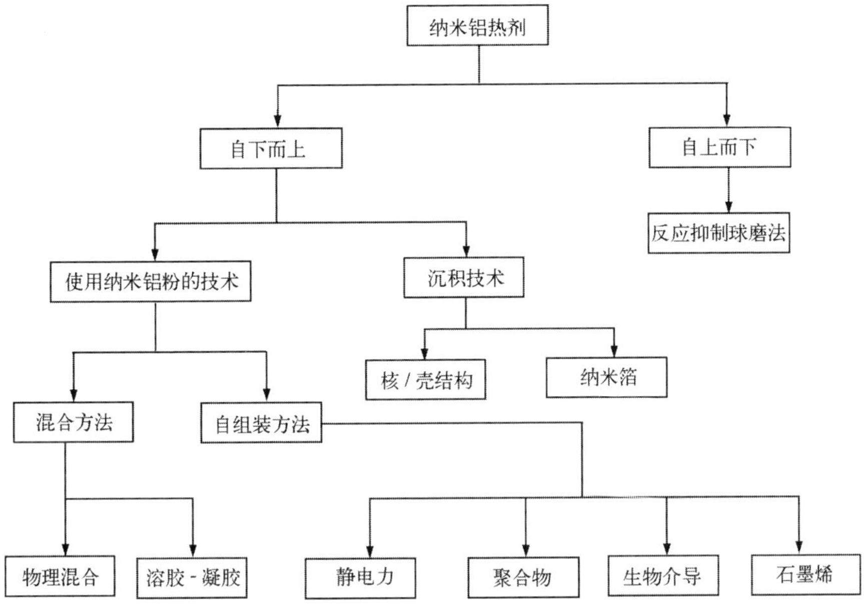

图3-4　基于其合成方法的纳米铝热剂的分类

3.2.1.1　纳米铝粉的技术

在纳米铝粉技术应用中，涉及纳米级燃料和氧化剂的使用。下面讨论了纳米燃料和纳米氧化剂合成的各种方法。

(1)纳米燃料的合成

纳米铝粉是纳米燃料的杰出代表，我们在本节总结纳米铝粉的各种合成方法。通常，金属铝粉通过 Hall-Heroult 方法经由碳阳极和铝阴极在 1233K 温度下通过电化学方法形成(Mandin 等，2009)。这一过程的主要缺点是高能耗、释放温室气体(如 CO_2、CO 和 CF_6 等)和受限的反应条件。纳米铝粉也可以通过一些物理方法合成，如金属丝电爆法、惰性气体雾化法、电磁感应和电弧等离子体方法。

电爆法是一种"自上而下"制备纳米燃料的方法，在这种方法中，高压放电产生的高温使细金属丝熔融、气化，然后铝蒸气与惰性气体碰撞产生纳米金属粉(Yavorovsky，1995)。Tomsk 首次成功地合成了纳米铝粉。Alex 纳米铝粉是用电流快速加热铝丝通过铝丝爆炸而制备的(Ivanov 等，2003)。另一个研究小组也提出了一种通过金属丝爆炸产生纳米金属粉末的新方法。采用激光烧蚀方法制备了 10~50nm 大小的铝纳米粒子(Tepper，2000)。Sarathi 等(2007)以 150mm 长、0.5mm 宽的铝丝为原材料，在 3μF 电容、25kV 的充电电压条件下的氮气、氩气或者氦气气氛中制备了纳米铝粉。通过广角 X 射线衍射(WAXD)观察到在氮气气氛中制备的纳米铝粉存在氮化铝的杂质峰，而其他条件下制备的纳米铝粉纯度很高。热分析研究发现制备的纳米铝粉与微米级铝(m-Al)(654℃)相比熔点降低。Puszynski 报道了在真空环境下惰性气流中通过蒸气冷凝合成纳米铝粉的方法(Puszynski，

2004)。然而由于金属容易与氧反应的固有特性，研究表明在纳米铝粉表面存在 2.3nm 厚的氧化层。

1988 年，Haber 和 Bulero 在 165℃的 1，3，5-三甲基苯中进行氢化铝锂($LiAlH_4$)与氯化铝($AlCl_3$)的反应(Haber 和 Buhro，1998)，通过该反应他们得到了(160±50)nm 的纳米铝粉，反应中的副产物氯化锂(LiCl)通过使用低于 0℃的甲醇洗涤除去[见方程(3-2)]

$$3LiAlH_4 + AlCl_3 \xrightarrow[165℃,\ 24h]{1,3,5-三甲基苯} n-Al + 3LiCl + 6H_2 \tag{3-2}$$

在另一种方法[见方程(3-3)]中，作者将中间体化合物 $H_3Al(NMe_2Et)$ 在 160~164℃、1,3,5-三甲基苯中回流分解，在含有(W)或不含(W/O)催化剂[$Ti(OPr)_4$]的情况下合成了 40~180nm 的铝纳米粒子(Cui 等，2015)

$$H_3Al(NMe_2Et) \xrightarrow[W(或)W/O\ 催化剂]{1,3,5-三甲基苯} n-Al + 3/2H_2 + NMe_2Et \tag{3-3}$$

$Ti\ i-(OPr)_4$，< 164℃

在大多数化学方法中通过使用具有更高还原电位的金属(如 Na 或 Li)来还原 Al 离子，Mahendiran 等(2009)报道了室温条件下通过脉冲超声电化学方法合成铝纳米粒子的方法。在该方法中，超声波振荡器既充当阴极又充当超声发生装置。

据报道三氢化铝在钛催化剂存在的条件下可以热分解制备纳米铝，然而这种方法难以控制纳米铝的形状和尺寸。McClain 及其同事使用油酸作为稳定剂合成了 70~220nm 粒径的纳米铝晶体(方案 3-1)。采用 THF 和二恶烷的混合物作为溶剂，通过控制 THF 和二恶烷的比例可以调控纳米铝晶体的粒径大小(McClain 等，2015)。

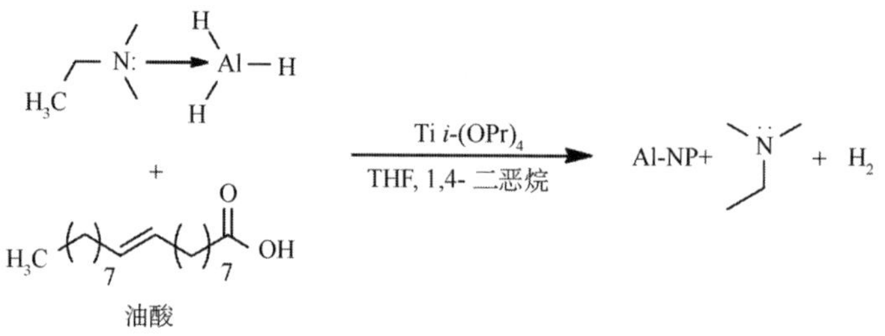

方案 3-1　使用热分解法形成铝纳米粒子

铝粒子表面用 Al_2O_3钝化，并且随着铝粒子表面积的减小，Al_2O_3氧化层增加。Al_2O_3氧化层降低了纳米铝粉的能量密度，同时会降低纳米铝粉的燃烧速率，并导致铝粉的不完全燃烧，在实际应用中需要考虑这个问题。几个研究小组研究了纳米铝热剂的点火和燃烧速率与铝纳米粒子粒径的关系。研究表明随着铝纳米粒子尺寸的减小，点火延迟时间变短。随着混合物中纳米铝粉百分比的增加，燃烧速率显著提高(Moore 等，2007)。最近，为了减少纳米铝粒子的表面氧化，人们开始尝试使用聚合物材料包覆纳米粒子。方程式(3-4)描述了在聚(乙烯基吡咯烷酮)或聚(甲基丙烯酸甲酯)存在的条件下通过氢化铝锂与三氯化铝反应合成被聚(乙烯基吡咯烷酮)或聚(甲基丙烯酸甲酯)包覆的纳米铝粒子的方法。研究发现该方法是成功的，因为 XRD 分析显示合成的纳米粒子在几个月之后仍旧处于金属形式，未被氧化(Ghantat 和 Muralidharan，2010)

$$AlCl_3 + 3LiAlH_4 + PVP \text{ 或 } PMMA \xrightarrow[165℃,\ 24h]{\text{三甲基苯}} 4Al/PVP \text{ 或 } PMMA + 3LiCl + 6H_2 \tag{3-4}$$

通过 $Ti(OPr)_4$催化分解 H_3AlNMO_3或 $H_3AlN(Me)Pyr$ 并用全氟烷基羧酸包覆，在溶液中合成铝纳米粒子，包覆层可以阻止铝粒子表面氧化层的生成，从而形成无氧纳米粒子(Jason 等，2003)。

在另一项研究工作中，n-Al 被三种丙烯酸单体进行官能化，它们分别是 3-甲基丙烯酰氧基丙基三甲氧基硅烷(MPS)，2-羧基乙基丙烯酸酯(CEA)和膦酸 2-羟乙基甲基丙烯酸酯(PMA)(Crouse 等，2010)，如方案 3-2 所示。图 3-5 通过 HRTEM 表征了官能化铝复合材料的表面形态。

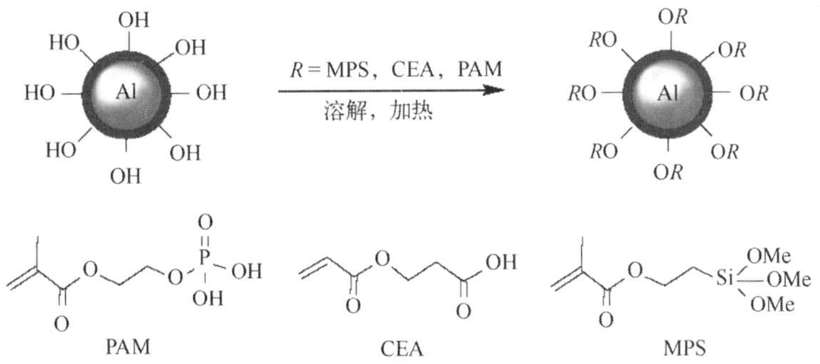

方案 3-2　用丙烯酸官能化纳米铝

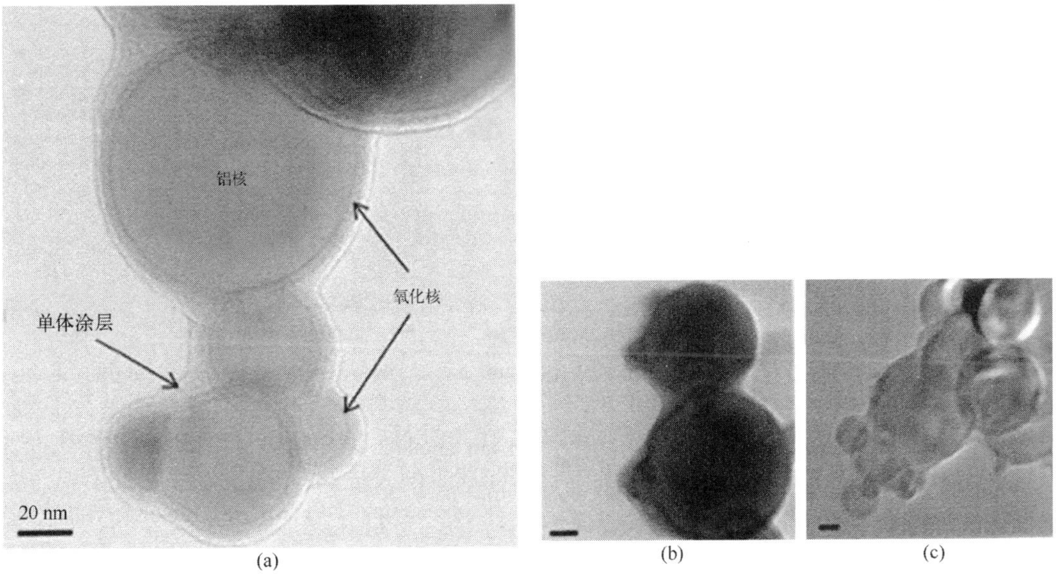

图 3-5　丙烯酸单体包覆的官能化铝复合材料的 HRTEM 图像。经 Crouse 等(2010)许可转载

来自 NAVAIR 的研究人员报道了另一种湿法合成纳米铝粉的方法，该方法由庚烷中的三氢化铝三乙胺加合物($AlH_3 \cdot NEt_3$)合成(Foley 等，2005)（方案 3-3）。他们用金、镍、钯和银等过渡金属钝化纳米铝粉。结果表明与未处理的铝粉或用其他金属处理相比，使用镍的处理方法增加了纳米铝粉中的活性铝含量。

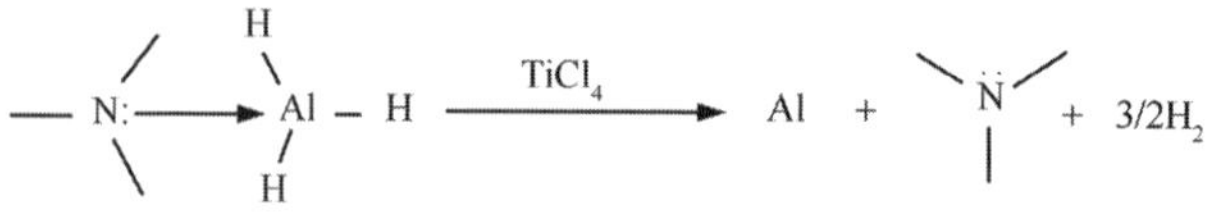

方案 3-3　通过三氢化铝分解制备纳米铝

使用取代烷基的环氧化物钝化铝纳米粒子(方案 3-4)，这些环氧化物在其表面进一步聚合成富氧聚醚层。这些有机壳-铝复合材料具有非常薄的氧化铝层。以 5∶1（铝/环氧化物)比例制备的环氧异丁烷包覆纳米铝暴露于空气中可以发生自燃(Chung 等，2009)。

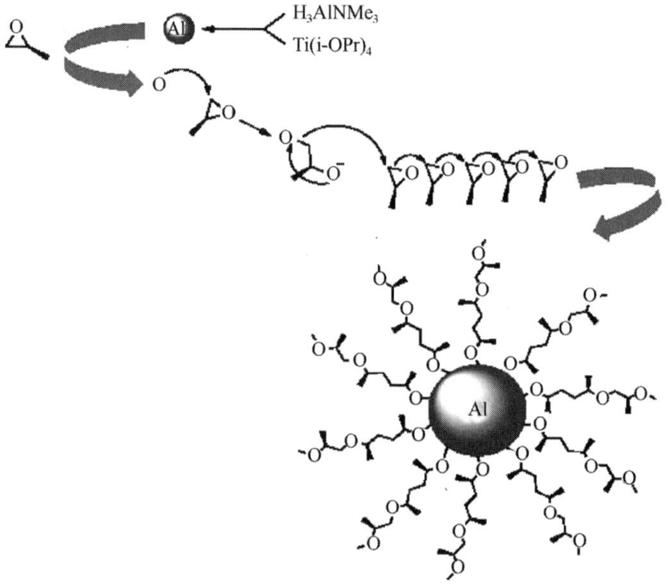

方案 3-4　纳米铝的环氧化物钝化

Zamkov 通过使用聚四氟乙烯(PTFE)或特氟龙作为氧化剂来制备铝基纳米含能复合材料(Zamkov 等，2007)，研究表明使用 PTFE 会降低火焰速度和增加峰值压力。Pantoya 和 Dean 观察到(Watson 等，2008)，减小铝粒径可以将含氟聚合物的燃点提高到接近 n-Al 燃点的较高水平。他们观察到纳米铝粉/特氟龙混合物进行了预燃反应(PIR)，并指出其原因是氧化铝(Al_2O_3)壳层的氟化作用钝化了纳米铝粉颗粒。Yarrington 等观察到点火方式的不同可以改变纳米铝粉的初始燃烧行为(Yarrington 等，2011)。

(2)纳米氧化剂的合成

已经合成了包括 Fe_2O_3、CuO、Bi_2O_3、WO_3、NiO 等各种氧化剂，主要形貌为球形、棒状、线状、介孔状和空心状等。通常以铁(Ⅲ)盐水溶液为原料，采用碱性沉淀法制备氧化铁。滴加乙醇类的碱性溶液是制备 Fe_2O_3 凝胶的基本方法(Gash 等，2001a)。文献报道了 Fe^{3+} 在低 pH 值的条件下的水解反应。方案 3-5 报道了在乙醇存在的条件下由 $Fe(III)(NO_3)_3 \cdot 9H_2O$ 合成 $[Fe(OH_2)_6]^{3+}$ 络合物的方法，该方法在合成过程中释放水分子和硝酸根离子。$[Fe(OH_2)_6]^{3+}$ 不稳定，容易与水反应形成二聚体。此外加入环氧丙烷作为清除剂，在水解时产生 α-FeOOH。当两个 α-FeOOH 分子结合时生成 α-Fe_2O_3 与水分子。反应过程总结如下(Prakash 等，2004)。

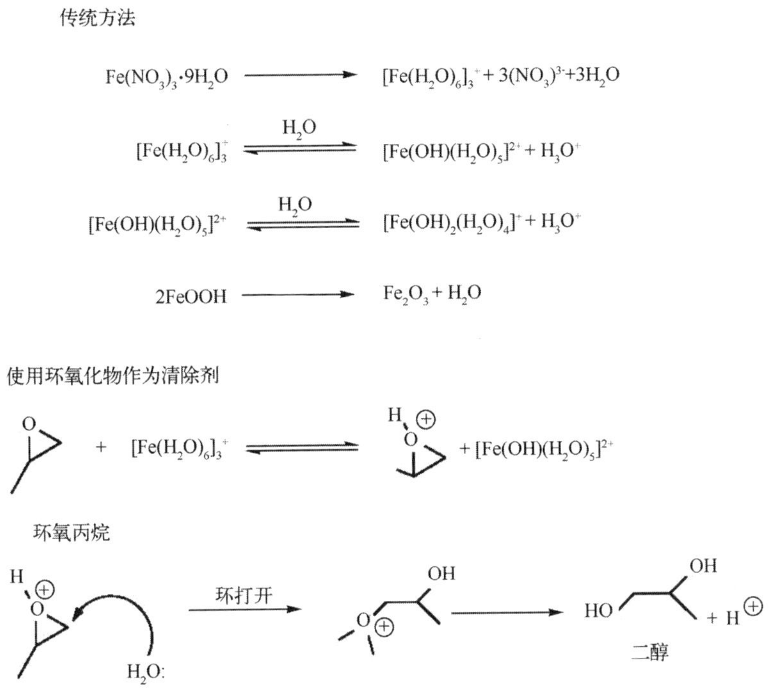

方案 3-5　用环氧清除剂合成氧化铁纳米粒子

氧化剂通常是无孔的，科研人员开始研究介孔氧化剂材料以提升燃烧速率。在多孔材料中，能量传递依赖于对流机制，可导致更高的燃烧速率。Srivastava 等使用乙醇铁和表面活性剂十六烷基三甲基溴化铵(CTAB)合成了介孔 Fe_2O_3(Srivastava 等，2002)。另一种方法是使用 $FeCl_3$ 作为前驱体，环氧丙烷或环氧氯丙烷作为质子清除剂，可以获得孔径为 2~3nm 的介孔 Fe_2O_3，然而在介孔 Fe_2O_3 颗粒中未观察到有序孔道(Prakash 等，2004)。

以 $Fe(NO_3)_3$ 为前驱体，环氧丙烷作为质子清除剂，Brij76 作为表面活性剂可以制备孔径为 8~10nm 的 Fe_2O_3 纳米多孔材料(Mehendale 等，2006)。透射电镜(TEM)研究结果表明，使用 Brij 76 制备的 Fe_2O_3 纳米多孔材料的孔径几乎是使用十六烷基三甲基氯化铵(CTAC)制备的纳米多孔材料孔径(2~3nm)的两倍。结果表明，加入表面活性剂后，试样的孔径分布较窄，孔隙分布均匀。其次，随着表面活性剂链长增加，孔径也随之增大。

各种形态的氧化铜的合成方法也得到了发展。例如，将 1μm 的 Cu 膜在静态空气中通过不同温度和时间的热氧化来合成 CuO 纳米线。Cu 的氧化过程包括以下两个步骤：

$$4Cu + O_2 \xrightarrow[5h]{360℃} 2Cu_2O \tag{3-5}$$

$$2Cu_2O + O_2 \xrightarrow{400 \sim 800℃} 4CuO \tag{3-6}$$

Yang 等人研究报道了 Cu_2O 种子相的存在对 CuO 纳米线的生长至关重要(Yang 等，2012)。

在另一种方法中，以聚乙二醇(PEG)表面活性剂为模板合成了 CuO。PEG 的作用是实现氢氧化铜可控的各向异性生长。已知 PEG-20000 表面活性剂可以制备 Cu(I)氧化物纳米线，而 PEG-400 表面活性剂已用于纳米棒和纳米线的合成(Shende 等，2008)，TEM 图像如图 3-6 所示。

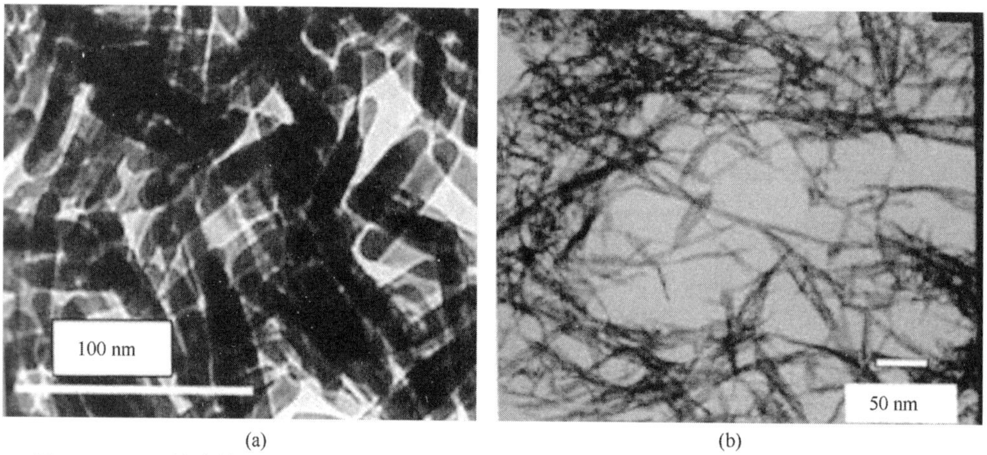

图 3-6　CuO 纳米棒：(a) 纳米线；(b) 使用 PEG 胶束制备。经 Shende 等(2008)许可转载

Ahn 等人使用 $Cu(NO_3)_2$ 和聚乙烯吡咯烷酮(PVP)通过静电纺丝和煅烧的方法合成 CuO 纳米线(Ahn 等，2011a)。图 3-7 所示为静电纺丝法合成 CuO 纳米线的示意图。

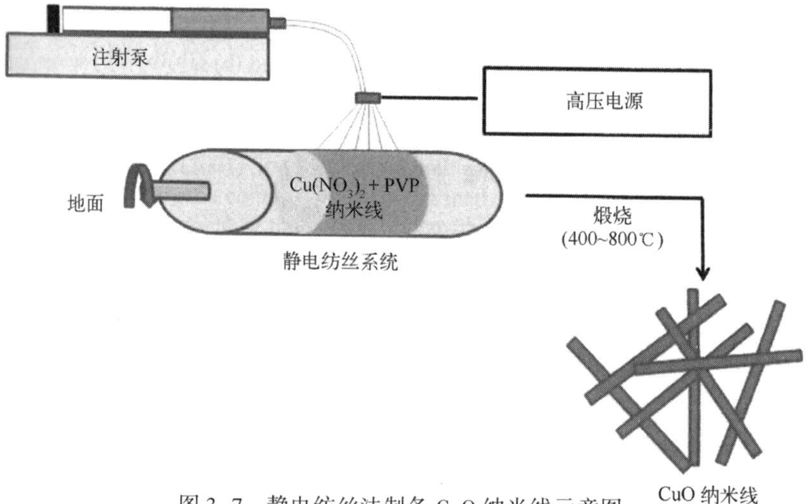

图 3-7　静电纺丝法制备 CuO 纳米线示意图

另一种方法是通过“液滴到颗粒”气溶胶喷雾热解法制备尺寸约为 10nm 的空心 CuO 球。采用蔗糖和过氧化氢作为原位发泡剂。图 3-8 所示为该技术的示意图(Jian 等，2013)。

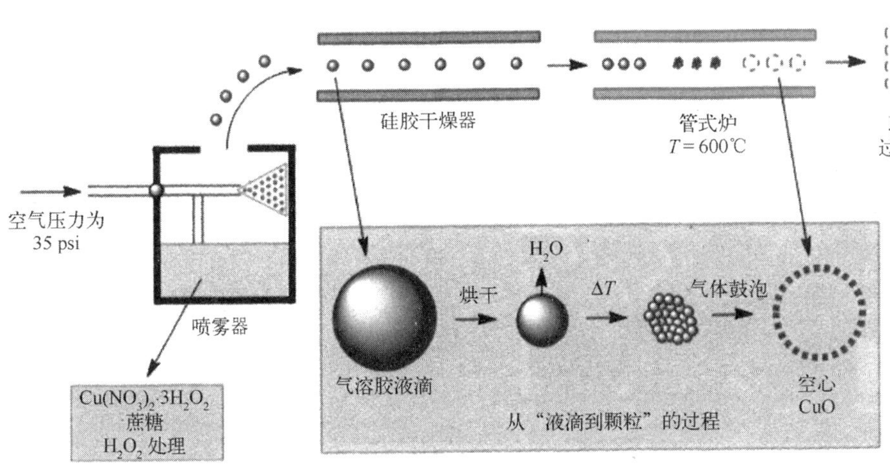

图 3-8　喷雾热解法合成 CuO 纳米球

三氧化钨(WO_3)被认为是一种很好的氧化剂，因为它具有较高的密度(7. 20g/cm^3，而 Fe_2O_3为 5. 25g/cm^3)，并能够在相对较低的温度下升华。升华过程中产生的气体可以加快反应速度(Perry 等，2004)。

WO_3纳米粒子使用撞击破碎沉淀法合成，其中将在酸中混合的偏钨酸铵[$(NH_4)_{10}W_{12}O_{41}$]倒入蒸馏水中以获得钨酸沉淀物，然后在 200℃或 400℃的空气中加热，分别形成立方或单斜的 WO_3(Gash 等，2004)。

(3)纳米复合材料的合成

纳米铝粉合成纳米铝热剂的方法可以分为两类：混合法和自组装方法。

①混合法

混合法可进一步分为物理混合法和声化学混合法。

(a)物理混合法

物理混合法是合成纳米复合材料最简单和应用最广泛的方法(Moore 等，2004)。在非典型反应过程中，将粉末悬浮在惰性液体中(以减少静电荷)，如己烷或异丙醇或任何其他挥发性溶剂，然后将它们进行超声处理。超声处理过程将使宏观尺寸的大颗粒破碎成纳米尺寸的颗粒，并且该过程还能确保燃料和氧化剂良好混合。采用机械混合法合成的复合材料结构不均匀，氧化剂和燃料颗粒在复合材料中随机分布，减小了界面接触面积，从而降低了燃烧速率。

相对于氧化剂和燃料组分的机械混合，第二种合成方法基于溶胶-凝胶化学原理。

(b)溶胶-凝胶合成

劳伦斯利弗莫尔国家实验室的研究人员(Clapsaddle 等，2003)首次使用溶胶-凝胶法合成纳米含能材料。溶胶-凝胶反应机理包括水解和缩合两个步骤。当金属盐(M_yX_z)在水溶液中溶解成金属阳离子和阴离子时，这个过程就开始了，溶液中带正电荷的金属阳离子M^{z+}吸引周围水分子中氧原子的部分负电荷形成水合配位球。

然后是水合金属络合物的水解，$[M(OH_2)_N]^{z+}$由溶液中的水分子与金属阳离子的配位而产生。金属络合物与溶液中的基体(如水)通过质子转移反应形成羟基配体$[M(OH)(OH_2)_{N-1}]^{(z-1)+}$和共轭酸$H_3O^+$，如方程(3-7)所示(Mabuchi 等，2005)

$$\underset{\text{酸性水合金属络合物}}{[M(OH_2)_N]^{z+}} + \underset{\text{基体}}{H_2O} \rightleftharpoons \underset{\text{羟基配体}}{[M(OH)(OH_2)_{N-1}]^{(z-1)+}} + \underset{\text{共轭酸}}{H_3O^+} \tag{3-7}$$

羟基配体又与另一水分子发生反应，经过脱质子后生成氧基配体$[MO(OH_2)_{N-1}]^{(z-2)+}$和共轭酸$H_3O^+$，如方案 3-6 所示。

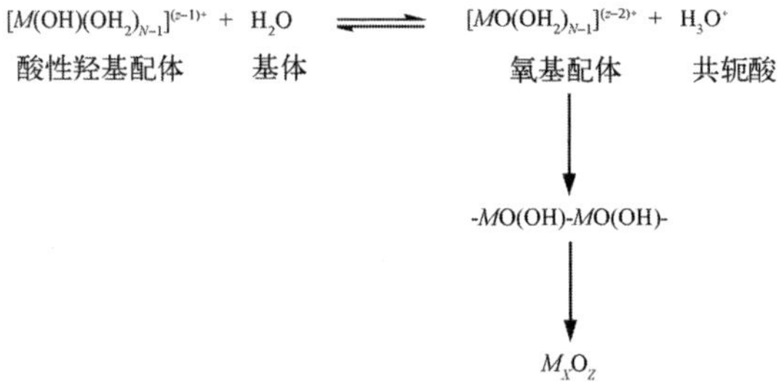

方案 3-6　氧基配体的形成

氧基配体通过缩合反应聚合形成金属氢氧化物/羟基氧化物的三维网络。此外通过老化和干燥过程除去残留的羟基物质，最终生成化学计量的金属氧化物网络，M_xO_z(Pierre，2013)。

这样形成的凝胶可以在空气中干燥形成干凝胶，经过超临界流体处理后，去除孔隙中的液体形成气凝胶。

Tillotson 等(2001)首次采用溶胶-凝胶法合成了 Al/Fe_2O_3 纳米含能复合材料的气凝胶和干凝胶材料，其研究成果表明该方法可以制备出高比表面积的金属氧化物。此外，与干凝胶相比，气凝胶复合材料的导热系数较低，容易被点燃(Brinker 和 Scherer，1990)。

此外，该技术已经扩展到合成其他氧化物，如 Cr_2O_3、Al_2O_3、In_2O_3、Ga_2O_3、SnO_2、ZrO_2、NbO_3和 WO_3(Gash 等，2001b)。研究发现羟基是该技术中的必要组分。因此，Plantier 等(2005)在 410℃下煅烧气凝胶和干凝胶粉末以除去羟基杂质，发现反应速度从 10m/s 提升到 900m/s，结果表明溶胶-凝胶法合成的复合材料的反应速率比普通材料快。

②自组装合成法

通过自组装方法合成的燃料纳米粒子在氧化剂周围有序排列，因此这种复合材料具有最高的热点并且释放能量速率高。纳米粒子的自组装可以通过各种方法实现，如静电相互作用、生物介导、聚合物结合和氧化石墨烯功能化等。

(a)静电相互作用辅助自组装

在静电相互作用自组装方法中，氧化剂和燃料气溶胶颗粒之间的扩散是通过增加各组分的静电力来改善的。在布朗碰撞类型中，燃料(Al)颗粒通过与氧化剂颗粒的弱相互作用形成线性链，如图 3-9(a)所示。而在静电相互作用的情况下，增强的带电碰撞使氧化剂纳米粒子周围聚集了更多的铝粒子，燃料与氧化剂之间的接触比布朗粒子更好(Kim 和 Zachariah，2004)，如图 3-9(b)所示。

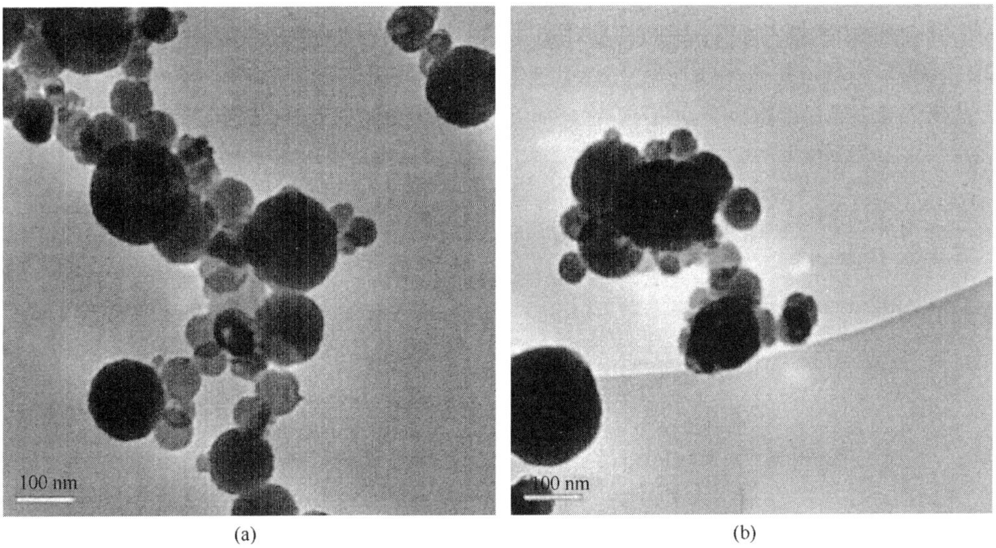

图 3-9 用布朗凝聚法和双极凝聚法合成纳米复合粒子的透射电镜图像。经 Zachariah 和 Kim(2004)许可转载

另一项研究是在纳米铝的表面涂覆烷酸 $COOH(CH_2)_{10}NMe_3^+Cl^-$，nCuO 表面涂覆烷硫醇 $SH(CH_2)_{10}COO^-NMe_4^+$，如图 3-10 所示。在纳米级结构基础上按需调节其反应特性可以深入了解控制传播的物理学(Malchi 等，2009)。

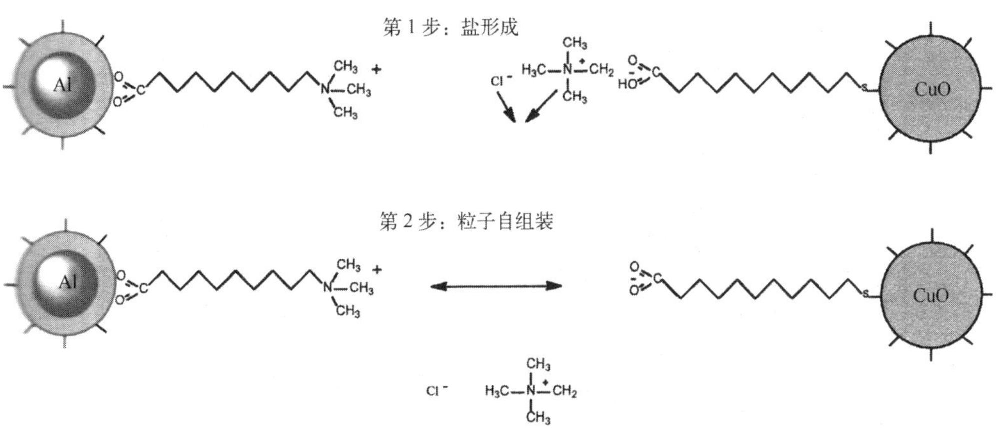

图 3-10 盐形成和粒子静电自组装示意图

(b)聚合物辅助自组装

Gangopadhyay 等报道了利用自组装和超声混合工艺合成由 CuO 纳米棒和纳米线以及铝纳米粒子组成的纳米复合材料。在自组装过程中，将聚(4-乙烯基吡啶)涂覆在铜纳米棒(20~100nm)上，然后再涂覆 80nm 铝粉。TEM 图像如图 3-11 所示(Shende 等，2008)。

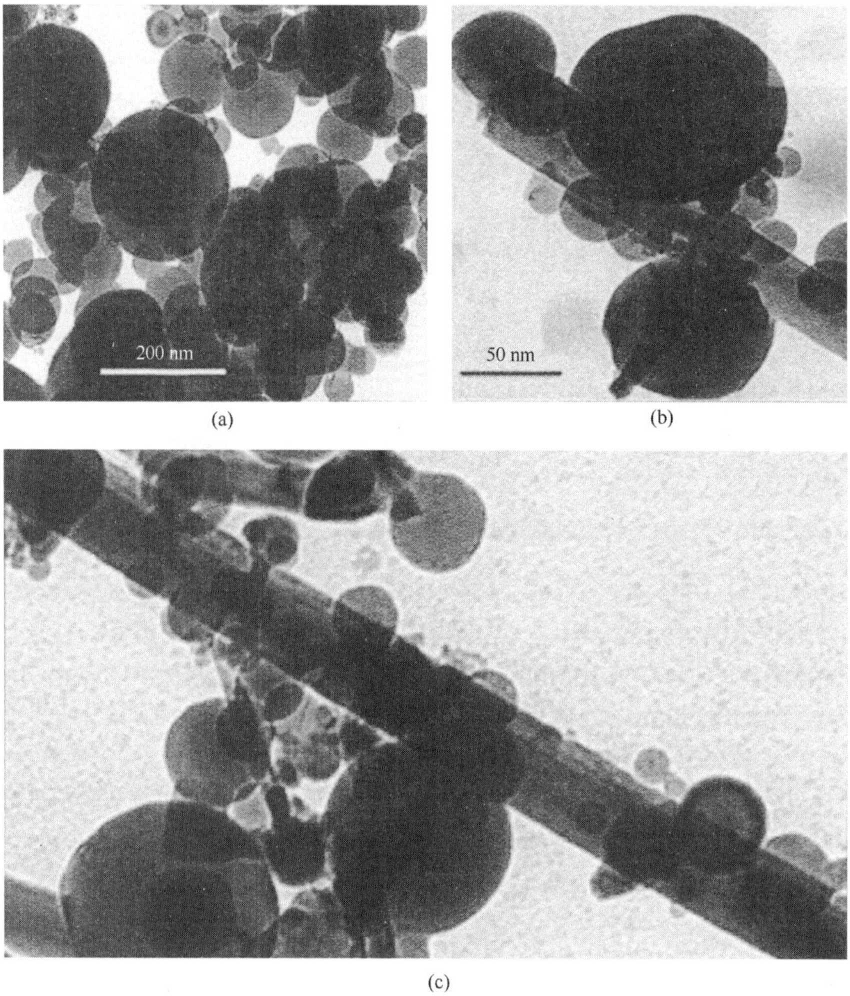

图 3-11　TEM 显微照片：(a)纳米铝；(b)CuO 纳米棒周围自组装纳米铝；(c)纳米结构的自组装。经 Shende 等(2008)许可转载

(c)生物辅助自组装

通过 Al 和 CuO 的自组装，制备了 DNA 导向的含能纳米复合材料，与物理方法混合的 Al/CuO 相比，其能量性能显著提高。有机硫化合物(-SH)的硫醇部分与 CuO 表面反应形成 Cu—S 键，并与巯基修饰的寡核苷酸形成官能化的 CuO(Folkers 等，1995)。

另一种策略是将 DNA 与 Al 结合。首先，与生物素形成强非共价键的中性抗生物素蛋白(一种四聚体蛋白质)，并被吸附到纳米铝的氧化铝表面，然后被生物素修饰的寡核苷酸官能化，生物素是一种可以与任何生物分子结合的小维生素（Diamandis 和 Christopoulos，1991）。最后 CuO 和 Al 通过一种交联剂链接。DNA 导向的纳米含能复合材料示意图如图 3-12 所示。

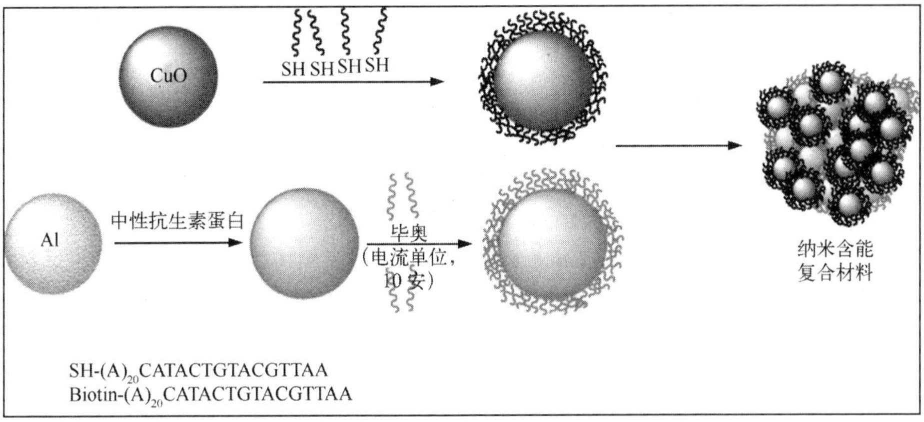

图 3-12　DNA 导向的纳米含能复合材料示意图

(d)石墨烯辅助自组装

近年来，石墨烯薄片的功能化引起了人们的关注，因为石墨烯可以很容易地被修饰来体现不同的有序组装方法。在分子水平上用硝基（$-NO_2$）和胺（$-NH_2$）等含能基团修饰的石墨烯的燃烧性能显著提高。Thiruvengadathan 和其团队（2014）利用功能化石墨烯片（FGS）作为纳米铝热剂（Al 作为燃料，Bi_2O_3作为氧化剂）的添加剂形成有序组装材料。方案 3-7 描述了 $GO/Al/Bi_2O_3$复合材料自组装过程。

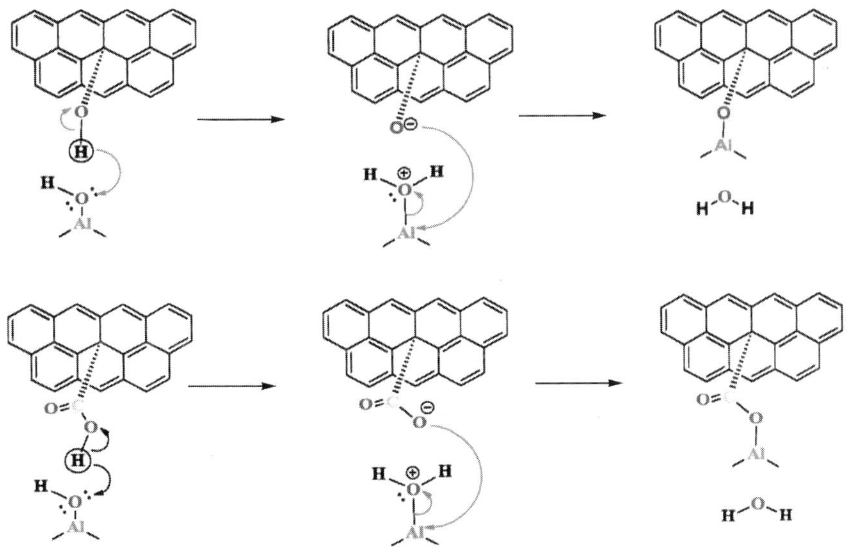

方案 3-7　石墨烯（铝）功能化

3.2.1.2　沉积技术

(1)纳米箔

在氩气环境中，反应物分别在金属和氧化剂靶上方旋转，将反应物沉积在基板(硅晶片)上，制备出高度结构化的纳米箔。在多层箔合成方法中，在氧化剂和燃料之间发生自蔓延的放热反应(Wang 等，2004)。元素层发生反应，形成单一的金属间产物。图 3-13 所示为硅晶片上燃料和氧化剂的典型逐层排列。

图 3-13　燃料和金属氧化剂在硅晶片上的沉积

如图 3-14 所示，Al/CuO_x 多层箔片采用磁控溅射以多层几何形状沉积（Blobaum 等，2003a）。溅射枪被屏蔽以减少铝和 CuO_x 之间的过早反应，防止铝氧化。在另一份报告中，对这些箔进行了差热分析，发现通过两步放热(850~950K 和 975~1127K)进行反应。这表

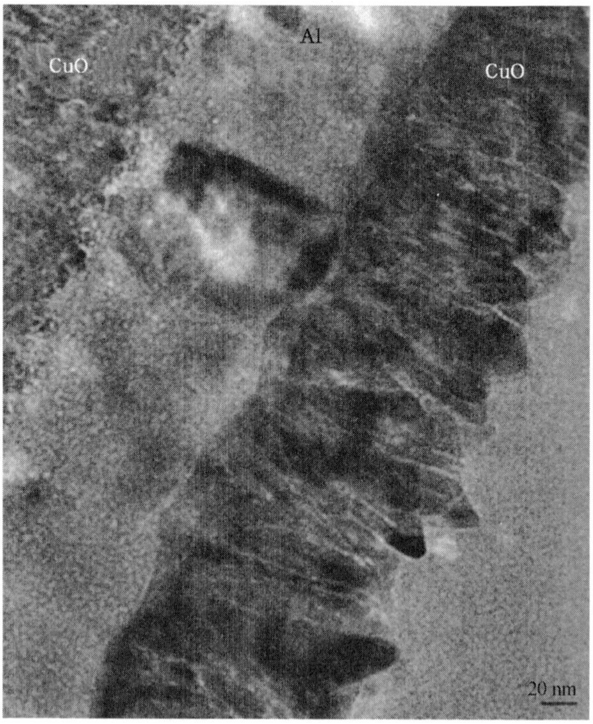

图 3-14　Al/CuO_x 多层几何结构的 TEM 图像。经 Blobaum 等(2003)许可转载

明反应是通过 Al_2O_3 核的横向生长控制的，然后通过 Al_2O_3 层生长控制氧的扩散(Blobaum 等，2003b)。

Petrantoni 等(2010a)在氩-氧气环境中通过反应磁控溅射将微米和纳米结构的 Al/CuO 作为多层薄膜沉积在氧化硅晶片上。该研究表明，这种薄膜非常适合于 MEMS，因为该技术是通用的，而且表面应力小(<50MPa)。文献中报道了另一种层状结构的制备方法，即通过 Cu 膜生长 CuO 纳米线，然后通过热蒸发沉积铝(Zhang 等，2007)。

(2)核/壳

核/壳法是合成结构有序的纳米铝热剂的另一种方法。在该方法中，通过将氧化剂涂覆到 n-Al 粒子上使燃料和氧化剂之间紧密接触。原子层沉积(ALD)是一种很有前途的方法，可以将连续均匀的薄膜作为壳层应用于核材料上。ZnO 和 SnO_2 作为氧化剂层连续沉积在纳米粒子上(Qin 等，2013)。可以通过调节 ALD 循环的次数来控制氧化剂层在 Al 表面上的厚度。与以前报道的值相比，反应速率提高了，这可归因于氧化剂膜的优异的一致性。

3.2.2 反应抑制球磨法(ARM)

ARM 合成是一种自上而下的纳米复合材料制备方法，该方法是对反应性研磨的改进，其工作原理是对引起放热反应的微米级原始粉末进行高能机械研磨(Baláž 等，2003)。在 ARM 中，当形成纳米复合粉末时，通过停止研磨来避免机械引发的放热反应。混合发生在纳米级，而颗粒尺寸在微米范围内。因此，每个微米尺寸的颗粒代表了活性成分的纳米复合结构。ARM 也可以应用于纳米含能材料。许多文献报道了通过 ARM 制备 Al-CuO 和 $Al-MoO_3$ 纳米复合材料(Ermoline 等，2011；Ermoline 和 Dreizin，2012)。研究了各种研磨参数，结果表明，随着研磨强度的增加，微晶体尺寸减小，但在原材料中观察到不良的副反应。发现密度在 $5\sim8g/cm^3$ 范围内的研磨介质是最高结构细化以及最低程度副反应的理想条件。钢是合成高度结构化 $Al-MoO_3$ 纳米复合材料的最佳研磨介质。

表 3-1 列出了纳米铝热剂各种合成方法的优缺点。

表 3-1 纳米铝热剂各种合成方法的优缺点

合成模式		优点	缺点
混合法	物理法	·简单 ·低成本 ·可称量	·处理困难 ·均匀混合是不可能的 ·杂质含量更高 ·与 MEMS 的兼容性较差
	溶胶-凝胶法	·低成本 ·与 MEMS 相容性更好 ·可调控纳米结构	·处理困难 ·有机杂质含量高 ·自我维持的反应被抑制

续表

合成模式	优点	缺点
自组装方法	· 对纳米结构具有良好的可控性 · 同质性更多 · 容易扩展	· 烦琐复杂的流程 · 与 MEMS 的兼容性较差 · 杂质含量较高
纳米箔	· 可控合成 · 氧化铝外壳可以忽略不计 · 高纯度 · 可实现反应的自我维持 · 与 MEMS 集成非常方便	· 贵 · 耗时且难以扩大规模 · 不需要的副产品
ARM	· 便宜 · 可以扩展	· 纳米结构可控性差 · 需要额外的防护涂层以确保安全操作 · 总反应热无法计算 · 与 MEMS 集成很困难

3.3 纳米铝热剂的性质

通过点燃粉末并测量火焰速度和加压速率来研究纳米铝热剂的反应。两个相对测量值之间存在相关性，其中火焰速度使用电导率计算(Tasker 等，2006)，但间隔已知距离的高速相机或光电二极管对火焰成像来说是最常用的技术。使用这种方法对各种样品进行测试，包括在敞开的通道(Kwon 等，2003)、微通道(Son 等，2007)和柱形管(Malchi 等，2008)内进行燃烧测试。用时间分辨发射光谱的监测方法来找到反应动力学特征，同时可用压力传感器在反应传播经过传感器时收集同步压力数据(Vassiliou 等，1993)。通过了解光热发射和压力升高以及燃烧速率，可以很好地理解自蔓延过程中的反应机理。在恒定容积室中，固定质量的燃烧和动态增压估算是研究复合材料反应的其他实验技术之一。根据相对于反应时间的壁面缓慢传热时间的研究，可以推测这些实验中的火焰温度在某种程度上是有点绝热的。

3.4 纳米铝热剂的类型

有许多热力学稳定的燃料/氧化剂组合，下面列出了其中一些：

- 铝/氧化铁(II，III)；
- 铝/氧化钼(VI)；
- 铝/氧化铋(III)；
- 铝/氧化铜(II)；
- 其他氧化物，如铝/高锰酸钾，铝/钨(VI)水合氧化物。

(1)铝/氧化铁(III)纳米含能材料

历史上，铝热剂是指铝和氧化铁的化学反应物。铁磁相中的氧化铁优选作为氧化剂，因为它随着颗粒尺寸减小开始具有超顺磁性(Prakash 等，2004)。我们在这里总结了与 Al/Fe_2O_3纳米铝热剂有关的研究。

对溶胶-凝胶法合成的 Al/Fe_2O_3纳米复合材料的燃烧速率进行评价，结果表明纳米复合材料燃烧速率更快，对点火时热量的敏感性高于传统的铝热剂。研究发现纳米复合材料铝热剂反应热的实验值为 1.5kJ/g，明显低于理论值(3.9kJ/g)。总测量能量的下降将归因于超细 Al 颗粒上的原生氧化物层(Tillotson 等，2001)。据另一篇关于通过气溶胶-凝胶法合成的 Al/Fe_2O_3纳米复合材料的报道，反应显示出剧烈燃烧，传播速度为 4m/s(Son 等，2002)。据报道，加压速率为 96Pa/s，发现其低于传统的铝热剂。低加压速率可能是由于高密度的氧化铁，其表现出导电燃烧而不是对流(低密度材料)，导致后者显示出缓慢的火焰传播特性(Shin 等，2012)。另外注意到，在没有热处理的情况下，Al/干凝胶和 Al/气凝胶不会在密闭管内传播。热处理还导致燃烧波传播速度的增加。他们的另一个研究结果是气凝胶与干凝胶相比，密度较低，因此以更高的速度向前推进。为了提高混合物的均匀性，他们加入了二辛基磺基琥珀酸钠(SDS)，发现燃烧波速度提高了 3 倍(Kim 和 Zachariah，2004)。在另一项研究中，通过溶胶-凝胶法将 Al 分散在 Fe_2O_3干凝胶中，研究发现溶胶 - 凝胶纳米复合材料显示出比通过物理混合的纳米复合材料的焓高，焓的增加可能是由于 Al 纳米粒子直接分散到 Fe_2O_3凝胶中而导致燃料和氧化剂之间更加紧密(Bhattacharya 等，2006)。

在另一篇文章中，作者报道了使用阳离子十六烷基三甲基氯化铵(CTAC)和非离子共聚物 Brij76 合成介孔 Fe_2O_3(Mehendale 等，2006)。有序的 Fe_2O_3和 Al 纳米粒子复合材料的燃烧速率比没有有序介孔的 Fe_2O_3和 Al 纳米复合材料的高(见图 3-15)。燃烧速率的提高可能是由于表面活性剂的使用使氧化剂与燃料之间的界面接触更加紧密所致。

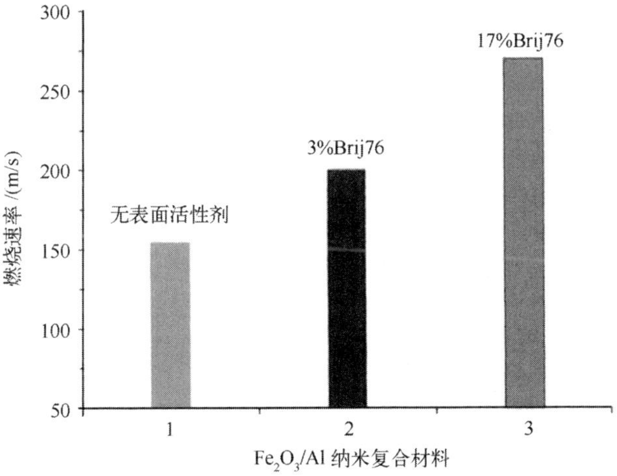

图 3-15　添加和不添加表面活性剂的 Al/Fe_2O_3 纳米复合材料燃烧速率的比较

因此，由于胶束的自组装，表面活性剂的使用增加了介孔的有序性，从而减少了氧化剂中的孔径分布。最近，采用软模板自组装和溶胶-凝胶法相结合的自下而上的方法，其中 Brij S10 胶束作为钝化剂对 n-Al 进行钝化处理，如图 3-16 所示(Zhang 等，2013)，并对物理混合、溶胶-凝胶和自组装进行了比较研究。通过上述方法合成的样品的释放热量分别为 1097J/g、1689J/g 和 2088J/g。因此，复合材料的有序排列提高了含能率。当该氧化剂与纳米粒子燃料混合并被点燃时，燃烧波阵面中的热点密度增加，导致燃烧速率提高。

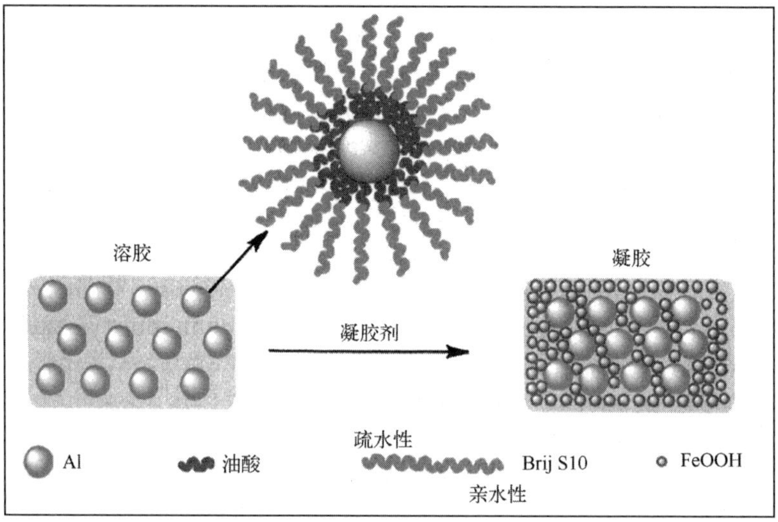

图 3-16　自组装法制备 Al/Fe_2O_3 纳米铝热剂的示意图

使用聚苯乙烯球制备的三维(3D)有序大孔 Al/Fe_2O_3 纳米铝热剂薄膜，其能量水平(12.83kJ/g)显著提高(Cheng 等，2010)。

通过使用溶胶-凝胶和物理混合方法将铝粉和氧化铁结合形成纳米含能材料来对铝热剂的机理进行研究(Durães 等，2007)。将两种纳米复合材料(n-Al/xero- Fe_2O_3 和 micro-Al/xero- Fe_2O_3)和四种简单物理混合(n-Al + xero- Fe_2O_3，n-Al+micro-Fe_2O_3，micro-Al + xero- Fe_2O_3 和 micro-Al+micro-Fe_2O_3)的样品加热至 1020℃。对在 600℃ 和 1020℃ 下所得产物进行了 X 射线衍射分析，见表 3-2。这些结果仅表示方程 $2Al + Fe_2O_3 \rightarrow Al_2O_3 + 2Fe$ 理论上的结果。

表 3-2　不同配方获得的产物

铝热剂	方法	温度/℃	探测到的产物
n-Al/xero-Fe_2O_3	溶胶-凝胶	660	Fe，$FeAl_2O_4$，γ-Fe_2O_3，Fe_3O_4
		1020	Fe，$FeAl_2O_4$，γ-Fe_2O_3，Fe_3O_4
micro-Al/xero- Fe_2O_3	溶胶-凝胶	660	$FeAl_2O_4$，FeO
		1020	$FeAl_2O_4$，FeO

续表

铝热剂	方法	温度/℃	探测到的产物
n-Al+micro- Fe_2O_3	混合	660 1020	γ- Fe_2O_3，Al， Fe，$FeAl_2O_4$，Fe_3O_4，γ-Fe_2O_3，$Al_{2.667}O_4$
micro-Al+micro- Fe_2O_3	混合	660 1020	α- Fe_2O_3，Al，Fe，$FeAl_2O_4$，Fe_3O_4 γ- Fe_2O_3，α-Fe_2O_3，$Al_{2.667}O_4$，Al
micro-Al+xero- Fe_2O_3	混合	660 1020	γ- Fe_2O_3，Al α- Fe_2O_3，α-Al_2O_3
n-Al+xero- Fe_2O_3	混合	660 1020	α- Fe_2O_3，$FeAl_2O_4$，Al α- Fe_2O_3，α-Al_2O_3，Fe

Hübner 等(2017)研究了 Al 基氧化铁/Al 基氢氧化铁纳米铝热剂，与磁性氧化铁相比，非磁性氢氧化铁具有更高的火焰传播速度。除此之外，非磁性纳米铝热剂点火需要 45.8 mJ 的火花能量，而磁性纳米铝热剂则需要 1212 J 的能量才能点燃。因此非磁性纳米铝热剂可能是用来引发二次爆炸物的铅或汞的替代品。关于氧化铁的另一项研究涉及在石墨烯片上沉积 Al/Fe_2O_3核/壳结构，研究表明这些纳米复合材料可以释放更多的能量，并且静电火花感度显著降低(Yan 等，2017)。

(2)铝/三氧化钼纳米含能材料

现在纳米铝热剂不仅仅涉及之前描述的铝和氧化铁的反应，它还涉及金属与金属氧化物反应形成稳定的氧化物的任何放热反应。三氧化钼因其高能量密度通常用作纳米含能复合材料中的氧化剂(Hammons 等，2008)。Plantier 等(2005)报道了 Al/Fe_2O_3的平均燃烧速率标准偏差高达 15%，而另一方面，Granier 和 Pantoya(2004)发现 Al/MoO_3纳米复合材料的燃烧速率大于平均值的 20%，这引起了研究人员的注意，与 Al/MoO_3相关的报道如下所述。

Eckert 等(1993)使用超声波机械混合的方法制备 Al 和 MoO_3的合成物，发现随着 Al 的粒径从 200nm 减小到 50nm，燃烧速率从 4m/s 增加到 12m/s，此外，当粒径减小到 50nm 以下时燃烧速率降低。Bockmon 等研究了 Al/MoO_3纳米复合材料与材料中 Al 粒径的关系(Bockmon 等，2005)，发现当粒径从 121nm 减小到 80nm 时平均燃烧速率从 750m/s 提高到 950m/s，明显高于微米级的 Al/MoO_3(10mm/s)复合材料。Pantoya 和 Granier(2005)报道，当 Al 颗粒的尺寸从 20000nm 减小到 50nm 时，n-Al/MoO_3(微米尺寸的 MoO_3)的燃烧速率提高了 10 倍。Moore 和 Pantoya 研究了环境因素(如紫外线辐射、荧光和湿度)对 Al/MoO_3复合材料燃烧性能的影响(Moore 和 Pantoya，2006)。研究结果表明，暴露于紫外线和荧光下的复合材料的燃烧速率没有显著变化，而在潮湿环境中，材料的劣化性能降低。Valliappen 等(2005)、Sun 和 Simon 研究组(2007)分别制备了 MoO_3纳米片，其比表面积分别为 $76m^2/g$ 和 $42m^2/g$，发现 Al/MoO_3的燃烧速率分别为 410m/s 和 362m/s，表明比表面积的增加会提高燃烧速率。在另一项研究中，Dutro 等(2009)合成了尺寸为 30nm×200nm 的 MoO_3纳米片，研究发现燃烧速率显著提高(1000m/s)。最近，Zakiyyan 等(2018)通过剥离法制备了二维 MoO_3 片状材料，该方法得到的材料缩短了质量扩散行程，进而增大了作用界面，与微米尺寸复合材料相比，Al/MoO_3燃烧速率从 51.3m/s 提升至 1730m/s。

(3)铝/氧化铋纳米含能材料

在纳米铝热剂配方中有着研究前景的另一种金属氧化物是三氧化铋，它具有相对较低的蒸气压。据报道，Al/Bi_2O_3纳米铝热剂可以产生很高的压力脉冲，因此可用作纳米含能气体发生器。

在此背景下，Puszynski 及其同事(2007)通过热力学分析发现 Al/Bi_2O_3 比其他材料(Al/CuO，Al/MoO_3)更具反应性。除此之外，他们还研究了涂层对 Al/Bi_2O_3的影响，发现含 5%油酸涂层的铝纳米粉末的 Al/Bi_2O_3系统的燃烧前沿速率(757m/s)比相同燃料与氧化剂比率但未涂覆的复合材料(617m/s)高。Martirosyan 等(2009)使用硝酸铋和甘氨酸通过改进的水-燃烧方案制备了 Bi_2O_3，并且研究了燃料和氧化剂的混合时间的影响。他们的研究表明，混合 6h 的样品具有最高前沿速率(约 2500m/s)，混合 0.5h 制备的材料具有非常低的前沿速率(约 760m/s)。另一方面，将混合时间增加到 30h 后，前沿速率反而降低到 1030m/s。为了研究氧化石墨烯在铝热剂领域的应用，Thiruvengadathan 等(2014)尝试合成了氧化石墨烯功能化的 Al/Bi_2O_3自组装纳米复合材料，并报道了所制备的材料的能量释放显著增加(从 739J/g 到 1421J/g)。他们在另一项研究工作中比较了通过自组装方法与随机混合方法分别制备的纳米复合材料的性能，发现产生的压力从 60MPa 增加到 200MPa，加压速率从 3MPa/μs 提高到 16MPa/μs，燃烧速率从 1.15km/s 提高到 1.55km/s(Thiruvengadathan 等，2015)。

纳米铝热剂引起了广泛关注，但它在应用中有着高静电放电(ESD)的问题。Pichot 等人(2015)通过添加纳米金刚石成功地使 Al/Bi_2O_3纳米微粒感度降低，但纳米金刚石(质量分数 0~2.65%)的增加会导致燃烧速率从 500m/s 降至 100m/s。为了减少静电放电，Yet 等人(2018)通过电喷雾方法将硝化纤维素附着在 Al 和 Bi_2O_3纳米粒子的表面上。他们提出，在外面包覆的硝化纤维素会消耗输入能量，并且在点火之前不允许 Al/Bi_2O_3内部温度升高，使用硝化纤维素的机理是，它作为低温气体发生器释放气体产物，这样在点燃之前纳米粒子不会烧结成更大的颗粒，但是点火后会发生剧烈燃烧。

(4)铝/氧化铜纳米含能材料

在所有纳米铝热剂中，Al/CuO 是常用的纳米含能材料，因为它具有高放热性。

Bhattacharya 等人(2006)确定纳米尺寸 Al/CuO 的燃烧速率为 440m/s。后来利用自组装和超声波方法对氧化剂(CuO)的不同形态(纳米孔、纳米线、纳米棒等，它们的燃烧波速度不同)与铝粒子混合形成复合材料进行了研究(见表 3-3)(Ahn 等，2011a)。CuO 纳米线和 Al 纳米粒子的复合材料与 CuO 纳米棒和 Al 纳米粒子形成的复合材料相比，发现燃烧波速度从 1650m/s 提高至 1900m/s。与纳米棒相比，含有纳米线的复合材料的燃烧波速度更高可以归结为纳米线的比表面积更大，从而产生更高的热点密度。如图 3-17 所示，通过自组装方法制备的 CuO 纳米棒和 80nm Al 纳米粒子复合材料，其最高燃烧波速度为 2400m/s。自组装复合材料燃烧速率提高是由于聚合物中吡啶基的氮上的孤对电子可以与金属形成共价键并且还与氧化剂发生相互作用。另一个研究组(He 等，2015)对不同形态的 CuO(枝状、片状和球状)与 70nm Al 颗粒混合进行了研究，他们观察到第一个放热峰出现在约 587℃，低于微米级 CuO/Al 复合材料(1040℃)。在 CuO 呈空心球状形态下，可以观察到最高的热量释放。

表 3-3　不同组分的纳米铝热剂的燃烧速率

序号	纳米铝热剂的不同组分	火焰速度/(m/s)
1	CuO 纳米粒子/n-Al	550~780
2	CuO 纳米板/n-Al	2100~2400
3	CuO 纳米棒/n-Al	1500~1800
4	CuO 纳米线/n-Al	1900
5	CuO 纳米棒与铝纳米粒子和聚合物的混合物	1800~1900
6	自组装 CuO 纳米棒/n-Al	1800~2200

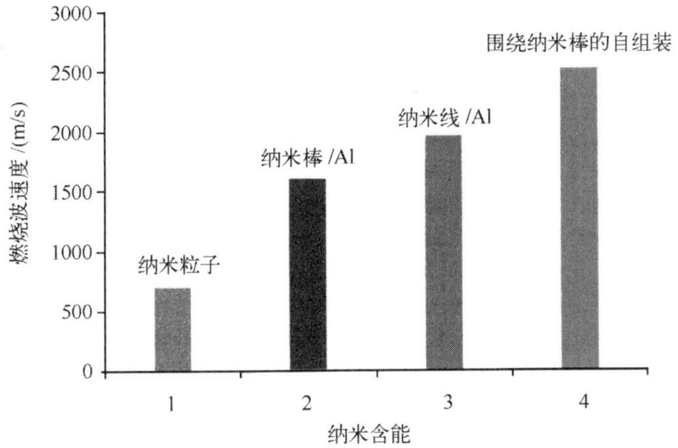

图 3-17　自组装复合材料与物理混合法制备的其他纳米含能复合材料燃烧波速度的比较

Zhang 等(2013)在硅基材上合成了 n-Al/CuO 纳米线，并且通过 DSC 和 DTA 研究确定了在 Al 熔化之前 n-Al 在约 500℃下与 CuO 纳米线反应。此外未反应的材料与 CuO 纳米线下面的 Cu_2O 膜反应(反应热估计为 2950J/g)，并且认为这个方法将开辟新的硅基官能化纳米器件制备途径。然而，在另一项研究工作中，作者制备了核/壳纳米铝热剂，其放热峰比 n-Al 的熔点低 100℃，而且没有出现常规混合法制备的铝热剂中的残余 Al 相关的吸热峰。这些研究结果表明，该类核/壳结构的材料在核心内具有极好的空间均匀性(Ohkura 等，2011)。在另一种方法中，CuO 纳米线生长在铜线的表面上，铜线起到了作为生长 CuO 的基材和作为纳米铝热剂壳的双重作用。据报道，热量释放为 3108J/g，燃烧速率约为 43.8cm/s(Chiang 和 Wu，2017)。Yin 等使用电泳沉积将直径约 100~200nm、长为 5~7μm 的纳米管/纳米棒 CuO 沉积到 n-Al 上来制备管状结构纳米铝热剂。他们认为该类材料具有更高的能量水平和更好的燃烧性能是由于纳米管结构的纳米铝热剂具有更大的比表面积，导致燃料和氧化剂之间紧密接触，增强了质量传递(Yin 等，2017a)。Marín 等(2015)报道了在 Al 和 CuO 层之间沉积厚约 5nm 的铜层导致反应性增强，反应性的增强是由于形成了铝铜(Al∶Cu)合金降低了 Al 的熔点(M.P)，从而提高了反应性。

为了提高纳米铝热剂的能量性能，Wang 及其研究小组已经证明了通过电喷雾技术将 Al 和 CuO 纳米粒子组装成纳米复合材料，使用少量硝化纤维素作为高能黏合剂；与通过常规物理混合制备的纳米铝热剂相比，该方法制备的纳米铝热剂具有更高的反应性(Wang 等，2014)。通过电喷雾技术形成的铝热剂，其燃料和氧化剂是分散良好的纳米粒子，具有亲密性，不同于通过物理混合制备的样品中会观察到偏析。随着样品中黏合剂百分比(最多 5%)增加，加压速率提高了 9 倍，而在物理混合的样品中观察到相反的效果。将另一种含能材料 CL-20 加入到 Al/CuO 中并将其放在 SiO_2/Cr/Pt/Au 微加热器芯片上(Shen 等，2014)，Al/CuO/50%CL-20 的燃烧产生强光斑。因为通过添加 CL-20 补偿微米级的压力损失导致加压速率更高。含能材料通常用于水性环境，如水下推进、焊接、切割等。然而在水下使用含能材料是有限的，因为水会干扰反应物并在点火时使燃烧熄灭。为了解决这个难题，Kim 等(2015)将最佳量的海胆状碳纳米管(SUCNT)作为光学点火剂添加到 Al/CuO 纳米铝热剂基材中，SUCNT 吸收辐射的闪光能量，转换成热能，从而导致闪光点火和水下爆炸。

Malchi 等(1993)通过掺入 Al_2O_3 作为添加剂研究了 Al/CuO(球形纳米铝 80nm 和圆柱形 CuO 21nm×100nm)的燃烧行为。他们发现 Al_2O_3 的含量从 0 增加到 20%时，气体和火焰明显减少，而在添加 0 和 5%Al_2O_3 时燃烧速率相同。

Zhou 等(2017)在具有 Cr 和 Cu 的黏合剂薄膜的硅基材上制备了 Al/CuO 核/壳纳米铝热剂。热分析显示在 210~400℃的温度范围内发生低温放热反应。该方法得到无裂纹的核/壳 Al/CuO，可用于制作含能芯片并应用于微点火和微推进等领域。最近有人报道，通过铝和三维有序的大孔 CuO 组成的纳米铝热剂解决了同质性问题，他们还提出，在通过对流传播发生氧化的过程中铝热反应会增强(Kim 等，2018)。Yin 等人在不同 pH(pH=1~4)条件下使用电泳沉积(EPD)制造了三维多孔 Al/CuO 薄膜。研究发现，在 pH = 2 的条件下制备的薄膜，表面积、燃烧性能和能量输出显著提高(Yin 等，2017b)。

最近，Deng 等人(2018)总结了文献中报道的纳米铝粉的缺点，包括相对厚的自然氧化层、静电感度、冲击感度、摩擦感度等安全问题，纳米铝粉昂贵的合成成本问题，纳米铝粉团聚会导致表面积减小的问题等。为了解决这些问题，作者建议使用微米级铝粒子(m-Al)通过沉淀和置换两种方法制备 Al/CuO 铝热剂。他们通过使用这些方法成功地制备了团聚减少和氧化剂与燃料之间具有较短扩散距离的铝热剂。

(5)其他类型的纳米含能材料

三氧化钨(WO_3)通常用于环境友好的电子火柴中，并且通过在不使用铅的情况下保持良好性能而获得广泛的关注。WO_3 的密度比较高(7.20g/cm^3，而 Fe_2O_3 为 5.25g/cm^3)。Prentice 等(2006)使用两种类型的氧化剂研究了基于 WO_3 的铝热剂的燃烧波速度。第一种气凝胶在 120℃下干燥(气凝胶 120)，另一种在 400℃下干燥(气凝胶 400)。分别对松散粉末和铝热剂颗粒的燃烧波速度进行测量。当采用松散粉末进行测量时，气凝胶 120 展现出高的燃烧速率，这是因为气凝胶 120 中的颗粒导致能量传输更多是以对流形式进行的。相反，气凝胶400显示出更高的燃烧速率，这主要是因为颗粒形式和相对不含羟基杂质的气凝胶400中的能量传输形式更多是以传导的方式进行的。Lee Perry等研究了水合氧化钨（$WO_3 \cdot H_2O$）铝热剂，并与其氧化物配方的铝热剂进行了比较（Lee Perry等，2007），在能量释放和加压速率方面，水合氧化钨的结果明显优于无水样品，他们的研究结论是水的参与增加了能量并产生氢气。

另一种Al/NiO纳米铝热剂通过超声化学方法合成（Wen等，2013）。当样品中的NiO含量增加时，释放的能量急剧增加。理论上Al/NiO铝热剂比Al/CuO铝热剂产生更少的气体，并且起始温度更低。Zhang和Li（2015）利用电泳沉积（EPD）方法制备了Al/NiO铝热剂膜。由DSC计算的热量释放为931.1J/g，与超声波法合成的铝热剂相当。对添加Cu的Al/NiO铝热剂材料的研究结果表明，添加Cu的Al/NiO铝热剂的连接质量优于纯铝热剂（Bohlouli-Zanjani等，2013）。

据报道，Al/Co_3O_4纳米铝热剂的反应热理论值约为4232J/g，高于其他铝热剂的反应热，这引起了研究人员的注意。

通过对热蒸发法制备的Al/Co_3O_4进行热分析研究（Wang等，2015a），发现Al/Co_3O_4在520℃下具有放热峰，意味着它可以在低于铝熔点（660℃）的温度下快速反应并释放热量，这低于其他铝热剂的温度（Al/Fe_2O_3 588 ℃和Al/CuO 550 ℃）。

Prakash等（2005）利用强氧化金属盐（$KMnO_4$）制备了纳米铝热剂，发现$Al/KMnO_4$的加压速率为2MPa/μs，比相同条件下测得的Al/CuO的加压速率高40倍，然而，高锰酸盐容易与有机物质发生反应，因此在使用中存在化学稳定性问题。

另一种配方体系（Al/I_2O_5）已用于铝热剂领域，因为与其他纳米铝热剂配方相比，它具有更高的单位体积反应焓（25.7kJ/cm^3）。Hobosyan等（2012）报道了使用控制能量的球磨工艺合成I_2O_5纳米棒的方法。发现纳米复合材料的压力释放比使用工业用的I_2O_5颗粒制备的复合材料高两倍。

Sillivan等（2010）研究了另一种铝热剂配方$Al/AgIO_3$，并且报道了加压速率约为0.4MPa/μs，显著高于Al/CuO（0.062MPa/μs）和Al/Fe_2O_3（0.0001MPa/μs）的加压速率。发现$Al/AgIO_3$的传播速度为630m/s，明显高于Al/CuO（340m/s）。

（6）铝/双金属氧化物纳米含能材料

Ahn等（2011）研究了混合两种氧化剂CuO和Fe_2O_3的效果。图3-18所示为混合氧化物基铝热剂合成原理图。根据DSC和压力电池测试（PCT）系统的结果，纳米含能材料的爆炸反应活性随着CuO-Fe_2O_3（双金属氧化物）中CuO的质量分数的增加而线性提高。他们的研究结果表明，设计组分中使用强氧化剂（CuO）和中氧化剂（Fe_2O_3）可以调节纳米含能材料的能量释放速率和加压速率。通过在复合材料中添加第三种反应物SiO_2（Clapsaddle等，2005），对Al/Fe_2O_3基纳米含能材料的能量输出进行调控，但添加SiO_2会使铝热剂的性能降低（2~3倍反应速率）。

（7）基于硫酸盐的纳米铝热剂

由于基于硫酸盐的纳米铝热剂可以作为初级炸药的“绿色”替代品，所以纳米铝热剂的应用范围正在扩大。Comet 等(2015)报道，与传统的纳米铝热剂(1.5~4.8 MJ/kg)相比，$MgSO_4$的水合盐增加了反应热(4~6 MJ/kg)。他们在报告中提到，这些盐燃烧会产生氢气和金属氧化物，导致高反应热，它还解决了与高静电放电有关的安全问题。在另一项研究工作中，作者(Yi 等，2018)使用静电喷雾方法合成了 $Al/CuSO_4 \cdot 5H_2O$ 纳米铝热剂。结果表明，$Al/CuSO_4 \cdot 5H_2O$ 纳米铝热剂的峰值压力和加压速率分别是 Al/CuO 纳米铝热剂的 10 倍和 20 倍，因此他们认为该类材料可以替代含铅的起爆药。

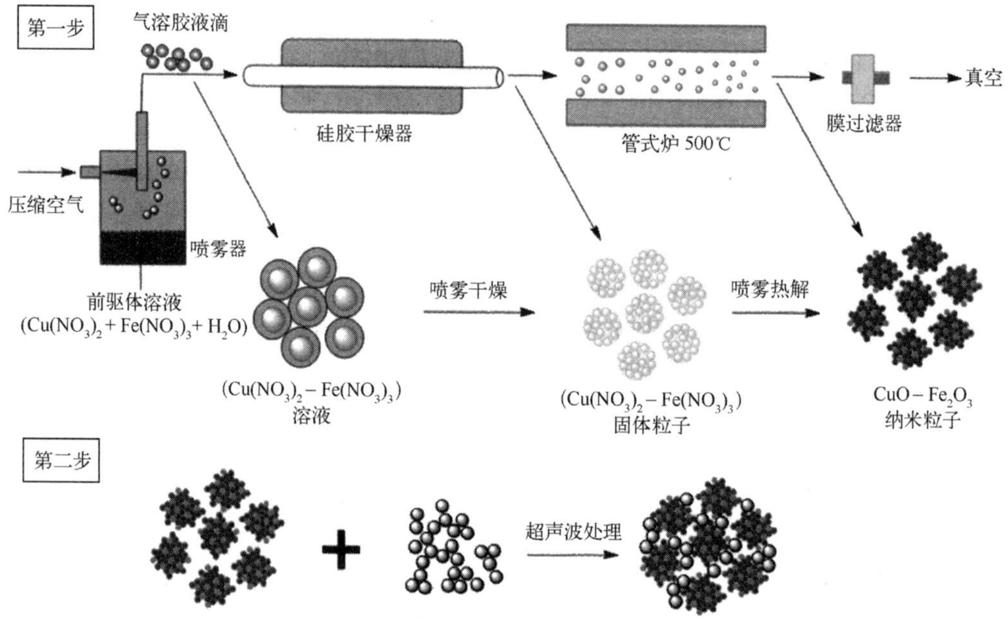

图 3-18　混合氧化物基铝热剂合成原理图

3.5　纳米铝热剂的应用

正如我们迄今为止所研究的那样，铝热剂是一种金属和另一种金属氧化物的混合物，可以发生放热反应，在许多领域有着广泛的应用。化学常识告诉我们，粒径越小，反应越快。因此纳米铝热剂改善了总体放热特性，事实证明，该特性对于已经使用了铝热剂的应用以及新的应用都是有用的。目前纳米铝热剂的一些应用包括火箭的微推进技术、驱动器的微引发剂、生物医学中的冲击波疗法以及在连接和焊接中的应用。由于铝热剂具有高体积能量密度，可以用于炸药和推进剂领域。例如，Al/Fe_2O_3的体积能量密度为 3.9kcal/cm^3，而 TNT 的体积能量密度为 1.0kcal/cm^3。其中一些应用详述如下。

(1)微推进

航天器未来的关键在于小型化。如今越来越多的研究人员致力于开发更小的航天器。质量在 20~100kg 之间的航天器被称为微型航天器，质量小于 20kg 的航天器称为纳米航天器。

航天器小型化提供了许多优点，如由于质量减小而降低了总体任务难度和发射成本，同时发射由多个微型航天器组成的微型航天器集群，而不是单个大型航天器，降低了任务风险。然而，这一切都是以大幅减小航天器所有子系统的尺寸为代价的。值得庆幸的是，微电子机械系统（MEMS）技术为我们提供了解决这一问题的方法。各种微推力器作为微推进方法为微型航天器提供了许多方面的应用机遇，如轨道调整、轨道高度控制、阻力补偿和机动速度增量。

Apperson 等（2009）研究了 Al/CuO 纳米铝热剂复合材料的燃烧性能，并发现它们在微型推力器中的潜在应用前景。他们使用两种类型的发动机，即一种没有喷管而另一种带有收敛-扩张喷管，使用不同数量的混合物测试了产生推力的特性。根据材料填充密度，观察到明显的脉冲特性。例如，在低保压压力和高填充密度下，分别记录了持续时间小于 50μs［半峰度（FWHM）］的约 75 N 推力和持续时间为 1.5~3 ms 的 3~5 N 推力。在这两种情况下，20~25s 的比冲值和较短的推力持续时间使这种材料有希望应用于空间限制的微推进系统。

在类似的概念（Staley 等，2013）中，研究了 Al/Bi_2O_3 纳米粒子混合物和 CuO/Al 纳米粒子混合物用于微推进。研制了一种没有收敛-扩张喷管的钢基微型发动机。表 3-4 总结了微推进应用中与纳米铝热剂材料相关的各种参数。此外，还观察到，如果在这些固体推进剂中添加少量硝化纤维素，比冲和体积冲的值分别增加到 59.4 s 和 2.3mN · s/mm^3。这确保了延长燃烧持续时间，并可控地降低平均推力。采用旋臂测量，推力器的最高能量转换效率为 0.19%。

表 3-4　微推进应用中的各种纳米铝热剂材料

序号	纳米铝热剂材料	平均推力/N	比冲/s	持续时间	备注	参考文献
1	Al/CuO	≈75	20~25	<50μs FWHM	低填充密度	Apperson 等（2009）
2	Al/CuO	3~5	20~25	1.5~3ms	高填充密度	Apperson 等（2009）
3	Al/Bi_2O_3	46.1	41.4	1.7ms	—	Ataley 等（2013）
4	Al/Cu_2O	4.6	20.2	5.1ms	—	Ataley 等（2013）

在另一项研究中，Staley 等（2014）详细研究了掺杂硝化纤维素对 Al/Bi_2O_3 微型纳米铝热剂推力器的影响。纳米铝热剂对点火刺激非常敏感，并且容易导致相分离。因此，在该研究中，硝化纤维素用作气化剂和纳米铝热剂钝感黏合剂。通过推力测量发现，Al/Bi_2O_3/NC 纳米铝热剂提供了高达 63.2s 的特征比冲，并且与纯净的纳米铝热剂相比具有更高的燃烧稳定性。

（2）引发剂

纳米铝热剂材料在微型驱动技术中也有应用（Staley 等，2011）。采用微制造工艺制造硅基的桥丝微芯片引发剂，只要输入微焦耳的电能，引发剂就能够输出焦耳量级的化学能。纳米铝热剂含能复合材料 Bi_2O_3/Al 与微芯片引发剂结合，微芯片引发剂与开放式材料贮存器组装，并利用新型 47℃熔点焊料合金键合。

采用纳米多孔硅床维持器件的结构完整性，提高了电热转换效率。这是通过防止桥丝和块状硅基片的热耦合来实现的。研究了点火元件的电性能，发现最小输入功率和最小输入能量分别为 382.4mW 和 26.51μJ。该值与是否将 Al/Bi_2O_3纳米铝热剂成分注入器件无关。将 Al/Bi_2O_3纳米铝热剂放入所制备的引发剂中，在 30~80μJ 的程序化燃烧能量范围内实现了 100%的成功率。当在高输入功率下进行操作时，发现点火响应时间短于 2μs。

在另一项研究中(Taton 等，2013)，使用一种新型纳米铝热剂聚合物电热引发剂成功地演示了非接触式推进剂点火。将反应性纳米铝热剂 Al/CuO 多层膜置于 100μm 厚的 SU-8/PET 膜上，使其与硅基材绝缘。在通电时，由于 Al 和 CuO 的化学反应，产生的火花可达几毫米。该小组进一步研究了所制备的引发剂的特性，将其与两种电热引发剂进行了比较，其中一种具有硅基材，另一种具有耐热玻璃基材。经分析，发现 PET 装置在大于 250mA 的电流下实现 100%的 Al/CuO 点火成功率，而引发剂在电流大于 500mA 时获得相同的成功率。硅基反应性引发剂即使在高达 4 A 的电流下也不能引发反应。还观察到，在低电流(<1 A)下，PET 引发剂的引发比 Pyrex 引发剂快 100 倍。此外，置于 PET 膜上的 Al/CuO 铝热膜在 1 ms 内发生反应，而 Pyrex 引发剂的火花持续时间约为 4 ms。PET 引发剂的铝热反应强度为 Pyrex 引发剂的 40 倍左右。表 3-5 汇总了各种类型引发剂的不同参数。

表 3-5　各种类型引发剂的不同参数

参数	PET 基引发剂	Pyrex 玻璃基引发剂	硅基引发剂
100% Al/CuO 点火成功率	电流强度>250mA	电流强度>500mA	在电流强度为 4A 时都不能引发
在低电流时发火时间(<1A)	发火时间在三者中最短	是 PET 基引发剂的 100 倍	—
火花时间	1 ms	4 ms	—
铝热反应强度	是 Pyrex 玻璃基的 40 倍	相比 PET 基小很多	—

Petranoni 等人(2010b)还开发了一种微引发剂，其基于纳米铝热剂应用的类似原理。该小组认为他们所研发的微引发剂在安全武器和消防系统中具有潜在应用价值。Al/CuO 纳米铝热剂是由焦耳效应点燃的，它需要提供几瓦的能量来启动点火过程。这种被点燃的纳米铝热剂材料进一步用于点燃紧邻的推进剂。推进剂可以通过与纳米铝热剂材料接触或通过空气以非接触方式点燃。通过计算得出推进剂非接触点火在未发生故障的情况下最大距离约为 270μm。

(3)生物医学领域

即使经过了几十年的创新研究，并根除了一些致命疾病，但仍有一些疾病依然无法通过传统的医学方法来治疗。为了治愈这些疾病，需要一些更先进的机理，如将分子和遗传物质直接输送到细胞中。虽然有许多报道的方法可以做到这一点，但近来通过纳米铝热剂材料产生了一种使用冲击波的新方法(Korampally 等，2012)。目前，药物载体大致分为病毒载体和非病毒载体两类。尽管腺病毒和逆转录病毒等病毒载体具有稳定的基因表达和高效传递能力，但它们也具有许多缺点，如靶标特异性差、治疗基因大小限制和不良免疫原性应答。因此，需要研究它们的非病毒对应物。非病毒载体使外来分子运输成为可能的一种方法是利用压力波，使细胞膜暂时可渗透。通过燃烧纳米铝热剂(如 Bi_2O_3/Al)释放的化学能可以提供该类型的压力波。这些瞬态压力产生冲击波前沿，它是由非常高的反应传播速度(550~2600m/s)和纳米铝热剂材料的气态产物释放共同产生的。

该团队成功地演示了基于 MEMS 的致动器中的压力脉冲的产生（见图 3-19），他们将 59~77kDa 荧光异硫氰酸酯葡聚糖(FITC-dex)通过荧光探针注入鸡心肌细胞，并获得了以下参数(见表 3-6)。

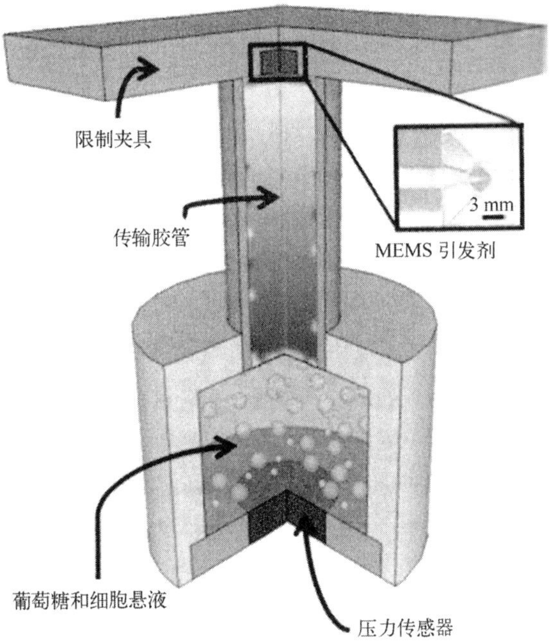

图 3-19　基于 MEMS 的纳米铝热剂的横截面图。经 Korampally 等(2012)许可转载

表 3-6　FITC-dex 的效率参数

参数	效率/(%)
胞质传递效率	>90
定制的核内传输效率	18~84
交付 24 小时后细胞活力	50~95

由于生物恐怖主义的威胁，导致使用含碘的纳米铝热剂(如 Al/I_2O_5、$Al/Bi(IO_3)_3$、金属碘酸盐/C_2I_4)作为杀生的材料(Wang 等，2015b)。

(4)连接/焊接

Bohlouli-Zanjani(2013)详细介绍了铝热剂和纳米铝热剂反应在焊接和连接中的应用。大量的铝热反应已经在材料合成、金属及其合金制备、离心涂层等许多化学过程中得到了长期的应用。纳米铝热剂在类似方向上有着巨大的优势，进一步提高了它们在此类应用中的性能，同时增加了一些新的应用领域，如我们之前已经讨论过的微推力器、生物医学领域、推进剂等。

纳米铝热剂特别适用于焊接领域，焊接条件要求是，材料处于熔融状态并释放出极高的能量，以便进行连接。纳米铝热剂反应产生的高达3000K的温度使金属熔化，从而以所需的方式结合在一起。

纳米铝热剂较低的活化能使其比同类材料更容易点燃，这使其更适合焊接相似和不同的材料。采用加压燃烧反应可以获得Mo-TiB_2-Mo和Mo-TiC-Mo等金属陶瓷焊接点。TiB_2和TiC焊接点可以先形成Ti粉末与B或C的混合物，然后将其夹在两个Mo表面之间，同时通过放热反应使其电点火而成。Mo-TiB_2-Mo和Mo-TiC-Mo的焊接强度分别为20~40MPa和10MPa。Al-Ni混合物通过自蔓延高温合成(SHS)工艺用于焊接高温合金基体。当加热到920K时，铝和镍的混合物形成铝镍合金。这也标志着一个放热反应的开始，铝镍放热反应的热量将温度升高到1950K。Al-Ni在1950K下熔化，导致基体表面熔化，并在界面处形成富铝镍基高温合金。在另一项研究中，使用9MPa的单轴压力，铝-铜-镍的微米级颗粒混合物可以连接铝1100合金板(Kim等，2011)。观察结果表明，该方法获得的平均剪切强度为27MPa，而普通扩散焊接试样的平均剪切强度为8.05MPa。利用自蔓延性放热反应，用铝镍多层箔焊接金属玻璃，其剪切强度可以达到480MPa。在箔上施加30V的电势以引发反应。进一步发现，箔的厚度和施加的压力都会影响最终焊缝的剪切强度值(见表3-7)。

表3-7　纳米铝热剂的剪切强度值

材料	焊接强度/MPa
Mo-TiB_2-Mo	20~40
Mo-TiC-Mo	≈10
Al-CuO-Ni Al1100合金板	27

3.6　结论

随着研究的深入，纳米铝热剂作为"绿色含能材料"已经在民用和国防领域得到广泛的应用。本章总结了用于合成不同类别纳米铝热剂的各种方法，包括纳米含能材料三维有序组装的基本形式。此外，还讨论了自下而上和自上而下两种纳米材料合成方法。值得注意的是，研究人员利用合成过程对不同纳米铝热剂的能量参数进行调节。另外，文献表明，添加爆炸性材料形成杂化混合物极大地增强了纳米铝热剂的性能。文献中还讨论了纳米铝热剂的机理，解释了传导、辐射、对流和流体动力学机理。传导机理包括随环境压力增长的逐层燃烧过程，而在对流过程中，热反应产物向冷区快速传递能量。研究人员报道了符合含能材料要求的高燃烧速率的纳米铝热剂(2000~2500m/s)。然而，这些材料对静电放电非常敏感，因此试图降低其敏感度，但却导致其性能和反应性降低，这方面还有待探索。此外，纳米铝粉表面的氧化铝层是一个关键问题，应采取措施来改善纳米铝热剂的性能。到目前为止，这些尝试都集中在加强燃料和氧化剂之间的紧密接触及其均匀分散方面。由于纳米铝热剂具有较短的长度和均匀分散的结构，其使用受到限制，因此可以更多地研究掺入添加剂以吸收反应期间释放的氧分子。此外，正在广泛研究包括纳米铝热剂在内的混合材料以及诸如 RDX 或惰性气体发生剂等含能材料，这既可以解决未来对含能材料的需求同时还能降低其感度。三维有序结构的设计可能是在可控长度范围内改善均匀混合的一种策略。

参考文献

[1] Ahn JY, Kim WD, Cho K, Lee D, Kim SH (2011a) Effect of metal oxide nanostructures on the explosive property of metastable intermolecular composite particles. Powder Tech 211: 65-71.

[2] Ahn JY, Kim WD, Kim JH, Kim JH, Lee JK, Kim JM, Kim SH (2011b) Gas-phase synthesis of bimetallic oxide nanoparticles with designed elemental compositions for controlling the explosive reactivity of nanoenergetic materials. J Nanomater 42.

[3] Apperson SJ, Bezmelnitsyn AV, Thiruvengadathan R, Gangopadhyay K, Gangopadhyay S, Balas WA, Anderson PE, Nicolich SM (2009) Characterization of nanothermite material for solid-fuel microthruster applications. J Propul Power 25: 1086-1091.

[4] Aumann CE, Murray AS, Skofronick GL, Martin JA (1994) Metastable interstitial composites: super thermite powders. In Proceedings insensitive munitions technology symposium, Williamsburg, VA, USA, pp 6-9.

[5] Baláž P, Takacs L, Boldižárová E, Godočíková E (2003) Mechanochemical transformations and reactivity in copper sulphides. J Phys Chem Solids 64: 1413-1417.

[6] Bernstein ER (2014) On the release of stored energy from energetic materials. In: Advances in quantum chemistry, vol 69. Academic Press, pp 31-69.

[7] Bhattacharya S, Gao Y, Apperson S, Subramaniam S, Talantsev E, Shende RV, Gangopadhyay S (2006) A novel on-chip diagnosis method to detect flame velocity of nanoscale thermites. J Energ Mater 24: 1-5.

[8] Blobaum KJ, Reiss ME, Plitzko JM, Weihs TP (2003a) Deposition and characterization of a self-propagating CuOx/Al thermite reaction in a multilayer foil geometry. J Appl Phy 94: 2915- 2922.

[9] Blobaum KJ, Wagner AJ, Plitzko JM, Heerden DV, Fairbrother DH, Weihs TP (2003b) Investigating the reaction path and growth kinetics in CuOx/Al multilayer foils. J Appl Phy 94: 2923-2929.

[10] Bockmon BS, Pantoya ML, Son SF, Asay BW, Mang JT (2005) Combustion velocities and propagation mechanisms of metastable interstitial composites. J Appl Phys 98: 64903.

[11] Bohlouli Zanjani G (2013) Synthesis, characterization, and application of nanothermites for joining. Master's thesis, University of Waterloo.

[12] Bohlouli-Zanjani G, Wen JZ, Hu A, Persic J, Ringuette S, Zhou YN (2013) Thermo-chemical characterization of a Al nanoparticle and NiO nanowire composite modified by Cu powder. Thermochim Acta 572: 51-58.

[13] Brinker CJ, Scherer GW (1990) Sol-gel science. Academic Press. San Diego, p2.

[14] Chen HY, Sachtler WMH (1998) Activity and durability of Fe/ZSM-5 catalysts for lean burn NOx reduction in the presence of water vapor. Catal Today 42: 73-83.

[15] Cheng JL, Hng HH, Lee YW, Du SW, Thadhani NN (2010) Kinetic study of thermal-and impact-initiated reactions in Al-Fe_2O_3 nanothermite. Combust Flame 157: 2241-2249.

[16] Chiang YC, Wu MH (2017) Assembly and reaction characterization of a novel thermite consisting aluminum nanoparticles and CuO nanowires. Proc Combust Inst 36: 4201-4208.

[17] Chung SW, Guliants EA, Bunker CE, Hammerstroem DW, Deng Y, Burgers MA, Jelliss PA, Buckner SW (2009) Capping and passivation of aluminum nanoparticles using alkyl-substituted epoxides. Langmuir 25: 8883-8887.

[18] Clapsaddle BJ, Gash AE, Satcher JH, Simpson RL (2003) Silicon oxide in an iron (III) oxide matrix: the sol-gel synthesis and characterization of Fe-Si mixed oxide nanocomposites that contain iron oxide as the major phase. J Non-Cryst Solids 331: 190-201.

[19] Clapsaddle BJ, Zhao L, Prentice D, Pantoya ML, Gash AE, Satcher Jr JH, Shea KJ, Simpson RL (2005) Formulation and performance of novel energetic nanocomposites and gas generators prepared by sol-gel methods. In: Proceedings of 36th international annual conference of ICT, Karlsruhe, Germany, p 39.

[20] Clarkson J, Smith WE, Batchelder DN, Smith DA, Coats AM (2003) A theoretical study of the structure and vibrations of 2, 4, 6-trinitrotolune. J MolStruct 648: 203-214.

[21] Comet M, Martin C, Klaumünzer M, Schnell F, Spitzer D (2015) Energetic nanocomposites for detonation initiation in high explosives without primary explosives. Appl Phys Lett 107: 113-119.

[22] Crouse CA, Pierce CJ, Spowart JE (2010) Influencing solvent miscibility and aqueous stability of aluminium nanoparticles through surface functionalization with acrylic monomers. ACS Appl Mater Interfaces 2: 2560-2569.

[23] Cui Y, Huang D, Li Y, Huang W, Liang Z, Xu Z, Zhao S (2015) Aluminium nanoparticles synthesized by a novel wet chemical method and used to enhance the performance of polymer solar cells by the plasmonic effect. J Mater Chem C 3: 4099-4103.

[24] Dai J, Xu J, Wang F, Tai Y, Shen Y, Shen R, Ye Y (2018) Facile formation of nitrocellulose-coated Al/Bi2O3 nanothermites with excellent energy output and improved electrostatic discharge safety. Mater Des 143: 93-103.

[25] Danen WC, Martin JA (1993) Energetic composites. U. S. Patent 5, 266, 132, issued Nov 30.

[26] Deng S, Jiang Y, Huang S, Shi X, Zhao J, Zheng X (2018) Tuning the morphological, ignition and combustion properties of micron-Al/CuO thermites through different synthesis approaches. Combusion Flame.

[27] Diamandis EP, Christopoulos TK (1991) The biotin-(strept) avidin system: principles and applications in biotechnology. Clin Chem 37: 625-636.

[28] Dreizin EL (2009) Metal-based reactive nanomaterials. Prog Energy Combust Sci 35: 141-167.

[29] Durães L, Costa BF, Santos R, Correia A, Campos J, Portugal A (2007) Fe_2O_3/aluminum thermite reaction intermediate and final products characterization. Mater Sci Eng A 465: 199-210.

[30] Dutro GM, Yetter RA, Risha GA, Son SF (2009) The effect of stoichiometry on the combustion behavior of a nanoscale Al/MoO3 thermite. Proc Combust Inst 32(II): 1921-1928.

[31] Eckert J, Holzer JC, Ahn CC, Fu Z, Johnson WL (1993) Melting behavior of nanocrystalline aluminum powders. Nanostruct Mater 2: 407-413.

[32] Ermoline A, Schoenitz M, Dreizin EL (2011) Reactions leading to ignition in fully dense nanocomposite Al-oxide systems. Combust Flame 158: 1076-1083.

[33] Ermoline A, Stamatis D, Dreizin EL (2012) Low-temperature exothermic reactions in fully dense Al-CuO nanocomposite powders. Thermochim Acta 527: 52-58.

[34] Foley TJ, Johnson CE, Higa KT (2005) Inhibition of oxide formation on aluminum nanoparticles by transition metal coating. Chem Mater 17: 4086-4091.

[35] Folkers JP, Gorman CB, Laibinis PE, Buchholz S, Whitesides GM, Nuzzo RG (1995) Self-assembled monolayers of long-chain hydroxamic acids on the native oxide of metals. Langmuir 11: 813-824.

[36] Gash AE, Tillotson TM, Satcher JH, Poco JF, Hrubesh LW, Simpson RL (2001a) Use of epoxides in the sol-gel synthesis of porous iron (III) oxide monoliths from Fe (III) salts. Chem Mater 13: 999-1007.

[37] Gash AE, Tillotson TM, Satcher Jr JH, Hrubesh LW, Simpson RL (2001b) New sol-gel synthetic route to transition and main-group metal oxide aerogels using inorganic salt precursors. J Non-Cryst Solids 285: 22-28.

[38] Gash AE, Satcher Jr JH, Simpson RL (2004) Behaviour of sol Gel derived nanostructured iron (III) oxide. In: Proceedings of 31st international pyrotechnic seminar, Fort Collins, Colorado, USA.

[39] Ghanta SR, Muralidharan K (2010) Solution phase chemical synthesis of nano aluminium particles stabilized in poly (vinylpyrrolidone) and poly (methylmethacrylate) matrices. Nanoscale 2: 976-980.

[40] Granier JJ, Pantoya ML (2004) Laser ignition of nanocomposite thermites. Combust Flame 138: 373-383.

[41] Haber JA, Buhro WE (1998) Kinetic instability of nanocrystalline aluminum prepared by chemical synthesis; facile room-temperature grain growth. J Am Chem Soc 120: 10847-10855.

[42] Hammons JA, Wang W, Ilavsky J, Pantoya ML, Weeks BL, Vaughn MW (2008) Small angle X-ray scattering analysis of the effect of cold compaction of Al/MoO_3 thermite composites. Phys Chem Chem Phys 10: 193-199.

[43] He S, Chen J, Yang G, Qiao Z, Li J (2015) Controlled synthesis and application of nano-energetic materials based on the copper oxide/Al system. Cent Eur J Energ Mater 12: 129-144.

[44] Hobosyan M, Kazansky A, Martirosyan KS (2012) Nanoenergetic composite based on I2O5/Al for biological agent defeat. In: Technical proceeding of the 2012 NSTI nanotechnology conference and expo, pp 599-602.

[45] Hübner J, Klaumünzer M, Comet M, Martin C, Vidal L, Schäfer M, Kryschi C, Spitzer D (2017) Insights into combustion mechanisms of variable aluminum-based iron oxide/-hydroxide nanothermites. Combust Flame 184: 186-194.

[46] Ivanov GV, Tepper F (1997) Activated aluminum as a stored energy source for propellants. Int J Energetic Mater Chem Propul 4: 1-6.

[47] Ivanov YF, Osmonoliev MN, Sedoi VS, Arkhipov VA, Bondarchuk SS, Vorozhtsov AB, Korotkikh AG, Kuznetsov VT (2003) Productions of ultra - fine powders and their use in high energetic compositions. Propell Explos Pyrot 28: 319-333.

[48] Jason JR, Waren AD, Rosenberg DM, Bellitto UJ (2003) Surface passivation of base Al nanoparticles using perfluroalkyl carboxylic acids. In: Proceeding of materials research society symposium, vol 800, pp67-78.

[49] Jian G, Liu L, Zachariah MR (2013) Facile aerosol route to hollow CuO spheres and its superior performance as an oxidizer in nanoenergetic gas generators. Adv Funct Mater 23: 1341-1346.

[50] Kim SH, Zachariah MR (2004) Enhancing the rate of energy release from nanoenergetic materials by electrostatically enhanced assembly. Adv Mater 16: 1821-1825.

[51] Kim DK, Bae JH, Kang MK, Kim HJ (2011) Analysis on thermite reactions of CuO nanowires and nanopowders coated with Al. Curr App Phy 11: 1067-1070.

[52] Kim JH, Kim SB, Choi MG, Kim DH, Kim KT, Lee HM, Lee HW, Kim JM, Kim SH (2015) Flash-ignitable nanoenergetic materials with tunable underwater explosion reactivity: the role of sea urchin-like carbon nanotubes. Combus Flame 162: 1448-1454.

[53] Kim WD, Lee S, Lee DC (2018) Nanothermite of Al nanoparticles and three-dimensionally ordered macroporous CuO: mechanistic insight into oxidation during thermite reaction. Combus Flame 189: 87-91.

[54] Korampally M, Apperson SJ, Staley CS, Castorena JA, Thiruvengadathan R, Gangopadhyay K, Mohan RR, Ghosh A, Polo-Parada L, Gangopadhyay S (2012) Transient pressure mediated intranuclear delivery of FITC-Dextran into chicken cardiomyocytes by MEMS-based nanothermite reaction actuator. Sens Actuators B Chem 171: 1292-1296.

[55] Kwon YS, Gromov AA, Ilyin AP, Popenko EM, Rim GH (2003) The mechanism of combustion of superfine aluminum powders. Combust Flame133: 385-391.

[56] Lee Perry W, Tappan BC, Reardon BL, Sanders VE, Son SF (2007) Energy release characteristics of the nanoscale aluminum-tungsten oxide hydrate metastable intermolecular composite. J App Phy 101: 064313.

[57] Mabuchi T, Nishikiori H, Tanaka N, Fujii T (2005) Relationships between Fluorescence properties of benzoquinolines and physicochemical changes in the Sol-Gel-xerogel transitions of silicon alkoxide systems. J Sol-Gel Sci Technol 33: 333-340.

[58] Mahendiran C, Ganesan R, Gedanken A (2009) Sonoelectrochemical synthesis of metallic aluminium nanoparticles. Eur J Inorg Chem 14: 2050-2053.

[59] Malchi JY, Yetter RA, Foley TJ, Son SF (2008) The effect of added Al_2O_3 on the propagation behavior of an Al/CuO nanoscale thermite. Combust Sci Technol 180: 1278-1294.

[60] Malchi JY, Foley TJ, Yetter RA (2009) Electrostatically self-assembled nanocomposite reactive microspheres. ACS Appl Mater Interfaces 1: 2420-2423.

[61] Mandin P, Wüthrich R, Roustan H (2009) Industrial Aluminium Production: the Hall-Heroult process modelling. ECS Trans 19: 1-10.

[62] Marín L, Nanayakkara CE, Veyan JF, Warot-Fonrose B, Joulie S, Estève A, Tenailleau C, Chabal YJ, Rossi C (2015) Enhancing the reactivity of Al/CuO nanolaminates by Cu incorporation at the interfaces. ACS Appl Mater Interfaces 7: 11713-11718.

[63] Martirosyan KS, Wang L, Vicent A, Luss D (2009) Synthesis and performance of bismuth trioxide nanoparticles for high energy gas generator use. Nanotechnol 20: 405609.

[64] McClain MJ, Schlather AE, Ringe E, King NS, Liu L, Manjavacas A, Knight MW et al (2015) Aluminium nanocrystals. Nano Lett 15: 2751-2755.

[65] Mehendale B, Shende R, Subramanian S, Gangopadhyay S, Redner P, Kapoor D, Nicolich S (2006) Nanoenergetic composite of mesoporous iron oxide and aluminum nanoparticles. J Energ Mater 24: 341-360.

[66] Moore K, Pantoya ML (2006) Combustion of environmentally altered molybdenum trioxide nanocomposites. Propell Explos Pyrot 31: 182-187.

[67] Moore DS, Son SF, Asay BW (2004) Time-resolved spectral emission of deflagrating nano-Al and nano-MoO_3 metastable interstitial composites. Propell Explos Pyrot 29: 106-111.

[68] Moore K, Pantoya ML, Son SF (2007) Combustion behaviors resulting from bimodal aluminium size distributions in thermites. J Propul Power 23: 181-185 Ohkura Y, Liu SY, Rao PM, Zheng X (2011) Synthesis and ignition of energetic CuO/Al core/shell nanowires. Proc Combust Inst 3: 1909-1915.

[69] Pantoya ML, Granier JJ (2005) Combustion behavior of highly energetic thermites: nano versus micron composites. Propell Explos Pyrotech 30: 53-62.

[70] Park K, Lee D, Rai A, Mukherjee D, Zachariah MR (2005) Size-resolved kinetic measurements of aluminium nanoparticle oxidation with single particle mass spectrometry. J Phys Chem B 109: 7290-7299.

[71] Perry WL, Smith BL, Bulian CJ, Busse JR, Macomber CS, Dye RC, Son SF (2004) Nano-scale tungsten oxides for metastable intermolecular composites. Propell Explos Pyrot 29: 99-105.

[72] Petrantoni M, Rossi C, Salvagnac L, Conédéra V, Estève A, Tenailleau C, Alphonse P, Chabal YJ (2010a) Multilayered Al/CuO thermite formation by reactive magnetron sputtering: nano versus micro. J Appl Phy 108: 084323.

[73] Petrantoni M, Bahrami M, Salvagnac L, Conédéra V, Rossi C, Alphonse P, Tenailleau C (2010b) Nanoenergetics on a chip: technology and application for micro ignition in safe arm and fire systems. In: Proceedings of power MEMS, vol 39.

[74] Picard YN, Joel PMD, Friedmann TA, Steven MY, David PA (2008) Nanosecond laser induced ignition thresholds and reaction velocities of energetic bimetallic nanolaminates. Appl Phys Lett 93: 104104.

[75] Pichot V, Comet M, Miesch J, Spitzer D (2015) Nanodiamond for tuning the properties of energetic composites. J Hazard Mater 300: 194-201.

[76] Pierre AC (2013) Introduction to sol-gel processing, vol 1. Springer Science & Business Media Plantier B, Pantoya ML, Gash AE (2005) Combustion wave speeds of nanocomposite Al/Fe_2O_3: the effects of Fe_2O_3 particle synthesis technique. Combust Flame 140: 299-309.

[77] Prakash A, McCormick AV, Zachariah MR (2004) Aero-sol-gel synthesis of nanoporous iron-oxide particles: a potential oxidizer for nanoenergetic materials. Chem Mater 16: 1466-1471.

[78] Prakash A, McCormick AV, Zachariah MR (2005) Tuning the reactivity of energetic nanoparticles by creation of a core-shell nanostructure. Nano Lett 5: 1357-1360.

[79] Prentice D, Pantoya ML, Gash AE (2006) Combustion wave speeds of sol-gel-synthesized tungsten trioxideand nano-aluminum: the effect of impurities on flame propagation. Energ Fuels 20: 2370-2376.

[80] Puszynski JA (2004) Recent advances and initiatives in the field of nanotechnology. In: Proceedings of 31st international pyrotechnic seminar, Fort Collins, Colorado, USA, pp 233-240.

[81] Puszynski JA, Bulian CJ, Swiatkiewicz JJ (2007) Processing and ignition characteristics of aluminium-bismuth trioxide nanothermite system. J Propul Power 23: 698-706.

[82] Qin L, Gong T, Hao H, Wang K, Feng H (2013) Core-shell-structured nanothermites synthesized by atomic layer deposition. J Nanopart Res 15: 1-15.

[83] Rossi C, Zhang K, Esteve D, Alphonse P, Tailhades P, Vahlas C (2007) Nanoenergetic materials for

MEMS: a review. IEEE/ASME J Microelectromech Syst 16: 919-931.

[84] Sarathi R, Sindhu TK, Chakravarthy SR (2007) Generation of nanoaluminium powder through wire explosion process and its characterization. Mater Charact 58: 148-155.

[85] Shen J, Qiao Z, Wang J, Zhang K, Li R, Nie F, Yang G (2014) Pressure loss and compensation in the combustion process of Al-CuO nanoenergetics on a microheater chip. Combust Flame 161: 2975-2981.

[86] Shende R, Subramanian S, Hasan S, Apperson S, Thiruvengadathan R, Gangopadhyay K, Gangopadhyay S (2008) Nanoenergetic composites of CuO nanorods, nanowires, and al-nanoparticles. Propell Explos Pyrot 33: 122-130.

[87] Shin MS, Kim JK, Kim W, Moraes CAM, Kim HS, Koo KK (2012) Reaction characteristics of Al/Fe_2O_3 nanocomposites. J IndEngChem18: 1768-1773.

[88] Son SF, Busse JR, Asay BW, Peterson PD, Mang JT, Bockmon B, Pantoya M (2002) Propagation studies of metastable intermolecular composites (MIC). No. LA-UR-02-2954. Los Alamos National Laboratory.

[89] Son SF, Asay BW, Foley TJ, Yetter RA, Wu MH, Rish GA (2007) Combustion of nanoscale Al/MoO_3 thermite in microchannels. J Propul Power 23: 715-721.

[90] Srivastava DN, Perkas N, Gedanken A, Felner I (2002) Sonochemical synthesis of mesoporous iron oxide and accounts of its magnetic and catalytic properties. J Phys Chem B 106: 1878-1883.

[91] Staley CS, Morris CJ, Thiruvengadathan R, Apperson SJ, Gangopadhyay K, Gangopadhyay S (2011) Silicon-based bridge wire micro-chip initiators for bismuth oxide-aluminum nanothermite. J Micromech Microeng 21: 115015.

[92] Staley CS, Raymond KE, Thiruvengadathan R, Apperson SJ, Gangopadhyay K, Swaszek SM, Taylor RJ, Gangopadhyay S (2013) Fast-impulse nanothermite solid-propellant miniaturized thrusters. J Propul Power 29: 1400-1409.

[93] Staley CS, Raymond KE, Thiruvengadathan R, Apperson SJ, Gangopadhyay K, Swaszek SM, Taylor RJ, Gangopadhyay S (2014) Effect of nitrocellulose gasifying binder on thrust performance and high-g launch tolerance of miniaturized nanothermite thrusters. Propell Explos Pyrot 39: 374-382.

[94] Sullivan KT, Piekiel NW, Chowdhury S et al (2010) Ignition and combustion characteristics of nanoscale Al/$AgIO_3$: a potential energetic biocidal system. Combust Sci Technol 183: 285-302.

[95] Sun J, Simon SL (2007) The melting behavior of aluminum nanoparticles. Thermochim Acta 463: 32-40.

[96] Tasker DG, Asay BW, King JC, Sanders VE, Son SF (2006) Dynamic measurements of electrical conductivity in metastable intermolecular composites. J Appl Phy 99: 023705.

[97] Taton G, Lagrange D, Conedera V, Renaud L, Rossi C (2013) Micro-chip initiator realized by integrating Al/CuO multilayer nanothermite on polymeric membrane. J Micromech Microeng 23: 105009.

[98] Tepper F (2000) Nanosize powders produced by electro-explosion of wire and their potential applications. Powder Metall 43: 320-322.

[99] Thiruvengadathan R, Chung SW, Basuray S, Balasubramanian B, Staley CS, Gangopadhyay K, Gangopadhyay S (2014) A versatile self-assembly approach toward high performance nanoenergetic composite using functionalized graphene. Langmuir 30: 6556-6564.

[100] Thiruvengadathan R, Staley C, Geeson JM, Chung S, Raymond KE, Gangopadhyay K, Gangopadhyay S (2015) Enhanced combustion characteristics of bismuth trioxide-aluminum nanocomposites prepared

through graphene oxide directed self-assembly. Propell Explos Pyrot 40(5): 729-734.

[101] Tillotson TM, Gash AE, Simpson RL, Hrubesh LW, Satcher JH, Poco JF (2001) Nanostructured energetic materials using sol-gel methodologies. J Non-Cryst Solids 285: 338-345.

[102] Valliappan S, Swiatkiewicz J, Puszynski JA (2005) Reactivity of aluminum nanopowders with metal oxides. Powder Technol 156: 164-169.

[103] Vassiliou JK, Mehrotra V, Russell MW, Giannelis EP, McMichael RD, Shull RD, Ziolo RF (1993) Magnetic and optical properties of c-Fe_2O_3 nanocrystals. J Appl Phys 73: 5109-5116.

[104] Wang J, Besnoin E, Duckham A, Spey SJ, Reiss ME, Knio OM, Weihs TP (2004) Joining of stainless-steel specimens with nanostructured Al/Ni foils. J App Phy 95: 248-256.

[105] Wang H, Jian G, Egan GC, Zachariah MR (2014) Assembly and reactive properties of Al/CuO based nanothermite microparticle. Combust Flame 161: 2203-2208.

[106] Wang J, Qiao Z, Shen J, Li R, Yang Y, Yang G (2015a) Large-scale synthesis of a porous Co3O4 nanostructure and its application in metastable intermolecular composites. Propell Explos Pyrot 40: 514-517.

[107] Wang H, Jian G, Zhou W, De Lisio JB, Lee VT, Zachariah MR (2015b) Metal iodate-based energetic composites and their combustion and biocidal performance. ACS Appl Mater Interfaces 7: 17363-17370.

[108] Watson KW, Pantoya ML, Levitas VI (2008) Fast reactions with nano-and micrometer aluminum: a study on oxidation versus fluorination. Combust Flame 155: 619-634.

[109] Wen JZ, Ringuette S, Bohlouli-Zanjani G, Hu A, Nguyen NH, Persic J, Petre CF, Zhou YN (2013) Characterization of thermochemical properties of Al nanoparticle and NiO nanowire composites. Nanoscale Res Lett 8: 1-9.

[110] Yan N, Qin L, Hao H, Hui L, Zhao F, Feng H (2017) Iron oxide/aluminum/graphene energetic nanocomposites synthesized by atomic layer deposition: enhanced energy release and reduced electrostatic ignition hazard. Appl Surf Sci 408: 51-59.

[111] Yang Y, Xu D, Zhang K (2012) Effect of nanostructures on the exothermic reaction and ignition of Al/CuOxbased energetic materials. J Mater Sci 47: 1296-1305.

[112] Yarrington CD, Son SF, Foley TJ, Obrey SJ, Pacheco AN (2011) Nano aluminum energetics: the effect of synthesis method on morphology and combustion performance. Propell Explos Pyrot 36: 551-557.

[113] Yavorovsky NA (1995) Method of production of highly dispersed powders of inorganic materials. Patent of Russian Federation 2048277.

[114] Yi Z, Ang Q, Li N, Shan C, Li Y, Zhang L, Zhu S (2018) Sulfate-based nanothermite: a "green" substitute of primary explosive containing lead. ACS Sustain Chem Eng (accepted).

[115] Yin Y, Li X, Shu Y, Guo X, Zhu Y, Huang X, Bao H, Xu K (2017a) Highly-reactive Al/CuO nanoenergetic materials with a tubular structure. Mater Des 5: 104-110.

[116] Yin Y, Li X, Shu Y, Guo X, Bao H, Li W, Zhu Y, Li Y, Huang X (2017b) Fabrication of electrophoretically deposited, self-assembled three-dimensional porous Al/CuO nanothermite films for highly enhanced energy output. Mater Chem Phy 194: 182-187.

[117] Zakiyyan N, Wang A, Thiruvengadathan R, Staley C, Mathai J, Gangopadhyay K, Maschmann MR, Gangopadhyay S (2018) Combustion of aluminum nanoparticles and exfoliated 2D molybdenum trioxide composites. Combust Flame 187: 1-10.

[118] Zamkov MA, Conner RW, Dlott DD (2007) Ultrafast chemistry of nanoenergetic materials studied by time-resolved infrared spectroscopy: aluminum nanoparticles in Teflon. J Phys Chem C 111: 10278-10284.

[119] Zarko VE, Gromov AA (eds) (2016) Energetic nanomaterials: synthesis, characterization, and application. Elsevier, Amsterdam.

[120] Zhang D, Li X (2015) Fabrication and Kinetics Study of Nano-Al/NiO Thermite Film by Electrophoretic Deposition. J Phys Chem A 119: 4688-4694.

[121] Zhang K, Rossi C, Rodriguez GAA, Tenailleau C, Alphonse P (2007) Development of a nano-Al/CuO based energetic material on silicon substrate. Appl Phys Lett 91: 3117.

[122] Zhang W, Yin B, Shen R, Ye J, Thomas JA, Chao Y (2013) Significantly enhanced energy output from 3D ordered macroporous structured Fe_2O_3/Al nanothermite film. ACS Appl Mater Interfaces 5: 239-242.

[123] Zhou L, Piekiel N, Chowdhury S, Zachariah MR (2010) Time-resolved mass spectrometry of the xothermic reaction between nanoaluminum and metal oxides: the role of oxygen release. J Phys Chem 114: 14269-14275.

[124] Zhou X, Wang Y, Cheng Z, Ke X, Jiang W (2017) Facile preparation and energetic characteristics of core-shell Al/CuO metastable intermolecular composite thin film on a silicon substrate. Chem Eng J 328: 585-590.

第4章　国防用纳米含能材料

苏达尔萨那·杰纳(Sudarsana Jena)，安库尔·古普塔(Ankur Gupta)

摘要： 含能材料是同时含有燃料和氧化剂的反应性材料，可以释放分子结构中保存的化学能。纳米含能材料是极高放热速率、可调节燃烧速率、极高燃烧效率和低感度材料的潜在来源。在炸药、固液推进剂、火箭推进剂和先进火炮推进剂材料制造领域，纳米含能材料作为一种新兴材料在国防应用中发挥着至关重要的作用。考虑到这些功能材料的研究范围十分宽泛，本章重点介绍了含能材料的研究基础、纳米含能材料设计与合成及其在国防部门小规模应用中的意义。

关键词： 纳米含能材料；定制炸药；大表面积；微反应技术

4.1　含能材料简介

含能材料释放储存在分子结构中的化学能，是其固有的反应性。在热、冲击或电流等外界因素刺激下，含能材料会在短时间内释放能量，因此，含能材料既含有燃料又含有氧化剂。根据燃料和氧化剂的结合方式(即或者化学结合或者物理混合)，含能材料被分为均质材料和非均质材料。含能材料基本上用于国防领域，但目前的含能材料也越来越多地用于土木工程和空间探索领域，如建筑、采矿和火箭发射。尽管这种材料不断发展，但人们仍在寻求一种更安全、威力更大、更紧凑、成本更低的含能材料。改善含能材料工程方法的重点主要是了解其所涉及的化学性质。然而，反应速率快和极端反应条件使得通过实验直接测量变得困难和不安全。因此，计算机模拟为研究含能材料的化学特性提供了一种更安全、方便的方法。

根据其用途，含能材料主要分为炸药、推进剂和烟火剂。

S. Jena，A. Gupta
印度布巴尔斯瓦尔理工学院，机械技术系，奥里萨邦，752050，印度
电子邮箱：ankurgupta@ iitbbs. ac. in
S. Jena
国防研究与发展组织(DRDO)，布巴瓦斯瓦尔，印度

4.1.1　炸药

为了满足高能量的要求，可在微秒级时间内体积迅速膨胀做功的炸药使用得愈加广泛。只有形成快速反应才能实现炸药的高能输出，即起爆。根据传播速度及其决速步，可以区分爆燃、爆轰和常规燃料燃烧的不同现象。在常规燃料燃烧的情况下，反应速率受反应物扩散的限制；这一过程相对较慢，从而导致传播速度很小。在爆燃过程中，燃料和氧化剂是预先混合的，因此在扩散过程中，反应物不再是决速步。事实上，热传递在控制反应速率的过程中起着重要的作用，从而使得爆燃比常规燃料燃烧更快。冲击波在含能材料的爆轰中传播。波阵面的材料被高度压缩，温度升高，引起放热化学反应，并在波阵面后传播。由于该反应放热，压力和温度都高于临界点(即激波通过前的条件)，所以产生的能量可维持冲击波的传播。因此，爆轰波是以超声速传播的。与亚声速爆燃和常规燃料燃烧的情况不同，需要使用以下几个参数来描述炸药的特性(Millar，2011；Singh 等，2006；Tillotson 等，2001，1998；Proud，2014)。

(1)感度

感度指材料受外部刺激(如热、机械冲击、火花、摩擦和撞击)触发的难易程度。基于感度，炸药分为起爆药和猛炸药。起爆药具有很高的感度，容易发生爆燃转爆轰过程(DDT)。猛炸药被称为烈性炸药，感度相对较低，但通常比起爆药威力更大。如果两种炸药相邻放置，即少量的起爆药与大量猛炸药相邻放置，其效果将更有效。这就是所谓的三级传爆序列。起爆药的快速爆燃转爆轰过程(DDT)有助于增强早期非爆炸冲击波，从而进一步引爆猛炸药。

(2)爆热(Q)

炸药爆炸时分解释放的热量，用爆热表示。这个量可以很好地用燃料燃烧和炸药本身产生的热量的差异进行估计。为了获得更高的爆炸威力，炸药优选具有高生成焓的化合物。爆热可以通过产物的焓变与气体体积的乘积来确定。

(3)爆速(V_D)

爆速用于表征爆轰波传播的速度，通过这个速度可以控制炸药产生能量的速率。爆速与炸药密度成正比，炸药密度与爆压有关。

为了使某些应用(如岩石切割和手榴弹)的破碎功率达到最大，要求炸药尽快达到峰值压力，并且爆速也应较高。破碎功率可以用猛度来确定，猛度可以用比能、爆速和装填密度三个参数相乘来确定。最大爆压是由爆炸功率乘以爆炸气体的体积得到的。炸药的实用性由许多因素决定。首先，要进行快速的爆燃转爆轰，产生冲击波，以启动二次爆轰。虽然炸药的感度较高，但考虑到使用寿命，起爆药的化学稳定性和热稳定性仍然很重要。例如，用作起爆药的重金属盐，其形式为雷汞、叠氮化物铅和苯乙烯酸铅。这种起爆药的燃烧产物对人体健康危害极大，会对环境造成污染，开展无金属起爆药的研究迫在眉睫。但对于猛炸药，必须具有低感度和长期稳定性，易于大量储存和处理。具有高爆速、高爆热等性能的炸药必须单独储存。生产成本是决定炸药实用性的重要因素之一。

4.1.2　推进剂

推进剂与炸药的引爆方式不同，其以可控方式进行燃烧。比冲(I_{sp})是决定推进剂性能的重要因素。比冲定义为一单位质量推进剂消耗产生的冲量(冲量=力×时间，或质量×速度)(Klaptke，2017)。I_{sp}按单位质量计算。由于推力仅来自燃气，不依赖于推进剂的燃烧速率，所以 I_{sp}是一个与材料有关的参数。

推进剂主要分为液体推进剂和固体推进剂。固体推进剂是由 C、Al 等还原剂粉末与硝酸盐、高氯酸盐等氧化剂混合而成的。对于 RDX 或 HMX 等炸药，如果在燃烧过程中没有产生冲击波引爆，则这些炸药也可用作推进剂。固体推进剂用于火箭发动机和洲际弹道导弹(ICBM)，以获得非常高的推进剂质量比。由于火箭或洲际弹道导弹没有液体泵或低温罐，因此固体推进剂在这种情况下工作更可靠。唯一的问题是实际应用中对固体推进剂点火燃烧的控制。

液体推进剂分为两类：一类是单组元推进剂，另一类是双组元推进剂。过氧化氢和肼是最常见的单组元推进剂类型。这类单组元推进剂能够催化分解产生热量和气体产物。与双组元推进剂相比，单组元推进剂的比冲(I_{sp})并不大，这是因为它们的焓变(ΔH)很小。因此，单组元推进剂仅在小载荷领域得到有限应用。在双组元推进剂中，氧化剂和燃料被注入并在燃烧室中混合。最常见的双组元推进剂是自燃推进剂。这种液体推进剂形成氧化剂和燃料对。燃料和氧化剂一旦混合，它会瞬间点燃，可用于对火箭助推器中点火系统的简化。在该系统中，为了便于控制，需要可变和间歇推力。点火延迟是自燃推进剂除 I_{sp}外最重要的参数。点火延迟是指两个与火焰形成相关的液体表面之间的时间间隔。如果点火延迟较短，则意味着更快的响应，且移动是容易控制的。通常，甲基肼(MMH)和偏二甲肼(UDMH)用作肼燃料，它们与四氧化二氮(NTO)或硝酸(HNO_3)等氧化剂混合。像 MMH 或 UDMH 这样的燃料是肼的衍生物，肼是致癌物，可以用烷基胺代替。烷基胺类燃料更安全，便于使用。能量传播和分子活化是含能材料在原子水平上引发的两个重要过程，它产生一个能量的正反馈。对于一种冷的、未反应的材料，处于基态的分子由外界刺激驱动越过能垒。最初，外部刺激不强，因此，只有低能垒的反应通道被激活。一旦反应发生，其中某些放热反应会导致局部温度升高。这个过程被重复，热能缓慢地传播到邻近的分子。在这个过程中，主要有以下三个因素影响反应的传播速度。

1)反应能垒的高度：这控制着反应通道的可达性。

2)反应放热：这决定了为提高局部温度而产生的热量。

3)能量转移到邻近分子的效率。

能量可以通过两种方式在两个相邻分子之间传递：一种是相邻分子之间的振动耦合，另一种是由放热反应引起的弹道气体动量变化。以上三个因素决定了含能材料的感度。含能材料的感度将是低能垒高度的高放热通道。多范式多尺度模拟可用于表征含能材料的整体燃烧过程。如模拟放热性和能垒高度的反应方式，都是从未反应的分子开始的，可以用基于第一原理的方法来构建。通过分子动力学的模拟，可以研究分子间的能量转移以及在凝聚相发生的反应等多分子过程。在此基础上，建立了一个包含各种物质放热反应的燃烧模型。当该模型与连续流体动力学(CFD)相结合时，描述了各种物质的时间演化过程，并利用其扩散率和热传递来模拟发动机的完整运转。

4.1.3　烟火剂

这种含能材料能够持久地进行自我持续的放热化学反应，产生热、光、声、气和烟。该种材料不仅用于烟花制造，还用于爆炸螺栓和紧固件、汽车安全气囊组件、采矿和拆除、采矿中的气压爆破、安全火柴和氧烛等项目(Suceska，2012；Klapötke，2017；Tichapondwa 等，2012；Schönhuber 等，2011)(见图 4-1)。

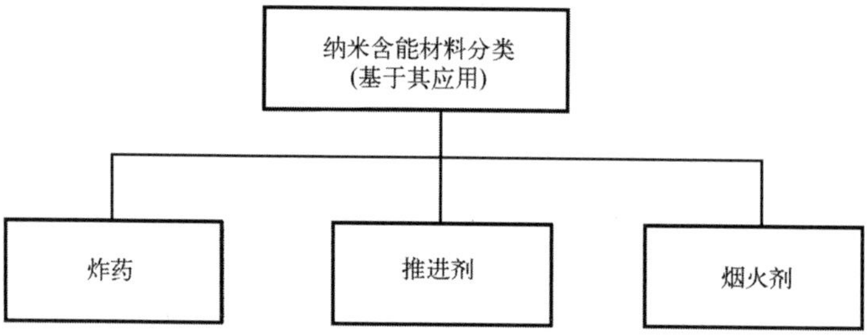

图 4-1　基于应用的纳米含能材料分类

4.2　含能材料的类型及其合成

含能杂环化合物及其合成日益为人们所熟悉。与碳环类化合物相比，杂环化合物通常密度大、氧平衡适中，这些都是改善含能材料性能的必要条件。此外，杂环中的氮含量也有助于提高反应热。下面列举了几种可能实现小规模应用的含能材料。

4.2.1　硝基三唑

作为一种含能物质，硝基三唑已经成为令人感兴趣的材料，并在过去十年间引起关注(Ou 等，1994)。DANTNP[IUPAC 命名法：氨基硝基三唑基硝基嘧啶的衍生物] 是研究最多的硝基三唑炸药，由 Wartenberg 等(1995)提出。DANTNP 的合成是含能材料一个新的开端。Delpuech 等(1981)提出的方法可用于预测含能材料的感度，但其认为 DANTNP 不是一种敏感炸药。DANTNP[见图 4-2(a)]的晶体密度为 1.865g/mL，焓变为 431kJ/mol，熔点为 603K。

Pevzner 等(1979)首次制备了 ANTA[IUPAC 命名法：氨基硝基三唑]。随后，Lee 和他的团队(1991)提出了一种合成 ANTA 的先进方法，Simpson 等(1994)通过对放大工艺稍做优化后改进了该方法，如图 4-2(b)所示。

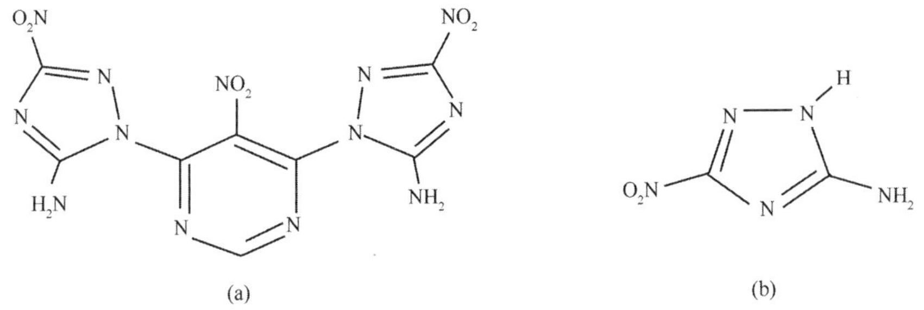

图 4-2　(a) DANTNP 和 (b) ANTA 的分子结构

4.2.2　二硝酰胺铵

Bottaro 等于 1997 年首次报道了二硝酰胺铵的合成。该氧化剂具有很强的氧化能力，在阳离子相转移剂和火箭推进剂中具有广阔的应用前景。相当多的二硝基酰胺阴离子盐已可以合成，包括羟胺($HONH_2$)、碱盐、胍(CH_5N_3基)、氨基胍、立方烷-1、双胍盐等。

当在 pKã-5 中加入 ADN 时，它会变成非常强的酸，并且在 pH 值为 0~15 之间是稳定的，但是在浓酸中，它会慢慢分解。ADN 的密度为 1.801g/mL，熔点为 365K (Martin 等，1997)。

4.2.3　吡唑类化合物

吡唑是近年来人们最熟悉的含能材料之一。采用分子模拟模型和热化学程序对含能材料吡唑环的合成进行了研究。现代工具可以用于吡唑的分子设计，甚至能够完成它的合成和表征工作。通常，多环和笼形分子化合物的密度比单环类似物的密度高。MOLPAK 程序可用于预测物质的密度，而 Hartree-Fock 计算用于预测生成热，并进行必要的校正，这些校正会分别针对含能材料和非含能材料进行校准。

通过比较不同多环的密度，发现并五元环密度高于并四元环或并六元环。杂环分子也可用来提高分子能量。环系统具有非浸透键，通过控制含能材料的能量特性和密度参数可以改善这种键合。

劳伦斯利弗莫尔国家实验室开发了吡唑类化合物(见图 4-3)。Chapman-Jouguet (C-J) 指出，释放的能量比爆速更能可靠地反映爆轰性能。金属加速超速时，如果相对体积膨胀率为 2.2，则能量释放良好。根据实验结果，预计 LLM-119 化合物的金属加速能比 HMX 高 1.1 倍；同样，LLM-121 和 DNPP 等化合物的金属加速能预计分别比 HMX 高 1.4 倍和 0.95 倍。X 射线晶体学的晶体密度确定为 1.865g/mL (Dremin 和 Shvedov，1964)。

DNPP 被认为是一种热稳定的含能材料，但对冲击相对不敏感，因此 DNPP 作为一种“聪明”的替代品，用于替代不同的化合物，如 TATB、RDX 和 TNT。pKa=6 和 3 的 DNPP 酸性质子在某些应用中可能存在一些问题。

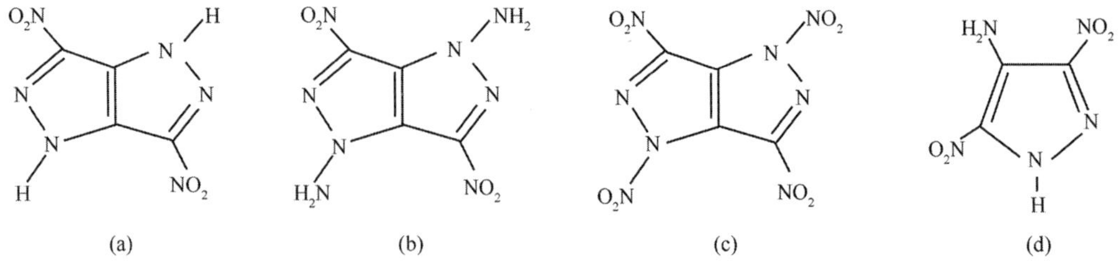

图 4-3　化合物：(a)DNPP；(b)LLM-119；(c)LLM-121；(d)LLM-116 的分子结构

4.2.4　四嗪类

Coburn 等首次报道了 LAX-112 的合成(1993)。LAX-112 是一种不含硝基氧化剂的环芳烃型含能材料。LAX-112 化合物具有较大的密度和一定的爆速。这种敏感的含能材料可以通过使用更为持久的氧化步骤制备其相应合成物(3-氨基-6-硝基-1，2，4，5-四嗪-2，4-二氧化物)，而这种合成物可在 383K 的温度下分解(Coburn 等，1993)(见图 4-4)。

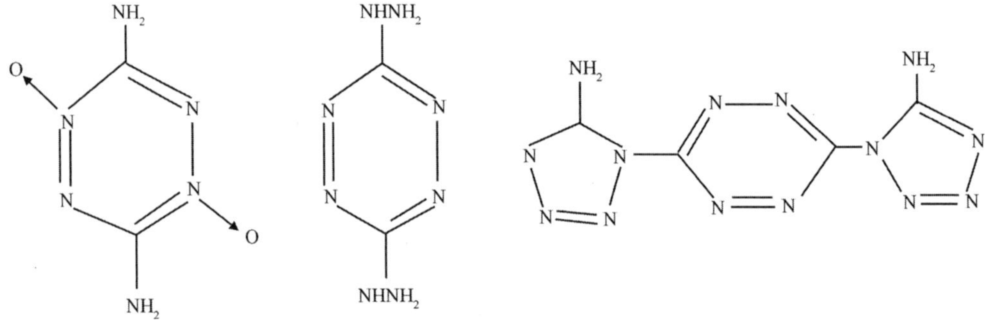

图 4-4　LAX-112，DHT 和化合物 2 的分子结构

Chavez 和 Hiskey(1999)进一步扩展了对这种高能材料的研究。他指出，基于 1，2，4，5-四嗪合成的炸药，由于碳含量较低，可作为烟火剂和推进剂的有效成分。例如，组成 3，6-二肼-1，2，4，5-四嗪的 DHT(Chavez 和 Hiskey，1998)是密度为 1.61g/mL 的含能燃料，焓变(燃烧热)为 536kJ/mol。DHT 可再次构造为 3，6-双-1，2，4，5-四嗪，熔点为 537K，测得其焓变(Δh)为 883kJ/mol。

4.2.5　呋咱类

Coburn(1968)报道，DAF(结构为 3，4-二氨基呋咱)的合成是生产含呋咱环的一系列含能材料的一个重要前体。呋咱是推进剂和炸药中的重要原料。Solodyuk 等(1981)进一步分析了 DAF 的氧化特性。根据分析，DAF 的氧化反应可以得到 ANF(氨基硝基呋咱)、DAAF(二氨基氧化偶氮呋咱)以及 DAAzF(二氨基偶氮呋咱)。同样，Chavez 等(2000)对

DAAF 的合成进行了扩展，并进行了不同的测量以找出其爆炸特性。DAAF 所含能量比 TATB(三氨基三硝基苯)更高。结果表明，DAAF 的晶体密度为 1.747g/mL，焓变(Δh)为 444kJ/mol，DAAF 对冲击极不敏感。Sheremetev 及其团队(1999)研究了 DNAzF、DNAF 和 DNF 的硝基与亲核试剂的反应速率，合成了具有高价值的 3-取代基-4-硝基呋咱衍生物(见图 4-5)。

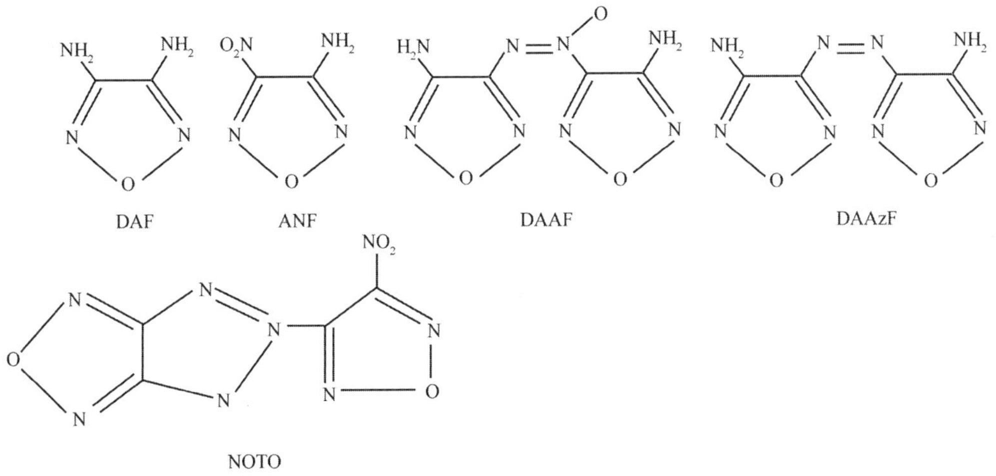

图 4-5　DAF、ANF、DAAF、DAAzF 和 NOTO 的分子结构

4.2.6　吡啶和吡嗪类

硝化杂环芳烃体系合成的复杂性取决于电子缺陷。这种情况下发生亲电芳香族取代是困难的。如果在杂环上加入可提供自由电子的取代基，硝化反应可能会进行得更快。下面将介绍一些示例，其中吡嗪和吡啶的前体经过硝化，以得到所需的替代杂环。下面的例子也说明了通过使用替代氨基和硝基基团来提高这些化合物的密度和热稳定性的想法。

Pagoria 等(1998)报道了 LLM-105(二氨基二硝基吡嗪氧化物)的合成，其通过氧化 ANPZ(二氨基二硝基吡嗪)工艺获得(Fried 等，2001)。LLM-105 的密度为 1.913g/mL(Pagoria 等，2002)，分解温度为 627K。为了提高杂环体系的氧平衡和密度，叔胺在氮氧化物中的交换也是另一种常用的方法。在氮氧键中，由于氧中孤对电子的 1/4 键作用，N—O 键相对较强且具有明显的双键特性(Albini，1991)。氮杂环氧化物的形成使杂环的芳香性增强，杂环电荷的分布也发生变化，从而增加了杂环的稳定性(Albini，1991)。ANPZ 和 LLM-105 的晶体密度约为 1.84g/mL(Pagoria 等)。因此，氮氧基团不仅改变了氧分子的数量，而且还获得了更好的晶体填充。

Ritter 和 Licht(1995)报道了 ANPyO(二氨基二硝基吡啶氧化物)的合成方法。ANPyO 的密度为 1.878g/mL，在 613K 即分解，熔点高于分解温度。Hollins 等进一步扩展了这项研究工作(1995，1996)。化合物 1 是一种不敏感的含能材料(密度为 1.876g/mL)，其熔点温度约为 581K，并在此温度下分解(见图 4-6)。

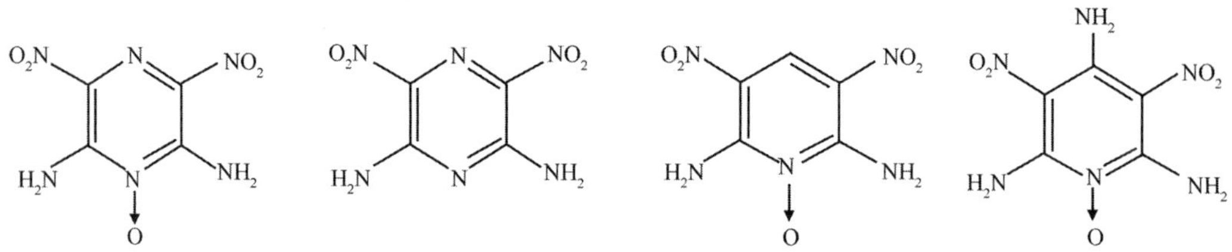

LLM-105　　ANPZ　　ANPyO　　化合物1

图 4-6　LLM-105、ANPZ、ANPyO 和化合物 1 的分子结构

4.3　含能材料的生产方法

传统的含能材料如复合材料或单分子材料可以通过简单的混合过程获得。反应物的化学计量学方法可用于对其性能进行评价。这些含能材料基本上是通过以下方法生产的。

1)单分子含能材料是通过将氧化剂和燃料基团结合成单个分子(如硝化甘油、硝化纤维素和三硝基甲苯)来生产的(Sanders 等，2007)。

2)复合含能材料是将硝酸铵、高氯酸钾等氧化剂与硫、碳等燃料混合而成。黑色火药是复合含能材料的一个例子(Sanders 等，2007)。

与单分子含能材料相比，复合含能材料具有更高的能量密度，但是由于反应物的粒度限制了质量传输速率，复合材料的能量释放速率比单分子材料慢。几十年以来，这些材料被用于国防、采矿和拆除等各个领域，因为这些材料是产生动力、热量和气体的最有用的能源介质。同样，在过去的 20 年中民用工业和科学界也在使用这类材料。含能材料对微/纳米含能材料领域有着重要的影响。微米含能材料应用的报道主要包括：微推力(Rossi 等，2006；Youngner 等，2000)、微启动(Troianello，2001；Laucht 等，2004)，通过注入气体或移动流体实现驱动(Rossi 和 Esteve，1997；Rossi 等，1999)，化学反应用气体(Ding 等，1987；Vasylkiv 等，2006)、焊接和加热用气体(Stewart，2005)以及开关用气体(Pennarun 等，2005)。研究人员希望将含能材料通过多种方式应用于有价值的研究项目，如产生气体、热量或化合物等有用的形式。然而，真正的挑战在于解决兼容性问题，同时为 MEMS 应用开发新的含能材料。由含能材料制成的薄膜的沉积必须在 250℃ 以下进行。在某些情况下，还使用独立的微观结构技术将含能材料薄膜沉积在需要控制或减小应力而不使用热处理工艺的基底上。有一些常见的处理技术，如丝网印刷(Ismail 等，2001)、带剥离制程的 PVD(Li 等，2011；Gao 等，2011)，或通常用于硅基板上沉积含能材料的化学反应(Mattox，2010)。其中，一个最具挑战性的问题是在基于 MEMS 的应用中尽量减少热损失。

虽然在传统的复合材料和单分子含能材料中，通过将不同的物质(如分子或化合物)结合在一起，使用化学配方进行了重大改进(Pierson，1999)，但对于微尺度应用，这种技术的反应速率相对较慢。例如，在HMX爆燃的情况下，它必须在大气压下在不同直径的钢管中淬火。另一个例子是GAP-AP的燃烧，可将其在大气压下淬火成直径为1.4mm的玻璃管(Sathiyanathan等，2011)。为了满足目前军事化趋势下的能源需求，活性纳米含能材料比传统材料更有效。

在过去几十年，人们进行了大量研究工作，试图在传统含能材料中加入纳米和微米级别的金属粉末以获得更高的燃烧速率。然而，一些研究人员指出，这种金属粉末的添加和使用在配方应用中存在一定的困难。除了传统的含能材料外，无机含能材料、复合材料和金属氧化剂的结合获得了一种有效的材料，称为亚稳态分子间复合材料(MIC)，它应用较为广泛。该材料发生剧烈放热的快速固态氧化还原反应，放热量几乎是单分子含能材料的2倍。这项研究的成果主要说明了含能材料的燃烧和引发特性。它们的微观形貌对性能影响很大。粒径减小到纳米级可能导致质量传输速率降低。最终，纳米含能材料将大大提高燃烧速率，并有望替代单分子含能材料(Badgujar等，2008；Rossi和Estve，2005；Tanaka等，2003；Rugunanan和Brown，1993；Chung等，2009；Son和Asay，2001)。

4.4　纳米含能材料的重要性

纳米科学的进步为制造复杂分子结构的材料提供了技术储备。与微米粒子相比，纳米颗粒的表面积与体积比明显更高，其中固体颗粒的混合物接触紧密(Martirosyan等，2013)。一般来说，传统的含能材料是由1~100μm之间的粒子制备的，由于其空间尺度的限制，限制了最大反应速率，因此其应用有限。具有同质性的含能材料在同一分子上有反应物。纳米级含能材料是能够以更好的控制方式、更高的可靠性、更低的灵敏度、更高的安全性等提高能量释放速率的材料，纳米技术精确地定义了含能材料的尺寸，其大小在100nm左右，甚至更小。研究发现，尺度的变化对点火或反应性能有显著影响。虽然在这个尺度下观察到的熔点变化不大，但在影响点火和燃烧行为的比表面积上却发生了显著变化(Son等，2007)。

纳米含能材料为高能量密度的推进剂、燃料和炸药提供了更高的能量密度燃料组分。它也被用来调节燃烧速率。凝胶剂可以很容易地应用于基于MEMS的产品和其他应用，以减小危害影响。纳米含能材料具有增强的比表面积、反应活性、催化活性和反应热等独特性能。同样，它降低了熔化温度和熔化热(Eichhorn等，2012)。

4.5　微尺度应用的纳米含能材料

最初的方法是通过在常规炸药或推进剂中引入纳米铝粉，使得传统含能材料进行微尺度燃烧。采用掺杂工艺将复合推进剂与纳米铝粉混合，产生微尺度燃烧。随着纳米技术的进步，研究人员找到了一种混合合成以金属氧化物为氧化剂、铝为燃料颗粒的无机纳米含能材料的方法，以制备亚稳态分子间复合材料(MIC)。使用的材料基本上有两种类型，如下所述(Kondo 等，2004；Yarrington 等，2010)。

(1)纳米铝粉掺杂工艺制成的推进剂

铝是用于工业中的主要金属，而且成本相对较低。由于以下特性，铝粉主要用作掺杂剂。

1)在铝粉中，每个颗粒都覆盖一层薄氧化层，以防止自燃；

2)对铝而言，粒径为 50~120nm 的纳米颗粒可以很容易地制成，纳米铝粉在市场上有售；

3)由于铝的高导热性，提高了燃烧速率，从而提高了材料的反应速率。

Brown 等(1998)研究了引入掺有 $KMnO_4$ 的超细 Sb 粒子的效果发现，如果粒径从 14μm 减小到 2μm，其燃烧速率将提高 4 倍。根据 Ivanov 和 Tepper(1997)的报告，在推进剂中添加纳米铝粉，其燃烧速率也会提高 5~10 倍。Mench 等学者也证明了这一点(1998)，对于掺有 20%纳米铝粉的 HTPB 固体推进剂，燃烧速率将提高 70%。如果铝粒子的粒径从 10μm 减小到 100nm，那么燃烧速率将从 1mm/s 提高到 100mm/s 以上。使用纳米铝粉作为掺杂剂的另一个好处是它可以缩短推进剂的点火时间(Mench 等，1998)。然而，在炸药中使用纳米金属粉末并没有被证明是有效的(Li 等，2005)。

(2)亚稳态分子间复合材料(MIC)——纳米铝热剂或超级铝热剂材料

在铝热反应中，金属与非金属氧化物反应是一种强放热反应。通过该反应，形成稳定的氧化物以及相应的金属和非金属反应物(Wang 等，1993)。下面给出的反应过程是氧化还原反应过程

$$M + XO \rightarrow MO + X + \Delta h$$

式中，M 为合金或金属；XO 和 MO 为相应的氧化物；X 为金属或非金属；Δh 为铝热反应引起的焓变。

在铝热反应中可观察到更快的反应速率，使用这种反应是非常节能的。

纳米铝粉主要用作燃料，在铝热反应中具有以下优点：

1)与钙或镁不同，铝的蒸气压力较低，因此不需要任何特定的压力容器来进行反应。

2)由于铝的熔化温度较低(660 ℃)，所以它的引燃温度较低。低点火温度有助于先引爆，然后在火焰处迅速燃烧。

1995 年，Aumann 等在 20~50nm 范围内制备了 MoO_3/Al 介稳分子间复合材料(MIC)。通过化学计量得到的混合物，其能量密度达到 16kJ/cm^3。而且，这种混合物的燃烧速率是产生铝热反应的大尺度材料的 1000 倍。据观察，当铝颗粒的尺寸从 121nm 减小到 44nm 时，平均燃烧速率大约从 685m/s 提高到 990m/s。实验表明，微米级 MoO_3/Al 的燃烧速率为 10mm/s(Rossi 等，2007)。研究人员发现，当铝粉的粒径在临界值以下时，反应速率不会发生变化。经 Bockmon 等检测，其临界粒径为 40nm(2005)。这是由于当铝粉的粒径变小时，Al_2O_3 在铝粉中的比例有所增加。因此，活性物质的粒径减小，有可能会抑制铝热反应。

4.6　微尺度应用的纳米含能材料的合成

通过传统方法、基于 MEMS 的兼容性方法、自下而上方法和分子科学方法等不同的方法对纳米铝热剂复合材料的合成进行了研究。在传统方法中，在合成燃料和氧化剂的纳米粒子后进行适当的混合。这个过程称为粉末混合过程。在基于 MEMS 的方法中，制备好的氧化剂和燃料的纳米粒子经过一个特定工艺(如气相沉积或溶胶-凝胶技术)混合在一起。在分子科学方法中，合成燃料和氧化剂分子/原子，再通过聚合物链或在溶液中使用分子工程进行混合。自下而上的方法描述了基本要求，并了解了含能材料的不同性质及其致密性。下面介绍了合成 MIC 所采用的不同方法。

(1)粉末混合

制备纳米含能材料最简单的方法之一是粉末混合。通过超声波将纳米铝粉及氧化剂粉末均匀混合(Simonenko 和 Zarko，1999；Prakash 等，2005；Dures 等，2006)。通常情况下，纳米铝粉和氧化剂很容易溶解在溶剂[如己烷(C_6H_{14})]中，并在超声波作用下混合在一起。一种称为超声处理的工艺(>20 kHz)可用来分散团聚物，并使两种成分混合。在此过程之后，再通过加热混合物蒸发溶剂。在蒸发过程中，上述混合物不断地通过细网，混合成团块，产生所谓的亚微米级粉末。MoO_3/Al 混合物的扫描电镜图像如图 4-7 所示(Granier 和 Pantoya，2004)。将燃料与氧化剂物理混合是常用的最简单的方法之一。但是，它存在如下一些局限：

1)超细粉末的紧密混合是一个难题；

2)难以得到燃料和氧化剂均匀分布的混合物；

3)操作某些粉末是危险的，而且薄膜沉积工艺很难在微系统中得到应用。

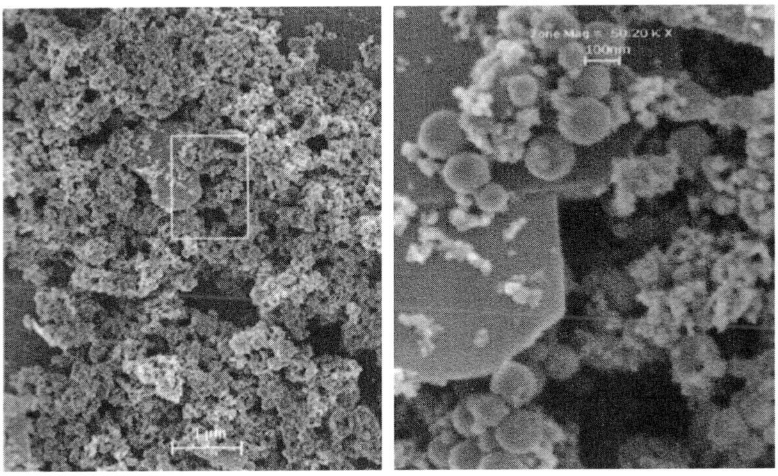

图 4-7　Al 粉(80nm)与 MoO_3混合。经 Granier 和 Pantoya(2004)许可转载

(2)溶胶-凝胶/气凝胶法

该技术广泛用于合成玻璃或陶瓷及其纳米结构粉末。该工艺具有加工温度低、化学均匀性高等优点。劳伦斯利弗莫尔国家实验室首次使用溶胶-凝胶法合成纳米含能材料(Gash等，2001；Kim和Zachariah，2004)。这一过程需要进行反应，从而使纳米粒子以液相的形式扩散，即所谓的溶胶。当它冷凝时，由溶胶(称为凝胶)产生三维固体网络，其中孔洞中充满溶剂。通过蒸发过程除去溶剂，如果凝胶结构坍塌获得的结构无孔，即为“干凝胶”。如果在干燥过程(在超临界阶段)，除去溶剂而不破坏凝胶结构，得到的材料非常轻且多孔，称为“气凝胶”。这种材料具有良好的均匀性结构，并具有纳米级的孔洞。溶胶-凝胶的工艺流程如图4-8所示。Tillotson等(2001)研究了可用于溶胶材料的Fe_2O_3/Al MIC的合成，其中Fe_2O_3的粒径为3~10nm，Al的粒径为30nm。

纳米多孔Fe_2O_3复合材料的比表面积为300~400 m^2/g。根据点火和热分析，上述过程产生的热量约为1.5kJ/g，而一些研究人员报告的理论值为3.9kJ/g。能量降低的原因可能是铝粉钝化层的氧化物以及基体中存在的有机杂质(Miziolek，2002)。

与混合方法相比，使用溶胶-凝胶法的优势在于：

1)易于在MEMS中应用；

2)使用安全；

3)低成本；

4)多孔性，有可能生成纳米级别的孔洞；

5)过程易于控制。

这个过程也有一些缺点：

1)燃料和氧化剂颗粒随机分布造成彼此分离，可能导致抑制自持反应；

2)溶胶-凝胶混合物中存在有机杂质，使反应性能显著降低。

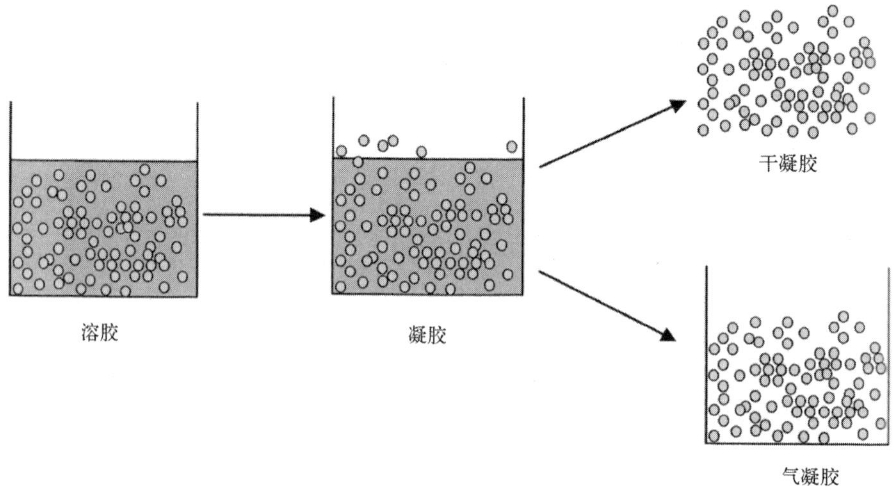

图4-8　溶胶-凝胶法原理图

(3)气相沉积法

这是溶胶-凝胶法或气凝胶法的一种替代方法。在气相沉积或溅射中，真空条件下在基体上沉积一层氧化剂和燃料的纳米层。气相沉积是将不同材料的薄膜沉积在基体上的化学或物理过程。这种工艺在化学工业中经常使用。在该过程中，基体有时暴露于多个挥发性前驱物中。所需的沉积是由这种挥发性材料在基体表面上的反应和分解产生的。在这个过程中，薄层的厚度通常从20nm到2μm不等。溅射也是一种物理气相沉积过程，由于含能离子轰击物质，原子或分子以气态注入固体靶材料。这一工艺与薄膜沉积非常相似，也广泛应用于许多化工行业。为了避免金属的扩散，需要在沉积过程中冷却硅片。在沉积过程中，获得厚度为0.3μm的Al层和厚度为0.7μm的Cu_4O_3层，如图4-9所示(Blobaum等，2003)。

在此过程中，每层氧化剂或燃料之间的扩散距离比粉末混合过程减小了10~1000倍。由于这一沉积过程是在高真空条件下进行的，因此与粉末混合或溶胶-凝胶法等其他工艺相比，存在杂质的可能性和铝氧化的可能性非常低。

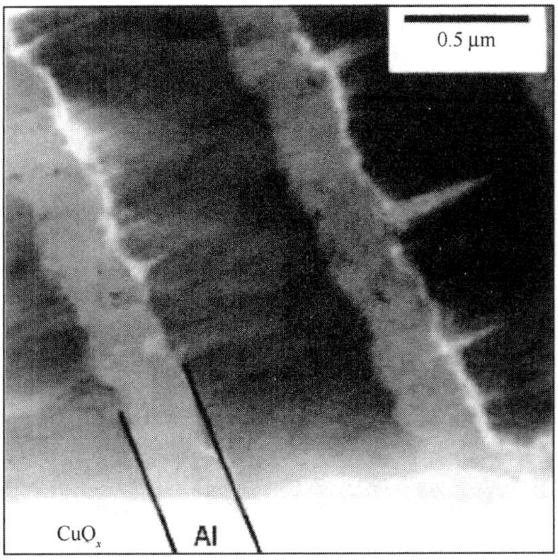

图4-9　Al/CuO_x多层纳米结构。经Blobaum等(2003)许可转载

(4)纳米结构化

采用纳米结构化方法进行沉积主要包括以下两个过程：

①原子层沉积(ALD)

在这一过程中，薄膜以高度均匀的方式沉积在基体上，而且沉积层的厚度能够精确控制。按顺序使用不同的气体脉冲，每次沉积一层薄膜。通过使用原子层沉积技术，许多金属氧化物，如NiO(Baek和An，2011)、Co_3O_4(Mukae等，1977)、WO_3(Kumar和Rao 2017)沉积在基体材料上。Ferguson等(2005)首次在纳米铝粉上沉积SnO_2氧化层。利用ALD工艺制备的Al/SnO_2混合物(Ferguson等，2005)如图4-10所示。通过对Al和SnO_2样品进行实验分析，尽管 Al/O 的摩尔比较低，Sn 颗粒的质量百分比较低，但反应速率较快，反应剧烈。

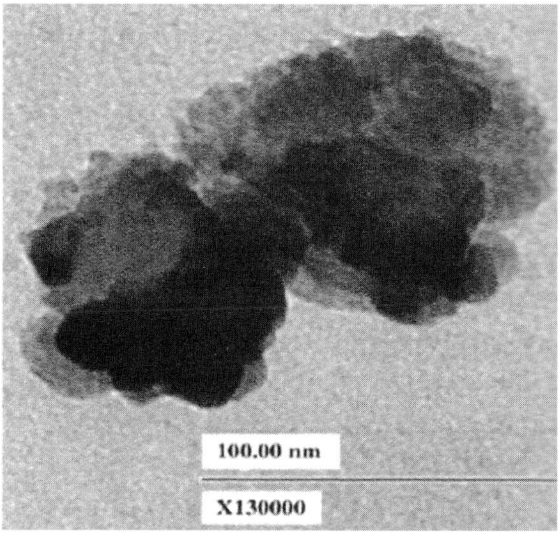

图 4-10　ALD 工艺制备的 Al/SnO_2 MIC。经 Ferguson 等(2005)许可转载

②纳米多孔硅与氧化剂

McCord 等(1992)首次发现由多孔硅(PSi)在硝酸中燃烧引起的反应。他发现 PSi 可以用作反应材料。液体氧化剂用于填充尺寸为 2~10nm 的 PSi 孔隙。基于 PSi 的纳米含能材料由于其孔隙的这种性质，被广泛应用于工业应用中，如安全气囊引发剂组件(TGTSTM 等，1999；Bartuch 等，2004)。

如图 4-11 所示(Currano 和 Churaman，2009)，电化学蚀刻工艺可通过使用氟化物(HF)和 H_2O_2溶液(Currano 和 Churaman，2009)从大块硅中制备多孔硅(PSi)。通过适当地选择不同成分的浓度比例(如氟化物的浓度)、处理时间、起始材料和电流密度，能够确定结构尺寸，包括 PSi 的孔洞，从 2~1000nm 可调(Bartuch 等，2004)。再将液体氧化剂填充到纳米孔洞。除此之外，通过化学气相沉积(CVD)和物理气相沉积(PVD)法可以将液体氧化剂填充在 PSi 孔隙中，从而增强 Si 和 O_2之间的紧密性。通过控制 SiO_2 层，可以在氧化剂装填前调节 PSi/O_2物质反应释放的活化能。该结果由 Currano 和 Churaman(2009)进行了验证。

含有 PSi 的纳米含能材料因为在 MEMS 应用中的相容性从而具有优势。因此，纳米含能材料广泛用于以硅为基材的 MEMS 器件的制备。最终，低生产成本为 MEMS 的应用提供了良好的基础。另一个优点是，半导体电路易于利用含有 PSi 的纳米含能材料制成。

(5)自下而上方法

为了提高燃料/氧化剂的均匀性和控制最终材料的接触面积，研究人员探索了自下而上的方法。

分子自组装是近年来应用最为广泛的技术之一。在这项技术中，燃料的纳米粒子依靠

图 4-11　纳米 PSi 的扫描电镜图像：(a)顶视图；(b) 横截面。
经 Currano 等(2009)许可转载

自己或通过外力限制的方式排列在氧化剂周围。在某些情况下，使用无机溶液或聚合物来排列氧化剂和燃料分子。Kim 和 Zachariah(2004)开发了一种合成 MIC 的方法，其中静电力控制气溶胶中存在的带电粒子以对 Al 与 Fe_2O_3进行自组装。一些研究人员将自组装的 Al/Fe_2O_3与随机组装的 Al/Fe_2O_3反应结果进行了比较。SEM 图显示分子自组装中 Fe_2O_3颗粒的表面被纳米铝粉包围。Al 和 Fe_2O_3之间的接触很紧密，如图 4-12(b)所示。图 4-12(a)(Kim 和 Zachariah，2004)所示为通过随机组装合成的纳米 Al/Fe_2O_3粒子的透射电镜图像。研究结果表明，由于氧化剂和燃料的界面组合方式不同，通过静电组装的材料如 Al/Fe_2O_3，其比随机组装产生的材料更稳定。

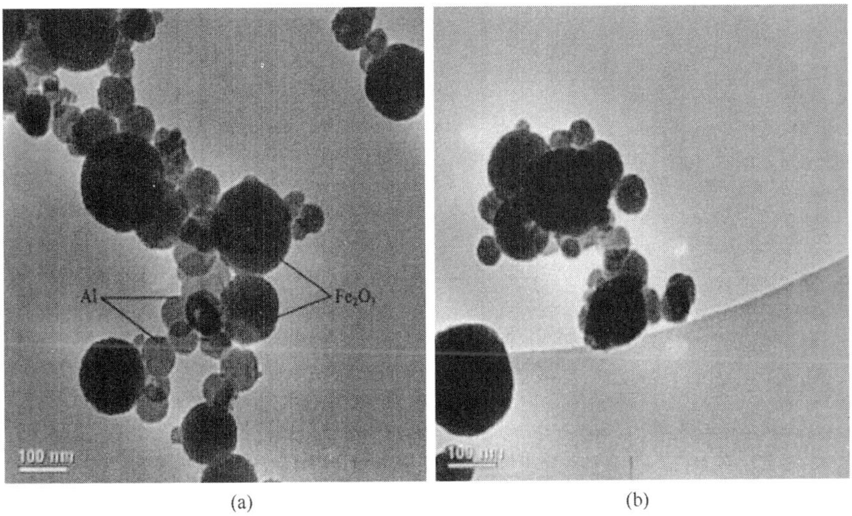

图 4-12　Al/Fe_2O_3 MIC 的 SEM 图：(a)随机组装；(b)静电组装。
经 Kim 和 Zachariah 等(2004)许可转载

4.7　用于国防的推进剂和炸药

推进剂和炸药广泛用于国防，如火箭推进、弹头、弹药。以下各段介绍了在国防领域，推进剂和炸药的一些重要用途。

4.7.1　火箭推进

如前所述，生产纳米含能材料的最通用方法是将燃料(如铝粉)和氧化剂(如 SnO_2)的纳米颗粒按适当比例混合。材料燃烧速率越高，燃烧功率密度越高。当粒子被更精确地分开时，这是可能的。让我们把纳米颗粒的直径取为 $d(t)$，$t=0$ 时，$d(t)$ 取为 d_0

$$d(t)^2 = d_0^2 - kt \tag{4-1}$$

式中，k 为燃烧速率系数，通常取 $1mm^2/s$；t 为推进时间；d_0 为 $t=0$ 时的颗粒直径。

当两种物质组分更细时，点火延迟时间缩短。因此，纳米化必定是一项有益的工作。在单分子含能材料中，不论最终粒径大小，每个分子中都会有一部分燃料和氧化剂基团，能量密度通常在 $10 \sim 12kJ/cm^3$ 之间，约为混合物的一半。利用聚合物基单分子含能材料可以增加能量密度。尽管这类混合物非常有用，但实际上很难分散物质。对于纳米物质的表面能性质，主要是因纳米微粒具有极高的比表面积(表面积与体积的比值)而发挥着重要作用。材料的表面张力可分为 γ^{LW}、$\gamma^{(-)}$ 和 $\gamma^{(+)}$ 三个组成部分，与三个不同的参数有关，如 $\gamma^{(+)}$ 与电子受体电位(+)有关，$\gamma^{(-)}$ 与电子供体电位(-)有关，而 γ^{LW} 与 Lifshitz-van der Waals(LW)电位相关。黏着电位(所谓的界面张力)用 γ_{12} 表示，其中下标 1 表示燃料比例，下标 2 表示氧化剂比例。界面张力由 LW 效应和供体-受体(da)引起的表面张力之和得出(Ramsden，2012)

$$\gamma_{12} = \gamma_{12}^{LW} + \gamma_{12}^{(da)} \tag{4-2}$$

其中，LW 界面张力按下式计算

$$\gamma_{12}^{LW} = \left(\sqrt{\gamma_1^{LW}} + \sqrt{\gamma_2^{LM}}\right)^2 \tag{4-3}$$

供体-受体(da)界面张力的计算公式为

$$\gamma_{12}^{(da)} = 2\left(\sqrt{\gamma_1^{(-)}\gamma_1^{(+)}} + \sqrt{\gamma_2^{(-)}\gamma_2^{(+)}} - \sqrt{\gamma_1^{(+)}\gamma_2^{(-)}} - \sqrt{\gamma_1^{(-)}\gamma_2^{(+)}}\right) \tag{4-4}$$

通过测量三种不同液滴的接触角，也可以发现单一物质组分的表面张力。溴萘、水和二甲基亚砜，在燃料或氧化剂的材料平面上具有一定的黏度。

根据 Bragg-Williams 表达式，燃料-氧化剂混合物的相互作用能 ν 由下式得出

$$\nu = \nu_{11} + \nu_{22} - 2\nu_{12} \tag{4-5}$$

式中，ν_{11} 为燃料粒子相互作用能；ν_{22} 为氧化剂粒子相互作用能；ν_{12} 为燃料粒子与氧化剂粒子的相互作用能。

结合能 ν_{11} 和 ν_{22} 由 Dupré 定律给出，如下所示

$$\nu_{11} = -2\gamma_1 A \tag{4-6}$$

$$\nu_{12} = -(\gamma_1 + \gamma_2 - \gamma_{12})A \tag{4-7}$$

式中，A 为界面面积；ν_{11}、ν_{12}为单一物质表面张力的黏附能；γ 为表面张力。

若相互作用能 $\nu<0$，则混合物会强烈分散；

若相互作用能 $\nu>0$，则混合物分散性差；

若相互作用能 $\nu=0$，则混合物具有熵驱动。

为了提高燃料的燃烧热，在燃料中加入了包覆氧化层的铝、硼等纳米颗粒。其他可能的纳米颗粒是富勒烯(Adams，2006)、C60、C70、C7 等，其直径约为 1nm。

粒径较小的颗粒具有较高的燃烧速率，对燃料流过的壁面侵蚀性也较小。这点在纳米化方面有着不可低估的好处。在制造纳米颗粒以获得原子精度的情况下则没有这样的绝对要求。

众所周知，金属铝很容易在其表面形成氧化铝薄层。因此，应将具有表面张力参数的氧化铝代入方程式(4-4)中。

美国劳伦斯利弗莫尔国家实验室开发了一种制备溶胶-凝胶多孔材料的方法。凝胶是由燃料颗粒产生的，孔隙是由氧化剂颗粒产生的。如前所述，这是粉末混合过程的一种替代方法。纳米含能材料作为一种商业化材料，其长期稳定性有待进一步研究。上述技术的成熟度在 2~3 级水平，近年来，由于一些无法论清的理由，人们大多都忽视了 Rebinder 效应，而这种效应却是确确实实存在的。并且，这种效应对炸药的机械感度的影响尤为重要。目前，关于这方面的研究仅处于 0 或 1 级水平。

4.7.2　弹头

用作弹头的爆炸材料需要能够有效地引爆。了解纳米级转化(纳米化)如何影响爆燃-爆轰转变是一项重大任务。这一领域还有更多的研究。在目前的情况下，还没有一种适用于真实 3D 材料的能量释放方法的完美理论(Adams，2006)。

4.7.2.1　钝感含能材料

炸药的感度可以通过多种方式降低，如提高晶体效用、消除空隙(孔隙)、减少分子和晶体中的缺陷、消除多相以及从化学物质中去除杂质(Walley 等，2006)。颗粒分布对感度有重要影响。所有这些特性在纳米科学中都具有潜在的作用，可以用于产生感度较低的含能材料。

纳米化的主要思想是提高颗粒的燃烧速率，将燃料和氧化剂精细分散。比表面积的大幅度增加对反应也有显著影响。不仅影响燃料和氧化剂的反应速率，也会使表面略有钝化。

含能材料被一种特殊的超薄涂层覆盖，以达到相对不敏感的效果。如果能以合理的成本进行大规模的纳米制造，合理设计的材料就可以按要求一个原子接一个原子地精确组装。

4.7.2.2　含有纳米颗粒的弹药

尽管在爆炸中释放纳米颗粒可能会导致潜在的健康问题，但纳米颗粒具有多种生物效应。有两种主要的纳米粒子：1)由化学毒性物质制成的纳米粒子，通过粒子的溶解释放在人体内；2)不溶性纳米粒子或纳米纤维，它们不能被人体的防御系统破坏，因此仍然是持续性炎症的场所，具有潜在的副作用，如肿瘤的生长。对于第2)类，表面性质通常决定了纳米物体与其生物的、含蛋白质环境相互作用的性质。因此，基于界面张力的方法(第4.7.1节)可用于预测这种相互作用。

4.7.2.3　可调节爆炸性

如前所述(第4.7.2.1节)，制造不敏感爆炸物是为了在爆炸材料颗粒周围放置适当的惰性涂层来降低点火敏感度。鉴于爆炸理论还处于初级状态，目前设计一种敏感度可调节的炸药是相当困难的。但是，通过外部环境参数可以降低涂层的点火敏感度。

可调节感度有助于确保钝感雷管在直至接近预期要求时才被激活。纳米技术有望通过对整个过程的原子细节理解来促进这一特性的实现。

4.8　结论

在本章介绍了含能材料的基本概况，并描述了当今文献报道的一类独特的含能材料。本章着重介绍各种类型的纳米含能材料的设计和合成。由于推进剂和炸药广泛用于火箭推进、弹头、弹药等不同领域，本章还阐述了纳米含能材料在国防应用中的重要性。

参考文献

[1] Adams C (2006) Inventor; Lockheed Martin Corp, assignee. Explosive/energetic fullerenes. United States patent US 7, 025, 840, 11 Apr 2006.

[2] Albini A (1991) Heterocyclic N-oxides. CRC Press, Boca Raton Aumann CE, Skofronick GL, Martin JA (1995) Oxidation behavior of aluminum nanopowders. J Vac Sci Technol B: Microelectron Nanometer Struct Process Meas Phenomena 13 (3): 1178-1183.

[3] Badgujar DM, Talawar MB, Asthana SN, Mahulikar PP (2008) Advances in science and technology of modern energetic materials: an overview. J Hazard Mater 151(2-3): 289-305.

[4] Baek YW, An YJ (2011) Microbial toxicity of metal oxide nanoparticles (CuO, NiO, ZnO, and Sb_2O_3) to Escherichia coli, Bacillus subtilis, and Streptococcus aureus. Sci Total Environ 409(8): 1603-1608.

[5] Bartuch H, Clément D, Kovalev D, Laucht H (2004) Silicon initiator, from the idea to functional tests. In: 7th international symposium and exhibition on sophisticated car occupant safety systems, Karlsruhe.

[6] Blobaum KJ, Reiss ME, Plitzko JM, Weihs TP (2003) Deposition and characterization of a self-propagating CuO_x/Al thermite reaction in a multilayer foil geometry. J Appl Phys 94(5): 2915-2922.

[7] Bockmon BS, Pantoya ML, Son SF, Asay BW, Mang JT (2005) Combustion velocities and propagation mechanisms of metastable interstitial composites. J Appl Phys 98(6): 064903.

[8] Bottaro JC, Penwell PE, Schmitt RJ (1997) 1, 1, 3, 3-Tetraoxo-1, 2, 3-triazapropene anion, a new oxyanion of nitrogen: the dinitramide anion and its salts. J Am Chem Soc 119(40): 9405-9410.

[9] Brown ME, Taylor SJ, Tribelhorn MJ (1998) Fuel—oxidant particle contact in binary pyrotechnic reactions. Propellants Explos Pyrotech 23(6): 320-327.

[10] Chavez DE, Hiskey MA (1998) Synthesis of the bi-heterocyclic parent ring system 1, 2, 4-triazole [4, 3-b] [1, 2, 4, 5] tetrazine and some 3, 6-disubstituted derivatives. J Heterocycl Chem 35(6): 1329-1332.

[11] Chavez DE, Hiskey MA (1999) 1, 2, 4, 5-tetrazine based energetic materials. J Energ Mater 17(4): 357-377.

[12] Chavez D, Hill L, Hiskey M, Kinkcad S (2000) Preparation and explosive properties of azo-and azoxy-furazans. J Energ Mater 18(2-3): 219-236.

[13] Chung SW, Guliants EA, Bunker CE, Hammerstroem DW, Deng Y, Burgers MA, Jelliss PA, Buckner SW (2009) Capping and passivation of aluminum nanoparticles using alkyl-substituted epoxides. Langmuir 25(16): 8883-8887.

[14] Coburn MD (1968) Picrylamino-substituted heterocycles. II. Furazans. J Heterocycl Chem 5(1): 83-87.

[15] Coburn MD, Hiskey MA, Lee KY, Ott DG, Stinecipher MM (1993) Oxidations of 3, 6-diamino-1, 2, 4, 5-tetrazine and 3, 6-bis (s, s-dimethylsulfilimino)-1, 2, 4, 5-tetrazine. J Heterocycl Chem 30(6): 1593-1595.

[16] Currano LJ, Churaman WA (2009) Energetic nanoporous silicon devices. J Microelectromech Syst 18(4): 799-807.

[17] Delpuech A, Cheville J, Michaud C (1981) Molecular electronic structure and initiation of secondary explosives. In: Proceedings of the 7th symposium (international) on detonation Jun 16, pp 65-74.

[18] Ding L, Xuebiao L, Zhengzhuo Z, Mingxin Q, Chenglu L (1987) Laser-initiated aluminothermic reaction applied to prepare the mo-sifilm on silicon substrates. In: MRS Online Proceedings Library Archive, p 101.

[19] Dremin AN, Shvedov KK (1964) Estimation of Chapman-Jouget pressure and time of reaction in detonation waves of powerful explosives. J Appl Mech Tech Phys 2: 154-159.

[20] Durães L, Campos J, Portugal A (2006) Radial combustion propagation in iron (III) oxide/aluminum thermite mixtures. Propellants Explos Pyrotech 31(1): 42-49.

[21] Eichhorn B, Zachariah MR, Aksay IA, Selloni A, Car R, Dabbs DM, Yetter RA, Son SF, Thynell S, Groven LJ (2012) Smart Functional Nano-energetic Materials. Purdue Univ Lafayette In.

[22] Ferguson JD, Buechler KJ, Weimer AW, George SM (2005) SnO_2 atomic layer deposition on ZrO_2 and Al nanoparticles: pathway to enhanced thermite materials. Powder Technol 156(2-3): 154-163.

[23] Fried LE, Manaa MR, Pagoria PF, Simpson RL (2001) Design and synthesis of energetic materials. Annu Rev Mater Res 31(1): 291-321.

[24] Gao C, Xu ZC, Deng SR, Wan J, Chen Y, Liu R, Huq E, Qu XP (2011) Silicon nanowires by combined nanoimprint and angle deposition for gas sensing applications. Microelectron Eng 88(8): 2100-2104.

[25] Gash AE, Tillotson TM, Jr Satcher JH, Poco JF, Hrubesh LW, Simpson RL (2001) Use of epoxides in the

sol-gel synthesis of porous iron (III) oxide monoliths from Fe (III) salts. Chem Mater 13(3): 999-1007.

[26] Granier JJ, Pantoya ML (2004) Laser ignition of nanocomposite thermites. Combust Flame 138(4): 373-383.

[27] Hollins RA, Merwin LH, Nissan RA, Wilson WS, Gilardi RD (1995) Aminonitroheterocyclicn-oxides-a new class of insensitive energetic materials. In: MRS online proceedings library archive, p 418.

[28] Hollins RA, Merwin LH, Nissan RA, Wilson WS, Gilardi R (1996) Aminonitropyridines and their N-oxides. J Heterocycl Chem 33(3): 895-904.

[29] Ismail B, Abaab M, Rezig B (2001) Structural and electrical properties of ZnO films prepared by screen printing technique. Thin Solid Films 383(1-2): 92-94.

[30] Ivanov GV, Tepper F (1997) 'Activated' aluminum as a stored energy source for propellants. Int J Energ Mater Chem Propul 4(1-6).

[31] Kim SH, Zachariah MR (2004) Enhancing the rate of energy release from nano-energetic materials by the electrostatically enhanced assembly. Adv Mater 16(20): 1821-1825.

[32] Klapötke TM (2017) Chemistry of high-energy materials. Walter de Gruyter GmbH & Co KG, Berlin, 21 Aug.

[33] Kondo K, Tanaka S, Habu H, Tokudome SI, Hori K, Saito H, Itoh A, Watanabe M, Esashi M (2004) Vacuum test of a micro-solid propellant rocket array thruster. IEICE Electron Express 1(8): 222-227.

[34] Kumar SG, Rao KK (2017) Comparison of modification strategies towards enhanced charge carrier separation and photocatalytic degradation activity of metal oxide semiconductors (TiO2, WO3 and ZnO). Appl Surf Sci 1(391): 124-148.

[35] Laucht H, Bartuch H, Kovalev D (2004) Silicon initiator, from the idea to functional tests. In: Proceedings of 7th international symposium and exhibit. Sophisticated Car Occupant Safety System, pp 12-16.

[36] Lee KY, Storm CB, Hiskey MA, Coburn MD (1991) An improved synthesis of 5-amino-3-nitro-1 H-1, 2, 4-triazole (ANTA), a useful intermediate for the preparation of insensitive high explosives. J Energ Mater 9(5): 415-428.

[37] Li XJ, Xie XH, Li RY (2005) Detonation synthesis for nano-metallic oxide powders. Explos Shock Waves 25(3): 271.

[38] Li Y, Cott DJ, Mertens S, Peys N, Heyns M, De Gendt S, Groeseneken G, Vereecken PM (2011) Integration and electrical characterization of carbon nanotube via interconnects. Microelectron Eng 88(5): 837-843.

[39] Martin AN, Pinkerton AA, Gilardi RD, Bottaro JC (1997) Energetic materials: the preparation and structural characterization of three biguanidiniumdinitramides. Acta Crystallogr B Struct Sci 53(3): 504-512.

[40] Martirosyan KS, Ramazanova Z, Zyskin M (2013) Nanoscale energetic materials: theoretical and experimental updates. In: Proceedings of the 8th Pacific Rim international congress on advanced materials and processing, Springer, Cham, pp 57-63.

[41] Mattox DM (2010) Handbook of physical vapor deposition (PVD) processing. William Andrew, 29 Apr 2010.

[42] McCord P, Yau SL, Bard AJ (1992) Chemiluminescence of anodized and etched silicon: evidence for a luminescent siloxene-like layer on porous silicon. Science 257(5066): 68-69.

[43] Mench MM, Yeh CL, Kuo KK (1998) Propellant burning rate enhancement and thermal behavior of ultra-fine aluminum powders (Alex). In: Energetic materials—production, processing, and characterization, pp 30-31.

[44] Millar DI (2011) Energetic materials at extreme conditions. Springer Science & Business Media, 24 Sep.

[45] Miziolek A (2002) Nanoenergetics: an emerging technology area of national importance. Amptiac Q 6(1): 43-48.

[46] Mukae K, Tsuda K, Nagasawa I (1977) Non-ohmic properties of ZnO-rare earth metal oxide-Co_3O_4 ceramics. Jpn J Appl Phys 16(8): 1361.

[47] Ou Y, Chen B, Li J, Dong S, Jia H (1994) Synthesis of nitro derivatives of triazoles. Chem Inform 25 (44).

[48] Pagoria PF, Mitchell AR, Schmidt RD (1998) Synthesis, scale-up and experimental testing of LLM-105. In: Insensitive munitions and energetic materials technology symposium. San Diego, CA.

[49] Pagoria PF, Lee GS, Mitchell AR, Schmidt RD (2002) A review of energetic materials synthesis. Thermochim Acta 384(1-2): 187-204.

[50] Pennarun P, Rossi C, Estève D, Bourrier D (2005) Design, fabrication and characterization of a MEMS safe pyrotechnical igniter integrating arming, disarming and sterilization functions. J Micromech Microeng 16 (1): 92.

[51] Pevzner MS, Kulibabina TN, Povarova NA, Kilina LV (1979) Heterocyclic nitrocompounds. 24. .

[52] Nitration of 5-amino-1, 2, 4-triazole and 5-acetamino-1, 2, 4-triazole by acetylnitrate and nitronium salts. Khimiya Geterotsiklicheskikh Soedinenii 1(8): 1132-1135.

[53] Pierson HO (1999) Handbook of chemical vapor deposition: principles, technology and applications. William Andrew, 1 Sept 1999.

[54] Prakash A, McCormick AV, Zachariah MR (2005) Synthesis and reactivity of a super-reactive metastable intermolecular composite formulation of Al/$KMnO_4$. Adv Mater 17(7): 900-903.

[55] Proud WG (2014) Ignition and detonation in energetic materials: An introduction. STO-EN-AVT-214, 3.

[56] Ramsden JJ (2012) Nanotechnology for military applications. Collegium 30: 99.

[57] Ritter H, Licht HH (1995) Synthesis and reactions of dinitrate amino and diaminopyridines. J Heterocycl Chem 32(2): 585-590.

[58] Rossi C, Esteve D (1997) Pyrotechnic microactuators. In: Proceedings of 11th EUROSENSORS XI, vol 2, pp 771-774, 21 Sep 1997.

[59] Rossi C, Estève D (2005) Micropyrotechnics, a new technology for making energetic microsystems: review and prospective. Sens Actuators A 120(2): 297-310.

[60] Rossi C, Esteve D, Mingues C (1999) Pyrotechnic actuator: a new generation of Si integrated actuator. Sens Actuators A 74(1-3): 211-215.

[61] Rossi C, Briand D, Dumonteuil M, Camps T, Pham PQ, De Rooij NF (2006) The matrix of 10×10 addressed solid propellant micro thrusters: review of the technologies. Sens Actuators A 126(1): 241-252.

[62] Rossi C, Zhang K, Esteve D, Alphonse P, Tailhades P, Vahlas C (2007) Nano-energetic materials for MEMS: a review. J Microelectromech Syst 16(4): 919-931.

[63] Rugunanan RA, Brown ME (1993) Combustion of binary and ternary silicon/oxidant pyrotechnic systems,

part Ⅰ: Binary systems with Fe_2O_3 and SnO_2 as oxidants. Combust Sci Technol 95(1-6): 61-83.

[64] Sanders VE, Asay BW, Foley TJ, Tappan BC, Pacheco AN, Son SF (2007) Reaction propagation of four nanoscale energetic composites (Al/MoO_3, Al/WO_3, Al/CuO, and $B_{12}O_3$). J Propul Pow 23(4): 707-714.

[65] Sathiyanathan K, Lee R, Chesser H, Dubois C, Stowe R, Farinaccio R, Ringuette S (2011) Solid propellant microthruster design for nanosatellite applications. J Propul Power 27(6): 1288-1294.

[66] Schönhuber G, Enzmann E, Nuiding H (2011) US Patent 8, 083, 259. US Patent and Trademark Office, Washington, DC.

[67] Sheremetev AB, Kharitonova OV, Mantseva EV, Kulagina VO, Shatunova EV, Aleksandrova NS, Melnikova TM, Ivanova EA, Dmitriev DE, Eman V, Yudin IL (1999) Nucleophilic substitution in a furazane series. Reaction with O-nucleophiles. Zhurnal Organicheskoi Khimii 35(10): 1555-1566.

[68] Simonenko VN, Zarko VE (1999) Comparative studying the combustion behavior of composite propellants containing ultrafine aluminum. In: Energetic materials—modelling of phenomena, experimental characterization, environmental engineering, pp 21-31.

[69] Simpson RL, Pagoria PF, Mitchell AR, Coon CL (1994) Synthesis, properties, and performance of the high explosive ANTA. Propellants Explos Pyrotech 19(4): 174-179.

[70] Singh RP, Verma RD, Meshri DT, Shreeve JN (2006) Energetic nitrogen-rich salts and ionic liquids. Angew Chem Int Ed 45(22): 3584-3601.

[71] Solodyuk GD, Boldyrev MD, Gidaspov BV, Nikolaev VD (1981) Oxidation of 3, 4-diaminofurazan by some peroxide reagents. Chem Inform 12(36).

[72] Son SF, Asay BW (2001) Reaction propagation physics of $A1/MoO_3$ nanocomposite thermites. Los Alamos National Laboratory (LANL), Los Alamos, NM.

[73] Son SF, Yetter R, Yang V (2007) Introduction: nanoscale composite energetic materials. J Propul Power 23(4): 643-644.

[74] Stewart DS (2005) Miniaturization of explosive technology and microdetonics. In: Mechanics of the 21st Century. Springer, Dordrecht, pp 379-385.

[75] Suceska M (2012) Test methods for explosives. Springer Science & Business Media, 6 Dec Tägtström P, Maårtensson P, Jansson U, Carlsson JO (1999) Atomic layer epitaxy of tungsten oxide films using oxyfluorides as metal precursors. J Electrochem Soc 146(8): 3139-3143.

[76] Tanaka S, Hosokawa R, Tokudome SI, Hori K, Saito H, Watanabe M, Esashi M (2003) MEMS-based solid propellant rocket array thruster. Trans Jpn Soc Aeronaut Space Sci 46(151): 47-51.

[77] Tichapondwa SM, Focke WW, Del Fabbro O, Muller E (2012) Suppressing hydrogen evolution by aqueous silicon power dispersions. Ph. D. dissertation, University of Pretoria.

[78] Tillotson TM, Hrubesh LW, Simpson RL, Lee RS, Swansiger RW, Simpson LR (1998) Sol-gel processing of energetic materials. J Non-Cryst Solids 1(225): 358-363.

[79] Tillotson TM, Gash AE, Simpson RL, Hrubesh LW, SatcherJr JH, Poco JF (2001) Nanostructured energetic materials using sol-gel methodologies. J Non-Cryst Solids 285(1-3): 338-345.

[80] Troianello T (2001) Precision foil resistors used as electro-pyrotechnic initiators. In: Proceedings of 51st electronic components and technology conference, IEEE, pp 1413-1417.

[81] Vasylkiv O, Sakka Y, Skorokhod VV (2006) Nano-blast synthesis of nano-size CeO_2-Gd_2O_3 Powders. J Am Ceram Soc 89(6): 1822-1826.

[82] Walley SM, Field JE, Greenaway MW (2006) Crystal sensitivities of energetic materials. Mater Sci Technol 22(4): 402-413.

[83] Wang L, Munir ZA, Maximov YM (1993) Thermite reactions: their utilization in the synthesis and processing of materials. J Mater Sci 28(14): 3693-3708.

[84] Wartenberg C, Charrue P, Laval F (1995) Conception, synthèse et caractérisation d'un nouvel explosif insensible et énergétique: Le DANTNP. Propellants Explos Pyrotech 20(1): 23-26.

[85] Yarrington CD, Son SF, Foley TJ (2010) Combustion of silicon/Teflon/Viton and aluminum/Teflon/Viton energetic composites. J Propul Power 26(4): 734-743.

[86] Youngner D, Thai Lu S, Choueiri E, Neidert J, Black III R, Graham K, Fahey D, Lucus R, Zhu X (2000) MEMS mega-pixel micro-thruster arrays for small satellite stationkeeping.

第5章 纳米铝粉用于含能材料热分解催化剂

阿米特·乔希(Amit Joshi),
K. K. S. 梅尔(K. K. S. Mer),
山塔努·巴特查里亚(Shantanu Bhattacharya)和
维奈·K. 帕特尔(Vinay K. Patel)

摘要：目前先进推进剂及炸药技术依赖于纳米铝粉等纳米金属燃料。纳米铝粉是高能材料研究中的常见燃料，可以改善能量密度、能量释放速率、点火和燃烧性能等。本章介绍了铝纳米粒子对各种高能材料热分解的催化作用。纳米铝粉燃料可以对高能物质的燃烧特性及弹道性能产生显著影响，纳米级铝在高能材料的热分解中反映出优异的催化活性，可以显著降低分解温度。本章详细介绍了铝纳米粒子促进高能材料分解的反应机理。

关键词：纳米铝粉；催化活性；热分解；纳米铝热剂；高氯酸铵；RDX；HMX；TBX

5.1 概述

纳米技术在各行各业中有着广泛应用，从医学科学、电子技术到工程制造和时尚领域等。纳米材料作为催化剂使用涉及比表面积(表面积 S_A/体积 V)。随着材料尺寸的缩小，其表面积与体积的比值逐渐增加。这一概念具有重要意义，特别是在化学反应中。当我们点燃火堆时，需要引火物进行点火，这是由于它们具有较大的比表面积。将锯末扔到燃烧的火上，会产生巨大的闪光，因为与普通木材或引燃物相比，它具有更大的比表面积。催化剂提高反应速率的机理可以归因于以下一种或多种因素共同作用：催化剂可以起促进剂的作用，更有效地将反应物结合在一起；催化剂可以起到降低中间体或整体反应的活化能

A. Joshi, K. K. S. Mer, V. K. Patel
戈文德巴拉布工程技术学院，机械工程系，北阿坎德邦，保里加瓦尔，印度
电子邮箱：vinaykrpatel@gmail.com
S. Bhattacharya
印度坎普尔理工学院，机械工程系，坎普尔，208016，印度

的作用；它可以增加某特定产物的产率。相比于传统催化剂，纳米材料更大的比表面积使其具有更强的催化能力。此外，当材料为纳米尺度时，它们的物理化学性质多与宏观不同。例如，宏观尺度上的金是黄色，而纳米级的金呈红色或紫色。

铝作为一种活性金属，被认为是推进剂中的能量物质，因为它具有优异的燃烧热(31kJ/kg)，低毒性，高安全性，低需氧量以及与其他金属相比具有更容易实现的氧化反应条件(Arkhipov 和 Korotkikh，2012；Zhi 等，2006)。研究者存在普遍共识，采用纳米铝粉取代现有含能材料及推进剂中的微米级金属燃料，能够使燃烧速率提高 5~30 倍。造成该现象的主要原因在于纳米金属材料具有较高的反应速率，低于材料熔点时具有更高的能量释放速率以及组分在填料之间具有更大的反应空间，这些因素有利于体系内反应物的扩散，从而产生更高的反应性。当铝粉的尺寸减小到纳米尺度(5~50nm)时，其熔点及熔化焓显著降低(Sun 和 Simon，2007)。从图 5-1 可以看出，随着纳米铝粉重均粒径(即重量平均粒径)的减小，其熔点出现了降低现象。

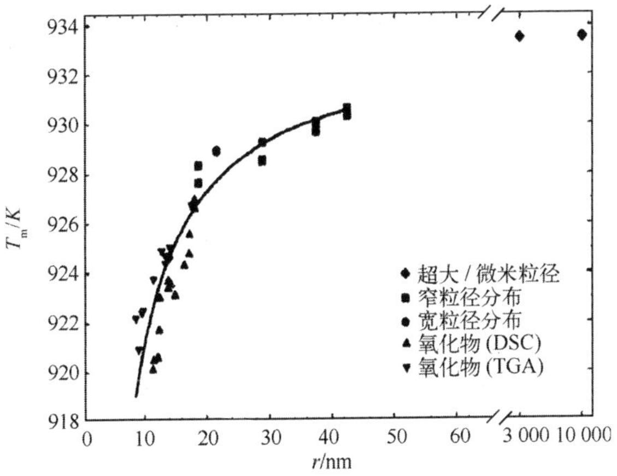

图 5-1 纳米铝粉熔点与其重均粒径(r)的关系曲线——拟合 Gibbs-Thomson 方程的实线。经 Sun 和 Simon(2007)许可后转载，Elsevier Ltd 版权所有(2007)

纳米铝粉的引入可以提高推进剂燃烧速率，这是由于小尺度的纳米铝粉在燃烧时耗时更短，从而在单位时间内可以释放出更多的能量(Teipel，2006)。目前业界已经形成共识，降低铝粉的尺度到纳米级，可以降低推进剂点火及燃烧温度(Huang 等，2007)。采用纳米铝粉替代微米铝粉，可以显著提高含能材料的燃烧速率(Yetter 等，2009)。通过减小纳米铝粉的粒径，可以使铝粉周围更多的原子参与反应。图 5-2 所示为纳米铝粉粒径大小与其周围反应物原子数量(以原子覆盖铝粒子表面的比率表示)的关系(Sundaram 等，2017)。从图 5-2 中可以看出，随着纳米铝粉粒径的减小，其表面原子比率呈指数增长(见表 5-1)。

纳米铝颗粒在爆炸中的燃烧受到了重点关注，尤其是在军事相关研究中。然而，爆炸反应中，纳米铝粉具有不能完全燃烧的缺点(Grishkin 等，1993)。因此，对于含铝炸药，必须考虑燃烧效率，特别是纳米铝粉的比例较高(大于 30%)时(Trzciński 等，2007；Jouet 等，2006)。

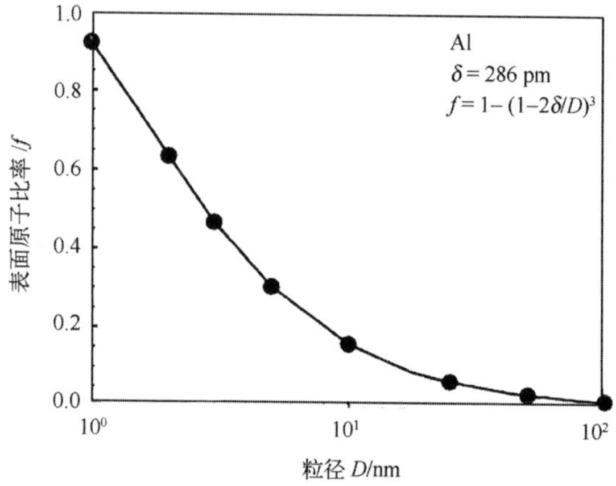

图 5-2　表面原子比率随纳米铝粉粒径变化的分析结果。
经 Sundaram 等(2007)许可后转载，Elsevier Ltd 版权所有(2007)

表 5-1　铝粒子粒径与燃烧时间的关系(Teipel，2006)

粒径/nm	燃烧时间/ms	粒径/nm	燃烧时间/ms
10^6	50	10^3	0.005
10^4	0.5	100	0.00005

5.2　纳米铝粉对高氯酸铵的催化活性

高氯酸铵(AP)是最常用的固体推进剂氧化剂。一方面，其价格低廉；另一方面，其有效氧含量高，可以在化学反应中稳定释放氧气。由于纳米材料具有更好的催化活性，过去研究人员重点关注了纳米催化剂对 AP 热分解的影响(Liu 等，2004)。纳米催化剂的主要缺点是由于它们的尺寸小、比表面积大而容易产生聚集，难以在推进剂中分散均匀。因此，为了改善热分解，固体推进剂主要与聚合物黏合剂如端羟基聚丁二烯(HTPB)结合。将纳米铝粉引入 AP 以提高其比冲(Price 和 Sigman，2000)。Yang 等人研究了 HTPB/Al 的比例对 AP/HTPB/Al 三组元推进剂比冲的影响(Brill 等，2000)。当各组分比例为 10% HTPB、18% Al 和 72% AP 时，推进剂具有最大比冲。Armstrong 等人的研究表明，当铝粉尺寸下降至纳米级时，AP 基推进剂的燃烧速率可以从 1mm/s 提高到 100mm/s(Armstrong 等，2003)。Armstrong 等在常压与高压条件下，对普通铝粉及纳米铝粉进行对比实验，结果如图 5-3 所示。

Liu 等研究发现，Al、Cu 和 Ni 等纳米金属粉末能够使 AP 的分解温度急剧下降(Liu 等，2004a，b)。随着纳米 Al、纳米 Cu 或纳米 Ni 粉末的加入，AP 的分解温度分别降低了 51.8℃、130.2℃、112.9℃。Verma 等制备了一种 Al/AP/HTPB 含能配方的多种装药量规

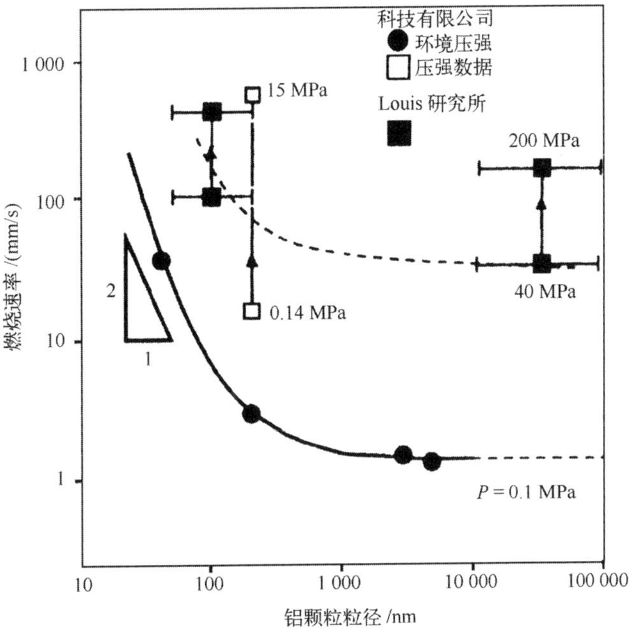

图 5-3　在给定压强范围内铝粉燃烧速率随其粒径的变化关系曲线。
经 Armstrong 等许可转载(2003)，American Chemical Society 版权所有(2003)

模(15g，70g，200g，1000g)的复合推进剂（Verma 和 Ramakrishna，2014)，对 AP 不同粒径、不同粗糙和精细水平、不同包覆密度的固体推进剂进行了研究。结果表明，推进剂的压强指数随着 AP 尺寸的减小而增加。

Jayaraman 等的研究表明，随着 AP 粒径的变化，不是所有配方的效果都较好，而只有将纳米 Al 嵌入粗糙和精细的 AP 基质之间时，能提高推进剂的燃烧效率(Jayaraman 等，2007；Jayaraman 等，2009)。Dokhan 等也得出了类似的研究结果，他们认为由于纳米铝粉能够实现近似完全燃烧，这将更加有效地为推进剂提供能量，从而提高燃烧速率。纳米铝粉与 AP 在燃烧过程中形成的氧化铝(Al_2O_3)聚集减缓了反应气体和流动损失(Boraas，1984)。Gaurav 等指出，通过机械活化铝，可以实现较高的燃烧速率(Gaurav 和 Ramakrishna，2016)。在这项研究中，将纳米铝粉通过球磨工艺进行机械活化，以减少团聚。与采用聚四氟乙烯(PTFE)混合等方式相比，采用机械法降低团聚的铝粉，其压力指数降低，且燃烧速率提高效果显著。Pivkina 等的研究结果表明，相比于微米尺度的反应物，纳米铝粉和超细高氯酸铵的纳米颗粒具有更高的燃烧速率(Pivkina 等，2007)。Romonadova 等得到了相似的研究结果，他们制备了高氯酸铵颗粒和纳米级铝混合物(Romodanova 和 Pokhil，1970)。上述分析研究的要点是，添加纳米铝的推进剂燃烧速率几乎提高了 100%。纳米铝粉提高燃烧速率的机理可以解释为：纳米铝粉尺寸更小，对热反馈的响应灵敏，其分布在氧化剂颗粒之间，燃烧反应释放的热量能够更快地被氧化剂吸收，从而促进氧化剂分解，进而宏观上提高了推进剂的燃烧速率。

形态、组成、尺寸和钝化方法等因素对纳米粒子的性质影响很大。当纳米铝粉暴露在空气中时，其表面迅速被纳米级厚度的氧化物壳钝化。许多研究人员专注于这一缺陷，提出了用油酸(Fernando 等，2008)等有机物包覆对纳米铝粉进行改性。H. Wang 等采用 AP 和硝化纤维素(NC)包覆的方式，合成了单分散的纳米铝粉。他们在研究中合成了具有不同配比的 Al/AP/NC 复合纳米粒子，且研究结果表明，向包覆层引入硝化纤维素(NC)黏合剂后，其火焰温度比传统的 Al/AP 高出 500K，点火温度降低至铝的熔点以下。研究人员提出，这种行为的可能原因是 AP 分解释放的气态酸有效破坏了纳米铝粉的钝化层。

5.3 纳米铝粉对 RDX 的催化活性

RDX 是一种炸药，化学名为环三亚甲基三胺。

通过向炸药中添加金属颗粒可以提高炸药的效率。铝粉目前广泛用于炸药，以增强其能量特性和爆炸效果(Antipina 等，2017)。铝颗粒与爆炸产物之间的反应可以改善爆炸热比、爆炸温度和能量释放速率(Carney 等，2006)。炸药的关键特征是包含压力尖峰和等熵膨胀区的冲击起爆(Tarver 等，2007)。为了定论冲击波，波阵面研究人员往往测量爆炸速度。在炸药中加入纳米铝后，对爆轰波的响应会有所不同。为了验证这些爆轰特性，进行了爆炸热、圆筒实验和飞片冲击实验。

Wang 等在 RDX 的爆炸实验中，将微米铝与纳米铝进行了比较，结果表明，含纳米铝粉的炸药的爆炸热比添加 20%~40%(质量分数)的微米铝粉的爆炸热要小(Wang，2014)。在研究中，他揭示了通过添加 30%的微米铝粉和 5%的纳米铝粉，RDX 的爆炸热增加了 5.83%，并得出结论，添加少量的纳米铝粉可以提高微米铝粉的氧化速率。Huang 等研究了不同粒径 Al(从微米尺寸到纳米尺寸)的铝基炸药的加速能力，发现与混合纳米铝的炸药相比，在金属板的情况下，其表面速度比微米尺寸的 Al-RDX 基炸药更高，反应时间也较短(Huang 等，2006)。他得出的结论是，铝在反应区的反应程度随着铝粒径的减小而增大，从而使能量快速释放。Conghua 等(2013)研究了直流电弧等离子体法制备的纳米铝粉对 RDX 的热分解的影响。通过在 RDX 中添加纳米铝，其峰值分解温度降低了 4.36℃，分解能量降低了约 11kJ/mol。

5.4 纳米铝粉对 HMX 的催化活性

八氢-1，3，5，7-四硝基-1，3，5，7-四氮辛($C_4H_8N_8O_8$)通常称为 HMX，它是许多推进剂和炸药的重要成分。HMX 具有多种晶型，即 α、β、γ 和 δ，其中 β-晶型具有最高的密度和最低的冲击灵敏度。HMX 炸药具有密度高、毒性小、腐蚀性好、比冲大等特点。由于具有较高的压力指数，HMX 不适合用于火箭发动机。为了改善 HMX 的特性，可以添加铝粉以获得更高的能量。Muravyev 等(2010)研究了不同混合技术中铝粉和 HMX 粒径的影响。随着纳米铝粉与微米级 HMX 的加入，其燃烧速率提高了 2.5 倍，同时燃烧完全性提高了 4 倍。在这项工作中，采用常规(干法)和湿法(超声波处理)两种混合技术，观察到湿法混合使燃烧速率提高了 18%。纳米 Al 的金属颗粒与 HMX 一起燃烧，可以使进入凝聚相的热通量更高。

5.5　纳米铝粉对 TBX 的催化活性

TBX 代表热压炸药，专门用于增强二次燃烧，进一步维持压力和热负荷。TBX 受到了很多关注，是因为它们被用作致命能量的二次起爆源，以杀伤深藏在洞穴或掩体(密闭空间)中的人员。TBX 的爆炸具有双重作用：一次爆炸吸入空气的厌氧作用，二次混合气的延迟好氧燃烧作用。TBX 是由双基(DB)推进剂通过加入亚硝胺(HMX，RDX)类高能添加剂制成的(Sun 等，2015；Wu 等，2011)。在 TBX 中添加铝以提高性能，并增强整体能量释放和爆炸性能。当将铝添加到 TBX 中时，纳米 Al 与空气中的氧气和氮气以及通过初级分解产生的气体反应。而后，发生式(5-1)~式(5-5)的二级放热反应(Krier 等，2011；Conkling，2010)

$$2Al + 3/2O_2 \rightarrow Al_2O_3 + 1700kJ/mol \tag{5-1}$$

$$2Al + 3CO \rightarrow Al_2O_3 + 3C + 1251kJ/mol \tag{5-2}$$

$$2Al + 3H_2O \rightarrow Al_2O_3 + 3H_2 + 866kJ/mol \tag{5-3}$$

$$2Al + 3CO_2 \rightarrow Al_2O_3 + 3CO + 741kJ/mol \tag{5-4}$$

$$2Al + N_2 \rightarrow 2AlN + 346kJ/mol \tag{5-5}$$

纳米铝粉具有较大的界面表面积以引发二次燃烧反应(Conkling 和 Mocella，2010)。纳米铝容易与空气-氧气反应形成致密的 Al_2O_3涂层，保护内核免受氧化，因此纳米铝可以长期储存(Conkling 和 Mocella，2010)。由于铝表面的氧化铝涂层阻碍了铝的查普曼-焦耳(CJ)反应，铝的反应较慢，所以通过粗颗粒和纳米颗粒的结合可以提高二次燃烧。在 TBX 爆炸中，反应温度高达 3380℃，同时释放氧气并去除氧化层，促进二次装药爆炸。对于 TBX 的发展，通过不断优化配方以获得持续燃烧和爆炸作用是一个重要方向(Sućeska，1999；Alia 和 Souli，2006)。

提高燃烧温度和压力都可以提高火焰区的燃烧速率。双基推进剂与铝、硼等活性燃料结合，可以调节燃烧压力和温度。这些活性燃料有能力催化放热反应，从而提高燃烧速率(Bhat 等，1986)。在双基推进剂中，将 AP 或 AN 等氧化剂与纳米铝粉结合在一起，可产生较高的燃烧温度、较高的热输出、稳定的燃烧速率以及较高的比冲(Kubota，2002)。谢里夫等实验中，报告了在 AP/AN 双基推进剂中混合纳米铝粉可以使推进剂热值和热稳定性提高(Elbasuney 等，2017)。

5.6　纳米铝热剂复合材料对高氯酸铵(AP)的催化活性

纳米铝热剂复合材料是一种新型的亚稳定分子复合材料(He 等，2018)，其中包括纳米金属燃料(通常是纳米铝粉)和金属氧化物，如 CuO(Patel 和 Bhattacharya，2013)、Bi_2O_3(Patel 等，2015a，2018)和 Co_3O_4(Patel 等，2015b)作为氧化剂。这些纳米复合物具有很高的反应活性和能量释放速率，可广泛用于民用、国防、空间、材料加工等领域(Zhou 等，2014)。许多纳米金属氧化物，如 CuO(Patel，2013；Patel 和 Bhattacharya，2017)、ZnO(Patel 等，2017)以及 Co_3O_4(Patel 等，2017)被发现在固体推进剂(如高氯酸钾)的热分解过程中具有很高的催化活性(Patel，2013；Patel 等，2017)。Li 等(2015)将一种纳米金属氧化物（氧化铁)与纳米铝粉、硼粉混合，研究了纳米铝粉/微米硼粉/纳米 Fe_2O_3复合材料对 AP 热分解的催化活性。结果表明，添加7%的纳米 Al/B/Fe_2O_3复合材料，使 AP 的分解温度降低了 69 ℃，表观分解热提高了 382. 3J/g，表明了其在 AP 热分解中的催化活性顺序为：纳米 Fe_2O_3>纳米 Al>微米 B。因此，纳米 Fe_2O_3 在 AP 的热分解中起主导作用。他们发现，溶胶-凝胶法制备的纳米 Al/微米 B/纳米 Fe_2O_3复合材料的催化活性远高于简单的混合材料，这主要是由于溶胶-凝胶复合材料的比表面积远高于简单的混合材料。

5.7　结论

铝因其高的燃烧焓、易得性和低毒性而被广泛应用于推进剂、烟火剂和炸药中。纳米铝粉提高了推进剂的能量和火焰温度，从而增加了推进剂的比冲。纳米铝与炸药混合，可以提高反应温度与爆炸热。由于纳米铝粉比微米铝粉具有更高的比表面积，因此被广泛应用于提高含能材料的性能、燃烧速率和燃烧效率。与此相反，在火箭推进中，由于氧化铝渣团聚，纳米铝的应用受到了限制。纳米铝粉已成为 AP、RDX、HMX、TBX 等多种含能材料热分解的有效催化剂。纳米铝作为纳米铝热剂配方(纳米 Al/微米 B/纳米 Fe_2O_3)的燃料，对 AP 的热分解具有有效的催化活性。

参考文献

[1] Alia A, Souli M (2006) High explosive simulation using multi-material formulations. Appl Therm Eng 26: 1032-1042.

[2] Antipina SA, Zmanovskii SV, Gromov AA, Teipel U (2017) Air and water oxidation of aluminum flake particles. Powder Technol 307: 184-189.

[3] Arkhipov Arkhipov VA, Korotkikh AG (2012) The influence of aluminum powder dispersity on composite solid propellants ignitability by laser radiation. Combust Flame 159: 409-415.

[4] Armstrong RW, Baschung B, Booth DW, Samirant M (2003) Enhanced propellant combustion with nanoparticles. Nano Lett 3: 253-255.

[5] Bhat VK, Singh H, Khare RR, Rao KRK (1986) Burning rate studies of energetic double base propellants. Def Sci J 36: 71-75.

[6] Boraas S (1984) Modeling slag deposition in the space shuttle solid rocket motor. J Spacecr Rockets 21: 47-54.

[7] Brill TB, Ren WZ, Yang V (eds) (2000) Solid propellant chemistry, combustion, and motor interior ballistics. American Institute of Aeronautics and Astronautics, Reston, Virginia.

[8] Carney JR, Miller JS, Gump JC, Pangilinan GI (2006) Time-resolved optical measurements of the post-detonation combustion of aluminized explosives. Rev Sci Instrum 77: 063103.

[9] Conkling JA, Mocella C (2010) Chemistry of pyrotechnics: basic principles and theory. CRC Press, Boca Raton, FL.

[10] Dokhan A, Price EW, Seitzman JM, Sigman RK (2002) The effects of bimodal aluminum with ultrafine aluminum on the burning rates of solid propellants. Proc Combust Inst 29: 2939-2946.

[11] Elbasuney S, Fahd A, Mostafa HE (2017) Combustion characteristics of extruded double base propellant based on ammonium perchlorate/aluminum binary mixture. Fuel 208: 296-304.

[12] Fernando KS, Smith MJ, Harruff BA, Lewis WK, Guliants EA, Bunker CE (2008) Sonochemically assisted thermal decomposition of alane N, N-dimethylethylamine with titanium (Iv) isopropoxide in the presence of oleic acid to yield air-stable and size-selective aluminum core—shell nanoparticles. J Phys Chem C 113: 500-503.

[13] Gaurav M, Ramakrishna PA (2016) Effect of mechanical activation of high specific surface area aluminium with PTFE on composite solid propellant. Combust Flame 166: 203-215.

[14] Grishkin AM, Dubnov LV, Davidov VY, Levshina YA, Mikhailova TN (1993) Effect of powdered aluminum additives on the detonation parameters of high explosives. Combust Explos Shock Waves 29: 239-241.

[15] He W, Liu PJ, He GQ, Gozin M, Yan QL (2018) Highly reactive metastable intermixed composites (MICs): preparation and characterization. Adv Mater 3: 1706293.

[16] Hou C, Geng X, An C, Wang J, Xu W, Li X (2013) Preparation of Al nanoparticles and their influence on the thermal decomposition of RDX. Cent Eur J Energ Mater 10(1): 123-133.

[17] Huang H, Huang HJ, Huang Y (2006) The influence of aluminum particle size and oxidizer morphology in RDX-based aluminized explosives on their ability to accelerate metals. Explos Shock Waves 26: 7.

[18] Huang Y, Risha GA, Yang V, Yetter RA (2007) Combustion of bimodal nano/micron-sized aluminum particle dust in air. Proc Combust Inst 31: 2001-2009.

[19] Jayaraman K, Anand K, Chakravarthy S, Sarathi R (2007) Production and characterization of nano-aluminum and its effect in solid propellant combustion. In: 45th AIAA aerospace sciences meeting and exhibit 1430.

[20] Jayaraman K, Anand KV, Bhatt DS, Chakravarthy SR, Sarathi R (2009) Production, characterization, and combustion of nanoaluminum in composite solid propellants. J Propul Power 25: 471-481.

[21] Jouet RJ, Granholm RH, Sandusky HW, Warren AD (2006) Preparation and shock reactivity analysis of novel perfluoroalkyl-coated aluminum nanocomposites. AIP Conf Proc 845: 1527-1530.

[22] Krier H, Peuker J, Glumac N (2011) Aluminum combustion in aluminized explosives: aerobic and anaerobic reaction. In 49th AIAA aerospace sciences meeting including the new horizons forum and aerospace exposition 645.

[23] Kubota N (ed) (2002) Propellants and explosives: thermochemical aspects of combustion. Wiley-VCH, New York, pp 123-156.

[24] Li GP, Shen LH, Xia M, Liu MH, Luo YJ (2015) Preparation of aluminum/boron/iron-oxide nanothermites and catalytic activity for ammonium perchlorate. J Propul Power 31: 1635-1641.

[25] Liu L, Li F, Tan L, Ming L, Yi Y (2004a) Effects of nanometer Ni, Cu, Al and NiCu powders on the thermal decomposition of ammonium perchlorate. Propellants Explos Pyrotech 29: 34-38 118 A. Joshi et al..

[26] Liu L, Li F, Tan L, Li M, Yang Y (2004b) Effects of metal and composite nanopowders on the thermal decomposition of ammonium perchlorate (AP) and the ammonium perchlorate/hydroxyterminated polybutadiene (AP/HTPB) composite solid propellant. Chin J Chem Eng 4: 595-598.

[27] Muravyev N, Frolov Y, Pivkina A, Monogarov K, Ordzhonikidze O, Bushmarinov I, Korlyukov A (2010) Influence of particle size and mixing technology on combustion of HMX/Al compositions. Propellants Explos Pyrotech 35: 226-232.

[28] Patel VK (2013) Sonoemulsion synthesis of long CuO nanorods with enhanced catalytic thermal decomposition of potassium perchlorate. J Cluster Sci 24: 821-828.

[29] Patel VK, Bhattacharya S (2013) High-performance nanothermite composites based on aloe-vera-directed CuO nanorods. ACS Appl Mater Interfaces 5: 13364-13374.

[30] Patel VK, Bhattacharya S (2017) Solid state green synthesis and catalytic activity of CuO nanorods in thermal decomposition of potassium periodate. Mater Res Exp. 4: 095012.

[31] Patel VK, Kant R, choudhary A, Painuly M, Bhattacharya S (2018) Performance characterization of Bi_2O_3/Al nanoenergetics blasted micro - forming system. Def Technol. https://doi.org/10.1016/j.dt.2018.07.005.

[32] Patel VK, Ganguli A, Kant R, Bhattacharya S (2015a) Micropatterning of nanoenergetic films of Bi_2O_3/Al for pyrotechnics. RSC Adv 5: 14967-14973.

[33] Patel VK, Saurav JR, Gangopadhyay K, Gangopadhyay S, Bhattacharya S (2015b) Combustion characterization and modeling of novel nanoenergetic composites of Co_3O_4/nAl. RSC Adv5: 21471-21479.

[34] Patel VK, Sundriyal P, Bhattacharya S (2017) Aloe vera vs. poly (ethylene) glycol-based synthesis and relative catalytic activity investigations of ZnO nanorods in thermal decomposition of potassium perchlorate. Part Sci Technol 35: 361-368.

[35] Pivkina AN, Frolov YV, Ivanov DA (2007) Nanosized components of energetic systems: structure, thermal behavior, and combustion. Combust Explos Shock Waves 43: 51-55.

[36] Price EW, Sigman RK (2000) Combustion of aluminized solid propellants. In: Yang V (ed) Solid propellant chemistry, combustion, and motor interior ballistics, vol 185, pp 663-687.

[37] Romodanova LD, Pokhil PK (1970) Action of silica on the burning rates of ammonium perchlorate compositions. Combust Explos Shock Waves 6: 258-261.

[38] Sućeska M (1999) Evaluation of detonation energy from EXPLO5 computer code results. Propellants Explos Pyrotech 24: 280-285.

[39] Sun J, Simon SL (2007) The melting behavior of aluminum nanoparticles. Thermochim Acta 463: 32-40.

[40] Sun C, Xu J, Chen X, Zheng J, Zheng Y, Wang W (2015) Strain rate and temperature dependence of thecompressive behavior of a composite modified double-base propellant. Mech Mater 89: 35-46.

[41] Sundaram D, Yang V, Yetter RA (2017) Metal-based nanoenergetic materials: synthesis, properties, and applications. Pro Energy Combust Sci 61: 293-365.

[42] Tarver CM, Forbes JW, Urtiew PA (2007) Nonequilibrium Zeldovich-von Neumann-Doring theory and reactive flow modeling of detonation. Russ J Phys Chem B 1: 39-45.

[43] Teipel U (ed) (2006) Energetic materials: particle processing and characterization. Wiley, London
Trzciński WA, Cudziło S, Szymańczyk L (2007) Studies of detonation characteristics of aluminum enriched RDX compositions. Propellants Explos Pyrotech 32: 392-400.

[44] Verma S, Ramakrishna PA (2014) Dependence of density and burning rate of composite solid propellant on mixer size. Acta Astronáut 93: 130-137.

[45] Wang SP, Feng XS, Yao LN, Niu GT, Chao ST, Niu L (2014) The influence of nanometer aluminum on the explosion heat of RDX-based explosive. Initiators Pyrotech 1: 21-24.

[46] Wang H, Jacob RJ, DeLisio JB, Zachariah MR (2017) Assembly and encapsulation of aluminum NP's within AP/NC matrix and their reactive properties. Combust Flame 180: 175-183.

[47] Wu XG, Yan QL, Guo X, Qi XF, Li XJ, Wang K-Q (2011) Combustion efficiency and pyrochemical properties of micron-sized metal particles as the components of modified double-base propellant. Acta Astronaut 68: 1098-1112.

[48] Yetter RA, Risha GA, Son SF (2009) Metal particle combustion and nanotechnology. Proc Combust Inst 32: 1819-1838.

[49] Zhi J, Shu-Fen L, Feng-Qi Z, Zi-Ru L, Cui-Mei Y, Yang L, Shang-Wen L (2006) Research on the combustion properties of propellants with low content of nano metal powders. Propellants Explos Pyrotech 31: 139-147.

[50] Zhou X, Torabi M, Lu J, Shen R, Zhang K (2014) Nanostructured energetic composites: synthesis, ignition/combustion modeling, and applications. ACS Appl Mater Interfaces 6: 3058-3074.

第二部分

纳米含能材料的制备

第 6 章　芯片上的纳米含能材料

吉填德拉·库马尔·卡蒂亚(Jitendra Kumar Katiyar),
维奈·K. 帕特尔(Vinay K. Patel)

摘要： 将纳米含能材料集成到电子芯片后，发现其能在许多领域发挥便携式微型能源系统的重要作用，如微流体驱动、微点火、微脉冲和车载微动力装置等。然而，制造高活性、高能量密度的纳米含能材料，并将其与微电子机械系统(MEMS)装置集成在一起仍然是一个挑战。目前有多种微/纳米制造方法，可用来开发纳米含能材料并将其集成在芯片里。本章讨论了在芯片上制备纳米含能材料的不同方法，并详细介绍了点火感度、能量密度和燃烧性能。另外本章还列举了纳米含能材料集成芯片的应用。

关键词： 纳米含能材料；纳米铝热剂；点火燃烧；能量

6.1　引言

含能材料是一类能够储存化学能的物质。这种材料得到了公共行业、燃烧工业以及科学领域等许多行业的关注。在这些领域，含能材料能够产生爆炸、热量和动力，受到人们的广泛关注。含能材料一般可以分为三类：推进剂、炸药和烟火剂。这些类别是对它们进行具体方案配置、制定法规及现场存放的基础。因此，含能材料在微/纳米能量应用领域具有重要的影响(Fried 等，2001；Rossi 等，2007；Badgujar 等，2008)。这些领域包括微型推力器(Rossi 等，2006；Youngner 等，2000；Lewis 等，2000；Teasdale 等，2001；Lindsay 等，2001；Takahashi 等，2000；Tanaka 等，2003；Pham 等，2003；Zhao 等，2004；Zhang 等，2005)、微点火(Troianello，2001；Di Biaso 等，2004；Laucht 等，2004；Hofmann 等，2006；Barbee 等，2005)、气体驱动(包括注入或流动液体)(Hinshaw，1995；Rossi 和 Estève，1997；Rossi 等，1999；Hong 等，2003；Norton 和 Minor，2006)、气相化学反应(Li 等，1988；Pile àgrave，2005；Vasylkiv 和 Sakka，2005；Vasylkiv 等，2006)、加热系统(电

J. K. Katiyar
SRM 科学技术学院，机械工程系，泰米尔纳德邦，金奈，603203，印度
电子邮箱：jitendrakumar.v@ktr.srmuniv.ac.in
V. K. Patel
戈文德巴拉布工程技术学院，机械工程系，246194，保里加瓦尔，北阿坎德邦，印度

源)和焊接(Stewart, 2004), 以及开关(Pennarun 等, 2006)。

为了获得预定目标应用所要求产生的气体量、热量或化合物，各方面的研究人员已成功通过调整含能材料的化学组成或制备方法对它们进行了卓有成效的研究。研究人员使用各种方法来制造含能材料，如化学处理、直流反应磁控溅射、电泳等。他们使用铝或硅作为基底材料来开发含能材料或含能材料中的结构/细胞。为了开发含能材料，研究人员使用了氧化铜、氧化铋、氧化铁、二氧化钼或三氧化钼等物质。但是在所有的研究中，含能材料与微电子机械系统的兼容性问题仍然没有得到解决。为了解决这一问题，研究人员开发了两种方法。最初，含能材料薄膜能够在低温(<250°C)下生长或沉积，但在应力控制的特定条件下，含能材料薄膜会在微米范围内(大约 1μm)的独立结构上沉积。这些结构并不需要进行热处理。此外，一些研究人员已经开始研究在硅表面制造半导体芯片断路器和芯片电路板，该技术采用常规的半导体分配工艺，如带剥离的物理气相沉积法(PVD)(Tappan 等, 2003, 2005)、显示打印(Rossi 等, 2006)或者有机反应(Laucht 等, 2004)。在第二种方法中，将热量损失最小化是微电子机械系统应用中最发人深省的问题。因此，除了传统的含能材料，纳米含能复合材料的发展对点火、燃烧、推进领域产生了更好的推动作用。这些纳米含能材料以壳/结构存在。纳米含能材料及其不同的制备方法的广泛应用促使我们对其进行全面研究。

因此，本章将重点讨论近几年内以结构或薄膜形式存在的纳米含能材料方面的研究进展。本章共分为 6 节。6. 1 节为引言。6. 2 节深入讨论了 Al/CuO 基含能薄膜、Al/Bi_2O_3 基含能薄膜，以及 Al/MoO_x 基含能薄膜。6. 3 节介绍了 Mg/CuO 或 Mg/MnO_x 基含能薄膜。6. 4 节全面讨论了其他材料，如 CuPc/MWCNT/$NiCo_2O_4$基含能薄膜。6. 5 节介绍了水下应用的超疏水纳米含能材料的进展。最后，6. 6 节陈述了结论。

6. 2　含能薄膜/结构的微/纳米制造

通常，研究人员采用直流反应磁控溅射工艺来制造微/纳米含能薄膜。除溅射工艺以外，研究人员还使用了医用刮刀、电泳、COMS 方法和电化学阳极氧化工艺。下面将详细介绍使用上述方法制备的不同类型的微/纳米含能薄膜及其他结构。

6. 2. 1　Al/CuO 基含能薄膜/结构材料

目前有多种方法可用于在基底上沉积纳米含能薄膜。硅晶片是最理想的基底材料，但是由于铝比硅具有更多优势，因此目前铝也被用作生成含能氧化膜的基底材料。“纳米含能芯片”系统可能在许多领域都有广泛应用，如微推进系统、装有纳米气囊的车辆、纳米流体、纳米火箭、纳米引信等。Petrantoni 等(2010)采用直流反应磁控溅射法制备了多层铝/氧化铜铝热剂(见图 6-1)。在制备过程中会产生小于 50MPa 的应力，同时每个沉积层厚度都在 10nm~1μm 之间。此外，他们还通过薄膜厚度来区分微米结构和纳米结构，如果薄膜厚度超过 500nm，则称为微米结构，反之则称为纳米结构。通过这项研究，他们还证实了微米结构样品的分解需要2步，第一步是发生在790K的放热反应，放热量为0.7kJ/g；第二步是发生在1036～1356K之间的放热反应，放热量为1.3kJ/g。对于纳米结构薄膜来说，只有一个发生在740K左右的低温放热反应，放热量为1.2kJ/g。

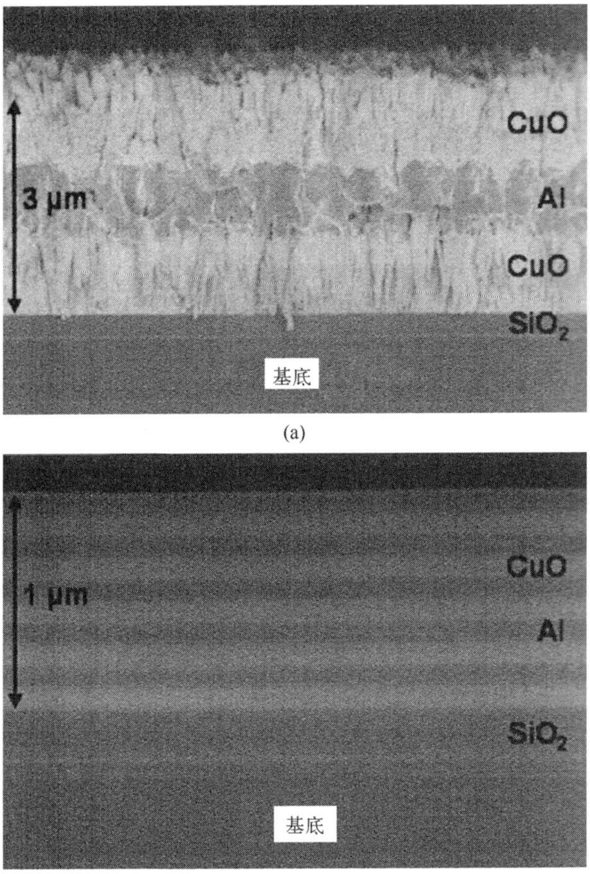

图6-1　CuO/Al多层膜的横截面SEM图像：(a)CuO/Al/CuO(每层1μm)三层膜；(b)CuO/Al(每层100nm)十层膜。经Petranoni等(2010)许可转载

此外，Zhu等(2011)使用Al和CuO活性多层膜和铬膜制造了微点火系统的含能点火器。他们利用扫描电子显微镜(SEM)、X射线衍射(XRD)以及差示扫描量热法(DSC)对制备的含能点火器进行表征，并测量了热反应过程。研究发现Al/CuO活性多层膜产生了2760J/g的反应热。另外，Al/CuO活性多层膜的初始反应温度急剧下降300°C，低于本体反应温度。另外，Yang等(2012)研究了纳米结构对Al/CuO_x基含能材料放热反应和点火的影响。他们首先采用热氧化法在硅片上沉积1μm的铜膜，紧接着采用热蒸发法在铜薄膜上嵌入铝纳米粒子来制备微/纳米含能材料。然后利用SEM、能量色散X射线分析法(EDX)、XRD、差热分析法(DTA)和DSC对制备的Al/CuO薄膜进行表征。

他们发现在 Al 熔化之前，CuO 纳米线与 Al 发生了放热反应，同时他们还提到具有较高表面能的 CuO 纳米线和沉积的纳米 Al 能促进固态-固态扩散过程，以获得更好的铝热剂反应和点火特性。Zhou 等(2011)研究了 Al/CuO 活性多层膜的添加剂对起爆箔片雷管的影响。分别采用标准微系统技术和射频磁控溅射技术制备了活性多层膜。采用高速相机观察爆炸过程，表明发生了激烈的燃烧过程，但是同步温度分析显示 Cu/Al/CuO 活性多层膜的爆炸温度与铜膜相比高出 30%以上。这个发现证明当大量热量被释放时，Al/CuO 活性多层膜的铝热反应可以被激发。因此，较高的温度在理论上可以促进铜等离子体的发展，并将最终增强破片速率。此外，Zhu 等(2013)描述了与半导体桥(SCB)集成的 Al/CuO 纳米含能多层膜的点火特性。为了制造 Al/CuO-SCB，他们使用了 COMS 程序。通过 COMS 程序，他们观察到 Al/CuO 纳米含能多层膜明显的分层几何结构，该几何结构是通过溅射法沉积制备的。此外，层状结构的反应热为 2181J/g。他们还进行了点火实验，发现 Al/CuO 纳米含能多层膜对半导体桥的电性能没有影响。此外，Al/CuO 纳米含能多层膜的快速燃烧可以辅助半导体桥产生高温等离子体产物，提高了点火可靠性。Bahrami 等(2014)研究了化学计量效应以及 Al/CuO 纳米层的厚度对燃烧速率以及热释放速率的影响。他们采用直流反应磁控溅射法沉积了多层膜，每一层沉积层厚度在 25nm~1μm 之间。使用高分辨透射电子显微镜(HR-TEM)、XRD 以及 X 射线光电子能谱(XPS)对 Al/CuO 沉积薄膜进行了表征。发现在化学计量条件下，双层结构厚度的减小会导致 Al/CuO 沉积薄膜的反应活性急剧增加。150nm 的双层厚度下燃烧速率为 80m/s。Shen 等(2014)研究了微型加热芯片上的 Al/CuO 亚稳态分子间复合材料(MIC)(纳米含能材料)燃烧过程中的压力损失和补偿。他们提出了一种燃烧过程中压力变化的模型，即球状单元模型。该模型显示了不同反应速率下的压力损失特性和各自的能量输出效率。他们认为在 Al/CuO 亚稳态分子间复合材料中加入细 CL-20 颗粒后，燃烧过程的反应会变成强烈的爆燃并导致更大压力和更高的增压比。他们优化了 Al/CuO 亚稳态分子间复合材料上的 CL-20 颗粒含量(50%)，以获得最佳的燃烧过程和高压。而且，Sui 等(2017)提出了 Al/CuO 纳米铝热剂的层状结构机制。他们还将 Al/CuO 纳米铝热剂与 Al/NiO 纳米铝热剂进行了比较。他们首先采用真空过滤法沉积得到了上述两种纳米铝热剂的层状结构；在反应之后，他们观察到 Al 和 CuO 层之间形成了间隙，而 Al 和 NiO 层依然保持相连(见图 6-2)。因此，他们得出结论，这些结构可以快速释放热量并提高反应激发能。

除了多层结构的 Al/CuO 膜，Yin 等(2017)还研究了管状结构的高活性纳米含能材料。他们通过直径 100~200nm、长度 5~7μm 的纳米管和纳米棒来制备这种结构，并采用电泳沉积法得到了纳米 Al。研究发现，Al/CuO 纳米管复合材料具有更好的能量输出和燃烧性能，这是由于燃料和氧化物之间的高效接触以及质量传递。因此，他们认为具有管状结构的纳米阵列会显著增强纳米含能材料的放热反应。此外，Yu 等(2018a)提出了一种在 Cu 基底上制备纳米结构的 Al/CuO 铝热剂薄膜的新方法。他们采用电化学阳极氧化法在 Cu 基底上制备 CuO 纳米棒，然后采用磁控溅射法在已制备的 CuO 纳米棒上沉积 Al 薄膜。

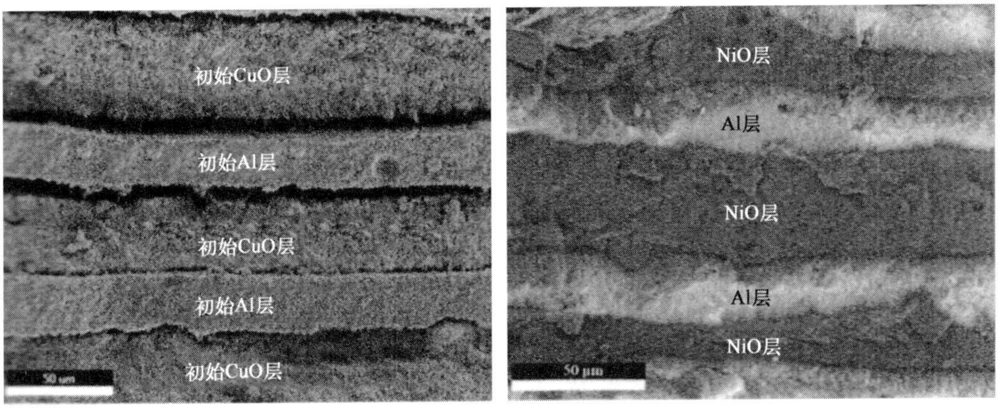

图6-2 热反应后 Al/CuO 和 Al/NiO 多层结构的差异。
经 Sui 等(2017)许可转载

采用这种方法制备出了具有核/壳结构的 Al/CuO 纳米铝热剂薄膜。采用热分析和激光点火实验对薄膜进行表征，发现其具有卓越的能量性能。他们还发现该技术与微电子机械系统(MEMS)相兼容。另外，Xiang 等(2018)研究了在 Cu 箔上制备核/壳结构的 Al/CuO 纳米铝热剂，对其表面进行了功能化改性，并研究了其长期贮存稳定性和稳态燃烧性能。他们采用溶液化学法制备了两种类型的超疏水核/壳结构的 Al/CuO 纳米铝热剂，紧接着进行磁控溅射和表面处理，发现两种类型的纳米铝热剂都具有卓越的热性能。他们还观察到功能化 Al/CuO 纳米铝热剂显示出长期的贮存稳定性和更好的耐潮湿性。此外，他们还对功能化 Al/CuO 纳米铝热剂进行了燃烧分析，发现燃烧过程稳定，火焰传播速度约为 100m/s。最后，Nicollet 等(2018)将快速断路器(FCB)集成到 Al/CuO 纳米铝热剂上。这些断路器对电气系统的保护起着至关重要的作用，可以保护各种设备和系统免受过电流、外部不稳定以及短路的影响。对于几毫克的纳米铝热剂粉末来说，所制备的装置点火时间不超过 100μs。他们还确认了程序和装置的可重复性(成功率 100%)。与传统的机械断路器(CMCB)相比，快速断路器(FCB)的响应时间短得多。这类装置可应用于电能储存、航天零部件制造、人类福利事业、破坏性下降通道、道路车辆以及电池驱动的机器等。

通过以上研究，我们能够得出纳米铝热剂薄膜具有非常高的能量密度，当含能材料在小区域内集成时非常有用。因此，Murray 等(2018)对利用压电喷墨打印技术打印 Al/CuO 纳米铝热剂薄膜进行了可行性研究(见图 6-3)。他们利用喷墨打印机，沉积了不同宽度和厚度的含能材料。

此外，他们还指出该用于沉积含能材料的新技术非常适用于微推进机械和小型电子设备。

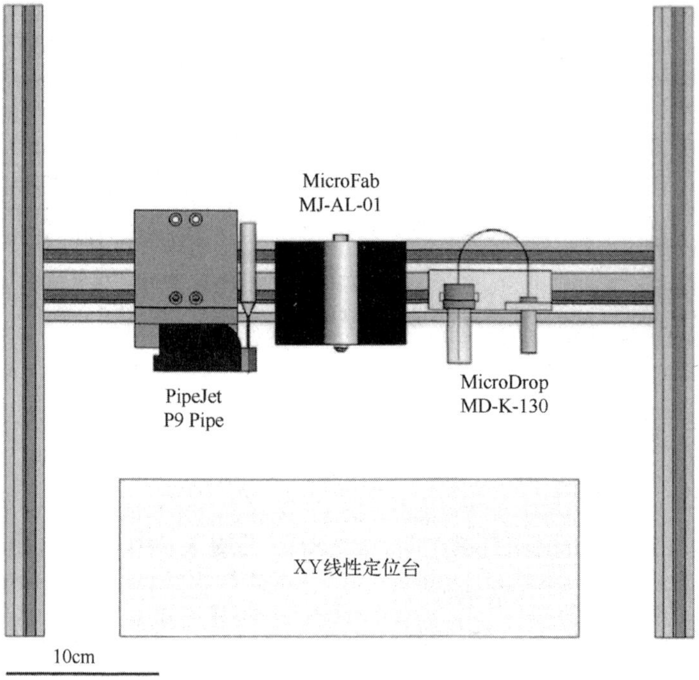

图 6-3　移动范围 200mm，精度 0.5μm 的线性定位台(Aerotech PlanarDL 200-XY)，安装在 MicroFab MJ-AL-01 号压电喷嘴、MicroDrop MD-K-130 号压电喷嘴和 PipeJet P9 压电驱动移液管下面。经 Murray 等(2018)许可转载

6.2.2　Al/Bi_2O_3 基含能薄膜

从上一节中我们了解到，Al/CuO 纳米铝热剂，无论是薄膜或者纳米管，还是纳米棒结构，都广泛应用于不同的领域，如电能储存、航天零部件制造、人类福利事业、破坏性下降通道、道路车辆以及电池驱动的机器等。但是除了 Al/CuO 材料组合之外，很少有研究人员在铝膜上组合氧化铋来合成纳米铝热剂。在本节中，Staley 等(2011)使用 Al/Bi_2O_3纳米铝热剂制备了一种硅基桥丝微芯片引爆器。他们指出使用纳米多孔硅床可以改善引爆器的电热适应效率，而且这些微型引爆器非常适用于各种微电子机械系统(MEMS)。此外，他们还研究了含有及不含有 Al/Bi_2O_3纳米铝热剂的点火元件的电学行为。他们发现当激发能量为 30～80μJ 时，Al/Bi_2O_3填充微引爆器的可控起爆成功率为 100%。在大功率输入情况下，观察到响应时间少于 2μs。Patel 等(2015)展示了 Al/Bi_2O_3纳米含能薄膜的微图案。在最初阶段，他们制备了尺寸适当的 Bi_2O_3纳米方形片。他们采用金溅射法在硅基片上制备出纳米方形片，随后进行化学浴沉积(见图 6-4)。他们采用 TG-DSC 进行分析，观察到不同厚度的溅射镀铝纳米含能薄膜的放热反应。实验在氮气环境下，升温速率为 10℃/min 的条件下进行，温度调节范围为

50~800℃。结果显示 140nm 厚的纳米含能薄膜表现出最高的反应热、较低的起始温度以及显著的压力-时间特性，从而在硅基材表面形成高分辨率的微图案。这种微图案成形技术已得到验证，适于在烟火剂上应用。

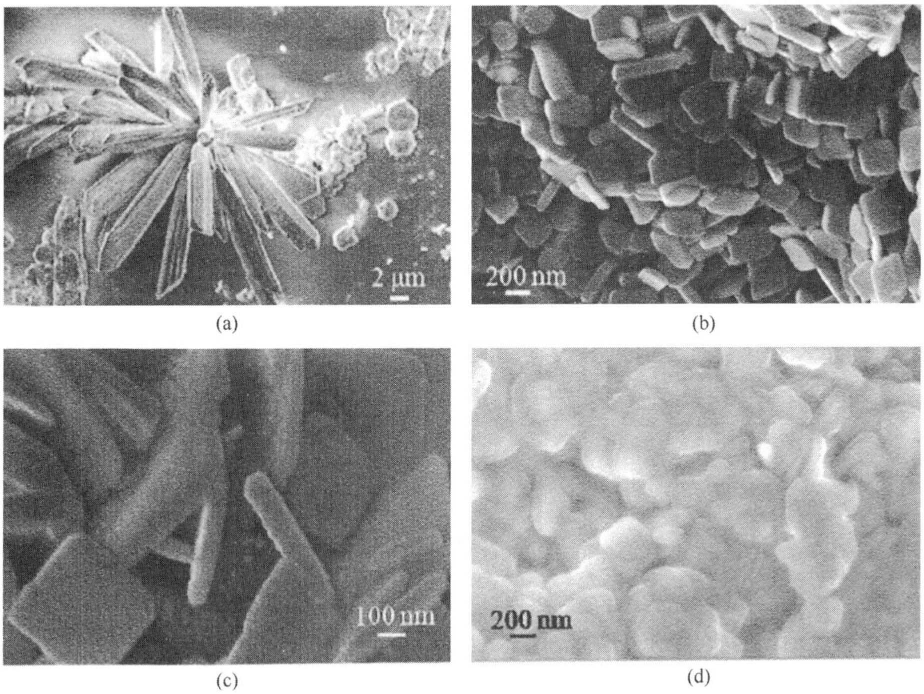

图 6-4　镀金 Si 基板上的(a)Bi_2O_3微叶结构，(b)，(c) Bi_2O_3 NSTs，(d)Bi_2O_3 NSTs/nano-Al nEFs 的 FESEM 图像。经 Patel 等(2015)许可转载

6.2.3　Al/MoO_x 基含能薄膜

研究人员通过集成纳米铝热剂，改进了半导体桥(SB)的综合性能。这些纳米铝热剂是亚稳态的分子间复合材料。它们由颗粒尺寸以及主要成分(即小于 100nm 的金属及其氧化物)进行表征。在本节中，Zhu 等人(2014)通过集成 Al/MoO_x 纳米铝热剂薄膜制备出了半导体桥(见图 6-5)。

这些多层薄膜增强了传统烟火剂的点火性能。以此制成的器件已显示出引线键合和银填充导电环氧树脂之间的交联能力。研究人员发现这些装置的点火能量很低且钝感。同时没有发现纳米铝热剂多层薄膜对半导体桥的电性能产生影响。此外，Zakiyyan 等(2018)制备了燃料和氧化剂间高表面接触的剥离状二维三氧化钼(MoO_3)和铝粉纳米含能复合物。他们通过燃烧实验，得出该体系具有峰值压力最高、反应温度最高、增压速率升高、反应物均匀分布和线性燃烧速率等特征。

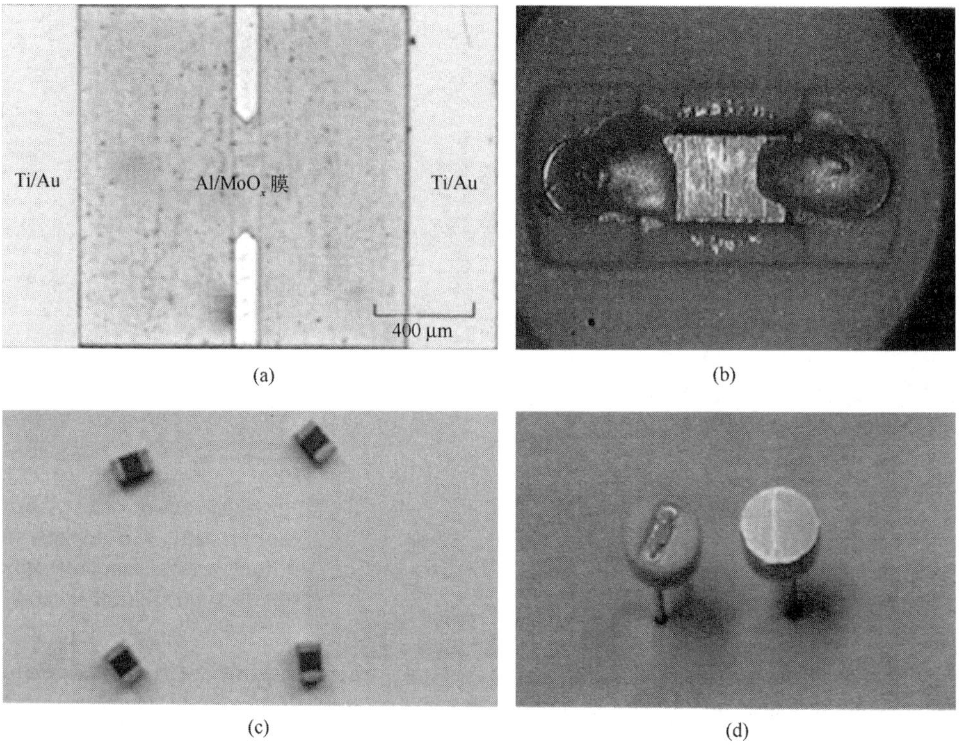

图 6-5 (a)SCB-Al/MoO$_x$ 芯片的光学图像(俯视图)；(b)封装的 SCB-Al/MoO$_x$ 设备的光学图像(俯视图)；(c)NTC 芯片的光学图像；(d)Al/Ni 多层纳米薄膜应用前后的 SCB-Al/MoO$_x$ 器件。经 Zhu 等(2014)许可转载

6.2.4 Al/Fe_2O_3基含能薄膜

为了得到更好的点火和燃烧性能，除了上面提到的多层结构和膜状纳米铝热剂，还有极少数研究人员尝试了其他组合方式。Zhang 等(2013)制备了三维有序大孔结构的 Al/Fe_2O_3纳米铝热剂薄膜，发现其具有更好的能量输出特性(见图 6-6)。

他们在聚苯乙烯球形模板上制备了纳米铝热剂薄膜，据报道该方法与微电子机械系统(MEMS)技术高度相似。他们还提供了一种制造具有整体空间一致性的微米厚度的三维有序纳米铝热剂薄膜的有效方法。

6.3 Mg/CuO 或 Mg/MnO$_x$ 基含能薄膜

通过以上内容我们可以了解到含能氧化物薄膜只能沉积在铝上，但是铝基含能薄膜与环境接触后就会形成氧化铝，从而降低纳米含能材料的性能。考虑到铝基纳米含能材料的这一不足，Zhou 等(2013)通过在硅上嵌入 Mg(而不是 Al)，随后集成 CuO 层，得到

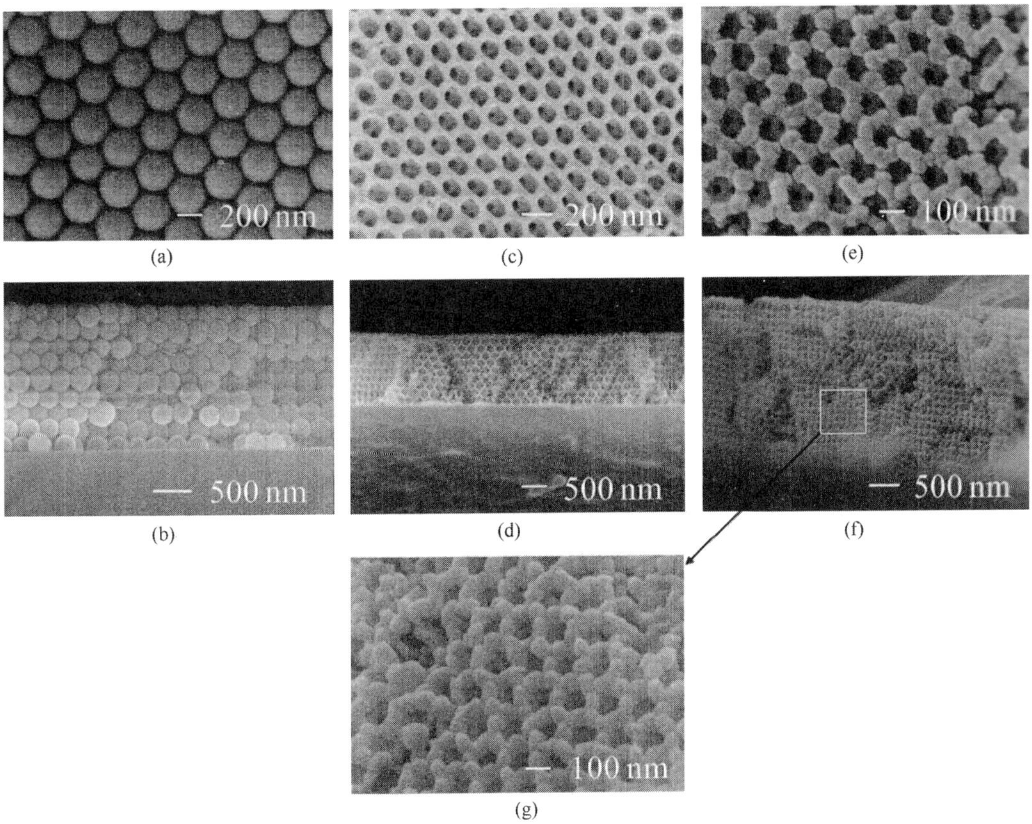

图6-6　(a)，(b)聚苯乙烯球形模板；(c)，(d)3DOM α-Fe_2O_3薄膜；(e)，(f)Al沉积后的Fe_2O_3/Al薄膜的SEM图片。其中(a)，(c)，(e)为表面视图；(b)，(d)，(f)为横截面视图；(g)为(f)中的白色正方形放大视图。经Zhang等(2013)许可转载

Mg/CuO(核/壳)纳米含能阵列(见图6-7)。首先，他们使用掠射角沉积法制备Mg纳米棒，然后使用反应磁控溅射在Mg纳米棒周围沉积CuO。最后，通过SEM，XRD，TEM以及DSC等多种表征方法对制备的核/壳结构Mg/CuO纳米含能阵列进行了研究。

他们通过分析放热曲线，发现Mg纳米棒和CuO在层间混合均匀且接触紧密。同时，他们还指出这种纳米含能阵列具有低起始温度和高反应热，并且具有长期储存稳定性。此外，Meeks等(2014)采用一种新方法——刮刀铸造法沉积镁和二氧化锰含能薄膜，并对其进行了表征。他们仔细考察了聚偏二氟乙烯(PVDF)-氮甲基吡咯烷酮(NMP)、VitonO氟橡胶(氟Viton A)-丙酮、石蜡-二甲苯的黏合剂化学作用及其浓度对含能薄膜燃烧性能的影响。研究指出黏合剂浓度的升高可以增加热量输出，降低火焰速度并延迟能量的传播。他们还指出了黏合剂比金属导电性差的原因。此外，他们还发现Mg/MnO_2/PVDF配方最适合于制备薄膜涂层，因其具有更好的混合均匀性和更低的表面粗糙度值。

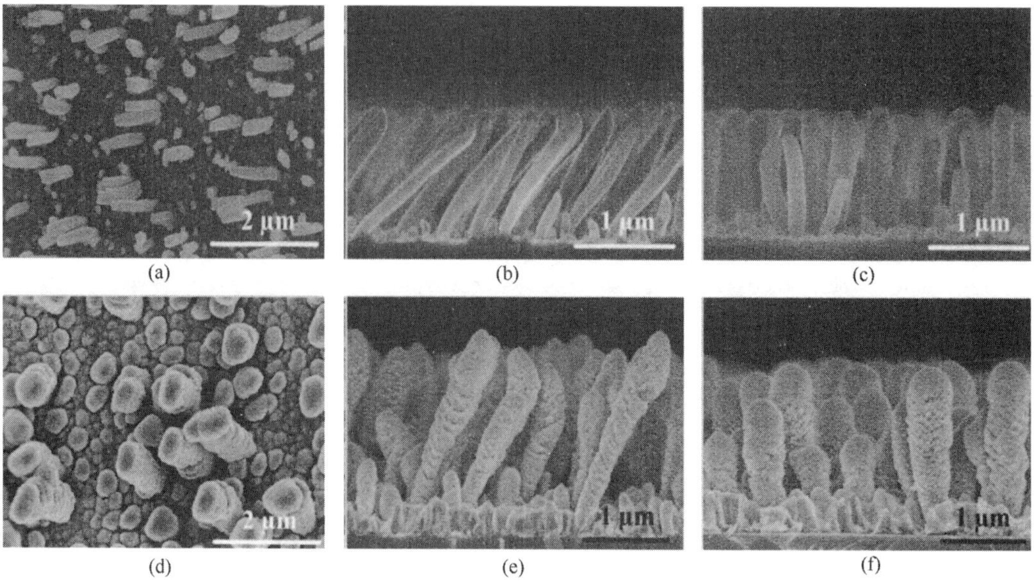

图 6-7　(a)~(c)Mg 纳米线以及(d)，(f)Mg/CuO 纳米含能阵列的 SEM 图片。
其中(a)，(d)为俯视图；(b)，(e)为平行于 Mg 蒸气流方向的横截面图像；
(c)，(e)为垂直于 Mg 蒸气流方向的横截面图像。经 Zhou 等(2013)许可转载

6.4　CuPc/MWCNT/$NiCo_2O_4$基及其他含能薄膜

除了上文中提到的氧化物基纳米铝热剂多层膜或结构外，Molodtsova 等(2014)使用铝/铜酞菁(CuPc)薄膜开发了一种有机-无机混合体系，并利用透射电子显微镜(TEM)和光电发射光谱对所制备的薄膜进行了研究，实验观察到电荷从铝转移到铜酞菁中。此外，还测定了铝晶格的位置。最后在高覆盖率(约 64Å)下，在铜酞菁薄膜上构建了金属-铝-端层。另外，Kim 等(2017)在多壁碳纳米管(MWCNT)涂布纸芯片上开发了一种纳米含能材料(见图 6-8)。

将涂布纸弯曲或反复弯曲和拉伸，其电阻都保持不变。他们还研究了点火和爆炸性能，发现随着纳米含能薄膜厚度的增加，芯片的爆炸反应活性随之增加。最后，他们指出制备的芯片致密、柔韧、点火灵活，可适用于各种民用和军用领域。在新型纳米含能材料的研发过程中，Chen 等(2018)使用 $NiCo_2O_4$作为氧化剂，在 Al 上成功制备出纳米铝热剂薄膜。他们采用便捷的水热退火合成法以及可控的磁控溅射工艺制备了一种结构均匀的核/壳结构 Al/$NiCo_2O_4$纳米线铝热剂薄膜，并指出总放热量取决于铝的量，而且该工艺与微电子机械系统兼容性很好。此外，该方法还适用于其他由双金属氧化物和燃料组成的纳米铝热剂的开发。

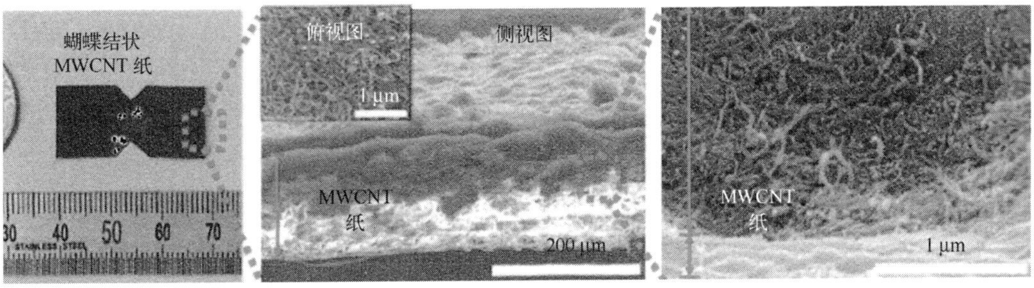

图 6-8　制作的弓形 MWCNT 涂布纸电极照片，纸基板上 MWCNT 薄膜涂层的侧视图 SEM 图像（插图是 MWCNT 薄膜俯视图的高分辨率 SEM 图像），以及 MWCNT 薄膜和纸基板之间分界层侧视图的高分辨率 SEM 图像。经 Kim 等(2017)许可转载

6.5　超疏水纳米含能薄膜

由上文可知，所有的纳米含能多层膜或结构都只能在干燥条件下使用。因此，更多的研究人员试图研究已开发的纳米含能多层膜或结构的润湿性。为了实现这些纳米含能材料在水下应用，研究人员从荷叶中得到了启发，荷叶的接触角>150°，使其具有自清洁性、抗湿性和耐腐性。研究发现纳米铝热剂也可以在水环境中得到广泛应用，如水下推进、火炬技术、金属切割、爆破以及微高能系统的发电等。但是上述纳米含能材料在水下应用还具有生态学的限制(针对物质类型)。因此，对能在水下维持稳定且具有超疏水性的纳米含能材料进行深入研究是十分有必要的。Zhou 等(2014)在硅基底上制备了一种核/壳结构的 Mg/氟碳化合物纳米含能材料阵列。他们以掠射角沉积 Mg 纳米棒，然后利用磁控溅射沉积工艺将氟碳化合物覆盖在 Mg 纳米棒上(见图 6-9)。

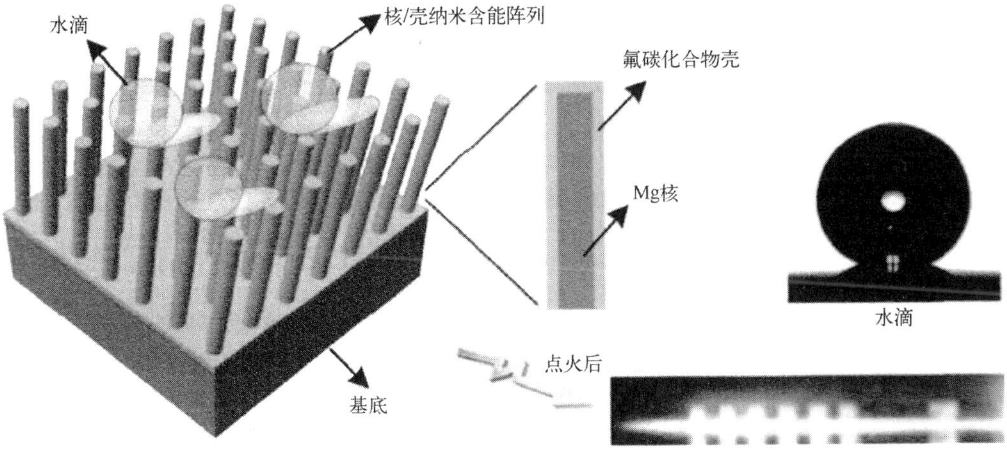

图 6-9　超疏水核/壳结构的 Mg/氟碳化合物纳米含能阵列的示意图。水滴在 Mg/氟碳化合物上的光学图像。经 Zhou 等(2014)许可转载

他们采用其他研究人员使用过的多种技术表征了 Mg/氟碳化合物结构的性能，发现其具有超疏水性，静态接触角达到 162°，还具有极低的反应温度和超高的反应热。Yu 等(2018b)使用简单的水热退火法和磁控溅射工艺制备出了核/壳结构的 Al/Co_3O_4纳米线。制备的纳米线表现出超疏水性，对其进行激光诱导水下点火测试，发现超疏水改性使得纳米铝热剂薄膜被成功点燃。他们将制备的核/壳结构的 Al/Co_3O_4纳米线置于水中 2 天，发现其仍然具有大约 50%的初始化学能。

6.6 结论

研究人员已经研究了各种组合的纳米含能材料多层膜及结构，如 Al/CuO，Al/MoO_x，Al/Bi_2O_3，Al/Fe_2O_3，Mg/CuO，Mg/MnO，Al/CuPc，Al/$NiCo_2O_4$，核/壳结构的 Mg/氟碳化合物，Al/Co_3O_4和多壁碳纳米管(MWCNT)涂布纸。通过对不同类型的纳米含能材料薄膜及核/壳结构材料进行研究，得出了以下结论：

1)Al/CuO 纳米铝热剂无论是薄膜或纳米管，还是纳米棒结构，都能广泛地应用于许多领域，如电能储存、航天零部件制造、人类福利事业、破坏性下降通道、道路车辆以及电池驱动的机器等。

2)除了医用刮刀、磁控溅射和电泳等其他技术外，压电式喷墨打印技术作为一种新的方法，也可制备用于中型电子设备或微推进机械的 CuO 氧化剂。

3)Al/Bi_2O_3纳米铝热剂通过使用纳米多孔硅床增强了引爆器的电热适应性，并且这些微引爆器平台足以在各种烟火微电子机械系统应用中发挥作用。

4)聚苯乙烯球形模板上的 Al/Fe_2O_3纳米铝热剂薄膜、Mg/CuO 纳米含能阵列和核/壳结构的 Al/$NiCo_2O_4$纳米线铝热剂薄膜显示出与微电子机械系统技术具有兼容性。

5)Mg/氟碳化合物阵列和核/壳结构的 Al/Co_3O_4纳米线具有超疏水性(静态接触角为 162°)和超高反应热。这些纳米含能材料可实现在水下应用。

参考文献

[1] Badgujar DM, Talawar MB, Asthana SN, Mahulikar PP. Advances in science and technology of modern energetic materials: an overview. J. Hazard Mater., 2008, 151: 289-305.

[2] Bahrami M, Taton G, Condra V, Salvagnac L, Tenailleau C, Alphonse P, Rossi C. Magnetron sputtered Al-CuO nanolaminates: effect of stoichiometry and layers thickness on energy release and burning rate. Prop. Expl. Pyrotech., 2014, 39: 365-373.

[3] Barbee TW, Simpson RL, Gash AE, Satcher JH. Nanolaminate-based ignitors. U.S. Patent WO 2005016850 A2, 24 Feb.

[4] Chen Y, Zhang W, Yu C, Ni D, Ma K, Ye J. Controllable synthesis of $NiCo_2O_4$/Al core-shell nanowires thermite film with excellent heat release and short ignition time. Mater. Des., 2018, 155: 396-403.

[5] Di Biaso H, English BA, Allen MG. Solid-phase conductive fuels for chemical microactuators. Sens. Act.

A: Phys., 2004, 111(2/3): 260-266.

[6] Fried LE, Manaa MR, Pagoria PF, Simpson RL. Design and synthesis of energetic materials. Annu. Rev. Mater. Res., 2001, 31: 291-321.

[7] Hinshaw JC. Thermite compositions for use as gas generants. International Patent WO 95/04672.

[8] Hofmann A, Laucht H, Kovalev D, Timoshenko VY, Diener J, Kunzner N, Gross E. Explosive composition and its use. U. S. Patent 6984274, 10 Jan.

[9] Hong CC, Murugesan S, Beaucage G, Choi JW, Ahn CH. A functioning on-chip pressure generator using solid chemical propellant for disposable lab-on-a-chip. Lab Chip, 2003, 3(4): 281-286.

[10] Ke X, Zhou X, Gao H, Hao G, Xiao L, Chen T, Liu J, Jiang W. Surface functionalized core/shell structured CuO/Al nanothermite with long-term storage stability and steady combustion performance. Mater. Des., 2018, 140: 179-187.

[11] Kim KJ, Jung H, Kim JH, Jang NS, Kim JM, Kim SH. Nanoenergetic material-on-multiwalled carbon nanotubes paper chip as compact and flexible igniter. Carbon, 2017, 114: 217-223.

[12] Laucht H, Bartuch H, Kovalev D. Silicon initiator, from the idea to functional tests. In: Proceedings of 7th international symposium and exhibition Sophist car occupant safety systems, 2004, pp 12-16.

[13] Lewis DH, Janson SW, Cohen RB, Antonsson EK. Digital micropropulsion. Sens, Act, A: Phys, 2000, 80 (2): 143-154.

[14] Li D, Lu XB, Zhou ZZ, Qiu MX, Lin CG. Laser initiated aluminothermic reaction applied to preparing Mo-Si film on silicon substrates. Mater. Res. Soc. Symp., 1988, 101: 487-490.

[15] Lindsay W, Teasdale D, Milanovic V, Pister K, Pello CF. Thrust and electrical power from solid propellant microrockets. In: 14th IEEE International Conference on MEMS, Piscataway, NJ, 2001, pp 606-610.

[16] Meeks K, Pantoya ML, Apblett C. Deposition and characterization of energetic thin films. Combust. Flame, 2014, 161: 1117-1124.

[17] Molodtsova OV, Aristova IM, Babenkov SV, Vilkov OV, Aristov VY. Morphology and properties of a hybrid organic-inorganic system: Al nanoparticles embedded into CuPc thin film. J. Appl. Phys., 2014, 115: 164310.

[18] Murray AK, Novotny WA, Fleck TJ, Emre GI, Son SF, Chiua GTC, Rhoads JF. Selectively-deposited energetic materials: a feasibility study of the piezoelectric inkjet printing of nanothermites. Addit. Manuf., 2018, 22: 69-74.

[19] Nicollet A, Salvagnac L, Baijot V, Estève A, Rossi C. Fast circuit breaker based on integration of Al/CuO nanothermites. Sens. Act. A: Phys, 2018, 273: 249-255.

[20] Norton AA, Minor MA. Pneumatic micro actuator powered by the deflagration of sodium azide. J. Microelectromech. Syst., 2006, 15(2): 344-354.

[21] Patel VK, Ganguli A, Kant R, Bhattacharya S. Micropatterning of nanoenergetic films of Bi_2O_3/Al for pyrotechnics. RSC Adv., 2015, 5: 14967-14973.

[22] Pennarun P, Rossi C, Estève D, Bourrier D. Design, fabrication and characterization of a MEMS safe pyrotechnical igniter integrating arming, disarming and sterilization functions. J. Micromech. Microeng., 2006, 16(1): 92-100.

[23] Petrantoni M, Rossi C, Salvagnac L, Conédéra V, Estève A, Tenailleau C, Alphonse P, Chaba YJ. Multilayered Al/CuO thermite formation by reactive magnetron sputtering: Nano versus micro. J. Appl. Phys., 2010, 108: 084323.

[24] Pham PQ, Briand D, Rossi C, De Rooij NF. Downscaling of solid propellant pyrotechnical microsystems. In: 12th international conference on solid-state sensor and act (Transducers), Boston, MA, 2003, pp 1423-1426.

[25] Pile àgrave. Combustible pour l'alimentation d'appareils électroniques, notamment portables. Patent FR2818808 (In French).

[26] Rossi C, Estève D. Pyrotechnic micro actuators. In: Proceedings of 11th EUROSENSORS XI, vol. 2. Varsovie, Pologne, 1997, pp 771-774.

[27] Rossi C, Estève D, Mingués C. Pyrotechnic actuator: a new generation of Si integrated actuator. Sens. Act. A: Phys., 1999, 74(1-3): 211-215.

[28] Rossi C, Briand D, Dumonteuil M, Camps T, Pham PQ, de Rooij NF. Matrix of 10×10 addressed solid propellant microthrusters: review of the technologies. Sens. Act. A: Phys., 2006, 126(1): 241-252.

[29] Rossi C, Zhang K, Estève D, Alphonse P, Tailhades P, Vahlas C. Nanoenergetic materials for MEMS: a review. J. Microelectromech. Syst., 2007, 16: 919-931.

[30] Shen J, Qiaoa Z, Wang J, Zhang K, Li R, Nie F, Yang G. Pressure loss and compensation in the combustion process of Al-CuO nanoenergetics on a microheater chip. Combust. Flame, 2014, 161(11): 2975-2981.

[31] Staley CS, Morris CJ, Thiruvengadathan R, Apperson SJ, Gangopadhyay K, Gangopadhyay S. Silicon-based bridge wire micro-chip initiators for bismuth oxide-aluminum nanothermit. J. Micromech. Microeng., 2011, 21: 115015.

[32] Stewart DS. Miniaturization of explosive technology and microdetonics. 21st ICTAM, Varsaw, Poland, 2004.

[33] Sui H, LeSergent L, Wen JZ. Diversity in addressing reaction mechanisms of nano-thermite composites with a layer by layer structure. Adv. Eng. Mater., 2017, 20(3): 1700822.

[34] Takahashi K, Ebisuzaki H, Kajiwara H, Achiwa T, Nagayama K. Design and testing of mega-bit microthruster arrays, presented Nanotech, Houston, TX, 2000, Paper AIAA 2002-5758.

[35] Tanaka S, Hosokawa R, Tokudome S, Hori K, Saito H, Watanabe M, Esashi M. MEMS-based solid propellant rocket array thruster with electrical feedthroughs. Trans. Jpn. Soc. Aeronaut. Space. Sci., 2003, 46(151): 47-51.

[36] Tappan AS, Long GT, Renlund AM, Kravitz SH. Microenergetic materials-microscale energetic material processing and testing. In: 41st AIAA aerospace sciences meeting and exhibition, Reno, NV, 2003, AIAA 2003-0242.

[37] Tappan AS, Long GT, Wroblewski B, Nogan J, Palmer HA, Kravitz SH, Renlund AM. Patterning of regular porosity in PETN microenergetic material thin films. In: 36th international conference on ICT, Karlsruhe, Germany, 2005, pp 134-135.

[38] Teasdale D, Milanovic V, Chang P, Pister K. Microrockets for smart dust. Smart Mater. Struct., 2001, 10(6): 1145-1155.

[39] Troianello T. Precision foil resistors used as electro-pyrotechnic initiators. In: Proceedings of 1st electronic components technology conference, Orlando, FL, 2001, pp 1413-1417.

[40] Vasylkiv O, Sakka Y. Nanoexplosion synthesis of multimetal oxide ceramic nanopowders. Nano Lett., 2005, 5(12): 2598-2604.

[41] Vasylkiv O, Sakka Y, Skorokhod VV. Nano-blast synthesis of nano-size CeO_2-Gd_2O_3 powders. J. Am.

Ceram. Soc., 2006, 89(6): 1822-1826.

[42] Yang Y, Xu D, Zhang K. Effect of nanostructures on the exothermic reaction and ignition of Al/CuO_x based energetic materials. J. Mater. Sci., 2012, 47: 1296-1305.

[43] Yin Y, Li X, Shu Y, Guo X, Zhu Y, Huang X, Bao H, Xu K. Highly-reactive Al/CuO nanoenergetic materials with a tubular structure. Mater. Des., 2017, 117: 104-110.

[44] Youngner DW, Lu ST, Choueiri E, Neidert JB, Black RE, Graham KJ, Fahey D, Lucus R, Zhu X. MEMS mega-pixel micro-thruster arrays for small satellite station keeping. In: 14th annual AIAA/USU conference small satellites, Logan, UT, 2000, AIAA Paper SSC00-X-2.

[45] Yu C, Zhang W, Hu B, Ni D, Zheng Z, Liu J, Ma K, Ren W. Core/shell CuO/Al nanorods thermite film based on electrochemical anodization. Nanotechnology, 2018a, 29(36).

[46] Yu C, Zhang W, Yu G, J D, Z Ni, Ye C, Ma K. The super-hydrophobic thermite film of the Co_3O_4/Al core/shell nanowires for an underwater ignition with a favorable aging-resistance. Chem. Eng. J., 2018b, 338: 99-106.

[47] Zakiyyan N, Wang A, Thiruvengadathan R, Staley C, Mathai J, Gangopadhyay K, Maschmann MR, Gangopadhyay S. Combustion of aluminum nanoparticles and exfoliated 2D molybdenum trioxide composites. Combust. Flame, 2018, 187: 1-10.

[48] Zhang KL, Chou SK, Ang SS, Tang XS. A MEMS-based solid propellant microthruster with Au/Ti igniter, Sens. Act. A: Phys., 2005, 122(1): 113-123.

[49] Zhang W, Baoqing Y, Shen R, Ye J, Thomas JA, Chao Y. Significantly enhanced energy output from 3D ordered macroporous structured Fe_2O_3/Al nanothermite film. ACS Appl. Mater. Interf., 2013, 5: 239-242.

[50] Zhao Y, English BA, Choi Y, Di Biaso H, Yuan G, Allen MG. Polymeric microcombustors for solid-phase conductive fuels. In: Proceedings of 17th IEEE international conference on MEMS. Maastricht, The Netherlands, 2004, pp 498-501.

[51] Zhou X, Shen R, Ye Y, Zhu P, Hu Y, Wu L. Influence of Al/CuO reactive multilayer films additives on exploding foil initiator. J. Appl. Phys., 2011, 110: 094505.

[52] Zhou X, Xu D, Zhang Q, Lu J, Zhang K. Facile green in situ synthesis of Mg/CuO core/shell nanoenergetic arrays with a superior heat-release property and long-term storage stability. ACS Appl. Mater. Interf., 2013, 5: 7641-7646.

[53] Zhou X, Xu D, Yang G, Zhang Q, Shen J, Lu J, Zhang K. Highly exothermic and superhydrophobic Mg/fluorocarbon core/shell nanoenergetic arrays. ACS Appl. Mater. Interf., 2014, 6(13): 10497-10505.

[54] Zhu P, Shen R, Ye Y, Zhou X, Hu Y. Energetic igniters realized by integrating Al/CuO reactive multilayer films with Cr films. J. Appl. Phys., 2011, 110: 074513.

[55] Zhu P, Shen R, Ye Y, Fu S, Li D. Characterization of Al/CuO nanoenergetic multilayer films integrated with semiconductor bridge for initiator applications. J. Appl. Phys., 2013, 113: 184505.

[56] Zhu P, Jiao J, Shen R, Ye Y, Fu S, Li D. Energetic semiconductor bridge device incorporating Al/MoO_x multilayer nanofilms and negative temperature coefficient thermistor chip. J. Appl. Phys., 2014, 115: 194502.

第 7 章　未来锂离子电池的微纳工程

巴实·库马尔·杜塔(Prasit Kumar Dutta),
阿比那达·森古普塔(Abhinanada Sengupta),
维什瓦斯·戈埃尔(Vishwas Goel), P. 普雷塔姆(P. Preetham),
阿卡什·阿胡亚(Aakash Ahuja)和萨加尔·密特拉(Sagar Mitra)

摘要：对于以电池技术为基础的现代移动通信世界来说，锂离子电池是重要的电源。在智能手机、平板电脑、笔记本电脑、电动汽车和电网级储能设备中，锂离子电池是最重要的储能装置。它具有高能量密度、适度的功率密度、高电压、低自放电和长循环寿命等众多优势，在这些装置的制造过程中会涉及不同的微纳工程技术。本章详细讨论了锂离子电池的各个方面，包括安装电池各种成分的存储机制。
关键词：锂离子电池；储能；微纳工程；能量密度

7.1　引言

对于现代移动通信世界来说，锂离子电池是重要的电源之一。从智能手机、平板电脑、笔记本电脑到电动汽车和电网级储能设备，锂离子电池都是首选的储能装置。锂离子电池在我们的生活中无处不在，原因在于其具有高能量密度(即单位重量或体积的能量)、适度的功率密度(即单位重量或体积的功率)、高电压、低自放电和长循环寿命等特点。表 7-1 比较了锂离子电池和其他充电式电池的性能。

表 7-1　各种电池体系和锂离子电池的对比

性能	电池体系			
	镍镉	镍氢	铅酸	锂离子
重量能量密度/[W·h/kg]	45~80	60~120	30~50	110~160
循环次数(到初始容量的 80%)	1500	500	300	1000
快充时间/h	1	2~4	8~16	2~4
自放电/月(室温)/%	20	30	5	10
电池电压(名义值)/V	1.25	1.25	2.0	3.6

P. K. Dutta, A. Sengupta, V. Goel, P. preetham, A. Ahuja, S. Mitra
印度孟买理工学院，能源技术与工程系，博威，孟买，40007
电子邮箱：sagar. mitra@ iitb. ac. in

7.1.1　锂离子电池储能机理介绍

因为锂离子电池在充放电过程中将电能和化学能互相转换，所以它们是可充电式电化学储能装置。为了揭示锂离子电池在充电过程如何储存能量，我们需要了解这些电池的结构(Dunn 等，2011)。

一般来说，锂离子电池包括安装在集流体上的正极和负极、隔膜和电解液。图 7-1 所示为锂离子电池的基本布局。

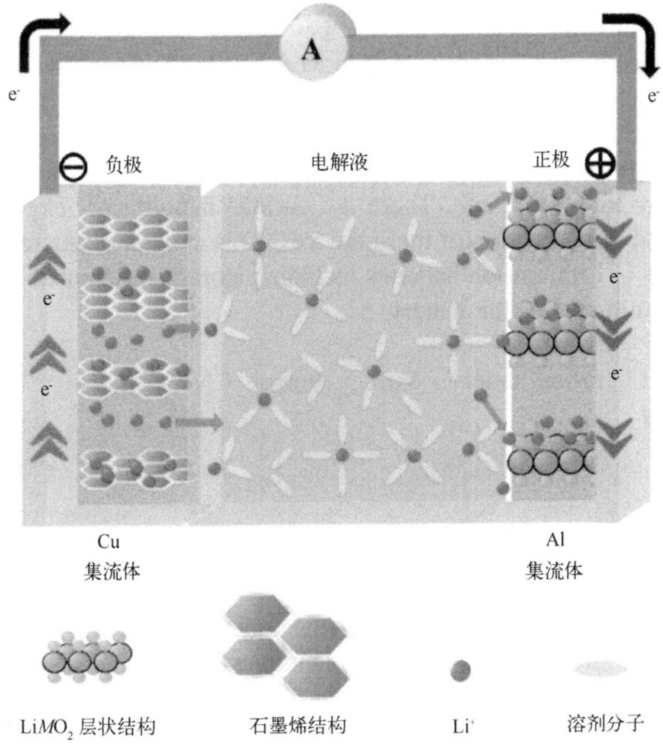

图 7-1　锂离子电池的示意图(Dunn 等，2011)

在充电过程中，利用电能打开正极材料中的化学键产生锂离子和电子对。其中离子可以穿越电解液到达负极，而电子则通过外部电路传输到正极。在负极，离子和电子都在与负极材料形成新键时被消耗。新的化学键的形成过程就是在锂离子电池中储存能量。为了使锂离子电池具有充电能力，要求化学键的形成和断裂过程是可逆的。为了实现充放电过程的可逆，电极中的活性材料必须可以与锂成键或断键。一般来说，正极中的活性材料分子式为 $LiMO_2$，其中 M 是过渡金属 Co，Mn 和 Ni 中的一种或组合。$LiCoO_2$是最先发明并商业化的正极材料，负极中常用的活性材料是一种石墨变体。反应方程式(7-1)~式(7-3)给出了充放电过程中发生的可逆电化学反应。

正极半电池：

$$LiCoO_2 \rightleftharpoons x\,Li^+ + Li_{1-x}CoO_2 + xe^- \tag{7-1}$$

负极半电池：

$$x\,\mathrm{Li}^+ + \mathrm{C}_6 + x\mathrm{e}^- \rightleftharpoons \mathrm{Li}_x\mathrm{C}_6 \tag{7-2}$$

全电池反应：

$$\mathrm{LiCoO}_2 + \mathrm{C}_6 \rightleftharpoons \mathrm{Li}_{1-x}\mathrm{CoO}_2 + \mathrm{Li}_x\mathrm{C}_6 \tag{7-3}$$

除了活性材料，电极还包括另外两个主要组分——碳基添加剂和聚合物黏合剂。碳基添加剂的作用是提高活性材料的电导率。超级 P 碳或者炭黑、KS 系列石墨是少数几种在锂离子电池中应用的碳基添加剂。添加聚合物黏合剂是为了将碳基添加剂颗粒与活性材料粘结到一起，并确保颗粒粘结到集流体上。聚偏二氟乙烯(PVDF)和羧甲基纤维素(CMC)是锂离子电池中最主要的聚合物黏合剂。所有的这些组分混合后制得的一种多孔复合电极如图 7-2 所示(Gao 等，2015)。

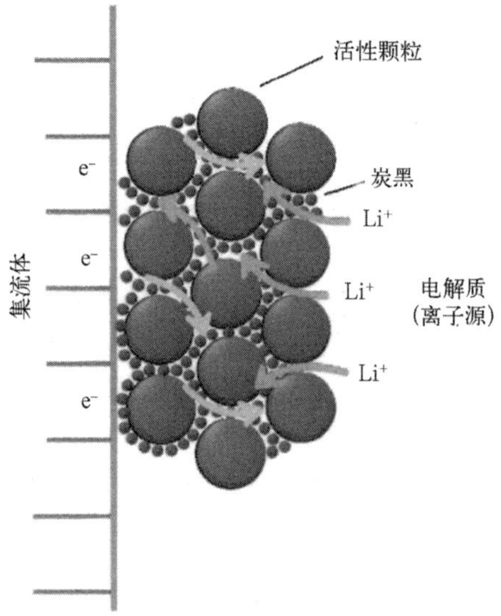

图 7-2　锂离子电池常用电极的多孔结构

一般来说，锂离子电池中使用的电解液主要封藏在密封袋或金属桶内。电解液中含有锂盐如 $LiPF_6$，$LiClO_4$，通常溶于碳酸亚乙酯、碳酸二甲酯和碳酸二乙酯等有机溶剂中。锂离子电池的高工作电压使得水不适合作为电解液的溶剂，然而目前水性锂离子电池的研究一直在开展。电解液的作用是促进锂离子在电池内的运动。

锂离子电池由索尼公司在 20 世纪 90 年代首先实现商业化，此后锂离子电池的综合性能，尤其是重量能量密度和体积能量密度都得到大幅提高。在 1994—2014 年这 20 年的时间里，锂离子电池的能量密度提高了 3 倍(Hanson 等，2017)。

能量密度的改善主要得益于电极工程技术的发展。电极工程技术是指设计和制造电极来获得特定的电池特性。设计变量包括电极中所用材料的选择，以及它们的物理、化学和电化学性能；复合电极的几何性质；制造这些电极的工艺技术。所有这些变量都对电池特性如电池寿命、电压、功率密度、能量密度、安全性和成本有显著的影响。因此，设计变量需要优化以获得理想的性能。本章详细地解释了这些变量以及它们对电池性能的影响，同时也分享了电极工程技术领域的进展和对其未来前景的展望。

7.2 活性材料

活性材料是锂离子电池中锂离子的来源。它们与锂离子反应以实现可逆的成键和断键。活性材料的本体性能和表面性能决定了电池的诸多特性，如充电速度、电压和循环寿命。下面我们将探讨活性材料性能与电池特性之间的关系。

影响电池特性的活性材料本体性能主要包括颗粒的尺寸、形貌、孔隙率和组分。本节对上述因素的影响都进行了单独讨论。

7.2.1 活性材料颗粒尺寸的影响

锂离子在电极和电解液之间的转移依赖于活性材料的离子传导率和表面积。离子传导率决定了颗粒内部的离子运动速率，表面积决定了离子在固体颗粒和液体电解质之间的渗透性。由于锂离子在同一物质中的扩散系数是一个定值，因此其离子电导率是扩散长度或颗粒尺寸的直接函数。所以，颗粒尺寸的减小会导致更高的离子电导率和更大的表面积，两者可以使得活性材料实现更快的离子输送和更好的倍率性能。

Wang 等(2010)研究了颗粒尺寸的减小对 $LiMnPO_4$正极倍率性能的影响。他们合成出平均尺寸在 140~270nm 之间的 $LiMnPO_4$颗粒，并在不同倍率下进行了测试。如图 7-3 所示，与大颗粒相比，小颗粒总是表现出更高的倍率性能。对于不同材料的实验具有相同的结果。Chen 和 Cheng(2009)也整理了一些实验结果，见表 7-2。

表 7-2 可充式锂离子电池常用纳米结构及其颗粒的电极性能汇总

电极材料	首次循环比容量/(mAh/g)	50 次循环比容量/(mAh/g)	电流密度/(mA/g)
$LiNi_{0.8}Co_{0.2}O_2$纳米管	205	157	10
$LiNi_{0.8}Co_{0.2}O_2$大颗粒	182	143	
$LiFePO_4$纳米颗粒	162	158	50
$LiFePO_4$大颗粒	126	119	
聚苯胺纳米管	75.7	73.2	20
聚苯胺大颗粒	54	50	
Si 多孔纳米球	3052	1095	2000
Si 大颗粒	1600	52	
Co_3O_4纳米管	850	530	50
Co_3O_4纳米颗粒	635	321	
SnS_2纳米颗粒	1323	390	50
SnS_2大颗粒	979	284	

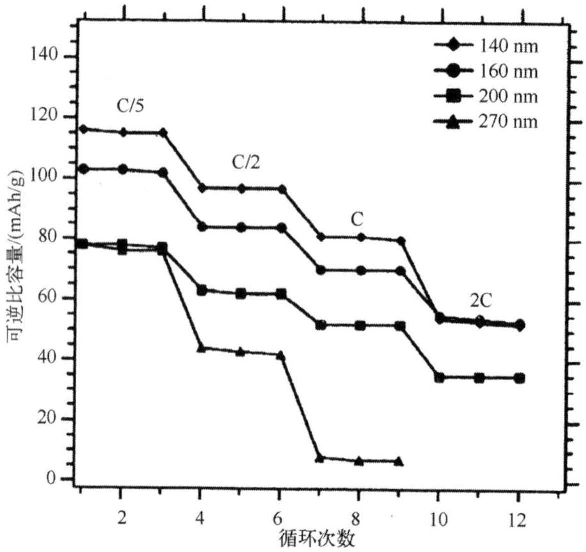

图 7-3　$LiMnPO_4$不同尺寸颗粒的倍率性能(Wang 等，2010)

然而，颗粒尺寸的减小也需要考虑其他方面的平衡。表面活性的增加会导致产生不必要的副反应。Kobayashi 等(2009)的研究表明纳米尺度的 $LiFePO_4$在空气中非常不稳定，其原因在于 Fe^{2+}会与湿空气发生反应。与微米石墨相比，纳米石墨首次循环损失更高，循环使用寿命更短。此外，一般来说纳米颗粒合成成本更高、工艺难度更大，在行业内还难以普及使用。因此，颗粒尺寸作为设计变量需要根据具体的应用场景进行优化。

7.2.2　活性材料颗粒形貌和结构的影响

活性材料的形貌和结构对电池特性具有重要的决定作用，如倍率性能、循环性能和能量密度。晶体材料通常都是各向异性的，因此颗粒形貌会影响电极的物理过程，如锂离子在颗粒内部的传输。Bruce 等(2008)报道了 TiO_2-(B)纳米线比相同尺寸(颗粒粒径等于纳米线的直径)的纳米颗粒具有更好的性能，如图 7-4 所示。其原因在于沿纳米线长度方向上锂离子具有更好的导电性。

通过在活性材料中引入孔隙可以进一步提高其倍率性能和循环性能。倍率性能的提高是由于孔隙增加了颗粒进入电解液的机会，循环性能的改善在于孔隙可承载嵌锂和脱锂过程中的大体积形变，尤其是在转基活性材料中更为重要。Ji 等人(2009)合成并测试了多孔的抗锂金属 MnO_x纤维，发现其 50 次循环后的比容量可稳定在 600mAh/g。图 7-5 所示为该介孔 MnO_x纤维的 TEM 照片及其合成电极的循环性能。

最后，在集流体上沉积的活性材料的形貌也会影响其电化学性能。Chan 等(2008)通过无模板气相沉积方法在集流体上沉积硅纳米线阵列证实了这个现象。与大块沉积材料相比，这种沉积材料的独特设计使得电极的循环寿命提高。电极循环寿命的提高主要归因于材料中的孔隙在嵌锂和脱锂过程中可以承载硅内部的体积变化。因此，颗粒和电极结构作

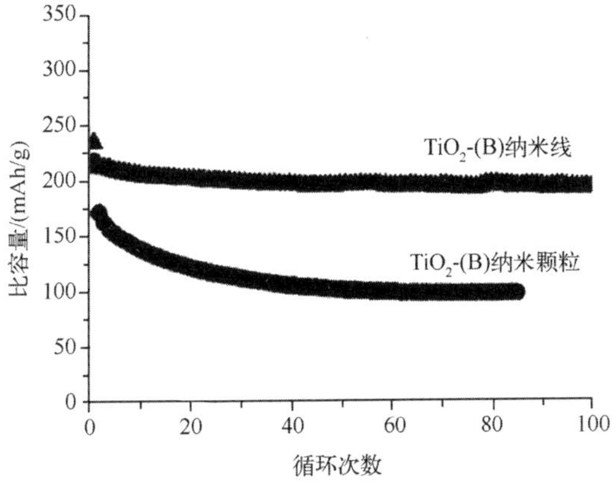

图7-4　TiO_2-(B)纳米线的循环寿命(Bruce等，2008)

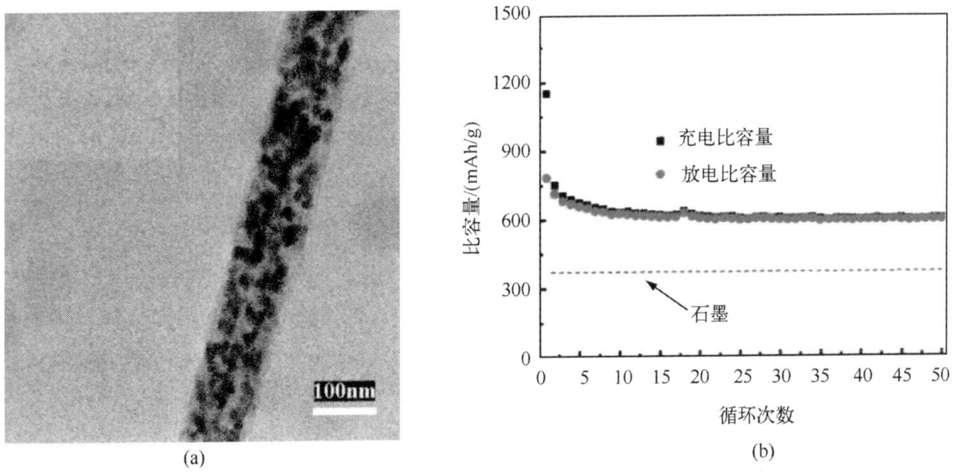

图7-5　(a)介孔MnO_x纤维的TEM照片；(b)合成电极的循环性能(Ji等，2009)

为一个整体会对材料的电化学性能产生影响。

7.2.3　活性材料组成的影响

活性材料的组成会影响电池的性能，如安全性、比容量和倍率性能。活性材料的组成可以通过两种方法来调整，一种方法是改变活性材料的内在组成，如在正极插层材料$LiNi_{1-x-y}Co_xMn_yO_2$中使用混合阳离子；另一种方法是使用两类活性材料的物理混合物，如$LiCoO_2$和$LiFePO_4$的混合物。

活性材料内部组成的变化导致该材料电化学性能的改变。Liu等(2015)整理了关于阳离子混合对插层基正极活性材料的影响的各种研究结果，如图7-6所示。根据图7-6可知，Co含量的增加会改善材料的倍率性能，但同时也会增加成本；Ni含量的增加会在低成本情况下提高材料的比容量，但是它会显著缩短电极的循环寿命；Mn含量的增加可以提高材料的安全性并降低其成本，但是会损失部分容量。因此，为获得理想的电池性能需要对电极材料进行基于应用的综合优化。

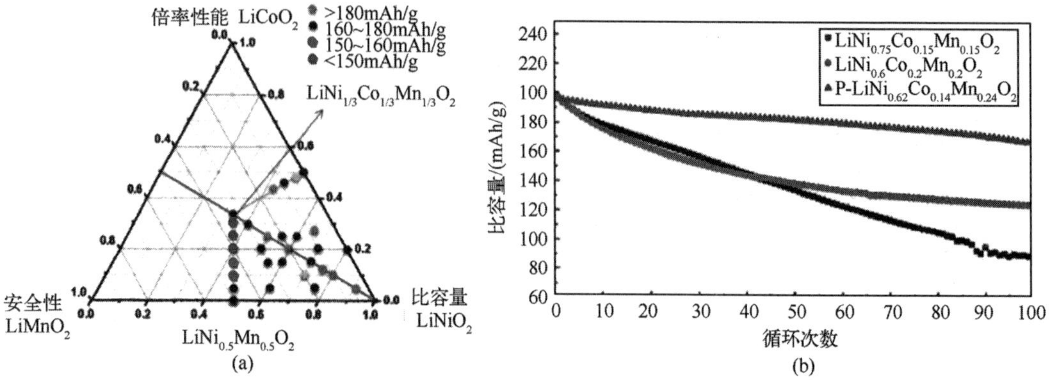

图 7-6　(a)阳离子混合对插层基正极活性材料的影响；
(b)Ni 含量相对较高的正极材料的循环寿命(Liu 等，2015)

另外一种影响电极电化学性能的方法就是将两种或多种活性材料进行物理混合。$LiFePO_4$(LFP)具有电导率低(1.8×10^{-6}S/cm)、锂离子扩散速度慢($10^{-16}\sim10^{-14}m^2/s$)和工作电压低(3.3V)等特点。然而，当将 $LiFePO_4$(LFP)与 $Li_3V_2(PO_4)_3$(LVP)进行物理混合时，由于后者具有更高的离子传导率和电导率以及更短的循环寿命，因此整个复合电极的最终性能是显著改善的。Xiang 等(2010)针对 LFP 和 LVP 的配比对复合电极比容量的影响进行了详细的研究，相关的结果如图 7-7 所示。根据本项研究，当 LFP：LVP＝9：1 时，复合电极的最高比容量达到 168mAh/g(在 1C 倍率)，并且在高达 15C 倍率下依然具有稳定的循环性能。

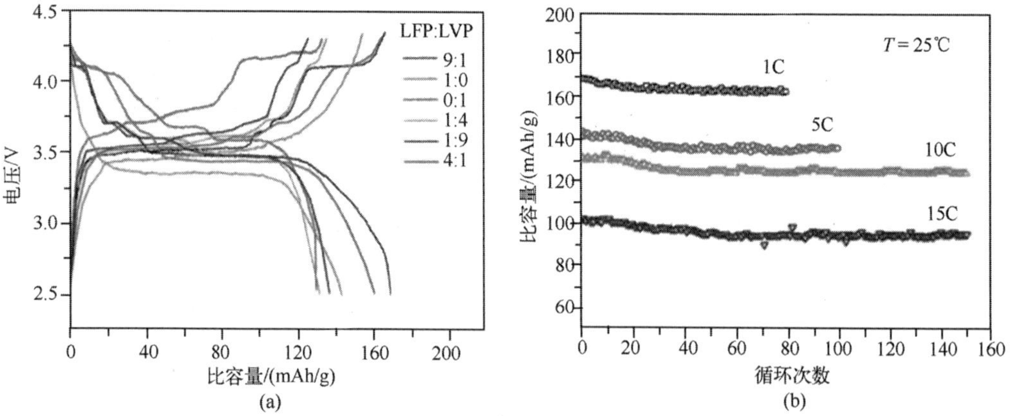

图 7-7　(a)不同 LFP 和 LVP 配比复合电极的电荷放电曲线；
(b)LFP：LVP＝9：1 时复合电极的倍率性能(Xiang 等，2010)

除了本体特性以外，对活性材料性能产生影响的其他因素主要是其表面特性。一般来说，活性材料的表面经过改性后可以获得以下任一特性：更高的电导率、更高的离子传导率或者对副反应的抑制作用。电导率的改善源于在颗粒的表面包覆了一层良导体（如炭黑），这一方法在碳添加剂章节进行了详细的论述。同样，离子传导率的提高也可以通过在颗粒表面包覆一层含锂离子的良导体来实现，如 Li_3PO_4（2×10^{-6}S/cm）与 Li_3VO_4（1.24×10^{-4}S/cm）（Wang 等，2015）。Pu 和 Yu（2012）合成了 Li_3VO_4包覆 $LiCoO_2$，并证实其倍率性能得到了改善（见图 7-8）。以同样的方式，在活性材料表面包覆一层惰性物质（如 Al_2O_3，ZrO_2，B_2O_3）能够避免活性材料与电解液分解的副产物（如 HF）之间发生副反应（Wang 等，2015）。

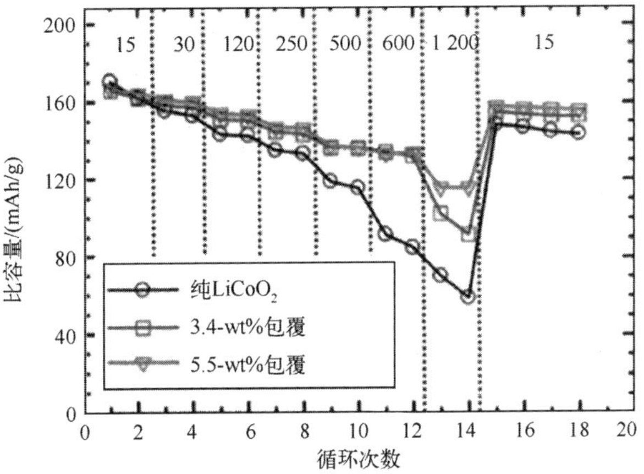

图 7-8　纯 $LiCoO_2$和 Li_3VO_4包覆 $LiCoO_2$的倍率性能（Pu 和 Yu，2012）

7.3　黏合剂

为了实现上述稳定和持久的综合性能，在电池的整个工作期间，保持电活性颗粒之间足够的机械性能是很重要的。为了在锂离子嵌入和脱嵌的体积变化过程中保持更好的完整性，具有足够黏弹性的黏合剂是必需的。众所周知，电池的能量密度是由活性材料的性能决定的，而导电剂则通过引入更多的电子在提高电池的倍率性能方面起重要的作用。当黏合剂将活性材料和导电剂连接到集流体上时，它为电池的工作提供了一个完整的机械结构。所以，电池的循环寿命严重依赖于黏合剂，因为活性材料从集流体上剥离会导致电池容量的灾难性下降。

黏合剂在电池性能中起着至关重要的作用。黏合剂应在电池工作期间具有稳定的结构完整性，较小的电阻和连接电极各部分的连接通道（Shi 等，2017）。由于电极在体积膨胀和收缩过程中产生高应力，传统黏合剂的机械完整性会在电池工作过程中丧失，从而影响其综合性能。因此，黏合剂的最佳材料是既能作为高效黏合剂又能作为导电剂的材料，因此研究人员将多功能黏合剂作为研究的重点。

由于聚偏二氟乙烯(PVDF)具有良好的电化学稳定性、有效将电极材料结合到集流体的能力以及促进有利于锂离子在活性物质中运输的电解质的吸收，因此它是锂电池系统中使用的最重要的黏合剂之一。以 PVDF 为黏合剂生产电池时需使用有毒且昂贵的溶剂，由此产生的电池成本较高，促使人们探索性能更好的黏合剂(Ling 等，2015)。然而，黏合剂和活性材料之间的弱范德华力导致电极在高体积膨胀期间失去其完整性，因此阻碍了其在高体积膨胀的材料中的应用。这些问题大多数在满足要求的低成本材料中(如 $LiNiMnCoO_2$，$LiMnO_2$和 $LiFePO_4$)普遍存在。因此，在这种类型的黏合剂中解决这一关键问题非常重要，以提高其满足如图 7-9 所示各项要求的能力。在这里，我们来看看最近为提高黏合剂性能所采取的各种方法。

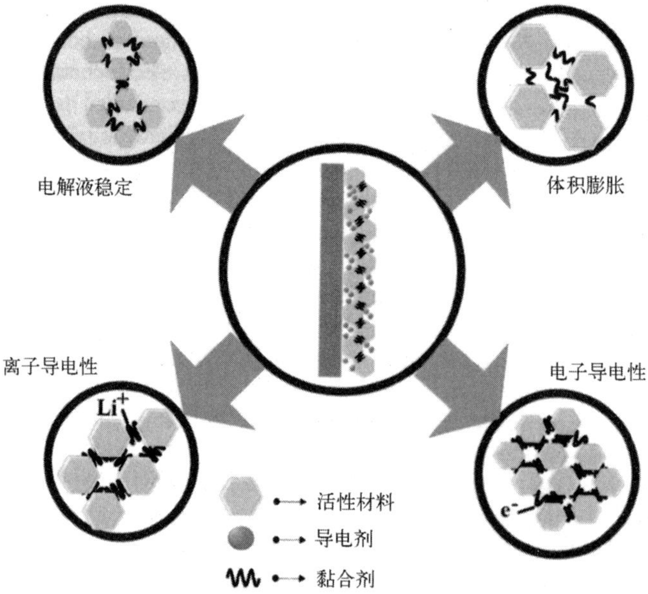

图 7-9　良好黏合剂的标准

7.3.1　高羧基黏合剂

近年来，由于聚合物链上接有更多的羧基，因此羧甲基纤维素(CMC)(Shim 等，2002)、海藻酸盐(Kovalenko 等，2011)和聚丙烯酸(Mazouzi 等，2009)受到关注。研究发现，由于化学键形成引起表面改性所导致的稳定 SEI 层可以减小体积膨胀产生的应力，从而有助于延长电池的循环寿命(Shi 等，2017)。

Kovalenko 等(2011)报道了高模量的海藻酸盐黏合剂(有时也称为海藻酸钠)，其通过增加羧基的数量来促进硅与黏合剂之间的结合，从而控制其体积膨胀。从化学角度来说，海藻酸盐是由 1，4-糖苷键连接的 b-D-甘露糖醛酸(M)和 a-L-古洛糖醛酸(G)的共聚物，

M 和 G 单体已链接到与物理变化相关的不同属性，褐藻已针对特定环境对其进行了优化。本研究还表明，海藻酸盐在电解液中浸泡时，其硬度没有变化，而 PVDF 膜软化了 50 倍。海藻酸盐虽然在与液体电解质接触时没有表现出可观的溶胀，但由于锂离子存在通过羧基的跳跃作用，海藻酸盐还表现出良好的锂离子导电性。官能团的高极性也导致海藻酸盐可粘附在具有高体积膨胀的材料上(如硅)，从而有助于形成稳定的 SEI 层，其控制了电极的完整性。研究人员还注意到，金属氧化物(Fe_2O_3)的表面羟基与海藻酸盐黏合剂的羧基之间的弱氢键相互作用提高了锂离子电池的倍率性能(Veluri 和 Mitra，2013)。

Li 等(2008)报道，在具有活性材料体积膨胀问题的 Fe_2O_3基电极中使用羧甲基纤维素(CMC)黏合剂后，电池表现出良好的电化学循环性能。印度孟买理工学院研究探索了 $NH_4V_4O_{10}$与各种黏合剂(如海藻酸钠和羧甲基纤维素)的电化学性能，并认为与聚偏二氟乙烯相比，这种水溶性黏合剂具有电化学活性，后者被认为是惰性的(Sarkar 等，2014)。在这项研究中，尽管 PVDF 具有稳定性，但与海藻酸盐和 CMC 相比，其容量保持率较低(Sarkar 等，2014)。尤其值得注意的是，海藻酸盐黏合剂配合 $CoFe_2O_4$在 20C 的高电流速率下显示出优异的比容量(为 470mAh/g)，而在 0.1C 下比容量达到 890mAh/g，且在循环过程中性能保持稳定(Mitra 等，2014)。在此，对电极薄膜进行的傅里叶变换红外实验(FTIR)表明，$CoFe_2O_4$的-OH 基与海藻酸盐的-COOH 基之间存在相互作用，这种相互作用证实了氢键的存在。

此外，通过在聚合物主链骨架上进一步引入官能团，可以提高富含羧基的黏合剂的性能。Choi 等(2017)通过添加少量聚轮烷环和聚丙烯酸(PAA)引入了一种新型黏合剂，由于 PAA 聚轮烷环的自由运动提升了额外的弹性性能，从而减小了聚合物网络中的张力，提高了黏合剂的稳定性。

7.3.2　纳米级聚合物多功能黏合剂

通过将黏合剂的结构降低到纳米尺度，我们获得了与电子导电性、离子导电性等有关的独特性质，这些性质是由其有限尺寸引起的。由于其体积小，在电极加工过程中容易混合，并且增加了电极—电解质的接触。这种策略还会使电极具有更好的离子导电性和电子导电性，且能有效控制电极的体积膨胀(Li 等，2015)。

7.3.3　导电聚合物凝胶作为黏合剂

最近，也开展了许多创新方法的研究，如通过掺杂分子交联方法合成了具有 3D 纳米结构的聚合物凝胶，这种聚合物凝胶已被证明是电池电极的有效黏合剂(Pan 等，2012)。这些聚合物凝胶连接电极材料，也为离子传输和电解质扩散提供空间，从而有效地连接电极(Wu 等，2013)。在这种方案中，聚合物凝胶被设计成具有高表面积、相容性和孔隙率的纳米结构网络，从而使它们能够表现出多种功能，如可为电子和离子提供较好的导电通路、可促进电解液吸收、可在活性材料上进行均匀的黏合剂涂层，从而抑制材料内部产生应力，延长了电池的整个循环寿命。随着黏合剂材料导电性的增强，可以改善倍率性能，从而提高电池的整体性能。这些材料有可能通过 3D 打印控制其微观结构，从而调整其电子/离子导电性，并在不久的将来实现批量生产。然而，在这类材料中的离子传输机制还需要进行严格的评估。

7.3.4　带官能团的导电聚合物

在聚合物主链骨架上添加官能团可以使黏合剂具有更好的力学性能，同时促进电解质的吸收，并在不影响黏合剂导电性的情况下防止黏合剂聚集。为了实现这一过程，有必要研究各官能团在不同工作条件下的性能，从而了解其应用领域。由于黏合剂具有巨大的潜力，一些研究人员也在寻求通过调整黏合剂的分子结构来增加某些适合要求的特定性能。

开发高效多功能黏合剂的另一种有效方法是在导电聚合物的结构上复合所需性能的官能团，从而在导电聚合物基体上引入离子导电性、电子导电性等性能。Ling 等(2015)用 3，4-丙烯二氧噻吩-2，5-二羧酸功能化海藻酸钠，不仅保留了海藻酸钠的粘结能力，而且增强了电极的其他性能，如提高了离子导电性和保持了结构完整性。

7.4　碳添加剂

虽然导电碳用量很小，但是其对电池各方面性能都有影响，如离子电阻率、电子电阻率、电极密度等，因此，它在电极工程中占有非常重要的地位。这些与电池性能直接相关的因素与电池的形貌、电导率以及颗粒大小相关，如图 7-10 所示(Spahr 等，2011)。因此，在这方面进行研究对于电池开发是非常重要的(Wang 等，2008)。值得注意的是，将高导电性炭黑用于电极的聚合物黏合剂基体会提高聚合物黏合剂的导电性，从而对黏合剂产生正面的影响(Wang 等，2012)。因此，更为重要的是根据纯度、性能和加工的要求来开发新的碳材料，从而进一步提高电池的性能，为改进储能做出重要贡献(Wang 等，2012)。

在某些情况下，导电剂对能量密度没有贡献，但是通过减小内部电池电阻可以增加电池的功率密度。这是由于添加剂是电子传导的途径，因此，它控制着锂离子电池的电能存储或供电速率。但就钠离子电池而言，我们已经报道了 C-65 导电碳确实可以提高钠离子的储存能力(Dutta 和 Mitra，2017)。如果增加导电剂的量，那么能量密度就会降低，因此需要在能量密度和功率密度之间寻求一种平衡(Spahr 等，2011)。因为添加的碳可能不会在电极中相互连接形成电子通道，所以在电极中添加少量体积分数的导电剂不会突然增加电极电阻率。但如果体积分数继续增大到一定值，电极的电阻率会突然下降。由于已经超过了电阻率曲线的渗流阈值，因此进一步添加导电剂不会再显著降低电阻率(Spahr 等，2011)。因此，非常值得关注的是这一临界体积分数，以获得最佳性能。除了该临界体积分数之外，表面积和形貌对电极材料达到渗流阈值也起着非常重要的作用。

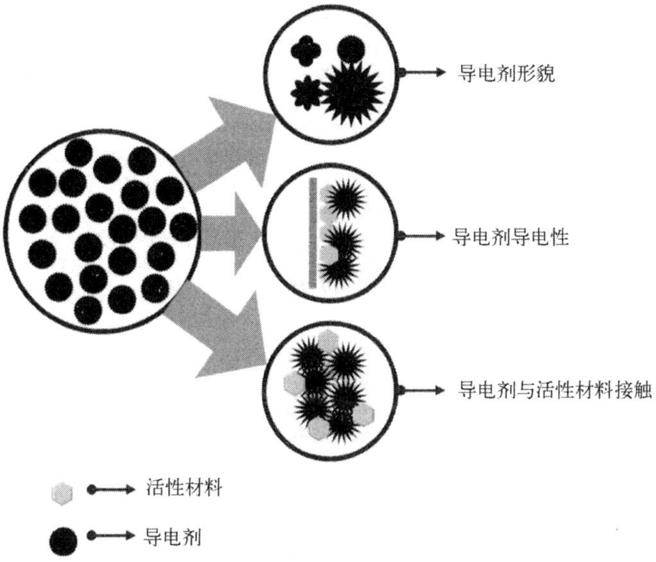

图 7-10 有效碳添加剂的标准

7.4.1 碳纳米结构的作用

最近的研究表明，将材料的颗粒尺寸由宏观尺度减小到纳米尺度会导致晶体结构发生变化，从而会改变材料中体积膨胀的方式(Chan 等，2008b)。此外，如果电极材料与石墨烯、碳纳米管等纳米结构碳添加剂相结合，则可以建立纳米级导电网络，这将缩短锂离子扩散长度，增加电子转移，从而有助于提高电极的倍率性能。这种纳米级导电网络还可以形成独立电极，从而消除对集流体的需要。

7.4.2 碳涂层

在活性材料上涂上碳涂层是提高电极导电性的另一种方法。由于涂层可以直接缓冲活性材料的体积膨胀，同时提高电导率，因此这项技术得以应用。Liu 等(2009)将碳涂层应用于 ZnO 纳米棒阵列上，并将其直接作为活性材料使用，不添加任何额外的碳添加剂。他们发现，碳涂层不仅促进了 ZnO 与集流体的接触，增强了电荷转移，同时也减少了 ZnO 纳米棒体积膨胀时产生的应变，从而保护了电极的结构完整性。但是，增加碳涂层可能会减少锂离子向活性材料的扩散，从而降低放电容量，这是因为碳涂层的孔隙减小了锂离子的穿透速度，并阻碍了其电化学作用(Wang 等，2012)。因此，需要保持涂层厚度的适当平衡，以便为目标电池系统设计一个有效的电极。

7.5 电极参数

为获得高能量密度的锂离子电池，需要考虑电极材料之外的其他各种参数，如电极厚度、活性材料的组分、黏合剂、导电添加剂等，以及一些对电池的电化学性能有着重要影响的工艺参数。因此，电池开发商为了制造出理想的锂离子电池，必须对这些参数进行优化。

7.5.1　电极厚度

很容易理解，电极的厚度决定了电池的整体厚度。因此，制造商的目标始终是实现更薄的电极。一般来说，在商用电池中，电极或者是堆叠型或者是卷筒型。因此，为了减小厚度，需要减少电极的使用数量，这就需要根据需求来调整电极的厚度。然而，各种研究结果表明，电极厚度可对电池的参数产生较大影响，如能量密度、温度响应、容量衰减率、总热生成量以及热源的分布和比例等参数(Zhao 等，2015)。就像硬币具有两面性一样，增加电极的厚度也有其利弊。虽然它减小了电池的尺寸，缩短了电池组装所需的时间，但同时也会带来一些负面影响。随着电极厚度的增加，电解质相中锂离子的质量传递限制以及电极固相中电阻抗成为关键因素。在固定电压限制内充放电时的过电位会导致电池容量降低。同时，与较薄电极相比，在给定的充放电速率下，较厚电极中分离器内的几何电流密度更高，这确实会导致过电位的增加。过电位可以简化为平均氧化电位和平均还原电位之差(Taberna 等，2006)。在锂充电的同时，电镀可能会发生在石墨阳极上(Singh 等，2015)。

7.5.2　材料的组成

我们已经知道电极主要由活性材料、导电添加剂和黏合剂组成。这些材料的适当配比对典型锂离子电池的能量密度、功率密度、安全性和寿命等有着显著影响(Gallagher 等，2016)。一般来说，电极中大部分是活性材料，其余部分为黏合剂和导电添加剂。通常建议使用较少量的碳以使电池更环保。改变电极中活性材料、黏合剂和碳的组成比例对电池性能影响很大。例如，如果我们减少电极材料混合物中的导电添加剂，那么电极的电导率一定会降低，从而导致电池电化学性能的退化。

7.5.3　电极的孔隙率

为了设计出高效且完美工作的电池，了解对电极性能影响很大的电极的结构特性，如孔隙率、弯曲度等非常重要。孔隙率，又称为空隙分数，即测量材料中的空隙，并以百分比表示。通常通过测量流入电极材料并填充之前空隙的气体/液体的体积来确定(Wasz，2009；Goriparti 等，2014；Chung 等，2014；Roder 等，2016；Magasinski 等，2010；Smekens 等，2016)。

为了保证锂离子在电池内部电解质的帮助下在电极活性材料之间传输，电极材料在本质上需要具有多孔性。在控制孔隙率时，电极与导电稀释剂之间的相互作用增加，再加上适当的锂离子的嵌入，电极的电导率增加。在电极中引入纳米结构肯定会增加材料的孔隙率，而孔隙又可作为体积变化的缓冲，这反过来又提高了电池的性能。粒径和形状也影响电极材料的孔隙率，因为已经观察到，粒径的减小可以减少锂离子嵌入时的体积变化

(Wasz, 2009; Goriparti 等, 2014; Chung 等, 2014; Roder 等, 2016; Magasinski 等, 2010; Smekens 等, 2016)。

当液体浆料浇注在集电箔上时，无论采取什么防范措施，惰性保持得如何，都有可能发生污染，由于气泡和飞溅等，浇注过程会产生气孔，这也会影响厚度的均匀性。如果要获得最优性能电极，孔隙率是最重要的因素之一。据观察，电压降随孔隙率的减小而减小。此外，从各种研究中可以看出，正极孔隙率大于 51%以及负极孔隙率大于 40%并不能提高电化学性能。这可能是由于在循环过程中力学性能下降，反过来也带来了能量密度的变化。在改变孔隙率的同时，特别是在快速放电测试期间，可以观察到电阻和电极-电解质界面面积的变化。在锂相互作用——脱嵌期间，较高的孔隙率也会影响电极体积变化时的稳定性。基本上，孔隙率越高，与电极接触的电解质的量越多，形成的固态电解质界面(SEI)越多，导致活性物质损失，从而降低能量密度。但较高的孔隙率在功率容量方面具有优势。因此，考虑到所有的挑战和益处，可以根据电池的要求来设计电极(Singh 等, 2016)。

可以使用式(7-4)来估计电极的孔隙率

$$\text{孔隙率} = \frac{L - \left[W\left(\dfrac{C_1}{D_1} + \dfrac{C_2}{D_2} + \dfrac{C_3}{D_3} + \cdots\right)\right]}{L} \tag{7-4}$$

式中　L——电极片/镀层的实际厚度(不含集电箔)；

W——每单位面积上层压板的重量；

C_1, C_2, C_3, …——活性物质、黏合剂和导电添加剂的百分比；

D_1, D_2, D_3, …——活性材料、黏合剂和导电添加剂的实际密度。

从理论上讲，利用式(7-4)可以求出孔隙率，对电极工程有一定的指导意义。

7.5.4　电极制造工艺

自 20 世纪 90 年代初发展至今，锂离子电池的性能已经得到了很大的改善(Nishi, 2001)。人们对电极的研究主要集中在电化学和所用材料上，但实际上电极的制造工艺也起着重要的作用。电极制造工艺控制着电极的形态，并随着技术的改进，最终将导致成本降低，电池容量增加，循环性能更好。在研究和开发规模上，已在锂离子电池电极制造中采用了各种方法，其中包括化学气相沉积、旋涂、喷雾沉积、激光沉积、熔融碳酸盐法、喷墨印刷、丝网印刷，直接在集流体上干法涂布活性物质、黏合剂和碳(Nishi, 2001; Li 等, 2011)。截至目前，锂离子电池用电极的制造工艺大致可分为浆料沉积和气相沉积两类。其中，用于工业规模的锂离子电池一般采用以浆料为基础的技术。由于电极的制造工艺影响电极的形貌(Kraytsberg 和 Ein-Eli, 2016)，因此从制造的第一步起，在改善电极性能的同时，所有的参数和工艺都应同等重视。

7.5.5　浆料沉积法

电极材料(即活性材料和导电碳)的混合过程如图 7-11 所示，其中干粉使用溶剂介质混合，或者干法混合。

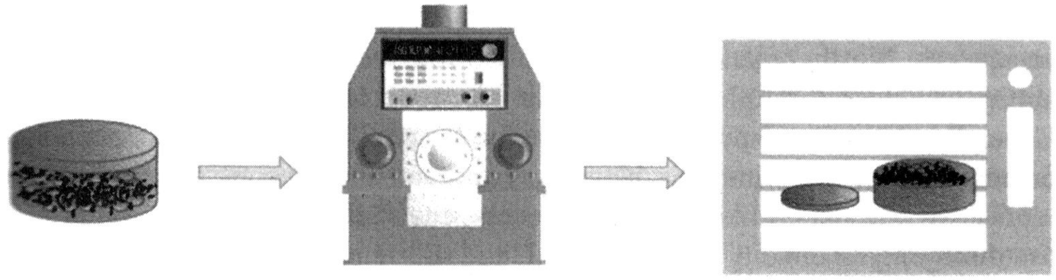

图 7-11　电极材料在实验室中混合的一般工艺

当粉料混合完毕后，启动料浆准备口。涂层的均匀性受混合顺序、溶液制备、混合装置和操作条件的影响很大，可通过涂层的流变性进行评估(Liu 等，2014)，因此也说明了这一制造阶段的重要性。浆料准备好后，就会浇注在金属电流收集器上，之后将湿电极放置干燥。我们知道气孔会影响电极性能，因此应检查气孔，方法是通过一对辊压紧电极来完成，通常称为压延(Kraytsberg 和 Ein-Eli，2016)。下一步是将电极切割到所需的尺寸。一般来说，在实验室里，它被切成二极管，然后堆叠起来，在阴极和阳极之间加入隔板。而在工业中，由于电极和隔板是以凝胶卷的形式缠绕在一起的，因此使用了缝形膜。将这些堆叠的二极管或凝胶卷分别装在小袋或圆柱形外壳中，然后焊上标签。电池组装完成后，就将它们放到手套箱中进行电解质填充，最后密封。在测试室中对电池进行电化学形成电荷测试。

浆料中使用的溶剂主要包括有机溶剂和水溶剂两种。由于有机溶剂能够释放电极制造的全部潜能，因此通常将其用于研究目的(Liu 等，2014)。一般来说，N-甲基-2-吡咯烷酮(NMP)用作锂离子电池的有机溶剂。然而，水溶剂具有润滑性好、成本低、环境友好，以及可在高湿度环境下使用等优点，但当涉及电极的潜力时，它仍然是一个挑战(Liu 等，2014)。在实验室中，浆料的一般制备过程如图 7-12 所示。

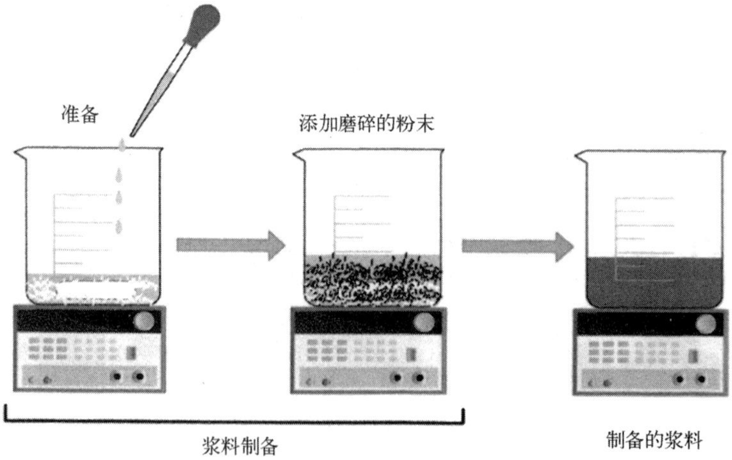

图 7-12　实验室中浆料的制备过程

7.5.6 混合材料和浆料制备

(1)基于球磨的浆料制备

活性材料与导电碳材料的混合一般采用球磨工艺。它是将纳米材料研磨成细粉的过程。在这个过程中，由陶瓷、燧石子和不锈钢制成的刚性球体在一个隐蔽的容器中发生碰撞，从而产生局部高压(Sun 等，2018)。活性物质与导电添加剂的混合过程可在研杵中通过手工铣削完成(实验室研究)或在球磨机中完成。

在球磨机中混合会使反应物在短时间内均匀混合，在粉末表面上产生有缺陷的新表面，从而产生有效的电化学性能(Zhang 等，2012)。在许多不同类型的球磨机中，高能和行星式球磨机是最广泛使用的锂离子电池球磨机。颗粒簇通常以两种结构存在，悬浮的较大的团聚物和较小的由原始颗粒组成的聚集体。为了获得均匀的可使用的锂离子电池浆料，分散活性材料和导电添加剂颗粒以及减小其粒径是最重要的(Kraytsberg 和 Ein-Eli，2016)。

行星式球磨机的球磨有两种方式：干磨和湿磨。干球磨是将活性物质和导电添加剂与球放置在一个密闭的坩埚中；而在湿混合中，将活性材料和导电碳材料置于坩埚中，然后在坩埚中加入球以及适量的有机溶剂，如异丙醇、丙酮、乙醇、苯等进行适当的混合。

除了研磨材料然后制成浆料外，还有其他方法也可以将材料进行混合(见图 7-13)。

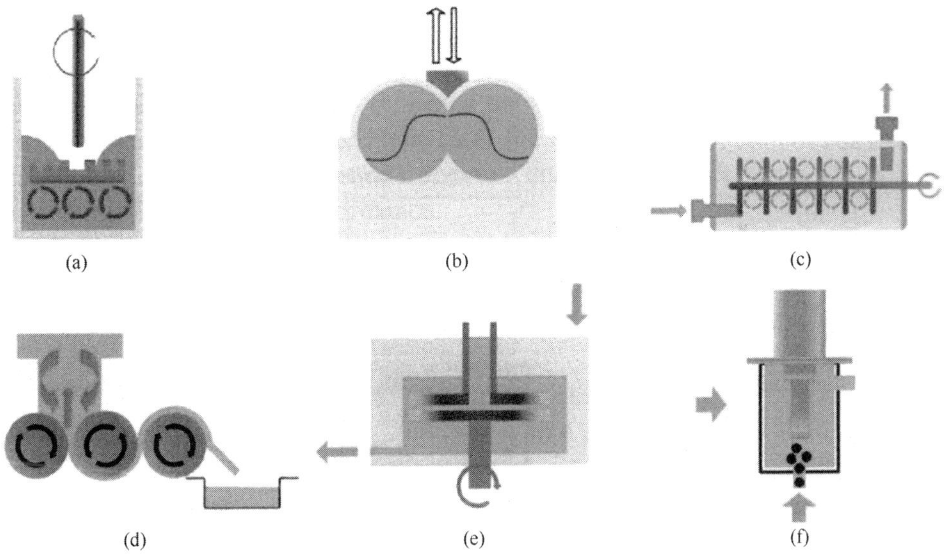

图 7-13　可用于浆料制备的不同混合器示意图。(a)水动力剪切式混合器或溶解器；(b)捏合机；(c)搅拌球磨机；(d)三辊磨机；(e)盘磨机；(f)超声波均质机(Kraytsberg 和 Ein-Eli，2016)

(2)基于流体剪切混合的浆料制备

在这种类型的工艺中，混合在以流体剪切为基础的混合器中进行，如低能量磁力搅拌器、旋转鼓式混合器、高能均质器和涡轮桨，以及静态搅拌器。浆料制备基于流体动力，其中力由流动剪切速率、团簇横截面积和流体的动态黏度控制。它包括两个步骤；团簇破碎和悬浮团簇重新关联(Kraytsberg 和 Ein-Eli，2016)。

团簇破碎机制由侵蚀、破裂和破碎三部分组成(Moussa 等，2007)。这一过程完全取决于颗粒的特性、浆料溶剂-颗粒的相互作用以及施加的剪切力。在第一部分侵蚀中，较大的团聚体被施加的剪切力分解。顾名思义，第二阶段的破裂是一种高能输入，在此过程中，团簇被进一步分解，并被分割成类似的大小。最后，完成破碎，破碎是一种特殊的破裂变体，其中团簇同时分裂成更小的碎片(Pieper 等，2013)。该方法为浆料提供不小于100nm 左右的团聚体，因此，其允许粉末完全分散(Bubakova 等，2013)。

对于锂离子电池来说，其形貌起着重要的作用。需要注意的是，重建后的浆料团聚体比前驱体团簇密度更大，因此可得到低孔隙率电极(Kraytsberg 和 Ein-Eli，2016；Xiao 等，2015)。在这种情况下，流体混合比其他现有的混合技术要好。

(3)基于超声波混合的浆料制备

目前，超声已被用于微观尺度固体和宏观尺度液体流动混合(Kraytsberg 和 Ein-Eli，2016)。微观尺度的混合基本上是通过瞬态声空化来进行的，其中空化发生在极高强度的超声波处。微气泡在声波的低压半周期中形成并生长，这些气泡持续生长，直到达到临界气泡大小，然后在声波的高压半周期中坍塌，从而在很短的时间内产生冲击波(Ding 和 Pacek，2009)。对于宏观尺度的液体流动，其原理基本相同，因为它基于空化气泡的浓度。沿轴线向外，空化气泡的浓度减小，然后气泡向低浓度气泡区域扩散。该液体流动足以在超声波作用下提供浆料内部的混合作用(Ding 和 Pacek，2009)。

使用超声波混合器的主要优点是浆料在低溶剂含量下分散良好，而且制备浓缩浆料可能比制备稀释浆料的能效更高(Kitada 等，2016)。就锂离子电池而言，浆料浓度越高，干燥时间越短，活性物质浓度变化就越小(Kraytsberg 和 Ein-Eli，2016)。缩短干燥时间意味着活性材料和导电添加剂能够更好地黏合，因为较长的干燥时间影响黏合剂的均匀性。这种混合方式有利于锂离子电池浆料混合，因为浆料组分(即活性材料、导电添加剂和黏合剂)的不均匀分布将导致在干燥时电极厚度上孔隙分布不均。这种不均匀性会加剧活性材料中锂离子的不足，因为电极表面的锂离子与本体中的锂离子相比变得更少(Kitada 等，2016)。

高强度超声波的应用导致聚合物分子降解。因此，这种浆料混合方式可能不适用于甲基纤维素、聚丙烯酸和聚乙烯醇等黏合剂(Kraytsberg 和 Ein-Eli，2016)。

7.5.7　浆料的浇注

导电电极箔上的电极涂覆或浇注是锂离子电池制造的另一个重要部分，它决定着电池电极的性能。浇注可分为流延成型和商业大型浇注两种。现在出现了许多其他的浇注技术，如喷涂、喷墨打印和粉末喷涂等。

流延成型通常称为刮刀浇注，是将浆液或浆液膏在刮刀的表面摊开，将浆液或浆液膏浇在集流体上，得到厚度从 5μm 到几毫米不等的薄膜。流延成型适合在柔性基底上使用。这种浇注方式主要用于非水浆料，但也可用于水性浆料，近年来受到了广泛关注。水性浆料的浇注涉及一些具体的技术问题，如干燥缓慢、絮凝、裂缝敏感性较高和润湿性较差（Bensebaa，2013）。

在中试级使用的其他涂覆工艺有狭缝式挤压涂布、辊涂、逗号辊涂技术等。一般来说，在制作袋式电池时，使用包含这些技术的小型涂布机（见图 7-14）。由于狭缝式挤压涂布具有精度高、涂层窗口宽、可靠性好、参数易于扩展以及其封闭的供给系统等优点（Schmitt 等，2013，2014），在工业上多优于轧辊或逗号辊涂层。狭缝式挤压涂布的局限性是即使在非牛顿流体中也存在珠压和低流动极限（Schmitt 等，2013）。

图 7-14　电化学能量实验室的电极涂布机（印度孟买理工学院）

7.5.8　涂层电极的压延

从图 7-15 所示的流程图中可以看出，电极的压延是在浇注之后进行的。压延是锂离子电极的压紧过程，压延过程会影响电池的孔隙结构，使得其表面颗粒变形、孔隙体积整体减小，进而影响电池的电化学性能（Meyer 等，2017；Haselrieder 等，2013）。能量密度是储能设备最重要的特性之一，涂层孔隙率对储能设备起着至关重要的作用，因为它决定了单位体积的能量含量，而这正是压延步骤发挥作用的地方。压延机主要有单轴液压机和辊压机两种，其中单轴液压机一般用于研究目的，辊压机用于小型袋状电池制造（见图 7-15）。连续的压延建立在相反工作方向的轧辊间。将单侧或两侧涂有该涂层的集流体箔拉入压辊的间隙，即可得到电极（Meyer 等，2017）。间隙大小可根据需要的孔径进行调整。

图 7-15　电化学能源实验室的压延机(印度孟买理工学院)

7.5.9　电极的切割

一旦电极达到其所需的孔隙度，根据所需制造的电池类型，其将会被切割成不同的尺寸。举例来说，如果我们制造一个普通的袋状电池，通常需要一个矩形电极，其尺寸根据所需容量而变化，可使用半自动模压切割机或小型气动模切机进行切割(见图 7-16)。而对于用于研究目的的世伟洛克或纽扣电池，需要将圆形电极切割成合适的小形状。

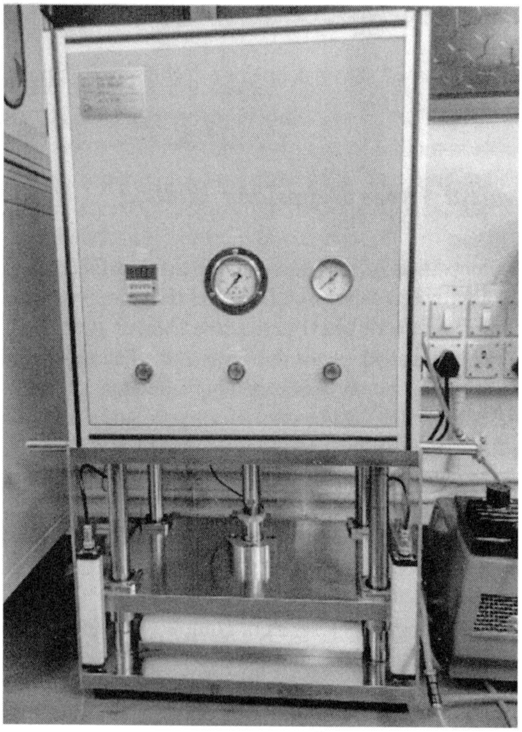

图 7-16　电化学能源实验室的电极切割机(印度孟买理工学院)

7.5.10　电池组装

电池组装是电池制造的最后一步，我们将所有的部件组装成一个电池。对于商用袋状电池或圆柱形蓄电池，分别用聚合物多孔隔板将电极堆叠或卷成胶状，然后制成袋或将它们放入电池的壳体中，之后进行初始密封。在手套箱中，电解液被注入电池之中，电池的最后密封也在手套箱中完成。然后这些电池就可以进行电化学分析了。

为了研究目的，电池在手套箱内组装，然后进行测试。

浆料沉积技术的完整过程如图 7-17 所示。

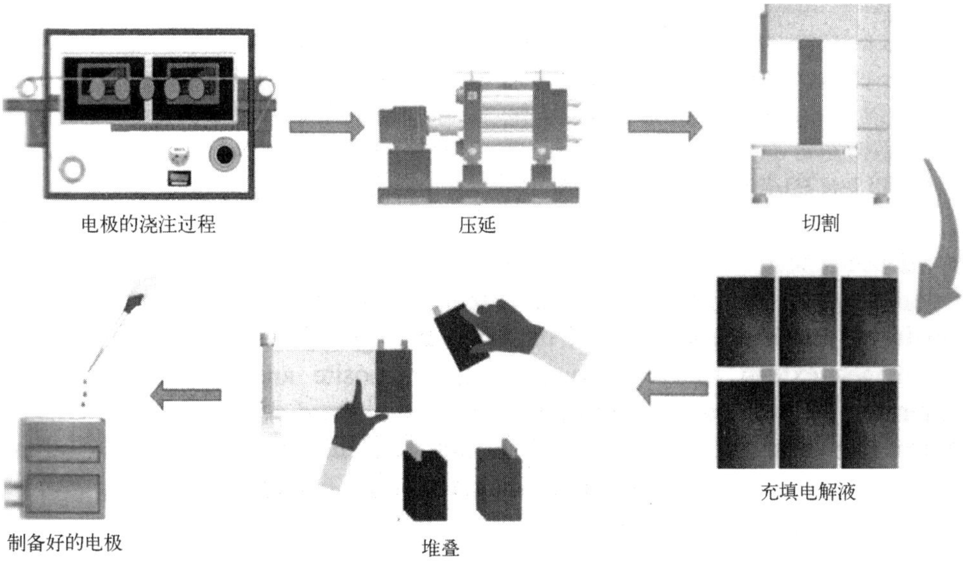

图 7-17　完整的锂离子袋状电池制造工艺

7.5.11　化学气相沉积法

自 1960 年以来，化学气相沉积(CVD)技术一直是研究领域的热点，如通过气相前驱体在基底材料上沉积固体薄膜的化学反应(Meyer 等，2017)。通过热和高频辐射，在基板附近发生了包括均相气相反应和非均相反应在内的两种反应(Meyer 等，2017；Haselrieder 等，2013)。经过大量的研究和开发，已有多种形式的化学气相沉积，如减压化学气相沉积(RPCVD)、等离子体增强化学气相沉积(PECVD)、金属有机化学气相沉积(MOCVD)、低压化学气相沉积(LPCVD)、等离子体辅助金属有机化学气相沉积(PAMOCVD)、超高真空化学气相沉积(UHVCVD)、激光辅助化学气相沉积(LACVD)、极低压化学气相沉积(VLPCVD)、快速热低压化学气相沉积(RTLPCVD)和电子回旋共振化学气相沉积(DE-CRCVD)(Xie，2014)。

CVD 过程涉及一系列复杂的反应，其性质非常复杂。它包括以下反应：热分解(热解)、还原、水解、歧化、氧化、渗碳和氮化。这个过程从试剂的蒸发和运输开始。将含有前驱体的气体输送到反应器中，然后气相前驱体在反应区内发生反应，产生活性中间体和气态副产物。一旦反应完成，反应物转移到基体表面，然后吸附在基体表面，在表面扩散至生长点，成核并在表面发生化学反应成膜。最后，反应区分解的剩余碎片发生解吸和质量输运(Xie, 2014)。

CVD 与其他沉积工艺相比具有很多优点，如能够在复杂的三维基体(包括粉末)上形成保形涂层，因为这种沉积技术通常会阻碍无线电传输。此外，它可以基本上不含纳米孔和缺陷，能够在电极材料上产生致密且均匀的涂层。利用这些优点可进一步复合和分级电极材料的制造、集流体的合成、薄膜电池的制造以及隔膜性能的改进。因此，可以预测，在不久的将来化学气相沉积法在高能量密度和超高能量密度电池中的应用将会迅速增长(Choy, 2003)。

7.6　研究与发展趋势

尽管上面讨论的锂离子电池制造技术已经得到了很好的发展，但是科学家们仍需要更多的创新来满足未来几十年的需求。近十年来，锂离子电池在电极工程方面的改进速度非常缓慢。这也证实了这个领域在商业方面几乎已经成熟。如今，电子、汽车和航空等行业都依赖于储能技术，如锂离子电池。通过新设备、电动汽车、各种小型到大型电网存储设备的创新，这些技术正在快速发展。随着这些技术的发展，对能源储存的需求也在增加，因为它是这些现代设备的重要组成部分。同时，对能量密度、功率密度、电压等参数的要求也越来越高。传统的锂离子电池技术几乎无法满足这些要求。所有这些因素都指引着研究人员相应地利用科学进步，这就必然涉及新材料的使用、工艺过程的改性等。

如前所述，电池电极主要包含三个组件，因此，表 7-3 就组件列出了一些可能的发展趋势。

表 7-3　未来几十年锂离子电池时代可能的研究趋势

序号	问题	详细说明	改性
1	阴极	容量限制在 180mAh/g	掺杂 1%的 Al
2	阳极	仅限于碳质材料	第二代阳极材料
3	阳极	首次循环容量损失	干涂层和预锂化
4	锂金属	枝晶的形成	基于 FEC 的电解质

7.6.1　在阴极中掺杂 1%的 Al

在大多数商业电池中，主要使用四种阴极：$LiFePO_4$(LFP)，$LiNi_{1/3}Mn_{1/3}Co_{1/3}O_2$(NMC)，

$LiNi_{1/3}Co_{1/3}Al_{1/3}O_2$(NCA)和 $Li_2Mn_2O_4$(LMO)。每种阴极都具有一些优点和缺点，已在表 7-3 中讨论过。由于 LFP 是一种电压相对较低的阴极，比容量小，使用寿命长，因此在大规模应用中避免使用。根据当前的需求，需找到大容量和长寿命的阴极，这些阴极当然需具有高电压特性。在其他三种阴极中，LMO 由于电解质中 Mn 离子的溶解而具有降解趋势，包括约翰泰勒畸变的消极因素。因此，在目前的锂离子和/或锂聚合物电池中所使用的阴极为 NCA 和 NMC。直到近十年，研究人员一直在努力研发不同组成的 NMC 和 NCA 以实现更好的性能。大多数情况下，研发部门正试图增加这两种阴极中的镍含量。这种要求根据设备的能量或功率需求而变化。然而，最近的研究中出现了一种新的阴极，Al 掺杂的 NMCA，结合 NCA 和 NMC 阴极并优化其组成，以达到更好的能量和功率要求，且具有更长循环寿命。基于目前的研究与发展趋势，我们认为这种富含镍的材料是未来几十年中有希望能够满足大量需求的下一代阴极之一(Etacheri 等，2011)。

在生产这种富镍阴极时，选择了 NMC。组成比为 Ni ∶ Co ∶ Mn = 61 ∶ 12 ∶ 27。这种材料被称为 FEG。在这种特殊情况下，Ni 离子在 FEG 中被 Al 离子部分取代，以制备 $LiNi_{0.60}Co_{0.12}Mn_{0.27}Al_{0.1}O_2$。这有助于在 3000 次循环后减轻电池性能的退化，其对于电动汽车应用来说是理想的。这项研究是在 Y-K Soon 教授的实验室进行的，该实验室评估其可使用 10 年左右。图 7-18(a)比较了掺杂和未掺杂 NMC 的耐久性。另外，该阴极可用于实现 100% DOD，而一般建议 NCA 这样的商业用阴极可使用至 60% DOD。

令人惊讶的是，这种掺杂阴极的合成是非常简单和可扩展的。通过共沉淀技术可以很容易地获得初始 NMC 基质。最后，LiOH 和 $Al_2O_3 \cdot 3H_2O$ 可以与 NMC 基质混合，在 850℃条件下通过煅烧获得 NMCA。这种优良的材料也有助于保护阴极颗粒免于开裂。图 7-18(b)~(d)对比了 3000 次循环后未掺杂阴极和掺杂阴极的形态。如果制造商可以使用这些材料，我们可能会在未来几十年内得到更耐用的储能设备(Kim 等，2016)。

7.6.2　第二代阳极材料

随着阴极结构的改进，为满足提高电池体积能量密度的需求，对碳基系统提出了更好的替代方案。过去几十年的长期研究已经证实，Si 基和 Sn 基阳极可以与先进的阴极耦合。此外，目前锂离子电池阳极所使用的石墨材料已成为过去，这也证明了其为一种锂枝晶倾向材料。众所周知，锂枝晶会着火，由此会引起电池爆炸。从科学上讲，这种石墨材料实际上会导致锂离子电池或锂聚合物电池不安全。因此，需要找到替代材料以解决这个安全问题并满足未来几十年的要求。这意味着未来的锂离子电池要求具有超高安全性和高体积能量密度。根据最新的报道，Si 基和 Sn 基阳极材料是明智的选择。这些材料主要是在更安全的范围内工作，枝晶形成的可能性微乎其微。然而，整个电池的电压会降低 0.3~0.5V。在容量方面，两者都能提供至少 2~3 倍于石墨的容量(理论上为 372mAh/g)。因此，制造电池将需要更少量的阳极材料，这肯定会使得电池更薄。然而，人们面临的一个共同问题是首次循环容量损失。这种损失可以通过下文所描述的预锂化技术来弥补。

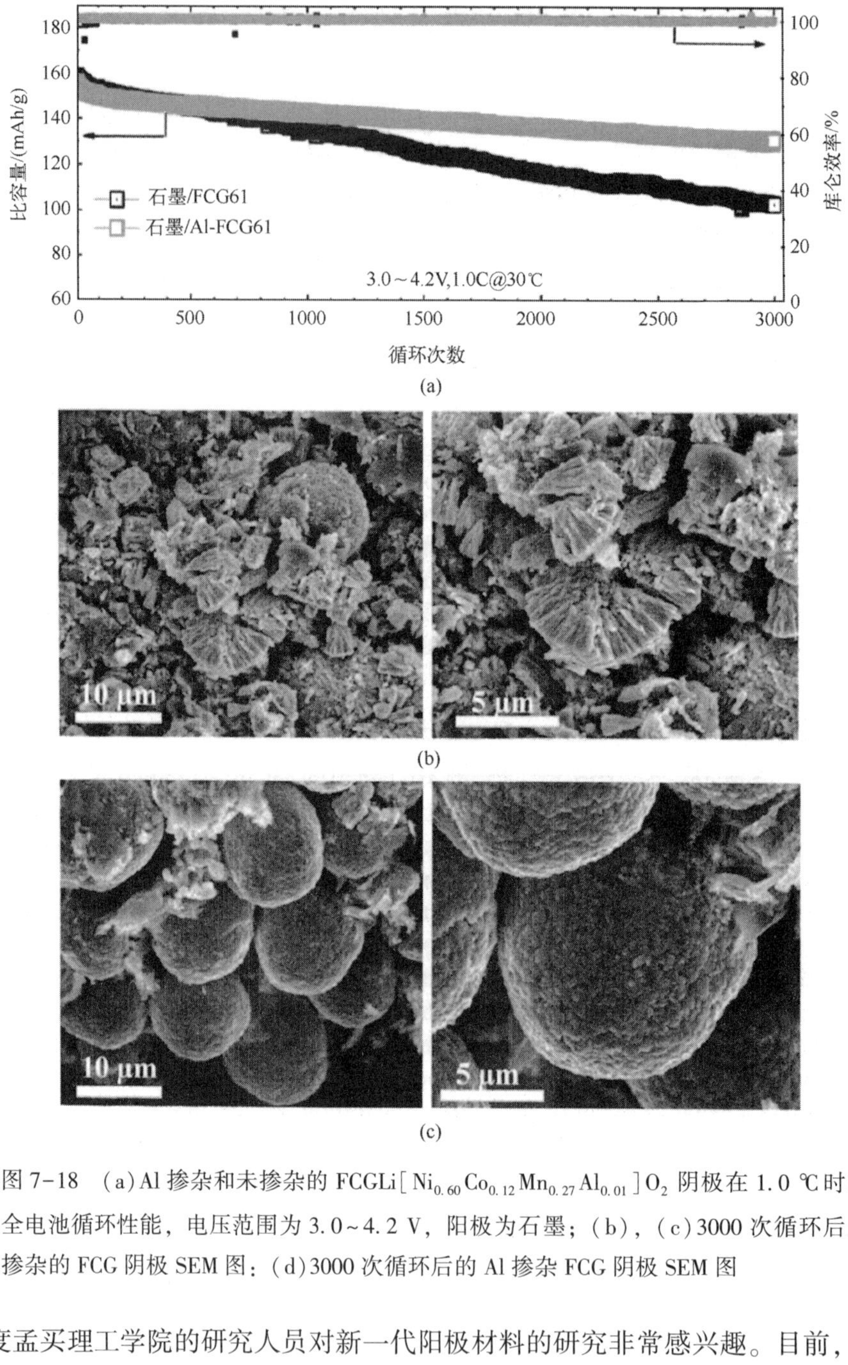

图 7-18　(a) Al 掺杂和未掺杂的 FCGLi[$Ni_{0.60}Co_{0.12}Mn_{0.27}Al_{0.01}$]$O_2$ 阴极在 1.0 ℃时的全电池循环性能，电压范围为 3.0～4.2 V，阳极为石墨；(b)，(c) 3000 次循环后未掺杂的 FCG 阴极 SEM 图；(d) 3000 次循环后的 Al 掺杂 FCG 阴极 SEM 图

印度孟买理工学院的研究人员对新一代阳极材料的研究非常感兴趣。目前，这方面的专利申请很少，包括 Si(Furquan 等，2018)和 SnS 阳极(Dutta 等，2014)的最快合成，包括用于为移动设备供电的电池原型的演示(Veluri 等，2015)。我们相信这些技术将有助于通过生产更薄的电池来实现更高能量密度(见图 7-19)。

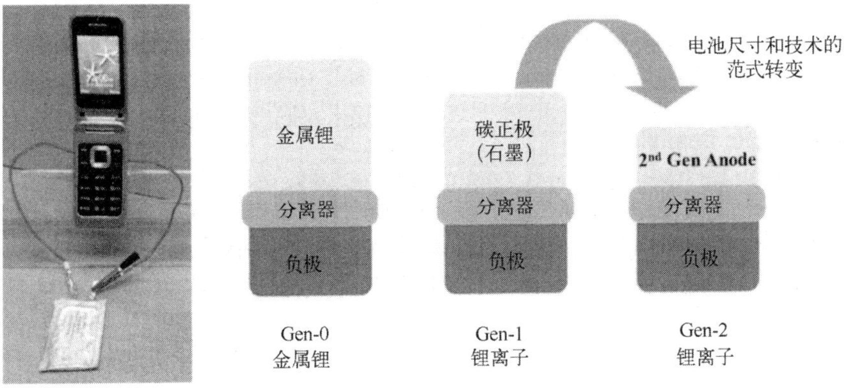

(a)　(b)

图7-19　(a)印度孟买理工学院的袋状电池演示；
(b)使用第二代阳极材料的高能量密度超薄电池的概念

7.6.3　干涂层和预锂化

在电极制造方面还需要下一个重大变化。浆料制造中使用的 NMP 事实上是致癌的。因此，迫在眉睫的是需掌握不涉及这种材料的环保工艺。此外，它还要有助于降低储能设备的成本。目前，位于圣地亚哥的超级电容器制造商 Maxwell Technologies 正在开发这样的电极制造技术，该技术在能量和功率要求方面能够与现有工艺一争高低。他们的干电极生产线以最小的生产面积实现高生产量，生产过程不会产生任何挥发性废物进入大气中。另外，生产周期中产生的废料被收集起来，并在连续的批次中重复使用以提高效率。整个制造工厂以非常简单的方式建造，这也有助于未来的扩张。Maxwell 公司获得的最新结果是，厚度范围在 50μm~1mm 之间的干涂层电极具有足够的柔韧性、内聚力、黏结性能等，与传统的湿涂技术相比是优越的。而且，这种电极的能量和功率密度在最近已得到了改进，这与现有技术非常相似。在第 233 届 ECS 会议上，他们分享了实验室级和中试级的单层袋状电池中干电池电极的电化学性能，以及容量范围从约 200mAh~约 15mAh 的多层堆叠袋状电池平台的电化学性能(Shin 和 Duong，2018)。该过程的示意图如图 7-20 所示(Park 等，2016)。最初，活性材料(AM)、炭黑(CB)和黏合剂在叶片磨机中混合，然后将其转移到室内进行干喷。在氮气环境中完成喷涂后，用热压法熔化黏合剂，使其与 AM 和 CB 粘接在一起。

除了这项技术，Maxwell 公司还在研究预锂化技术，该技术可以实现高容量阳极的开发。在该技术中，阳极材料在循环之前会物理负载 2%~3%(质量分数)的锂。这有助于减少首次循环容量损失，减少范围可达到 30%~60%。使用这些技术后，损耗变得极小，电池在适当的循环中表现更好。

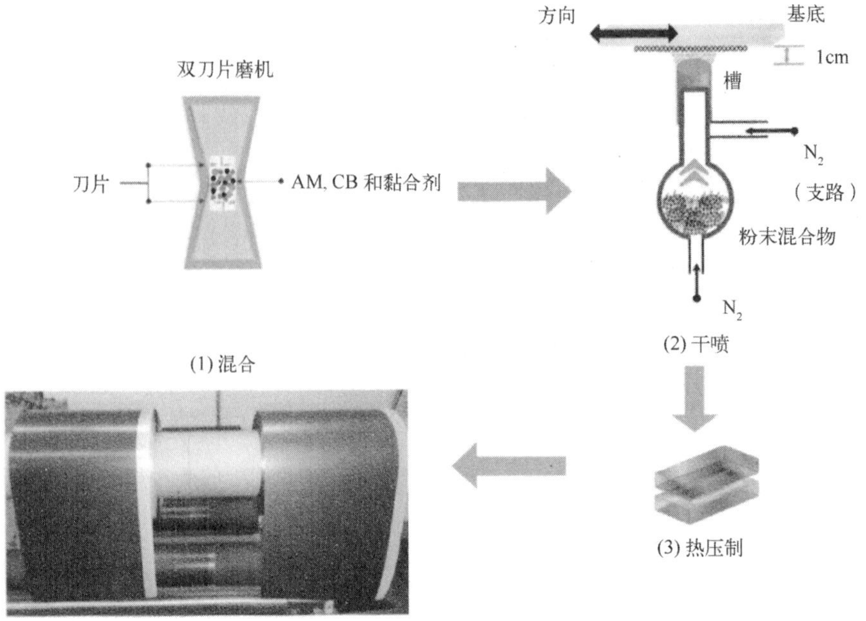

图 7-20　干膜电极制造工艺(Park 等，2016)

7.6.4　锂金属电池的改性

虽然大部分的研发工作都朝着改善功率和能源的需求，使电池更加无枝晶化，涉及更环保的技术等方向进行，但一些非常老旧的锂电池仍在进行研究。人们可能还记得主要用于主板的纽扣型锂电池。这些电池以金属锂作为阳极，以 LMO 作为阴极。由于使用高压阴极，这些都是高压锂电池。由于金属锂的使用，尽管它们产生更高的电压，但一直以来人们从未将其视为安全的装置。因此，该电池在非常小的规模中应用。近十年来，研究人员也在开展一些研究，尽量减少这些系统中枝晶形成的危害。第 233 届 ECS 会议上，Doron Aurbach 教授团队研究提出以 FEC 作为主要溶剂(Aurbach 等，2018)。FEC 的优势是其具有出乎意料的化学性质，避免金属锂板出现枝晶。然而，FEC 的高成本是未来的一个挑战。如果能大规模开发这种化学物质，锂电池的能量密度将提高几倍，因为锂金属的理论比容量为 3860mAh/g。在商用电池中，1M $LiPF_6$可根据需要与 EC/DEC 或 EC/DMC 溶剂混合使用。然而，EC 是一种共溶剂，负责 SEI 的形成。SEI 是在第一个循环中形成的保护层，就像多孔的皮肤。在整个电池工作过程中，均匀的稳定层是一个基本要求，它决定了电池的寿命。令人遗憾的是，EC 经过较长的时间具有聚合的趋势。因此，在一定循环后，均匀分布会受到影响。当锂金属作为阳极时，会发生条带化和电镀现象以平衡电池的氧化还原反应。因此，非均匀 SEI 必然导致表面形态不均匀。随着循环，这些形态生长得如同枝晶，使得电池不安全。然而，FEC 在长时间的循环后聚合，因此表面形态不会产生太大的变化。结果是，即使在大量的循环后也不会产生枝晶(见图 7-21)(Markevich 等，2017)。

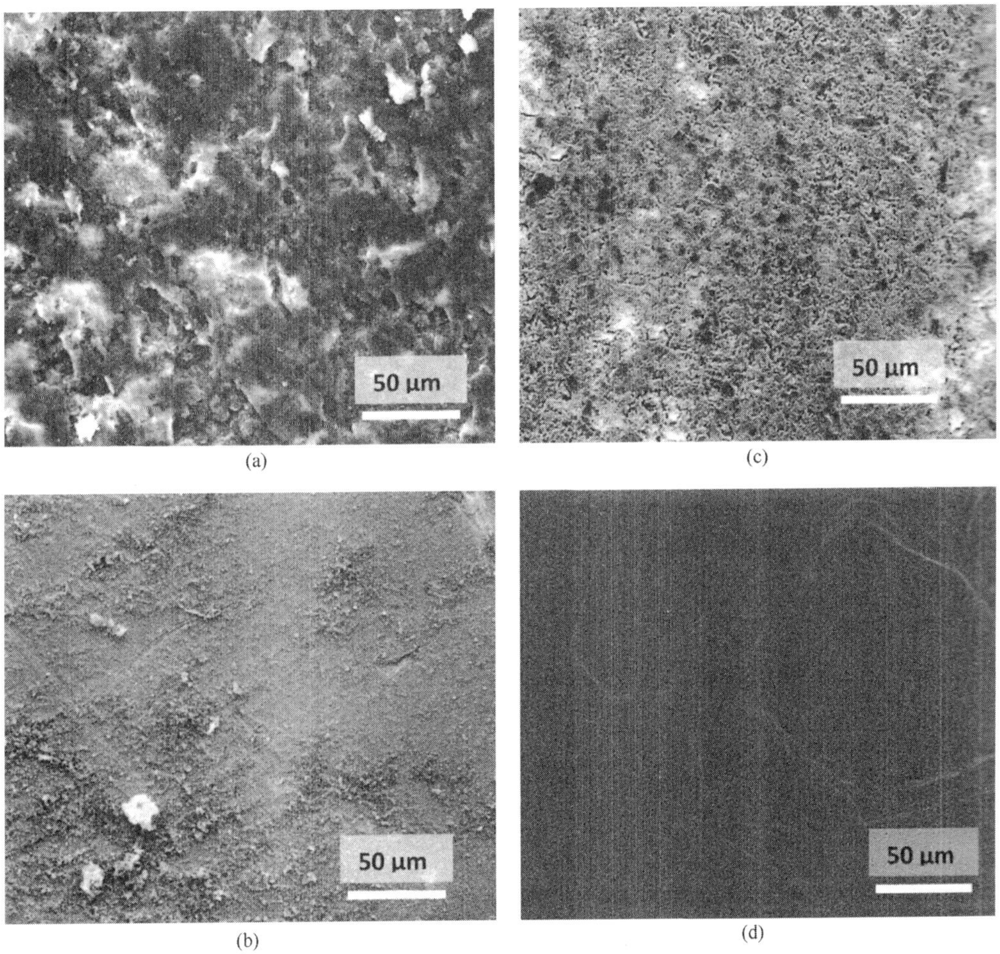

图 7-21　(a)在 1M $LiPF_6$/FEC/DMC 电解液中循环 1100 个周期的电极中心部分 SEM 图；(b)在 1M $LiPF_6$/FEC/DMC 电解液中循环 1100 个周期的电极外围 SEM 图；(c)在 1M $LiPF_6$/EC/DMC 电解液中循环 200 个周期的电极 SEM 图；(d)原始锂箔 SEM 图(Markevich 等，2017)

因此，我们希望这些技术能够提升以达到商业应用的水平，从而生产出先进、安全的储能设备。然而，将一项技术从实验室规模提升到研发水平并进入商业阶段，总是面临着技术和科学的挑战。因此，需要开展微观和宏观工程化研究工作。

7.7　思考

电化学是现代科学时代赠予人类的美丽礼物，而以锂离子电池为代表的能量储存设备是其中成功的产物。人们总是希望在不断追求使人类更安全和环境更友好的先进技术发展的同时拥有更好的生活。在开发锂离子电池科学技术的愿景中，印度孟买理工学院的电化学储能实验室正在利用自主研发的智能电池技术。从更广义的角度来看，许多有前景的系统正逐渐成熟，相信今天的科学将成为未来的技术。

参考文献

[1] Aurbach D, Markevich E, Salitra G. Fluoroethylene Carbonate-Based Organic Electrolyte Solution for Very Stable Lithium Metal Stripping-Plating at a High Rate and High Areal Capacity. Meeting abstracts, MA2018-01, p 462.

[2] Bensebaa F. Nanoparticle Assembling and System Integration. Nanoparticle assembling and system integration. In: Interface science and technology. Elsevier, Amsterdam, 2013, pp 185-277.

[3] Bruce PG, Scrosati B, Tarascon JM. Nanomaterials for rechargeable lithium batteries. Angew. Chemie. Int. Ed., 2008, 47: 2930-2946.

[4] Bubakova P, Pivokonsky M, Filip P. Effect of shear rate on aggregate size and structure in the process of aggregation and at steady state. Powder Technol., 2013, 235: 540-549.

[5] Chan CK, Peng H, Liu G, McIlwrath K, Zhang XF, Huggins RA, Cui Y. High-performance lithium battery anodes using silicon nanowires. Nat. Nanotech., 2008, 3: 31.

[6] Chan CK, Zhang XF, Cui Y. High capacity Li ion battery anodes using Ge nanowires. Nano. Lett. 2008, 8: 307-309.

[7] Chen J, Cheng F. Combination of light weight elements and nanostructured materials for batteries. Acc. Chem. Res., 2009, 42: 713-723.

[8] Choi S, Kwon T-W, Coskun A, Choi JW. Highly elastic binders integrating polyrotaxanes for silicon microparticle anodes in lithium ion batteries. Science, 2017, 357: 279-283.

[9] Choy K. Chemical vapour deposition of coatings. Prog. Mater. Sci., 2003, 48: 57-170.

[10] Chung D-W, Shearing PR, Brandon NP, Harris SJ, García RE. Particle size polydispersity in Li-ion batteries. J. Electrochem. Soc., 2014, 161: A422-A430.

[11] Ding P, Pacek A. Ultrasonic processing of suspensions of hematite nanopowder stabilized with sodium polyacrylate. AI ChE, 2009, 55: 2796-2806.

[12] Dunn B, Kamath H, Tarascon J-M. Electrical energy storage for the grid: a battery of choices. Science, 2011, 334: 928-935.

[13] Dutta PK, Mitra S. Efficient sodium storage: Experimental study of anode with additive-free ether-based electrolyte system. J. Power Soc., 2017, 349: 152-162.

[14] Dutta PK, Sen UK, Mitra S. Excellent electrochemical performance of tin monosulphide (SnS) as a sodium-ion battery anode. RSC Adv., 2014, 4: 43155-43159.

[15] Etacheri V, Marom R, Elazari R, Salitra G, Aurbach D. Challenges in the development of advanced Li-ion batteries: a review. Energ. Environ. Sci., 2011, 4: 3243-3262.

[16] Furquan M, Vijayalakshmi S, Mitra S. Method of preparing silicon from sand. Google Patents, 2018.

[17] Gallagher KG, Trask SE, Bauer C, Woehrle T, Lux SF, Tschech M, Lamp P, Polzin BJ, Ha S, Long B. Optimizing areal capacities through understanding the limitations of lithium-ion electrodes. J. Electrochem. Soc., 2016, 163: A138-A149.

[18] Gao J, Shi S-Q, Li H. Brief overview of electrochemical potential in lithium ion batteries. Chin. Phys. B,

2015, 25: 018210.

[19] Goriparti S, Miele E, De Angelis F, Di Fabrizio E, Zaccaria RP, Capiglia C. Review on recent progress of nanostructured anode materials for Li-ion batteries. J. Power Sources, 2014, 257: 421-443.

[20] Hanson ED, Mayekar S, Dravid VP. Applying insights from the pharma innovation model to battery commercialization-pros, cons, and pitfalls. MRS Energy Sustain, 2017. 4.

[21] Haselrieder W, Ivanov S, Christen DK, Bockholt H, Kwade A. Impact of the calendaring process on the interfacial structure and the related electrochemical performance of secondary lithium - ion batteries. ECS Trans., 2013, 50: 59-70.

[22] Ji L, Medford AJ, Zhang X. Porous carbon nanofibers loaded with manganese oxide particles: Formation mechanism and electrochemical performance as energy-storage materials. J. Mater. Chem., 2009, 19: 5593-5601.

[23] Kim UH, Lee EJ, Yoon CS, Myung ST, Sun YK. Compositionally Graded Cathode Material with Long Term Cycling Stability for Electric Vehicles Application. Adv. Energy. Mater., 2016, 6: 1601417.

[24] Kitada K, Murayama H, Fukuda K, Arai H, Uchimoto Y, Ogumi Z, Matsubara E. Factors determining the packing-limitation of active materials in the composite electrode of lithium-ion batteries. J. Power Sources, 2016, 301: 11-17.

[25] Kobayashi G, Nishimura S, Park MS, Kanno R, Yashima M, Ida T, Yamada A. Isolation of Solid Solution Phases in Size Controlled $LixFePO_4$ at Room Temperature. Adv. Funct. Mater., 2009, 19: 395-403.

[26] Kovalenko I, Zdyrko B, Magasinski A, Hertzberg B, Milicev Z, Burtovyy R, Luzinov I, Yushin G. A major constituent of brown algae for use in high-capacity Li-ion batteries. Science, 2011, 1209150.

[27] Kraytsberg A, Ein-Eli Y. Conveying Advanced Li ion Battery Materials into Practice The Impact of Electrode Slurry Preparation Skills. Adv. Energy. Mater., 2016, 6: 1600655.

[28] Li J, Dahn H, Krause L, Le D-B, Dahn J. Impact of Binder Choice on the Performance of α-Fe2O3 as a Negative Electrode. J. Electrochem. Soc., 2008, 155: A812-A816.

[29] Li J, Daniel C, Wood D. J. Power Sources, 2011, 196: 2452-2460.

[30] Li G, Cai W, Liu B, Li Z. Materials processing for lithium-ion batteries. J. Power Sources, 2015, 294: 187-192.

[31] Ling M, Qiu J, Li S, Yan C, Kiefel MJ, Liu G, Zhang S. Multifunctional SA-PProDOT binder for lithium ion batteries. Nano. Lett., 2015, 15: 4440-4447.

[32] Liu J, Li Y, Ding R, Jiang J, Hu Y, Ji X, Chi Q, Zhu Z, Huang X. Carbon/ZnO nanorod array electrode with significantly improved lithium storage capability. J. Phys. Chem. C, 2009, 113: 5336-5339.

[33] Liu D, Chen L-C, Liu T-J, Fan T, Tsou E-Y, Tiu C. An effective mixing for lithium ion battery slurries. Adv. Chem. Eng. Sci., 2014, 4: 515.

[34] Liu W, Oh P, Liu X, Lee MJ, Cho W, Chae S, Kim Y, Cho J. Nickel rich layered lithium transition metal oxide for high energy lithium ion batteries. Angew. Chemie. Int. Ed., 2015, 54: 4440-4457.

[35] Magasinski A, Dixon P, Hertzberg B, Kvit A, Ayala J, Yushin G. High-performance lithium-ion anodes using a hierarchical bottom-up approach. Nat. Mater., 2010, 9: 353.

[36] Markevich E, Salitra G, Chesneau F, Schmidt M, Aurbach D. Very stable lithium metal stripping-plating at a high rate and high areal capacity in fluoroethylene carbonate-based organic electrolyte solution. ACS

Energy Lett. , 2017, 2: 1321–1326.

[37] Mazouzi D, Lestriez B, Roue L, Guyomard D. Silicon composite electrode with high capacity and long cycle life. Electrochem Solid ST, 2009, 12: A215–A218.

[38] Meyer C, Bockholt H, Haselrieder W, Kwade A. Characterization of the calendaring process for compaction of electrodes for lithium–ion batteries. J. Mater. Process Technol. , 2017, 249: 172–178.

[39] Mitra S, Veluri PS, Chakraborthy A, Petla RK. Electrochemical properties of spinel cobalt ferrite nanoparticles with sodium alginate as interactive binder. Chem. Electro. Chem. , 2014, 1: 1068–1074.

[40] Moussa AS, Soos M, Sefcik J, Morbidelli M. Effect of solid volume fraction on aggregation and breakage in colloidal suspensions in batch and continuous stirred tanks. Langmuir, 2007, 23: 1664–1673.

[41] Nishi Y. Lithium ion secondary batteries; past 10 years and the future. J. Power Sources, 2001, 100: 101–106.

[42] Pan L, Yu G, Zhai D, Lee HR, Zhao W, Liu N, Wang H, Tee BC–K, Shi Y, Cui Y. Hierarchical nanostructured conducting polymer hydrogel with high electrochemical activity. Proc. Natl. Acad. Sci. , 2012, 109: 9287–9292.

[43] Park D–W, Cañas NA, Wagner N, Friedrich KA. Novel solvent–free direct coating process for battery electrodes and their electrochemical performance. J. Power. Sources, 2016, 306: 758–763.

[44] Pieper M, Aman S, Tomas J. Redispersing and stabilizing agglomerates in an annular–gap high shear disperser. Powder Technol. , 2013, 239: 381–388.

[45] Pu X, Yu C. Enhanced overcharge performance of nano – $LiCoO_2$ by novel Li_3VO_4 surface coatings. Nanoscale, 2012, 4: 6743–6747.

[46] Röder F, Sonntag S, Schröder D, Krewer U. Simulating the Impact of Particle Size Distribution on the Performance of Graphite Electrodes in Lithium Ion Batteries. Energy Technol. , 2016, 4: 1588–1597.

[47] Sarkar S, Veluri P, Mitra S. Morphology controlled synthesis of layered $NH_4V_4O_{10}$ and the impact of binder on stable high rate electrochemical performance. Electrochim Acta, 2014, 32: 448–456.

[48] Schmitt M, Baunach M, Wengeler L, Peters K, Junges P, Scharfer P, Schabel W. Slot–die processing of lithium–ion battery electrodes–Coating window characterization. Chem. Eng. Process, 2013, 68: 32–37.

[49] Schmitt M, Scharfer P, Schabel W. Slot die coating of lithium–ion battery electrodes: investigations on edge effect issues for stripe and pattern coatings. J. Coat. Technol. Res. 2014, 11: 57–63.

[50] Shi Y, Zhou X, Yu G. Material and structural design of novel binder systems for high–energy, high–power lithium–ion batteries. Acc. Chem. Res. 2017, 50: 2642–2652.

[51] Shim J, Kostecki R, Richardson T, Song X, Striebel KA. Electrochemical analysis for cycle performance and capacity fading of a lithium–ion battery cycled at elevated temperature. J. Power Sources, 2002, 112: 222–230.

[52] Shin J, Duong H. Electrochemical Performance of Dry Battery Electrode. Meeting abstracts, MA2018–01, p 365.

[53] Singh M, Kaiser J, Hahn H. Thick electrodes for high energy lithium ion batteries. J. Electrochem. Soc. , 2015, 162: A1196–A1201.

[54] Singh M, Kaiser J, Hahn H. Effect of porosity on the thick electrodes for high energy density lithium ion batteries for stationary applications. Batteries, 2016, 2: 35.

[55] Smekens J, Gopalakrishnan R, Steen NV, Omar N, Hegazy O, Hubin A, Van Mierlo J. Influence of electrode density on the performance of Li-ion batteries: Experimental and simulation results. Energies, 2016, 9: 104.

[56] Spahr ME, Goers D, Leone A, Stallone S, Grivei E. Development of carbon conductive additives for advanced lithium ion batteries. J. Power. Sources., 2011, 196: 3404-3413.

[57] Sun P, Wang Y, Wang X, Xu Q, Fan Q, Sun Y. Off-stoichiometric Na3-3xV2+x(PO4)3/C nanocomposites as cathode materials for high-performance sodium-ion batteries. RSC Adv., 2018, 8: 20319-20326.

[58] Taberna PL, Mitra S, Poizot P, Simon P, Tarascon JM. High rate capabilities Fe_3O_4-based Cu nano-architectured electrodes for lithium-ion battery applications. Nat. Mater., 2006, 5: 567-573.

[59] Veluri P, Mitra S. Enhanced high rate performance of α-Fe_2O_3 nanotubes with alginate binder as a conversion anode. RSC Adv., 2013, 3: 15132-15138.

[60] Veluri PS, Shaligram A, Mitra S. Porous α-Fe_2O_3 nanostructures and their lithium storage properties as full cell configuration against $LiFePO_4$. J Power Sources, 2015, 293: 213-220.

[61] Wang H, Umeno T, Mizuma K, Yoshio M. Highly conductive bridges between graphite spheres to improve the cycle performance of a graphite anode in lithium-ion batteries. J. Power Sources, 2008, 175: 886-890.

[62] Wang Y, Li H, He P, Hosono E, Zhou H. Nano active materials for lithium-ion batteries. Nanoscale, 2010, 2: 1294-1305.

[63] Wang G, Zhang L, Zhang J. A review of electrode materials for electrochemical supercapacitors. Chem. Soc. Rev., 2012, 41: 797-828.

[64] Wang KX, Li XH, Chen JS. Adv. Mater., 2015, 27: 527-545.

[65] Wasz M. 7th international energy conversion engineering conference, 2009, p4503.

[66] Wu H, Yu G, Pan L, Liu N, McDowell MT, Bao Z, Cui Y. Stable Li-ion battery anodes by in-situ polymerization of conducting hydrogel to conformally coat silicon nanoparticles. Nat. Commun., 2013, 4: 1943.

[67] Xiang J, Tu J, Zhang L, Wang X, Zhou Y, Qiao Y, Lu Y. Improved electrochemical performances of 9LiFePO4 · Li3V2(PO4)/C composite prepared by a simple solid-state method. J. Power Sources, 2010, 195: 8331-8335.

[68] Xiao F, Xu H, Li X-Y, Wang D. Colloids Surf. A, 2015, 468: 87-94.

[69] Xie J. Syst. Eng., 2014, 6: 239-242.

[70] Zhang J, Xu S, Li W. High shear mixers: A review of typical applications and studies on power draw, flow pattern, energy dissipation and transfer properties. Chem. Eng. Process, 2012, 57: 25-41.

[71] Zhao R, Liu J, Gu J. The effects of electrode thickness on the electrochemical and thermal characteristics of lithium ion battery. Appl. Energy, 2015, 139: 220-229.

第8章　微纳结构含能材料的制备方法

阿米特·乔希(Amit Joshi)，
K. K. S. 梅尔(K. K. S. Mer)，
山塔努·巴塔查里亚(Shantanu Bhattacharya)和
维奈·K. 帕特尔(Vinay K. Patel)

摘要：纳米科学和纳米技术在促进纳米含能材料的发展方面发挥了巨大的作用，使燃料与氧化剂的界面面积和接触密切程度有了大幅度的提高。在全球范围内，人们为了开发出高能量密度和超活性的纳米含能材料，正以非常快的速度不断进行研究。在微尺度反应物(燃料和氧化剂)的基础上进行纳米尺度化，可以显著提高纳米含能材料的反应活性和点火灵敏度。纳米含能材料可以很容易地与微系统集成，在微启动、微点火、微推进、微发电以及压力介导的传递/转染等方面具有广阔的应用前景。在本章中，我们详细讨论了纳米含能材料的各种制备方法，以及与其相关的能量密度、燃烧性能(点火灵敏度、燃烧速度和增压率)和一体化设计。此外，纳米含能材料在硅基板上构筑也被认为是微电子机械系统含能器件的未来发展方向。

关键词：纳米含能材料；纳米铝热剂；燃烧；火工品；铝；微米制造；纳米制造

8.1　引言

在高能材料的燃烧过程中，大量的能量在瞬间释放，能量释放速率高，燃烧速率快。常规的单分子高能材料，如RDX，TNT，其反应速率受化学动力学过程中化学键的形成和断裂的控制，因此取决于分子的能量密度(Tillotson 等，2001)。具有高能量密度和燃烧能的材料如铝和硅等，由于能够克服单分子化合物的缺点而成为研究热点。复合含能材料是将铝和/或硅含能材料作为燃料与氧化剂混合而成的。在复合含能材料中，燃料和氧化剂

A. Joshi，K. K. S. Mer，V. K. Patel
戈文德巴拉布工程技术学院，机械工程系，北阿坎德邦，保里加瓦尔，印度
电子邮箱：vinaykrpatel@gmail.com
S. Bhattacharya
印度坎普尔理工学院，机械工程系，坎普尔，208016，印度

黏合在一起，如果有足够的能量引发，就会发生燃烧反应。如果获得的燃烧能(活化能)满足反应的需要，则燃烧转移到周围的其他试剂上，从而导致连续燃烧和能量转移。传统的含能复合材料比 TNT 和 RDX(15kJ/kg 和 9.5kJ/kg)具有更高的重量能量密度(31.1kJ/kg 和 32.4kJ/kg)，但与传统单分子材料相比，其能量释放速率较低。由于多相反应速率较慢，导致大部分反应物未反应，从而使得质量传输速率相对较小，不易点燃。纳米材料的研究采用一种自下向上的方法，用于从较低(原子)尺度到较高(宏观)尺度制备材料。使用含能材料的关键是增加含能材料的表面积和紧密度，从而提高反应速率，缩短点火延迟。纳米粒子的独特概念可以通过存在于表面的过剩能量来理解，该能量可通过式(8-1)计算得出(Sundaram 等，2013)

$$f = 1 - \left(1 - \frac{2\delta}{D_p}\right)^3 \tag{8-1}$$

式中，f 为原子的占比；δ 为表面层的厚度；D_p 为材料的粒径。例如，与 1μm 粒径的铝颗粒相比，粒径为 10nm 的铝颗粒的 f 值从 0.17%增加到 16%。与内部区域原子相比，表面原子具有更高的能量和更低的配位数。因此，纳米颗粒的性质与尺寸相关，并且与本体材料相比呈指数变化。根据这些原则，在纳米材料的合成和表征方面进行了大量的研究。

纳米材料的燃烧动力学和能量密度可以通过改变纳米尺寸和遵循各种组装策略进行严格控制(Zhou 等，2014)。对于大多数含能材料的应用，确定合成方法、关键挑战和所采用合成方法的局限性是很重要的。从一开始，研究人员的重点就是基于金属的纳米材料。在一些研究中，采用不同的方法制造了各种组合的材料；另一个研究领域集中在广泛应用于固体推进剂和烟火剂中的纳米材料的形态研究。

8.2　纳米含能材料的合成方法

8.2.1　超声混合

超声粉末混合是制备纳米含能材料的一种广泛应用的方法，在这种方法中，粒子的化学计量易于调节，从而使能量密度最大化。大多数研究人员的研究重点是铝、镁、锆、硼和硅的混合(Dreizin，2009)。该方法可用于合成不同组成的纳米铝热剂/纳米含能材料(Weismiller 等，2009；Son，2004；Patel 等，2015)。图 8-1 所示为采用超声混合制备的 CuO 纳米棒的纳米含能复合材料[通过超声乳液合成方法(Patel，2013)，使用铝纳米颗粒]。尽管该方法制备和分散简单，但其主要缺点是反应物分布不均匀，界面接触距离较远。此外，由于反应物燃烧性能存在较大差异，因此有必要从纳米颗粒开始制备，以提高该方法的可靠性。

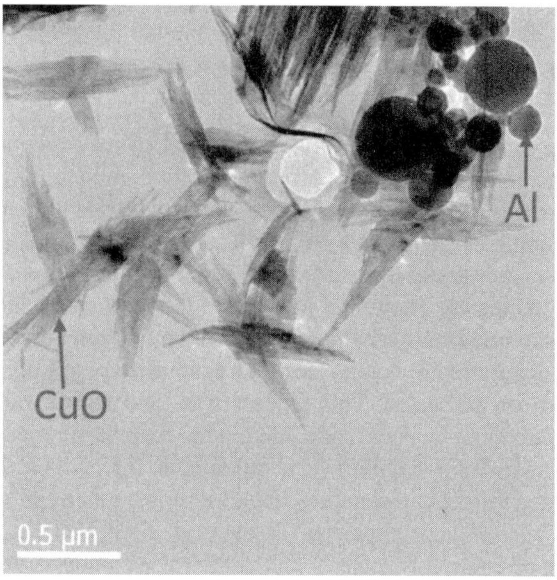

图 8-1 超声混合制备的 CuO 纳米棒/Al 纳米颗粒复合材料的 TEM 图像

8.2.2 层状气相沉积

在这种方法中，多层纳米箔是通过交替沉积不同类型的反应性材料而生成的，称为反应性多层纳米箔(RMF)。通过该方法合成的 RMF 主要基于过渡金属氧化物(TMO)[如 Al/Ni (Gavens 等，2000)]和铝热反应[如 Al/CuO(Blobaum 等，2003a，b)]。层状气相沉积法通过控制各层的厚度，在制备几乎所有的金属、准金属和金属氧化物方面都是有效的。在气相沉积或溅射过程中，将基板暴露于预期的挥发性前驱体，在基板(主要是硅)上将以化学方式生长一层薄膜。气相沉积是一种真空沉积过程。金属间反应的研究主要集中在三个方面，即波的传播、相变和反应过程。在用这种方法制备的 Al/Ni 反应性复合材料中，通过在 10^{-7} 托①真空中进行电子束蒸发沉积不同的单层(60~300nm)(Gavens 等，2000；Ma 等，1990)。研究人员较少关注基于铝热反应的反应性多层纳米箔(RMF)，但是这些反应提供了更广的适用范围，因为与金属间反应相比，这些反应拥有相对更高的温度和更优的燃烧性能(Fischer and Grubelich，1998)。研究人员首先按照 RMF 的路线对 Al/CuO 进行了研究(Blobaum 等，2003a，b)。采用磁控溅射技术，利用 Al 和 CuO 两种不同的靶点沉积多层 Al/CuO_x 纳米箔。由此开发的纳米薄膜显示出高达(3.9±0.9)kJ/g 的热反应。层状气相沉积技术在成本、结垢、预混等方面还具有一定的局限性，并且在某些情况下具有不稳定性(Lewis 等，2003)。

① 1 托=133.322 Pa。

8.2.3　高能球磨(HEBM)

HEBM 方法可用于快速制造材料，并可有效地制造纳米含能复合材料。在这一过程中，反应抑制球磨(ARM)技术被广泛使用，其中金属和金属氧化物微米尺寸的颗粒(1~50μm)在室温下在球形或行星式振动研磨机中一起研磨。将己烷或其他液体用球磨机混合以进行润滑和冷却。在反应组分间发生放热反应的机械引发(触发)前，精确控制研磨时间，从而阻止反应。由此合成的纳米结构复合材料是完全致密的。ARM 是经济的，可以扩展。该工艺用于多种反应材料，如铝-铜氧化物、铝-钼氧化物、铝-镁或铝-钛（Umbrajkar 等，2005，2006，2008；Schoenitz 等，2007）。低温技术使成分均匀混合，并增强了纳米复合材料的反应性(Zhang 等，2010；Badiola 等，2009)。使用此方法的主要缺点是，在研磨过程中，要注意严格遵守安全规程。

8.2.4　溶胶凝胶法

研究人员采用溶胶凝胶技术首次成功地制备了 Fe_2O_3/Al 纳米含能材料(Tillotson 等，2001)。在溶胶凝胶法中，纳米多孔金属前体如金属醇盐(X-OR)被水水解，从而形成溶胶(水溶液中的固体胶体系统)，并且燃料纳米颗粒位于纳米级孔中。在第二步中，溶胶的缩合产生 3D 凝胶状固体网络(具有大黏度)，其中开口孔被溶剂填充。然后，通过排除水和其他液体使该凝胶脱水，从而将其转化为多微孔结构。如果在去除溶剂(如超临界干燥)的过程中，开口孔不塌陷，则形成气凝胶。气凝胶更均匀、多孔、更轻。溶胶凝胶法的主要优点是在较低的温度下合成纯净、均匀的纳米复合材料(Clapsaddle 等，2005)。该工艺的主要缺点是在水中形成金属氧化物，可以通过制备氧化物前驱体来克服这一缺点(Malynych 等，2002)

$$X\text{-O}R+\mathrm{H_2O} \longrightarrow X\text{-OH}+R\mathrm{OH}$$

$$X\text{-OH}+R\text{O-}X \longrightarrow X\text{-O-}X+R\mathrm{OH}$$

$$X\text{-OH}+\text{HO-}X \longrightarrow X\text{-O-}X+\mathrm{H_2O}$$

通过溶胶凝胶法，合成了 Al/Fe_2O_3纳米含能复合材料，其 Fe_2O_3骨架尺寸比铝纳米颗粒小一个数量级(Tillotson 等，2001)。尽管溶胶凝胶法操作简单，但制造过程存在大量的有机杂质，要控制这些杂质仍然是一项具有挑战性的任务。据报道，采用溶胶凝胶法形成的 Fe_2O_3/Al，杂质(包括水)高达 25%(Malynych 等，2002)。这些杂质通过充当散热器来延迟燃烧反应。与传统的粉末混合工艺相比，通过溶胶凝胶法合成的 Ta/WO_3的热量释放提高了 30%~35%（Cervantes 等，2010）。

8.2.5　嵌入氧化剂的多孔硅制备

多孔硅与硝酸和硝酸钾发生剧烈反应，研究人员在 1992 年首次观测到其反应过程(McCord 等，1992)。通过用氢氟酸控制阳极蚀刻，在单晶硅衬底上形成大孔和中孔。对于硅芯片上的孔隙，Becker 等(2011)首先在硅的背面溅射 170nm 厚的 Pt 层，以使其在电镀蚀刻期间成为阴极。他们将光刻图案化的试样浸入 HF 基电解质中，使得背面 Pt 阴极处的氧化剂(H_2O_2)按照如图 8-2(a)所示的等式还原，并在硅片中形成孔洞。图 8-2(b)表示具有 Si_3N_4 掩模边界的 20∶1 电致多孔硅层的 SEM 横截面图像。多孔硅具有高的比表面积(>900 m^2/g)，当多孔硅燃料与氧源和热源结合时，会发生剧烈放热反应(Becker 等，2011)。多孔硅的这种高能反应可以用液态氧源(Kovalev 等，2001)或固态氧源(Mikulec 等，2002)甚至固态硫(Clement 等，2004)观察到。高含氧的高氯酸盐(如 $NaClO_4$ 和 NH_4ClO_4)对高热反应最有效，因为这些盐容易与硅发生爆炸(Clément 等，2005)。氧化剂与硅之间的消耗和接触很紧密。通过这一途径，纳米多孔 Si/$NaClO_4$ 系统被开发出来，并在固相纳米含能系统中显示出最快的传播速率(超过 3000m/s)(Becker 等，2011)。电化学蚀刻(Currano 和 Churaman，2009；Churaman 等，2010；Wang 等，2013)和电偶腐蚀蚀刻(Becker 等，2011；Zhang 等，2013)方法是制造多孔硅的两种常用方法。基于多孔硅的纳米含能系统有一个固有优点，即它们可用于产生高能量输出，同时还具有易于集成到微电子机械系统(MEMS)中以开发微器件的灵活性。用氧化剂有效地填充硅孔以获得更高的填充率是该途径的主要障碍，另外还存在由于吸湿性导致的长期存储问题。除了纳米多孔硅外，研究人员还成功地合成了纳米多孔铜来制备纳米含能复合材料(Zhang 等，2013)。

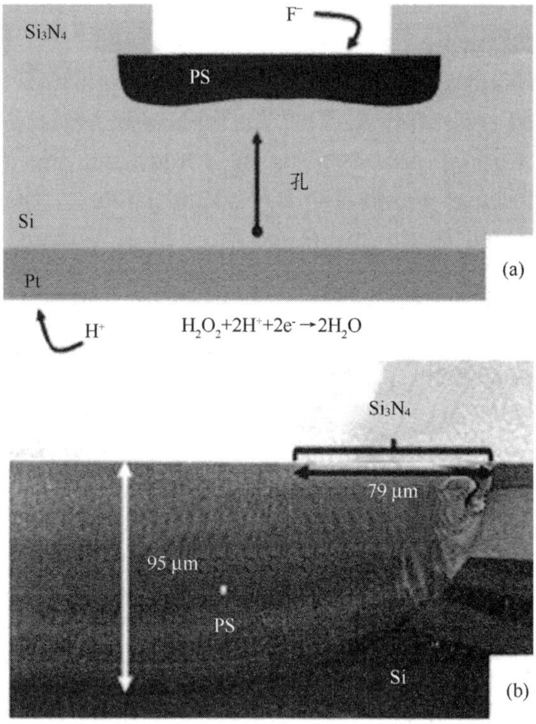

图 8-2 (a)电镀蚀刻多孔硅机理的示意图；(b)具有 Si_3N_4 掩模边界的 20∶1 电致多孔硅层的扫描电镜横截面图像。经美国化学学会许可，转载自 Becker 等(2011)

最近，研究人员成功地在还原石墨烯氧化物(RGO)中制备了纳米颗粒(Chen 等，2016)。在这种超快速方法中，通过焦耳加热(持续几毫秒)金属及半导体 RGO 薄膜到高温(超过 1700K)来产生纳米含能材料。在这种高温下，微米尺寸的金属被熔化，然后快速冷却，使纳米金属颗粒嵌入 RGO 中。熔融颗粒的团聚和分离在 RGO 的晶格平面中完成，RGO 充当纳米含能材料的载体。该工艺适用于熔点低于 3300K(RGO 的熔点)的任何纳米颗粒。该方法适用于铝、硅、锡等。

8.2.6　自组装技术

自组装技术是一种制造纳米含能材料的有效方法。在这种方法中，纳米含能材料的任何一种或两种成分自发地或在某种外力的影响下彼此靠近，并形成紧密混合的纳米复合材料。研究人员在这种方法中使用的外力是静电力、表面改性剂和生物分子。

(1)静电自组装

在静电自组装方法中，燃料和氧化剂上产生相反的电荷，在静电力的作用下将氧化剂和燃料组装在一起。该方法使随机组装的纳米含能材料的能量释放速率和反应热显著提高(Kim 和 Zachariah，2004)。

(2)基于表面改性剂的自组装

在这种方法中，通过通用结合剂，即由多个结合位点组成的聚(4-乙烯基吡啶)(P4VP)，将铝纳米颗粒与 CuO 纳米棒自组装在一起。来自 P4VP 的吡啶基的结合位点与金属和金属氧化物具有强亲和力(Malynych 等，2002)。吡啶基通过提供电子与金属形成共价键，也与极性基团形成氢键。在这种形成机制中，首先将 CuO 纳米棒涂上 P4VP 聚合物。通过在 2-丙醇溶液中的重复超声处理和离心过程去除多余的 P4VP 聚合物。将干燥后的 P4VP 包覆的 CuO 纳米棒与铝纳米粒子在 2-丙醇溶液中超声混合，经干燥得到自组装的纳米含能复合材料(Plantier 等，2005)。自组装纳米含能复合材料的平均燃烧速率为(2300 ± 100) m/s，高于超声混合复合材料的平均燃烧速率(1650m/s)(Shende 等，2008)。

(3)生物激发自组装

近年来，研究人员开发出了基于脱氧核糖核酸(DNA)的自组装技术来合成铝和氧化铜纳米含能材料(Séerac 等，2012；Zhang 等，2013；He 等，2018)。采用两种方法将寡核苷酸与 CuO 和铝纳米粒子结合。首先，因为巯基与 CuO 具有很强的亲和力，通过巯基修饰寡核苷酸，从而将寡核苷酸直接接枝到 CuO 纳米颗粒上。其次，将中性粒化物连接到铝的氧化铝壳上，并在其上接枝生物素修饰的寡核苷酸。最后，通过 DNA 杂交过程完成了接枝的 CuO/Al 的组装。DNA 组装的 Al/CuO 复合材料具有优异的能量性能，与物理混合的对应物相比，它具有较低的起始温度(410℃)和非常高的反应放热量(1.8kJ/g)。利用芦荟叶提取物的生物合成路线，制备超反应性 CuO 纳米棒氧化剂，由于涉及氨基、羟基和羧基，也被称为金属氧化物纳米棒的绿色合成(Patel 和 Bhattacharya，2013)。

8.2.7　硅基含能材料的核/壳结构

核/壳结构是近年来新兴的含能材料研究方向。该方法可以实现燃料和氧化剂之间更紧密的接触。在该方法中，在基底(主要是 Si)上合成主要由金属(壳)环绕的金属氧化物制成的核。这种方法与 RMF 相同，但由此方法形成的结构是由嵌入不同材料壳的核组成的。Zhang 设计了一种在硅衬底上制备 Al/CuO MIC 核/壳结构的方法。与其他方法合成的材料相比，采用此种方法合成的材料结构具有几个优点，如紧密的界面接触和定制的尺寸(Zhang 等，2007)。因为紧密接触和反应物的均匀分布，核/壳纳米结构含能阵列具有更好的点火和燃烧性能(Zhou 等，2014；Zhang 等，2013)。此外，制备的核/壳可以直接集成到微电子机械系统以实现当前的微型功能器件(Zhang 等，2008)。近年来，Yu 等人合成了纳米铝表面包覆 NiO(纳米线和纳米棒)的核/壳结构(Yu 等，2016)。Xian 等最近在硅基底上开发了 Al/CuO 的非裂纹核/壳 MIC 复合材料(Zhou 等，2017)。该方法适用于在相对较低的温度下简便制备氧化还原试剂。

最近，溶剂/非溶剂合成方法用于制备核/壳结构的 $KClO_4$ Al/CuO 纳米含能材料(Yang 等，2017)。在本研究中，Yang 等利用溶剂/非溶剂化学方法进行了一系列实验以制备纳米 $KClO_4$。采用球磨法将氧化铝和氧化铜纳米粒子均匀混合，再涂覆纳米尺寸的 $KClO_4$，得到核/壳结构。在这些方法中，研究人员通过提高溶剂/非溶剂的浓度和温度差来提高溶剂/非溶剂的超饱和度，从而使 $KClO_4$ 的粒径从微米级减小到纳米级。研究人员报道说，由于反应物表面积的增加和质量传递距离的缩短，由此形成的纳米复合材料发生剧烈反应，具有更高的燃烧速率和能量释放速率。

Patel 等人(2015)在硅基底上制备了 Bi_2O_3/Al 的微图案纳米含能薄膜。课题组采用化学沉积法在金溅射的硅基底上制备了 Bi_2O_3 纳米方形片(NSTs)，如图 8-3(a)所示。他们采用 TG-DSC 方法，观察图 8-3(b)所示厚度分别为 60nm，100nm 和 140nm 的 Bi_2O_3/Al 纳米含能薄膜的放热反应性，并验证了 140nm 厚度的 Al 纳米含能薄膜反应速率快，起始温度低，压力-时间特性优异，在硅基片上的微图案具有高分辨率的特点。

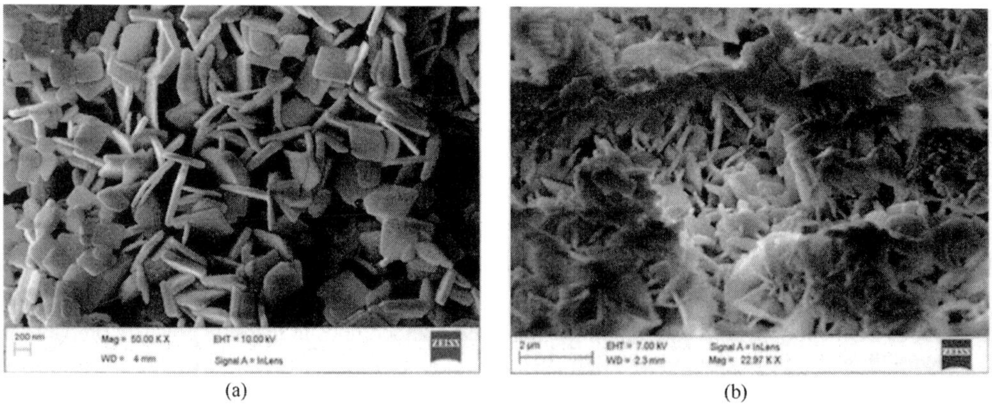

图 8-3　(a) Bi_2O_3 纳米方形片；(b) Si 基 Bi_2O_3/Al 纳米含能薄膜

8.3 小结

纳米含能材料是一种很有前途的储能材料。与传统材料相比，纳米含能材料的主要优势在于，它们具有高反应性和快速化学转化等特性，从而提供更高的反应热、燃烧效率和冲量。因此，纳米颗粒在能量转换和能量系统中具有很广的应用范围。在本研究中，对微/纳米复合材料的不同制备方法取得的进展进行了详细研究，并进行了全面的讨论。在制备高活性和高敏感度的纳米含能材料时，如在反应抑制球磨中，必须特别小心。因此，选择合适的不同制造方法，可以大大提高材料的燃烧性能、点火灵敏度和能量的存储/释放性能。

参考文献

[1] Badiola C, Schoenitz M, Zhu X, Dreizin EL (2009) Nanocomposite thermite powders prepared by cryomilling. J Alloys Compd 488: 386-391.

[2] Becker CR, Apperson S, Morris CJ, Gangopadhyay S, Currano LJ, Churaman WA, Stoldt CR(2011) Galvanic porous silicon composites for high-velocity nanoenergetics. Nano Lett 11: 803-807.

[3] Blobaum KJ, Reiss ME, Plitzko JM, Weihs TP (2003a) Deposition and characterization of a self-propagating CuOx = Al thermite reaction in a multilayer foil geometry. J Appl Phys 94 (5): 2915-2922.

[4] Blobaum KJ, Wagner AJ, Plitzko JM, Heerden DV, Fairbrother DH, Weihs TP (2003b) Investigating the reaction path and growth kinetics in CuOx = Al multilayer foils. J Appl Phys 94(5): 2923-2928.

[5] Cervantes OG, Kuntz JD, Gash AE, Munir ZA (2010) Heat of combustion of tantalum-tungsten oxide thermite composites. J Combust Flame 157: 2326-2332.

[6] Chen Y, Egan GC, Wan J, Zhu S, Jacob RJ, Zhou W, Dia J, Wang Y, Danner VA, Yao Y, Fu K, Wang Y, Bao W, Li T, Zachariah MR, Hu L (2016) Ultra-fast self-assembly and stabilization of reactive nanoparticles in reduced graphene oxidefilms. Nat Commun 7(12332): 1-9.

[7] Churaman W, Currano L, Becker C (2010) Initiation and reaction tuning of nanoporous energetic silicon. J Phys Chem Solids 71: 69-74.

[8] Clapsaddle BJ, Zhao L, Prentice D, Pantoya ML, Satcher JHJ, Shea KJ (2005) Formulation and performance of novel energetic nanocomposites and gas generators prepared by sol gel methods. In: 36th international annual conference of ICT, Karlsruhe, Germany.

[9] Clement D, Diener J, Kovalev D (2004) Explosive porous silicon: from laboratory accident to industrial application. In: Proceedings of 35th international conference of ICT, pp 5-1-5-11.

[10] Cl é ment D, Diener J, Gross E, Künzner1N, Timoshenko VY, Kovalev D (2005) Highly explosive nanosilicon-based composite materials. Phys Status Solid (A) 202: 1357-1364.

[11] Currano LJ, Churaman WA (2009) Energetic nanoporous silicon devices. J Microelectromech Syst 18: 799-807.

[12] Dreizin EL (2009) Metal based reactive nanomaterials. J Prog Energy Combust Sci 35: 141-167 Fischer

SH, Grubelich MC (1998) Theoretical energy release of thermites, intermetallics, and combustible metals. In: Proceedings of the 24th international pyrotechnics seminar, Monterey, CA, 27-31 July.

[13] Gavens AJ, Heerden DV, Mann A, Reiss ME, Weihs TP (2000) Effect of intermixing on self-propagating exothermic reactions in Al/Ni nanolaminate foils. J Appl Phys 87: 1255.

[14] He W, Liu PJ, He GQ, Gozin M, Yan QL (2018) Highly reactive metastable intermixed composites (MICs): preparation and characterization. Adv Mater 3: 1706293.

[15] Kim SH, Zachariah MR (2004) Enhancing the rate of energy release from nanoenergetic materials by electrostatically enhanced assembly. J Adv Mater 16: 1821-1825.

[16] Kovalev D, Timoshenko VY, Kunzner N, Gross E, Koch F (2001) Strong explosive interaction of hydrogenated porous silicon with oxygen at cryogenic temperatures. Phys Rev Lett 87: 068301-068304.

[17] Lewis AC, Josell D, Weihs TP (2003) Stability in thinfilm multilayers and microlaminates: the role of free energy, structure, and orientation at interfaces and grain boundaries. Scripta Mater 48: 1079-1085.

[18] Ma E, Thompson CV, Clevenger LA, Tu KN (1990) Self-propagating explosive reactions in Al/Nimultilayer thin films. Appl Phys Lett 57: 1262-1264.

[19] Malynych S, Luzinov I, Chumanov G (2002) Poly(vinyl pyridine) as a universal modifier for immobilization of nanoparticles. J Phys Chem (B) 106: 1280.

[20] McCord P, Yau S-L, Bard AJ (1992) Chemiluminescence of anodized and etched silicon: evidence for a luminescent siloxene-like layer on porous silicon. Science 257: 68-69.

[21] Mikulec FV, Kirtland JD, Sailor MJ (2002) Explosive nanocrystalline porous silicon and its use in atomic emission spectroscopy. J Adv Mater 14: 38-41.

[22] Patel VK (2013) Sonoemulsion synthesis of long CuO nanorods with enhanced catalytic thermal decomposition of potassium perchlorate. J Cluster Sci 24: 821-828.

[23] Patel VK, Bhattacharya S (2013) High-performance nanothermite composites based onaloe-vera-directed CuO nanorods. ACS Appl Mater Interfaces 5: 13364-13374.

[24] Patel VK, Saurav JR, Gangopadhyay K, Gangopadhyay S, Bhattacharya S (2015a) Combustion characterization and modeling of novel nanoenergetic composites of Co_3O_4/nAl. RSC Adv 5: 21471-21479.

[25] Patel VK, Ganguli A, Kant R, Bhattacharya S (2015b) Micropatterning of nanoenergetic films of Bi_2O_3/Al for pyrotechnics. RSC Adv 5: 14967-14973.

[26] Plantier KB, Pantoya ML, Gash AE (2005) Combustion wave speeds of nanocomposite Al/Fe_2O_3: the effects of Fe_2O_3 particle synthesis technique. J Combust Flame 140: 299-309.

[27] Schoenitz M, Umbrajkar SM, Dreizi EL (2007) Kinetic analysis of thermite reactions in Al-MoO_3 nanocomposites. J Prop Power 23: 683-687.

[28] Séerac F, Alphonse P, Estèe A, Bancaud A, Rossi C (2012) High-energy Al/CuO nanocomposites obtained by DNA-directed assembly. J Adv Funct Mater 22: 323-329.

[29] Shende R, Subramanian S, Hasan S, Apperson S, Thiruvengadathan R, Gangopadhyay K, Gangopadhyay S, Redner P, Kapoor D, Nicolich S, Balas W (2008) Nanoenergetic compositesof CuO nanorods, nanowires, and Al-nanoparticles. Propellants, Explos, Pyrotech 33: 122-130.

[30] Son SF (2004) Performance and characterization of nanoenergetic materials at Los Alamos. MRS Proc 500.

[31] Sundaram DS, Puri P, Yang V (2013) Pyrophoricity of nascent and passivated aluminum particles at nano-

scales. J Combust Flame 160: 1870-1875.

[32] Tillotson TM, Gash AE, Simpson RL, Hrubesh LW, Satcher JH Jr, Poco JF (2001a) Nanostructured energetic materials using solgel methodologies. J Non-Cryst Solids 285: 338-345.

[33] Tillotson TM, Gash AE, Simpson RL, Hrubesh JHS, Poco JF (2001b) Nanostructured energetic materials using sol-gel methodologies. J Non Cryst Solids 285: 338-345.

[34] Umbrajkar SM, Schoenitz M, Jones SR, Dreizin EL (2005) Effect of temperature on synthesis and properties of aluminum-magnesium mechanical alloys. J Alloys Compd 40: 70-77.

[35] Umbrajkar SM, Schoenitz M, Dreizin EL (2006) Exothermic reactions in Al-CuO nanocomposites. Thermochim Acta 451: 34-43.

[36] Umbrajkar SM, Seshadri S, Schoenitz M, Hoffmann VK, Dreizin EL (2008) Aluminum-rich Al-MoO_3 nanocomposite powders prepared by arrested reactive milling. J Propul Power 24: 192-198.

[37] Wang S, Shen R, Yang C, Ye Y, Hu Y, Li C (2013) Fabrication, characterization, and application in nanoenergetic materials of uncracked nano porous silicon thickfi lms. J Appl Surf Sci 265: 4-9.

[38] Weismiller MR, Malchi JY, Yetter RA, Foley TJ (2009) Dependence of flame propagation on pressure and pressurizing gas for an Al/CuO nanoscale thermite. Proc Combust Inst 32: 1895-1903.

[39] Yang F, Kang X, Luo J, Yi Z, Tang Y (2017) Preparation of core-shell structure $KClO_4$@ Al/CuO nanoenergetic material and enhancement of thermal behavior. Sci Rep 3730: 1-9.

[40] Yu C, Zhang W, Shen R, Xu X, Cheng J, Ye J, Qin Z, Chao Y (2016) 3D ordered macroporous NiO/Al nanothermite film with significantly improved higher heat output, lower ignition temperature and less gas production. J Mater Des 110: 304-310.

[41] Zhang K, Rossi C, Ardila RGA, Tenailleau C, Alphonse P (2007) Development of a nano-Al/CuO based energetic material on silicon substrate. Appl Phys Lett 91: 113117.

[42] Zhang K, Rossi C, Petrantoni M, Mauran N (2008) A nano initiator realized by integrating Al/CuO-based nanoenergetic materials with a Au/Pt/Cr microheater. J Microelectromech Syst 17: 832-836.

[43] Zhang S, Schoenitz M, Dreizin EL (2010) Mechanically alloyed Al-I composite materials. J Phys Chem Solids 71: 1213-1220.

[44] Zhang F, Wang YL, Fu DX, Li LM, Yin GF (2013a) In-situ preparation of a porous copper based nanoenergetic composite and its electrical ignition properties. J Propellants Explos Pyrotech 38: 41-47.

[45] Zhang Y, Lu F, Yager KG, VanderLelie D, Gang O (2013b) A general strategy for the DNA-mediated self-assembly of functional nanoparticles into heterogeneous system. Nat Nanotechnol 8: 865-872.

[46] Zhang W, Yin B, Shen R, Ye J, Thomas JA, Chao Y (2013c) Significantly enhanced energy output from 3D ordered macroporous structured Fe_2O_3/Al nanothermite film. J ACS Appl Mater Interfaces 5: 239-242.

[47] Zhou X, Torabi M, Lu J, Shen R, Zhang K (2014a) Nanostructured energetic composites: synthesis, ignition/combustion modeling and applications. J ACS Appl Mater Interfaces 6: 3058-3074.

[48] Zhou X, Xu D, Yang G, Zhang Q, Shen J, Lu J, Zhang K (2014b) Highly exothermic and superhydrophobic Mg/fluorocarbon core/shell nanoenergetic arrays. ACS Appl Mater Interfaces 6: 10497-10505.

[49] Zhou X, Wang Y, Cheng Z, Ke X, Jiang W (2017) Facile preparation and energetic characterization of core-shell Al/CuO metastable intermolecular composite thin film on silicon substrate. J Chem Eng 328: 585-590.

第三部分

纳米含能材料的调节与表征

第9章　基于铋和碘氧化剂纳米含能气体发生器的反应性调节

姆希塔·A. 霍博相(Mkhitar A. Hobosyan),
凯伦·S. 马尔蒂罗相(Karen S. Martirosyan)

摘要：人们对一种称作纳米含能气体发生器(NGG)的新型高能材料越来越感兴趣，这种材料是传统含能材料的潜在替代品，包括烟火剂、推进剂、引燃剂和固体火箭燃料。NGG采用金属粉末作为燃料，氧化物或氢氧化物作为氧化剂，可以迅速释放大量的热量和气体产物以产生冲击波。热、压力释放、冲击敏感性、长期稳定性和其他关键性能都取决于粒子的粒度大小和形状，以及组分之间的组配工序和混合程度。极高的能量密度和调整能量系统动态特性的能力，使NGG成为淡化或替代传统含能材料在新兴应用中的理想选择。在能量密度、性能和动态特性的可控性方面，基于铋和碘化合物的含能材料是NGG中的佼佼者。热力学计算和实验研究证实，基于铋和碘化合物与铝纳米颗粒混合的NGG是迄今为止最强大的配方，它在高推重比、可控燃烧和排气速度的微推力器技术中具有广阔的应用前景。由此制成的纳米铝热剂产生了高达14.8kPa·m^3/g的压力排放值。基于碘和铋化合物的含能材料还可以与碳纳米管结合，制成具有高达4700W/kg输出功率的叠层复合纱，或用于其他新兴领域，如杀菌剂，可在几秒钟内有效杀灭有害细菌，用于感染区域的最小含量为22mg/m^2。

关键词：纳米含能气体发生器；铋；碘；氧化剂反应性调控

9.1　引言

纳米含能气体发生器(NGG)是基于铝热剂的纳米结构配方，其中系统的气体生成能力是最重要的特征，它是通过系统在极短的时间内(微秒级)产生压力放电的能力来衡量的。纳米结构铝热剂与所谓的传统铝热剂的主要区别在于粒径较小，其中，铝热剂中至少有一种成分应在小于100nm的纳米颗粒域中(Dlott，2006；Martirosyan，2011；Sullivan和

M. A. Hobosyan，K. S. Martirosyan
得克萨斯大学里奥格兰德河谷分校，物理与天文学系，布朗斯维尔，得克萨斯州，78520，美国
电子邮箱：karen. martirosyan@ utrgv. edu

Zachariah, 2010)。众所周知，铝热剂是由金属粉末与金属或非金属氧化物混合而成的一种著名的烟火复合材料，能产生放热反应，又称铝热反应。自 19 世纪以来，传统的铝热剂就已经为人所知(Arnáiz 等，1998)。

铝热剂中的成分种类繁多，其中金属粉末作为燃料，氧化剂则采用各种氧化物，如传统的金属氧化物，包括 Fe_2O_3，Co_3O_4，MoO_3(Patel 等，2015b；Cheng 等，2010；Umbrajkar 等，2006)。其他高强氧化剂包括纳米含能气体发生器(Martirosyan，2011；Martirosyan 等，2009b)，成分如 I_2O_5(Martirosyan 等，2009a；Clark 和 Pantoya，2010；Hobosyan 等，2012；Hobosyan 和 Martirosyan，2017)和 Bi_2O_3(Martirosyan 等，2009c；Patel 等，2015a；Puszynski 等，2007；Wang 等，2011)。铝热剂中的金属燃料通常是铝粉，有时镁也用作燃料金属(Zhou 等，2014)。铝作为燃料普遍使用的原因是，它是最便宜的金属之一，而且具有很高的能量和活性，熔点(660°C)相对较低。这意味着金属可以熔化并与液态氧化剂反应，与固体-固体反应相比，大大加快了反应速率。虽然铝具有很高的反应性，但在铝颗粒上自然形成的氧化铝层保护了铝芯，这样，即使使用 20~100nm 粒径的铝颗粒也很安全。

与微米级的铝热剂相比，纳米级的铝热剂具有更高的化学反应速率。当颗粒尺寸减小到纳米范围时，某些系统的反应传播速度可提高 2~3 个数量级（Umbrajkar 等，2006；Kim 和 Zachariah，2004；Perry 等，2004；Dreizin，2009)，使其与传统的含能材料如季戊四醇四硝酸酯(PETN)、2，4，6-三硝基甲苯(TNT)或 1，3，5-三硝基二氢-1，3，5-三嗪(RDX)具有可比性，甚至更好。其原因是纳米铝热剂体系比传统的含能材料具有更高的体积能量密度(Martirosyan，2012)。然而，只有当铝热剂处于纳米级时，这种巨大的能量才能得到有效利用。当铝热反应物的粒径减小到纳米级时，试剂颗粒之间的接触比微米级的颗粒更为紧密，而且，粒径减小会降低扩散和传输限制(Johnson 等，2007；Wang 等，2007；Comet 等，2010)。因此，纳米铝热剂混合物中能量的成功利用，使其具有成为下一代军用(推进剂、引燃剂、烟火剂)和民用(能源、采矿等)含能材料的巨大潜力(Miziolek，2002；Puszynski，2009；Rogachev 和 Mukasyan，2010)。NGG 可以产生速度高达 2500m/s 的冲击波(Martirosyan 等，2009c)；它开辟了更广的应用前景，如医学、生物科学、材料加工、制造和微电子工业等。需要注意的是，正如 Martirosyan 等人在文献(Martirosyan，2012)中所证明的，能量容量在决定含能材料的压力释放能力方面起着至关重要的作用。铋和碘氧化物与铝的混合物在常见的纳米铝热剂体系中具有最高的单位体积能量容量。在 NGG 的 Al/Bi_2O_3(Martirosyan 等，2009c；Wang 等，2011)和 $Al/Bi(OH)_3$(Hobosyan 等，2016)配方中，氧化铋和氢氧化铋均显示出优异的性能。Al/Bi_2O_3纳米结构配方中，相应的最大压力×体积/质量(PV/m)的值为 8.6kPa · m^3/g（Martirosyan 等，2009c；Wang 等，2011)，而 $Al/Bi(OH)_3$配方的相应值为 5.6kPa · m^3/g。尽管 $Al/Bi(OH)_3$体系的单位体积或单位质量的能量容量低于 Al/Bi_2O_3配方，但 $Al/Bi(OH)_3$ 可产生的单位质量气态产物是 Al/Bi_2O_3的两倍多(Hobosyan 等，2016)。与氧化物基铝热剂相比，这可能是氢氧化基系统的优势，特别是需要在电荷点火时释放大量气体产物的应用中，如在空间和地面应用的微推力器和微脉冲平台（Puchades 等，2017）。在纳米结构配方 $Al-I_2O_5$ 中，基于 I_2O_5 体系显示出更高的 PV/m 值(达到 14.8kPa · m^3/g)，可以用作微推力器中的推进剂（Martirosyan 等，2012；Puchades 等，2014），由于纳米铝热反应期间释放出高活性的原子碘，因此也是一种非常有效的杀菌剂(Hobosyan 等，2012)。

9.2　热力学估算

为了估算和控制能量系统和反应产物的热力学性质，需要了解绝热反应温度及固相、液相和气相的平衡浓度。对多组分多相体系平衡组成的热力学估算，要求在受到质量和能量平衡影响下的热力学自由能(G)最小化(Greiner 等，1995)。使用 Thermo 软件进行热力学计算(Shiryaev，1995)，其中有大约 3000 种化合物的热化学数据库。此外，我们还使用了热化学软件 HSC Chemistry 7，如果输入和输出的物质种类及其数量是确定的，就可以预测平衡成分，计算绝热温度。HSC Chemistry 7 拥有一个包含 25 000 多种化合物的数据库，在此基础上，它还可以利用系统平衡时的反应方程式，通过组分的分子数量，来计算出理论热平衡。

可以通过将热力学势能最小化，估算反应的绝热温度和平衡产物的组成。对于含有 $N_{(g)}$ 种气体和 $N_{(s)}$ 种固体组分的系统，在恒压下，平衡相浓度可表示为

$$F(\{n_k\},\ \{n_s\}) = \sum_{k=1}^{N(g)} n_k\left(\ln\frac{p_k}{p} + G_k\right) + \sum_{l=1}^{N(s)} n_l G_l \tag{9-1}$$

其中，p_k是第 k 个气相组分的分压；n_l和 G_l是组分的摩尔数和摩尔吉布斯自由能。绝热燃烧温度 T_c^{ad} 由总能量平衡决定

$$\sum_{i=1}^{N_0} H_i(T_0) = \sum_{k=1}^{N(g)} n_k H_k(T_c^{ad}) + \sum_{l=1}^{N(s)} n_l H_l(T_c^{ad}) \tag{9-2}$$

其中每种组分的焓为

$$H_i(T) = \Delta H_{f,\ i}^0 + \int_{T_0}^{T} c_{p,\ i}\mathrm{d}T + \sum \Delta H_{s,\ i} \tag{9-3}$$

其中，$\Delta H_{f,\ i}^0$ 是 1 个大气压和参考温度 T_0条件下的生成热；$c_{p,i}$是热容；$\Delta H_{s,i}$是组分的第 s 次相变热(Varma 等，1998)。上述两个软件程序的组合，可以实现对每个被检测系统的平衡组分、绝热温度、气体生成和标准生成焓的估算。

铋基和碘基 NGG 性能优异的原因可能是，氧化物或氢氧化物中金属(碘或铋)的沸点明显低于燃烧绝热温度，这有助于燃烧过程中生成气态产物，并提高压力产生能力(Martirosyan，2011；Hobosyan 等，2012；Yolchinyan 等，2018)。表 9-1 列出了常用纳米铝热剂配方在化学计量比下的绝热燃烧温度，以及金属沸点和标准气体生成量。从表中可以看出，碘和铋氧化剂体系的最终产物的沸点明显低于绝热燃烧温度。它们会产生大量的气态产物，其中以五氧化二碘为基础的 NGG 气体生成量最多。其他配方的氧化物的金属沸点高于绝热燃烧温度，气体生成是由于反应产物氧化铝部分分解成气态氧化铝，如 Al_2O

(g)。因此，氧化物的金属的低沸点是影响高压力排放值的重要因素之一。

表 9-1 铝热剂配方中金属沸点、最高绝热燃烧温度和单位初始铝热剂质量的标准气体生成量

燃烧体系	金属沸点/K (Zhang 等，2011)	最高绝热燃烧温度/K	标准气体生成量/(L/g)
10 Al+3 I_2O_5	(I)457	3827	3.1
2 Al+$Bi(OH)_3$	(Bi)1833	2965	2.1
2 Al+Bi_2O_3	(Bi)1833	3279	1.1
8 Al+3 Co_3O_4	(Co)3200	3174	0.6
2 Al+MoO_3	(Mo)4921	3808	0.4
2 Al+Fe_2O_3	(Fe)3134	3130	0.3

当燃料和氧化剂都处于纳米结构尺度时，NGG 性能更好。采购燃料铝时，其平均粒径为 100nm（Sigma Aldrich）。这种粒度的 Al 颗粒不易自燃，并覆盖了大约 4~5nm 的氧化铝层，它可以与氧化剂安全地混合。

如果从 Al 纳米颗粒中去除氧化物层，则可以加速铝热反应。在高加热速率下，这是铝热剂类型反应的特征，氧化铝可以用聚四氟乙烯(PTFE)除去。值得注意的是，PTFE 可以与 Al 颗粒外表的 Al_2O_3层发生反应，这是一个放热过程，可以提高氧化反应速率，最终可以改善含 PTFE 的铝热剂中的能量和气体排放(Hobosyan 等，2015)。聚四氟乙烯活化的铝热剂已成功用于月球风化层固结(Hobosya 和 Martirosyan，2014，2016)。需要强调的是，当主系统的绝热燃烧温度低于 Al-PTFE 配方(如 Al_2O_3-PTFE 体系)时，用 PTFE 激活热反应是有用的。此外，需要注意的是，某些组分与 PTFE 反应可能会改变 Al-PTFE 反应的化学计量平衡，降低燃烧温度。表 9-2 总结了含或不含 PTFE 的每个体系的绝热温度的计算结果。可以看出，Al-PTFE 体系的加入使 Al_2O_3-PTFE 体系的绝热燃烧温度从 1425K 大幅提高到 3075K。然而，在含有氧化铋、氢氧化铋和五氧化二碘的体系中添加 Al-PTFE 配方会产生负作用，使绝热燃烧温度降低几百开尔文。原因可能是氧化剂[Bi_2O_3，$Bi(OH)_3$，I_2O_5]与 PTFE 发生了部分反应，改变了 Al-PTFE 配方的化学计量平衡，降低了燃烧温度。因此，PTFE 可以用来激活风化层的热反应，因为风化层含有大量的氧化铝。由此可见，(Al_2O_3-PTFE)-(Al-PTFE)体系具有较高的能量，且 Al-PTFE 配方的活化效果显著。但是，如表 9-2 所示，PTFE 不能用于碘和铋基氧化剂，因为它对燃烧温度有负作用。

表 9-2 基于聚四氟乙烯、碘和铋化合物的铝热剂的绝热燃烧温度

燃烧体系	绝热燃烧温度/K
PTFE-Al	3587
PTFE-Al_2O_3	1425
(PTFE-Al_2O_3)-(PTFE-Al)	3075(大幅增加)
Bi_2O_3-Al	3284

续表

燃烧体系	绝热燃烧温度/K
$(Bi_2O_3-Al)-(PTFE-Al)$	2552(降低)
$Bi(OH)_3-Al$	2970
$(Bi(OH)_3-Al)-(PTFE-Al)$	2346(降低)
I_2O_5-Al	3830
$(I_2O_5-Al)-(PTFE-Al)$	3423(降低)

9.3 纳米级碘基和铋基氧化剂的制备

如上所述，当燃料和氧化剂都处于纳米尺度时，NGG 的最佳性能是可以预期的。除了粒径大小外，颗粒形状对试剂之间的接触面积的估算也起着重要作用，而接触面积是影响反应速率的最重要因素之一。铝燃料纳米粒子的形状是球形的，而氧化剂可以制备成各种不同的形状和尺寸，这在压力排放过程中对 NGG 的性能有显著影响(Yolchinyan 等，2018)。虽然 Bi_2O_3，$Bi(OH)_3$和 I_2O_5的微米级粉末在市场上可买到，但纳米级粉末的制备可能具有挑战性，尤其是 I_2O_5。高能球磨法可制备五氧化二碘纳米棒(Hobosyan 和 Martirosyan，2017)和氢氧化铋亚微米和纳米颗粒(Hobosyan 等，2016)，而纳米级氧化铋可以通过溶液燃烧方法得到(Martirosya 等，2009c)。利用微流控合成方法可以得到各种形状和大小的氧化铋和氢氧化铋(Yolchinyan 等，2018)。

在五氧化二碘纳米颗粒的制备中，纯度为 98%的市售五氧化二碘微颗粒(Sigma Aldrich)可用于制备五氧化二碘纳米棒。颗粒组成对环境变化非常敏感，因此，应在手套箱中的氮气环境下进行样品储存、处理和制备，并应在低湿度环境下储存和使用五氧化二碘纳米颗粒，以防止五氧化二碘吸水形成水合五氧化二碘。使用高能球磨机(HSF-3，MTI Co)对微米级颗粒进行球磨[见图 9-1(a)]。研磨容器中的球/粉质量比为 4∶1。控制高能球磨工艺过程的时间，和调节传递到球磨介质中的能量来调节五氧化二碘的粒度。可使用文献(Hobosyan 和 Martirosyan，2017)中描述的方法计算转移到粒子的能量。单位质量粉末传递的总能量或比能量剂量 D_E(J/kg)，由 $D_E = \dfrac{NtE-(Q+q)}{m_p}$ 给出，其中 N 为碰撞频率(Hz)；t 为处理时间(s)；m_p为粉末批次的质量(kg)；Q 为研磨容器(不锈钢)的热损失，按 $Q=c_{ps}M\Delta T$ 计算，c_{ps}是不锈钢的热容量，M 是金属容器和球的总质量，ΔT 是温度的变化；q 是粉末批次的热损失，按 $q = c_{pp}m_p\Delta T$ 计算，其中 c_{pp}是被处理粉末的热容量。

在机械球磨处理过程中，五氧化二碘颗粒逐渐转化为纳米棒[见图 9-1(b)]。在这种情况下，机械球磨 15min 后，将五氧化二碘微米大小的颗粒转化为纳米棒，如图 9-1(c)所示。

(a)　　(b)

五氧化二碘纳米棒的形式

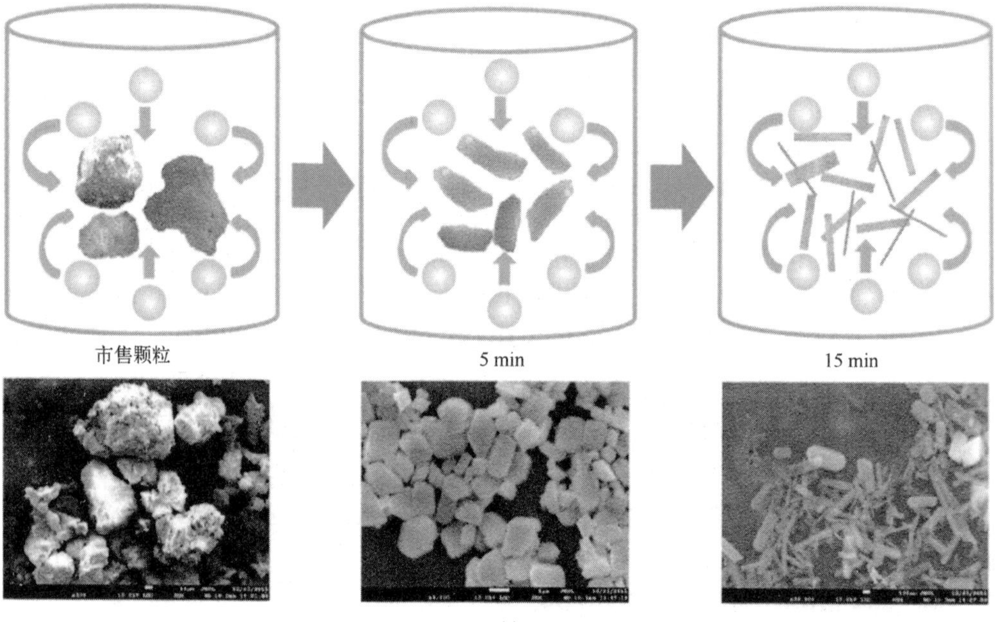

(c)

图 9-1　(a)为典型市售五氧化二碘粒子的扫描电镜(SEM)图像；(b)为机械球磨处理 10min 后的颗粒；(c)为机械处理的示意图，并显示每一步后的颗粒形态

对于氢氧化铋，机械处理方法也是类似的(Hobosyan 等，2016)。市售微米级颗粒(Acros Organics，纯度 99%)氢氧化铋[见图 9-2(a)]被转化为亚微米级和纳米级颗粒[见图 9-2(b)]。

在氧化铋颗粒的制备中，采用微流体合成法[见图 9-3(a)]生产各种形状的颗粒，并估算 NGG 的压力排放对氧化剂颗粒形状和尺寸的依赖性。以不同分子长度的聚乙二醇

(a)

(b)

图 9-2　在高能球磨处理前(a)和处理后(b)的市售氢氧化铋粒子

(PEG)为反应介质，成功地合成了花朵状、灌木状和蝴蝶结状的 Bi_2O_3 结构(Yolchinyan 等，2018)。表面活性剂 PEG 分子长度在颗粒形态形成过程中非常重要，其中具有 200 分子量(MW)的 PEG 可产生 1~2μm 的花朵状结构，其具有 20~30nm 厚的自组装花瓣层[见图 9~3(b)]。使用 8000 分子量的 PEG 会产生类似于蝴蝶结状和灌木状的结构，它们是高度结晶的，粒度大小可达 60μm[见图 9-3(c)，(d)]。纳米铝热剂的制备过程中，以花朵状颗粒为氧化剂的纳米铝热剂的压力释放值高于以蝴蝶结状和灌木状颗粒为氧化剂的纳米铝热剂。

在所有情况下，用纳米级氧化剂颗粒制备的 NGG 配方 $Al-I_2O_5$，$Al-Bi_2O_3$ 和 $Al-Bi(OH)_3$，产生的压力排放值都远远高于采用市售微米级氧化剂制备的混合物。表 9-3 总结了每种体系的最大压力排放值。

表 9-3　采用市售微米级和纳米级碘和铋氧化剂粒子制备的纳米含能材料气体发生器(NGG)所产生的最大压力

燃烧体系	市售微米级氧化剂的最大压力/(MPa/g)[药柱体积为 0.345L，质量为 0.2g]	纳米级氧化剂的最大压力/(MPa/g)[药柱体积为 0.345L，质量为 0.2g]	纳米级氧化剂的归一化压力(*PV/m*)/(kPa · m^3/g)
$Al-I_2O_5$	4.4	8.68	14.8
$Al-Bi(OH)_3$	3.33	4.34	5.6
$Al-Bi_2O_3$	1.2	2.86	4.9

因此，基于碘和铋氧化剂的 NGG 表现出明显的压力释放特性，可以通过氧化剂颗粒的大小或形状进行精细的调节。这种对所产生的压力具有可调节能力，以及在 $Al-I_2O_5$ 配方下可产生气态碘的能力，都已成功地用于以下的新应用中。

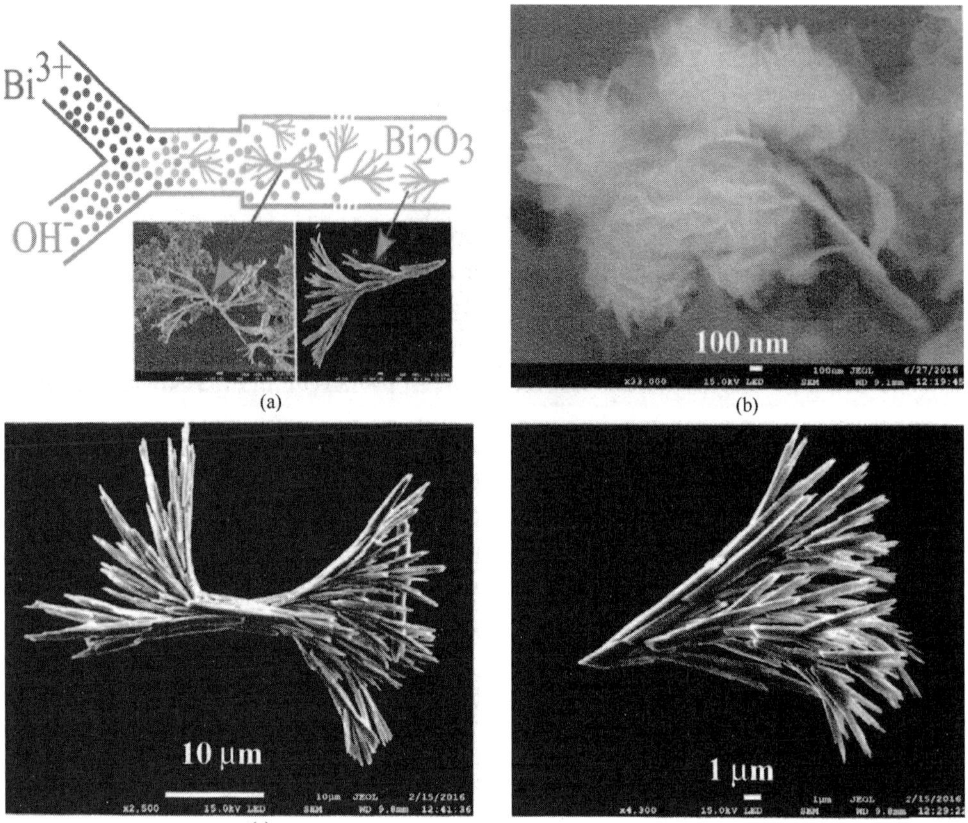

图 9-3　(a)为微流体合成原理图，Bi_2O_3产物的扫描电镜(SEM)图像；(b)为 PEG-200 表面活性剂，产生花朵状颗粒；(c)，(d)为 PEG-8000 表面活性剂，显示蝴蝶结状和灌木状结构

9.4　基于碘和铋氧化剂的 NGG 新应用

如上所述，大量气态产物的快速生成，在微秒内提供了极高的压力，使得基于碘和铋成分的 NGG 处于一个独特的位置。除了在烟火、焊接、金属切割、基础金属生产等方面的传统应用外，还可作为新型推进剂用于微推进平台，也可用于混合驱动机构和 Al-I_2O_5 系统的生物杀灭应用。下面将对这些新应用进行详细介绍。

9.4.1　纳米含能微推进系统

微推进系统采用微电子机械系统(MEMS)技术，以高能量密度纳米含能材料为固体推进剂。在纳卫星和微卫星中，这些微推力器可以作为单个单元或以阵列形式用于有效载荷交付、导航、制导、稳定、各种机动任务等方面的应用(Puchades 等，2014；Rossi 等，2007；Chaalane 等，2015)。由于液体推进剂微推力器的结构和操作都比较复杂(Ding 等，

2015；Xu 等，2017)，因此，具有结构简单、功能充足、操作安全等优点的固体推进剂就成了首选。冲量应该控制在 mNs 分辨率(Sathiyanathan 等，2011)。微型燃烧室中推进剂的燃烧时间为几毫秒，因为装填质量仅为几微克至几毫克。由于推进剂在微型推力器中的燃烧时间非常短，因此可以首选聚合物材料作为结构材料来打印 3D 优化的塑料微型推力器，其质量小且坚固(Puchades 等，2017)。由于热导率低，聚合物的隔热性能非常好。因此，喷管和聚合物燃烧室不会变形且不会被熔化。对相同的聚合物微型推力器进行了多次测试，冲量变化都在 10%以内。

对于微推力器的工作，总冲 I_{total} 和比冲 I_{sp} 是关键特性，分别为

$$I_{total} = \int_0^{t_c} F\mathrm{d}t \tag{9-4}$$

$$I_{sp} = \frac{I}{mg} \tag{9-5}$$

其中，t_c 是燃烧时间；m 为推进剂质量；F 为推力。

比冲与燃烧室内燃气产物的燃烧温度(T_c)成正比，与燃烧过程中燃气产物的平均分子质量 W_g 成反比(Fut'ko 等，2011)

$$I_{sp} \sim \sqrt{\frac{T_c}{W_g}} \tag{9-6}$$

因此，为了得到较高的比冲，燃烧温度应较高，燃烧气体产物的平均分子量应较低。在微推力器中，由于推进剂质量非常小，热损失非常大，与大型火箭发动机相比，导致比冲值降低。

应该注意的是，由于在极小的装填质量下产生的推力不足，传统的高能材料如硝化纤维素不适合用于微型推力器。由于点火不一致、封装不足以及安全等原因，大型火箭发动机中的大多数固体燃料都不适用于微型推力器。例如，众所周知的端羟基聚丁二烯(HTPB)-高氯酸铵(AP)不够敏感，不能单独用于微推力器。需要单独的点火器，但会使设计和操作复杂化(Liu 等，2015)。测试过的混合复合固体火箭燃料包括 HTPB/AP 组分(Sathiyanathan 等，2011；Liu 等，2015；Rossi 等，2005)或传统的含能材料，如硝化纤维素(NC)与铝热剂类型的制剂结合使用，如 Al-Bi_2O_3-NC (Staley 等，2013)以及 Al-CuO-10% NC (Ru 等，2017)。加入少量的 NC(质量分数为 2.5%~10%)可提高铝热剂的推力产生能力，超过该添加量后，NC 的增加会有负面影响。我们注意到，铝热剂也可以与 HTPB 或其他黏合聚合物结合，通过调整聚合物中铝热剂的浓度，可以产生所需的推力，即推力具有可调性。在 HTPB 中添加铝热剂可提高灵敏度并提供足够的推力，无需单独的点火器。

如上所述，基于碘和铋化合物的纳米含能组分具有很高的能量并释放出大量的气体产物。Al/Bi_2O_3 的反应放热比 Al/$Bi(OH)_3$ 多，但后者产生的气体产物几乎是 Al/Bi_2O_3 的两倍(见表 9-1)。当通过公式(9-6)计算理论比冲估计值时，Al/Bi_2O_3 反应的比冲为：

$\sqrt{\frac{T_c}{W_g}}=3.96$，而 Al/Bi(OH)$_3$反应的比冲为：$\sqrt{\frac{T_c}{W_g}}=5.65$，甚至高于 Al/I$_2O_5$反应的比冲 $\left(\sqrt{\frac{T_c}{W_g}}=5.5\right)$。因此，氢氧化铋 NGG 配方具有最佳的推进剂能量。我们对这三种系统都进行了测试，Al/Bi(OH)$_3$的推力产生能力和比冲都是最好的(Puchades 等，2014，2017；Martirosyan 等，2012)。

为了测试 Al/Bi(OH)$_3$系统的推力产生能力，采用热塑性聚合物丙烯腈-丁二烯-苯乙烯设计并打印了单微推力器和推力器阵列。微推力器由 3D 打印机"Printrbot Simple Metal"[见图 9-4(a)]打印，具有不同的喷管几何形状(外喉直径比)，可以打印出尺寸精确的微推力器阵列，如图 9-4(b)所示。使用带有桥板的 Phidget 力传感器与 NGG 集成的微型推力器进行推力产生评估，如图 9-4(c)所示。在每次测量之前要校准力传感器，确保测量精度。为了消除高温点火器对传感和成像的影响，使用功率输出为 1.4W 的蓝色激光启动微推力器点火(Puchades 等，2017)。

在微推力器中，喷嘴内径为 0.7mm，外径为 3mm，壁厚为 1mm。阵列中微推力器的面积为 5mm×5mm。微推力器燃烧室为圆柱形，直径为 0.7mm，高度为 2mm。

图 9-5(a)所示为实测推力数据，图 9-5(b)~(h)所示为高速视频记录提取的点火图像。在负载 2mg Al/Bi(OH)$_3$的情况下，纳米铝热剂产生的峰值推力为 0.31 N，曲线下的面积为总冲量，I_{total}= 0.7mNs，比冲 I_{sp}= 37s。

可以通过改变铝热剂质量和微推力器燃烧室的几何形状来调节总推力。单台微推力器的纳米铝热剂质量可以降低到 0.1mg 或增加到 10mg，以保证特定飞行阶段和模式所需的推力、总冲量(I_{total})和比冲(I_{sp})。对于 Al/Cu(IO$_3$)$_2$纳米铝热剂，质量为 0.1mg 时总冲量为 0.2mNs，质量为 10mg 时总冲量则增至 20mNs (Hobosyan 等，2018)。这种配方的比冲是 216s。将所研究的单推力器和推力器阵列可以按比例缩放到纳卫星、微卫星和小型卫星以及航空系统。

9.4.2 基于 MWCNT/NGG 复合纱线的大功率输出作动器

NGG 可以在微秒的时间范围内释放高压气体，如果将 NGG 合并到由多壁碳纳米管(MWCNT)片制成的纱线中(Hobosyan 等，2017)，那么由此产生的气体产物快速膨胀可能会产生巨大的功，并产生高强作动力。MWCNT 具有优异的力学和物理性能，尤其适用于具有高强度和高刚度(最高可达 300MPa)的单股纱线的应用(Zhang 等，2004)。从木材中提取的 MWCNT 片材可以卷成纱线，这些纱线可包含各种功能材料，其中复合纱线可以充当作动器(Baughman 等，1999；Aliev 等，2009)。利用这一方法得到了由加捻 MWCNT 纱线制成的纳米复合材料，纱线中则引入了基于碘和铋氧化剂的 NGG。从 MWCNT 木材的侧面，用剃须刀片通过干法纺丝生产出排列整齐的 MWCNT 板材。薄片的宽度与合成的 MWCNT 木材的宽度成正比(见图 9-6)。对于典型的纱线作动器，将 2cm 宽的 MWCNT 片放置在两根相隔 7cm 的杆之间。在 NGG 涂层过程中，将 15 块 MWCNT 片材堆叠在一起，

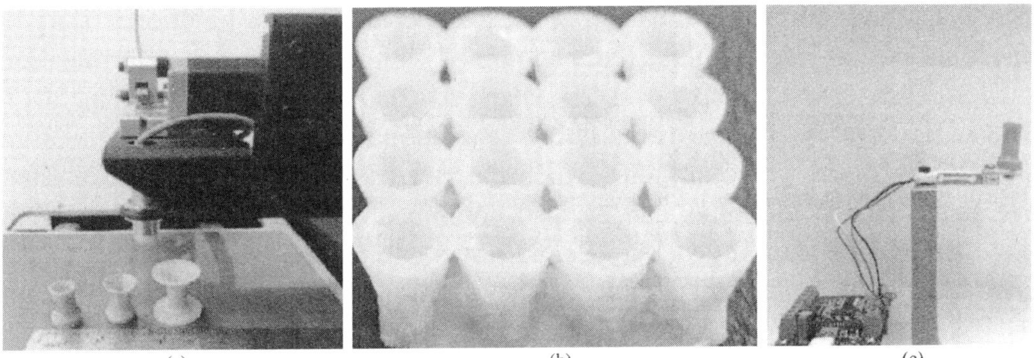

图 9-4　(a)为“Printrbot Simple Metal”3D 打印机，打印出的微推力器喷嘴，具有三种不同的外径与内燃室直径比；(b)为 4×4 推力器阵列的侧视图；(c)为采用 Phidget 力传感器的测量设置

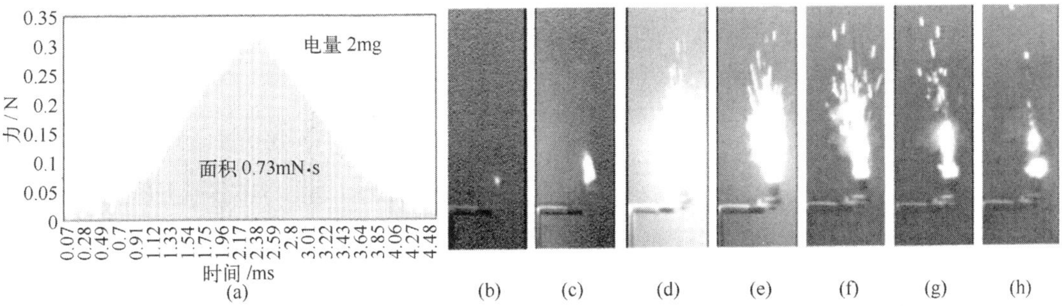

图 9-5　(a)为使用 2mg Al/Bi(OH)$_3$纳米热铝剂的单台微推力器的推力；(b)~(h)为从每秒 980 帧的高速视频记录中提取的电荷点火连续帧快照

以增加片材的强度。堆积的 MWCNT 片重约 0. 8mg。

采用配备 Paasche VL-SET 喷枪系统的自动点药机器人 EFD-325TT，在 MWCNT 片上涂覆 NGG 材料。通过将 25mg/mL 的 NGG 颗粒悬浮在异丙醇中并超声处理 30min 来制备涂层溶液。机器人由程序控制以 30s 的时间间隔涂覆片材，以使异丙醇蒸发并控制 MWCNT/NGG 质量比(见图 9-6)。采用低速电机在 30 r/min 转速下捻制 MWCNT/NGG 片材，制备成薄片层。为了形成 MWCNT/NGG 纱线，涂覆的薄片被加捻成阿基米德型纱线，如 Lima 等(2011)所述，每根纱线的缠绕密度为 800~1000 匝/m（见图 9-7）。通过将单位长度匝数增加 2.5×10^4，可制得螺旋结构的纱线(Haines 等，2014)。

用 Phidget 力传感器进行力-冲程测量，该传感器校准的力最大可达 1 N。采用 50Hz 的频率监测力随时间的变化。在这种情况下，不允许改变纱线长度。将纱线的一端系在一个固定底座上，另一端系在力传感器上。通过在纱线之间产生 15V 的电位差来引发纱线点燃，这种电位差导致了纱线的焦耳加热和点燃。在另一组实验中，允许改变纱线长度，用预先标定的悬臂梁测量作动力。

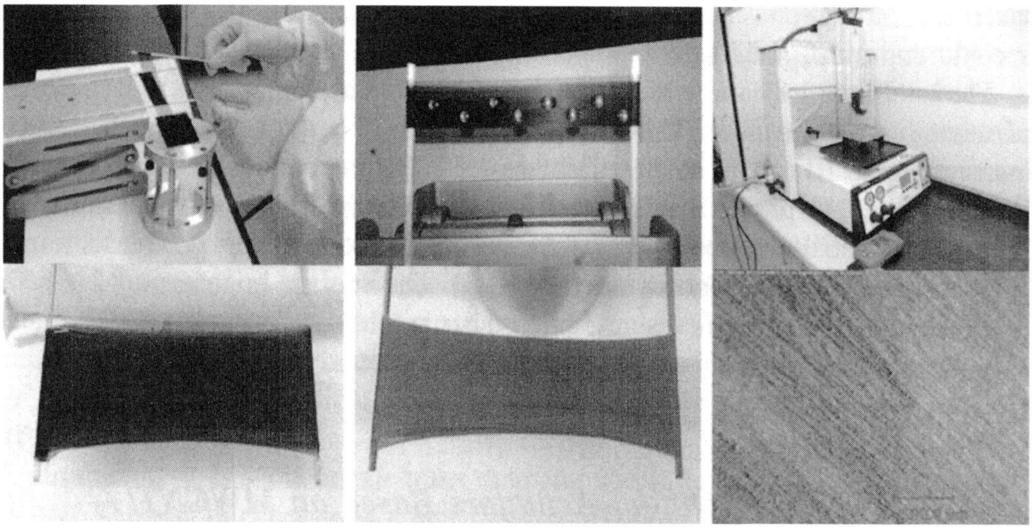

图 9-6　采用配备 Paasche VL-SET 喷枪系统的机器人 EFD-325TT 制备 MWCNT 片材，并涂覆 NGG

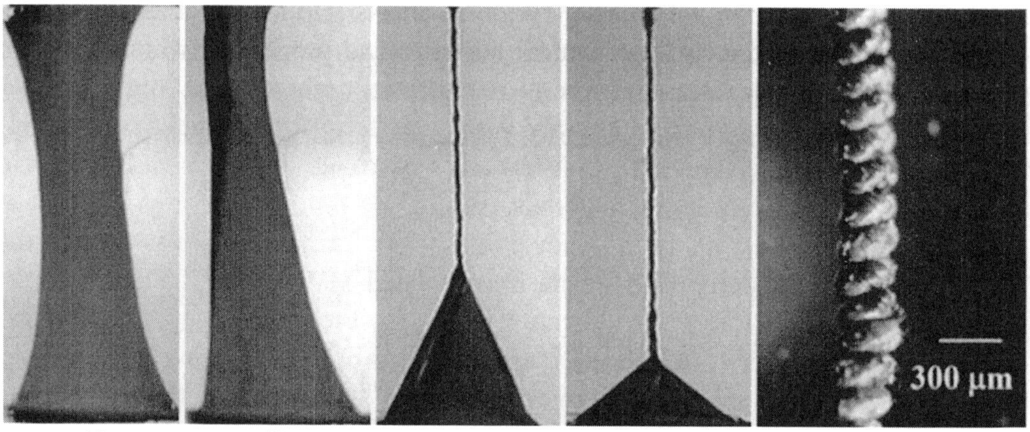

图 9-7　(a)～(d)为 NGG 包覆的碳纳米管(MWCNT)片材的自旋旋转过程；(e)为卷绕纱显微照片

当 MWCNT/NGG 捻纱和卷绕纱点燃时，气态碘通过 MWCNT 片之间的空隙迅速逸出纱线，从而增加了纱线的直径。利用高速摄像机记录的快照和图 9-8(a)，(b)中的 SEM 图像演示了这一过程。在 8～34 ms 的时间范围内，纱线直径增加了大约 10 倍，这导致了沿纱线长度的力冲程(约为 0.45 N)[图 9-8(a)中的黑色箭头所示]。冷却后纱线最终直径增加到 520μm，与点火前纱线的直径(275μm)相比增加了 90%。

将 MWCNT/NGG 捻纱和卷绕纱的一端系在一个固定底座上，另一端系在力传感器上，测量其作动行程。质量比为 1∶2 的 MWCNT/NGG 加捻纱线产生了 0.45 N 的冲程力。而重卷绕的纱线则产生了约 0.2 N 的力，如图 9-8(c)所示。与加捻纱线相比，卷绕纱线的冲

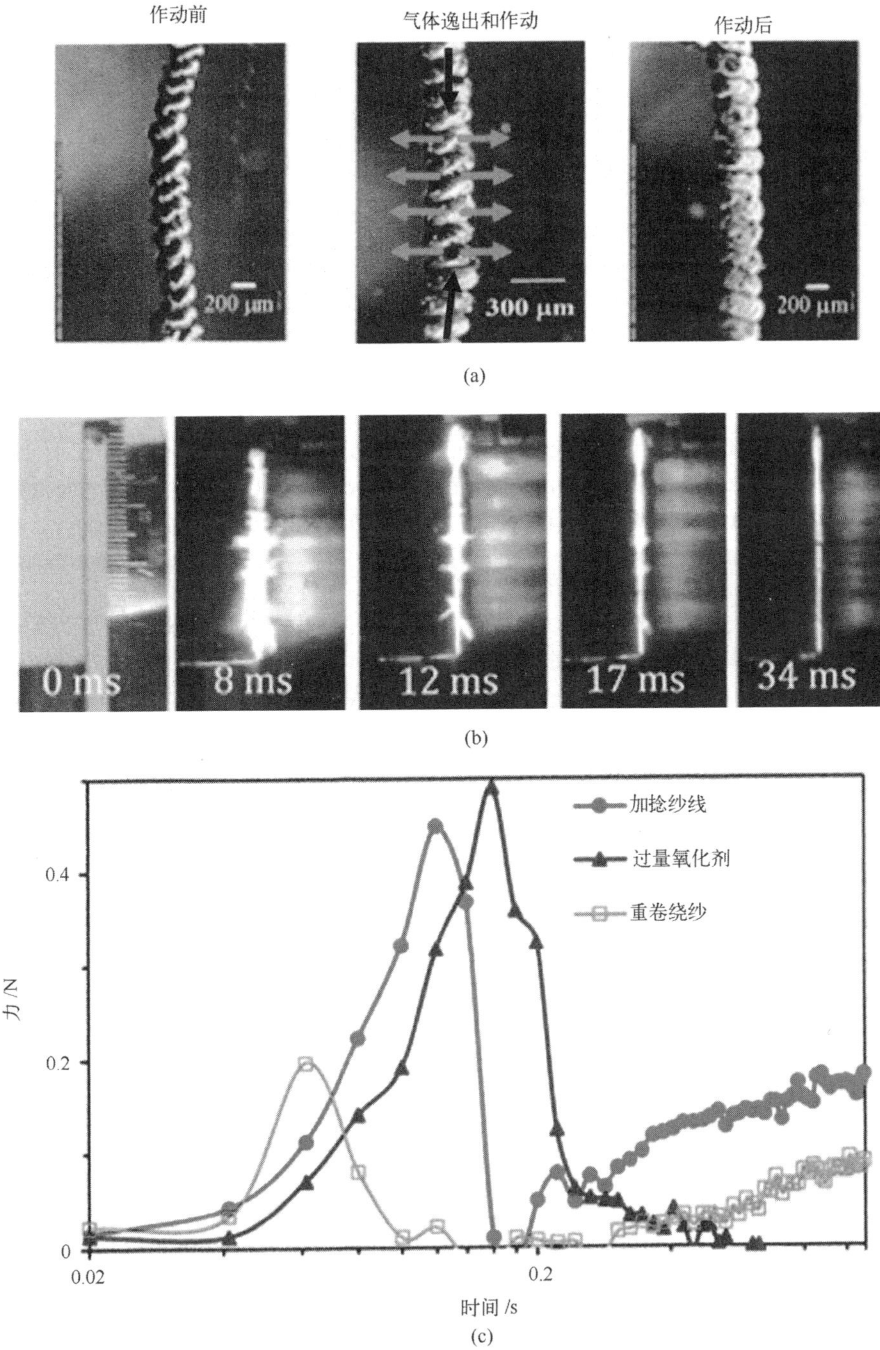

图 9-8　纱线作动：(a)为作动前后的作动器纱线，以及因气体逸出(灰色箭头)导致的作动示意图(黑色箭头)；(b)为从 240 fps 视频记录(红外过滤)中提取的快照，演示气体生成过程中纱线直径的变化；(c)为各种纱线随时间变化的力测量：简单加捻纱线、CNT/NGG 质量比为 1∶2，铝热剂(含 67%过量 I_2O_5 氧化剂)捻制的纱线，以及重卷绕的纱线，CNT/NGG 质量比为 1∶2

程力减小两倍可能是由于 MWCNT 结构紧密使碘气体不能释放而导致直径增加(卷绕纱线直径增加小于 20%，与作动后直径增加超过 90%的加捻纱线相反)。对于卷绕纱线和加捻纱线，力脉冲持续时间在 0.05~0.15s 之间。燃烧后，卷绕纱线和加捻纱线的残余应力分别为 0.08 N 和 0.18 N，如图 9-8(c)所示。因此，在作动后，卷绕纱线和加捻纱线都会产生冲程力并沿纱线产生残余应力。当 NGG 含有过量的氧化剂时，纱线会产生更高的冲程力，为 0.6 N；然而，在点燃和作动之后，过量的氧化剂会损害 MWCNT/NGG 纱线 90%的完整性。在这种情况下，没有观察到残余应力。

为了评估 MWCNT/NGG 加捻纱线和卷绕纱线的作动功率，我们使用了 2 g 物块的提升加载设置。虽然在力-行程测量中纱线的两端仍然固定，但在该设置中进行作动测试时，纱线的底端可围绕纱线轴线旋转。由于扭转解捻的动能在提升过程中产生整体旋转运动，因此卷绕纱线测得的比功率更高。在测试纱线作动过程中，比功率高达 4700 W/kg。该值比典型哺乳动物肌肉的比功率(50 W/kg)高 94 倍(Madden 等，2004)。MWCNT/NGG 复合纱线的这种作动能力在空气、真空和惰性环境中均起作用(Hobosyan 等，2017)。

在空气流速为 100mL/min、加热速率为 20℃/min 的条件下对这种纱线燃烧/作动后进行 DSC-TGA 分析，来定量估算 MWCNT 燃烧后的百分含量(见图 9-9)。到 600℃时，仅观察到质量减小了 4.7%。这可以归因于碘的作用，纱线在作动后仍有少量的碘留在其中。纱线在 600℃下开始燃烧，这时质量减小 49%(质量分数)，放热量达 5832J/g。由此，作动后的纱线中大约有一半的质量为 MWCNT。

卷绕和加捻的 MWCNT/NGG 纱线的 SEM 图像和 EDS 元素图显示了沿纱线燃烧后剩余铝和氧的形态和分布[见图 9-10(a)~(e)]。单个氧化铝纳米颗粒的透射电镜图像显示其尺寸约为 5nm，并且与单个碳纳米管没有关联，如图 9-10(f)所示。

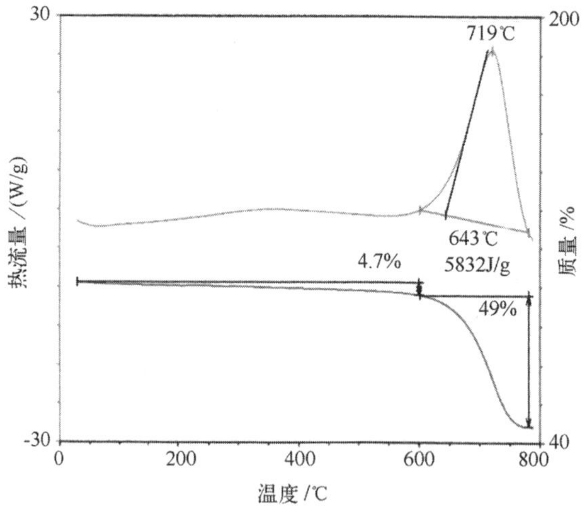

图 9-9 作动后的纱线 DSC-TGA 分析

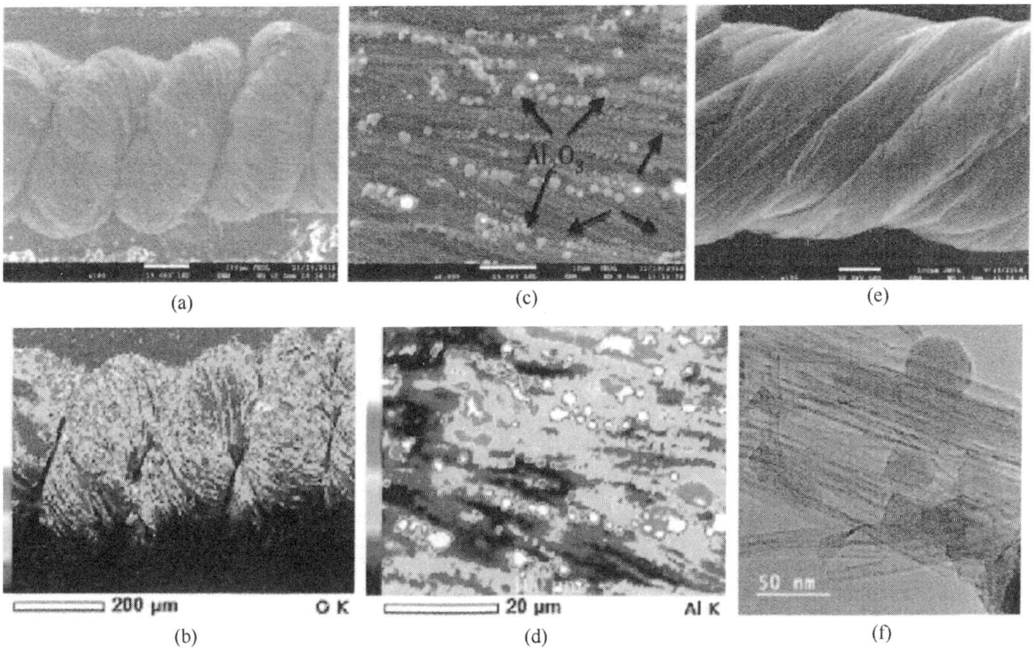

图9-10　(a)为卷绕纱的扫描电镜；(b)为(a)中所示区域的氧原子的EDX图；(c)为(a)中所示区域的高倍扫描电镜图像，用于EDX分布分析；(d)为(c)中所示区域的铝原子分布；(e)为含65%NGG的加捻纱线作动后的扫描电镜；(f)为围绕MWCNT的单个氧化铝纳米颗粒

9.4.3　基于五氧化二碘的NGG生物杀菌剂

传统上，几百年来用碘基物质消毒一直是一种简单、有效且经济实惠的消毒方法。第一次世界大战期间，法国就曾使用碘消毒水；第二次世界大战期间，美国陆军使用了Globalin(四氢呋喃二氢呋喃)片剂。碘基消毒方法已被NASA用于太空飞行(Atwater等，1996)。自20世纪50年代初以来，对各种形式碘消毒的功效进行了广泛的研究(Clark和Pantoya，2010；Sullivan等，2010；McDonnell和Russell，2001)。碘具有快速杀菌、抑菌、抗结核、抗病毒和杀孢子虫等作用(Gottardi，1991)。

采用体积为49.26L、壁厚为1.2cm、质量为3kg的有机玻璃反应室对纳米铝热剂的生物杀灭性能进行测试。样品放置在不同的距离和方向，如图9-11(a)所示。将电荷置于8cm高处，并使用Staco Energy Products的可变自耦变压器电点火。使用大肠杆菌(*E. coli*)细菌菌株HB101 K-12，其不像病毒O157 H7那样具有致病性，在某些情况下与食物中毒有关。HB101 K-12菌株已经过基因改造，因此只能在富集培养基中生长。在细菌培养1h后，将它们暴露在纳米铝热剂中消毒，将涂有细菌的琼脂平板置于图9-11(a)所示的培养箱中。在生物杀灭处理后，将琼脂平板置于37 ℃的培养箱中24h。如果处理成功，琼脂平板上将不会有任何可见的生物生长。对大肠杆菌菌落进行计数，并将可见菌落数与两个对照琼脂平板[见图9-11(b)]进行比较，这两个对照琼脂平板并未暴露在生物杀灭气体中并允许生长。因此，研究了 I_2O_5-Al NGG 混合物质量、暴露时间以及样品距离和电荷方向等对生物杀灭的效果。根据计算，0.1g 混合物可产生 0.53g 原子碘(Hobosyan 等，2012)。无论电荷的方向或距离如何，所有样品均完全消毒[见图 9-11(c)，与图 9-11(b)相比]。计算表明，感染区域的有效碘浓度最低为 $22mg/m^2$[见图 9-11(d)]。

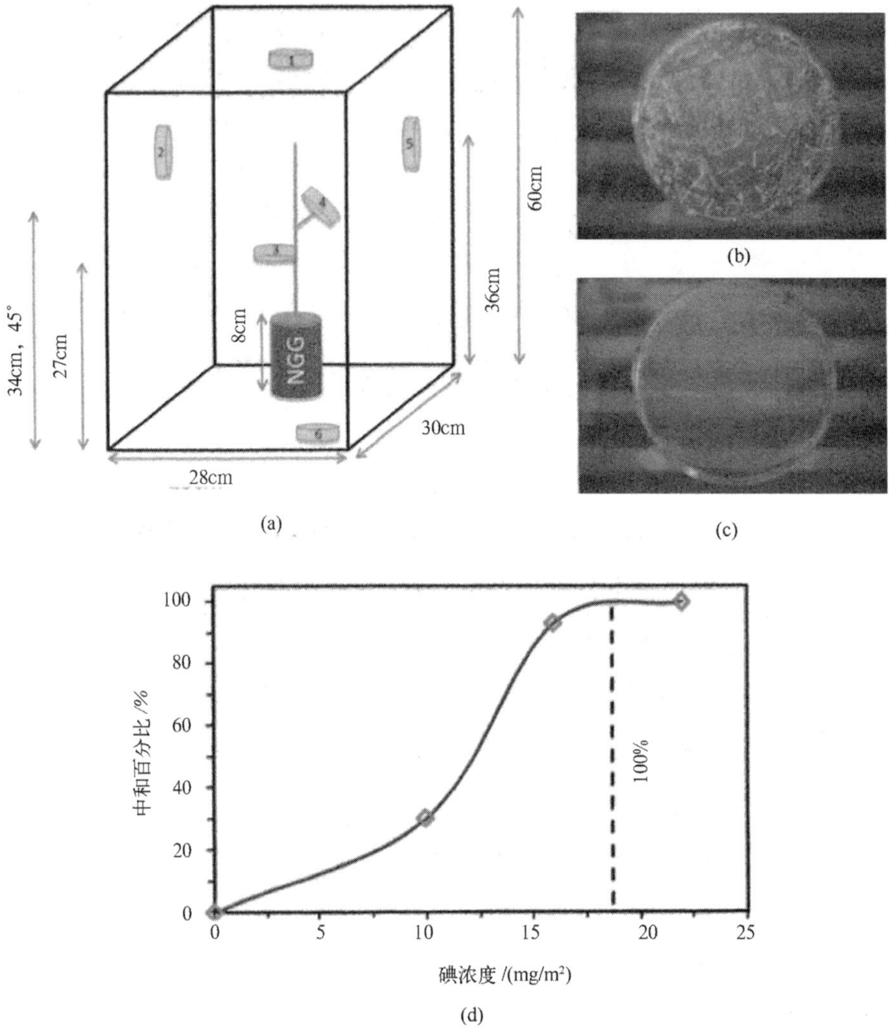

图 9-11　(a)为测试杀菌性能的实验装置；(b)为对照样品；(c)为样品暴露于纳米铝热剂消毒；(d)为纳米铝热反应产生的活性碘杀灭能力

9.5　小结

本章介绍了含有铋和碘氧化剂的纳米含能气体发生器系统的最新研究成果，并通过改变氧化剂粒径和形状来调节系统的反应性。I_2O_5、$Bi(OH)_3$ 和 Bi_2O_3 在提供高达 14.8kPa m^3/g

的优异压力排放值方面优于其他已知的传统铝热剂组合物中的氧化剂。这些 NGG 配方可用于新兴技术应用，如微型推力器，可提供 mNs 推力分辨率，以及功率输出高达 4700 W/kg 的线性复合作动器，同时，这种配方的杀菌剂具有优异的杀菌性能，其中感染区域的最小有效浓度为 22mg/m^2。

参考文献

[1] Aliev AE, Oh J, Kozlov ME, Kuznetsov AA, Fang S, Fonseca AF, Ovalle R et al (2009) Giant-stroke, superelastic carbon nanotube aerogel muscles. Science 323(5921): 1575-1578.

[2] Arnáiz FJ, Aguado R, Arnáiz S (1998) Microscale thermite reactions. J Chem Educ 75(12): 1630.

[3] Atwater JE, Sauer RL, Schultz JR (1996) Numerical simulation of iodine speciation in relation to water disinfection aboard manned spacecraft I. Equilibria. J Environ Sci Health A 31 (8): 1965-1979.

[4] Baughman RH, Cui C, Zakhidov AA, Iqbal Z, Barisci JN, Spinks GM, Wallace GG et al (1999) Carbon nanotube actuators. Science 284(5418): 1340-1344.

[5] Chaalane A, Chemam R, Houabes M, Yahiaoui R, Metatla A, Ouari B, Metatla N, Mahi D, Dkhissi A, Esteve D (2015) A MEMS-based solid propellant microthruster array for space and military applications. J Phys Conf Ser 660(1): 012137. IOP Publishing.

[6] Cheng JL, Hng HH, Ng HY, Soon PC, Lee YW (2010) Synthesis and characterization of self-assembled nanoenergetic Al Fe_2O_3 thermite system. J Phys Chem Solids 71(2): 90-94.

[7] Clark BR, Pantoya ML (2010) The aluminium and iodine pentoxide reaction for the destruction of spore forming bacteria. Phys Chem Chem Phys 12(39): 12653-12657.

[8] Comet M, Pichot V, Siegert B, Schnell F, Ciszek F, Spitzer D (2010) Phosphorus-based nanothermites: a new generation of energetic materials. J Phys Chem Solids 71(2): 64-68.

[9] Ding Y, Ma L, Xu Z, Li M, Huo H, Tan S, Gou X et al (2015) Progress on the use of satellite technology for gravity exploration. Geodesy Geodyn 6(4): 299-306.

[10] Dlott DD (2006) Thinking big (and small) about energetic materials. Mater Sci Technol 22 (4): 463-473.

[11] Dreizin EL (2009) Metal-based reactive nanomaterials. Prog Energy Combust Sci 35(2): 141-167.

[12] Fut'ko SI, Ermolaeva EM, Dobrego KV, Bondarenko VP, Dolgii LN (2011) Thermodynamic analysis of solid-fuel mixtures glycidyl azide polymer (GAP)/RDX for miniengines of microelectromechanical systems. J Eng Phys Thermophys 84(5): 1068-1073.

[13] Gottardi W (1991) Iodine and iodine compounds. In: Block SS (ed) Disinfection, sterilization, and preservation, 4th edn. Lea & Febiger, Philadelphia, PA, pp 152-166.

[14] Greiner W, Neise L, Stöcker H (1995) Thermodynamics and statistical mechanics. Springer-Verlag, p 101.

[15] Haines CS, Lima MD, Li N, Spinks GM, Foroughi J, Madden JDW, Kim SH et al (2014) Artificial muscles from fishing line and sewing thread. Science 343(6173): 868-872.

[16] Hobosyan MA, Martirosyan KS (2014) Consolidation of lunar regolith simulant by activated thermite reactions. J Aerosp Eng 28(4): 04014105.

[17] Hobosyan MA, Martirosyan KS (2016) Tuning of lunar regolith thermal insulation properties utilizing reactive consolidation by activated thermites. In: Lunar and planetary science conference, vol. 47, p 1035.

[18] Hobosyan MA, Martirosyan KS (2017) Iodine pentoxide nano-rods for high density energetic materials. Propellants Explos Pyrotech 42(5): 506-513.

[19] Hobosyan M, Kazansky A, Martirosyan KS (2012) Nanoenergetic composite based on I_2O_5/Al for biological agent defeat. In: Technical proceeding of the 2012 NSTI nanotechnology conference and expo, pp 599-602.

[20] Hobosyan MA, Kirakosyan KG, Kharatyan SL, Martirosyan KS (2015) PTFE-Al_2O_3 reactive interaction at high heating rates. J Therm Anal Calorim 119(1): 245-251.

[21] Hobosyan MA, Yolchinyan SA, Martirosyan KS (2016) A novel nano-energetic system based on bismuth hydroxide. RSC Adv 6(71): 66564-66570.

[22] Hobosyan MA, Martinez PM, Zakhidov AA, Haines CS, Baughman RH, Martirosyan KS (2017) Laminar composite structures for high power actuators. Appl Phys Lett 110(20): 203101.

[23] Hobosyan M, Lyshevski SE, Martirosyan KS (2018) Design and evaluations of 3D-printed microthrusters with nanothermite propellants. In: 2018 IEEE 38th international conference on electronics and nanotechnology (ELNANO). IEEE (accepted).

[24] Johnson CE, Fallis S, Chafin AP, Groshens TJ, Higa KT, Ismail IMK, Hawkins TW (2007) Characterization of nanometer-to micron-sized aluminum powders: size distribution from thermogravimetric analysis. J Propul Power 23(4): 669.

[25] Kim SH, Zachariah MR (2004) Enhancing the rate of energy release from nanoenergetic materials by electrostatically enhanced assembly. Adv Mater 16(20): 1821-1825.

[26] Lima MD, Fang S, Lepró X, Lewis C, Ovalle-Robles R, Carretero-González J, Castillo-Martínez E et al (2011) Biscrolling nanotube sheets and functional guests into yarns. Science 331 (6013): 51-55.

[27] Liu X, Li T, Li Z, Ma H, Fang S (2015) Design, fabrication and test of a solid propellant microthruster array by conventional precision machining. Sens Actuators A 236: 214-227.

[28] Madden JDW, Vandesteeg NA, Anquetil PA, Madden PGA, Takshi A, Pytel RZ, Lafontaine SR, Wieringa PA, Hunter IW (2004) Artificial muscle technology: physical principles and naval prospects. IEEE J Ocean Eng 29(3): 706-728.

[29] Martirosyan KS (2011) Nanoenergetic gas generators, principle and applications. J Mater Chem 21: 9400-9405.

[30] Martirosyan KS (2012) High-density nanoenergetic gas generators. In: Handbook of nanoscience, engineering, and technology, 3rd edn. CRC Press, pp 739-758.

[31] Martirosyan KS, Wang L, Luss D (2009a) Novel nanoenergetic system based on iodine pentoxide. Chem Phys Lett 483(1): 107-110.

[32] Martirosyan KS, Wang L, Vicent A, Luss D (2009b) Nanoenergetic gas generators: design and performance. Propellants Explos Pyrotech 34(6): 532-538.

[33] Martirosyan KS, Wang L, Vicent A, Luss D (2009c) Synthesis and performance of bismuth trioxide nanoparticles for high energy gas generator use. Nanotechnology 20(40): 405609.

[34] Martirosyan KS, Hobosyan M, Lyshevski SE (2012) Enabling nanoenergetic materials with integrated microelectronics and MEMS platforms. In: 2012 12th IEEE conference on nanotechnology (IEEE-NANO).

IEEE, pp 1-5.

[35] McDonnell G, Russell AD (2001) Antiseptics and disinfectants: activity, action, and resistance. Clin Microbiol Rev 14(1): 227.

[36] Miziolek A (2002) Nanoenergetics: an emerging technology area of national importance. Amptiac Q 6(1): 43-48.

[37] Patel VK, Ganguli A, Kant R, Bhattacharya S (2015a) Micropatterning of nanoenergetic films of Bi_2O_3/Al for pyrotechnics. RSC Adv 5(20): 14967-14973.

[38] Patel VK, Saurav JR, Gangopadhyay K, Gangopadhyay S, Bhattacharya S (2015b) Combustion characterization and modeling of novel nanoenergetic composites of Co_3O_4/nAl. RSC Adv 5 (28): 21471-21479.

[39] Perry WL, Smith BL, Bulian CJ, Busse JR, Macomber CS, Dye RC, Son SF (2004) Nano-scale tungsten oxides for metastable intermolecular composites. Propellants Explos Pyrotech 29 (2): 99-105.

[40] Puchades I, Hobosyan M, Fuller LF, Liu F, Thakur S, Martirosyan KS, Lyshevski SE (2014) MEMS microthrusters with nanoenergetic solid propellants. In: 2014 IEEE 14th international conference on nanotechnology (IEEE-NANO). IEEE, pp 83-86.

[41] Puchades I, Fuller LF, Lyshevski SE, Hobosyan M, Ting L, Martirosyan KS (2017) MEMS and 3D-printing microthrusters technology integrated with hydroxide-based nanoenergetic propellants. In: 2017 IEEE 37th international conference on electronics and nanotechnology (ELNANO). IEEE, pp 67-70.

[42] Puszynski JA (2009) Processing and characterization of aluminum-based nanothermites. J Therm Anal Calorim 96(3): 677-685.

[43] Puszynski JA, Bulian CJ, Swiatkiewicz JJ (2007) Processing and ignition characteristics of aluminum-bismuth trioxide nanothermite system. J Propul Power 23(4): 698-706.

[44] Rogachev AS, Mukasyan AS (2010) Combustion of heterogeneous nanostructural systems. Combust Explos Shock Waves 46(3): 243-266.

[45] Rossi C, Larangot B, Lagrange D, Chaalane A (2005) Final characterizations of MEMS-based pyrotechnical microthrusters. Sens Actuators A 121(2): 508-514.

[46] Rossi C, Zhang K, Esteve D, Alphonse P, Tailhades P, Vahlas C (2007) Nanoenergetic materials for MEMS: a review. IEEE/ASME J Microelectromech Syst 16(4): 919-931.

[47] Ru C, Wang F, Xu J, Dai J, Shen Y, Ye Y, Zhu P, Shen R (2017) Superior performance of a MEMS-based solid propellant microthruster (SPM) array with nanothermites. Microsyst Technol 23 (8): 3161-3174.

[48] Sathiyanathan K, Lee R, Chesser H, Dubois C, Stowe R, Farinaccio R, Ringuette S (2011) Solid propellant microthruster design for nanosatellite applications. J Propul Power 27(6): 1288-1294.

[49] Shiryaev AA (1995) Thermodynamics of SHS processes: advanced approach. Int J Self-Propag High-Temp Synth 4(4): 351-362.

[50] Staley CS, Raymond KE, Thiruvengadathan R, Apperson SJ, Gangopadhyay K, Swaszek SM, Taylor RJ, Gangopadhyay S (2013) Fast-impulse nanothermite solid-propellant miniaturized thrusters. J Propul Power Sullivan K, Zachariah M (2010) Simultaneous pressure and optical measurements of nanoaluminum thermites: investigating the reaction mechanism. J Propul Power 26(3): 467-472.

[51] Sullivan KT, Piekiel NW, Chowdhury S, Wu C, Zachariah MR, Johnson CE (2010) Ignition and combus-

tion characteristics of nanoscale Al/AgIO3: a potential energetic biocidal system. Combust Sci Technol 183 (3): 285–302.

[52] Umbrajkar SM, Schoenitz M, Dreizin EL (2006) Control of structural refinement and composition in Al–MoO_3 Nanocomposites prepared by arrested reactive milling. Propellants Explos Pyrotech 31(5): 382–389.

[53] Varma A, Rogachev AS, Mukasyan AS, Hwang S (1998) Combustion synthesis of advanced materials: principles and applications. Adv Chem Eng 24: 79–226.

[54] Wang Y, Jiang W, Cheng Z, Chen W, An C, Song X, Li F (2007) Thermite reactions of Al/Cu core–shell nanocomposites with WO_3. Thermochim Acta 463(1): 69–76.

[55] Wang L, Luss D, Martirosyan KS (2011) The behavior of nanothermite reaction based on Bi_2O_3/Al. J Appl Phys 110(7): 074311.

[56] Xu X, Li X, Zhou J, Zhang B, Xiao D, Huang Y, Wu X (2017) Numerical and experimental analysis of cold gas microthruster geometric parameters by univariate and orthogonal method. Microsyst Technol 1–14.

[57] Yolchinyan SA, Hobosyan MA, Martirosyan KS (2018) Tailoring bismuth oxide flower–, bowtie– and brushwood–like structures through microfluidic synthesis. Mater Chem Phys 207: 330–336.

[58] Zhang M, Atkinson KR, Baughman RH (2004) Multifunctional carbon nanotube yarns by downsizing an ancient technology. Science 306(5700): 1358–1361.

[59] Zhang Y, Evans JRG, Yang S (2011) Corrected values for boiling points and enthalpies of vaporization of elements in handbooks. J Chem Eng Data 56(2): 328–337.

[60] Zhou X, Xu D, Yang G, Zhang Q, Shen J, Lu J, Zhang K (2014) Highly exothermic and superhydrophobic Mg/fluorocarbon core/shell nanoenergetic arrays. ACS Appl Mater Interfaces 6(13): 10497–10505.

第四部分

纳米含能材料：新兴的研究领域

第 10 章　微型电子储能装置制造的最新进展

普那姆·顺德里耶(Poonam Sundriyal),
梅加·萨胡(Megha Sahu),
奥姆·普拉喀什(Om Prakash),
山塔努·巴特查里亚(Shantanu Bhattacharya)

摘要：随着能源需求的快速增长和当前及未来一代紧凑型电子器件的需求，微型化储能器件的发展应运而生。这些储能装置应能够有效地在有限的区域内储存足够的能量。据报道，微型超级电容器是小型电子设备的最佳替代电源。为了实现微尺度储能器件的高性能，已经研究了大量的储能材料、制造方法和电极设计。本文综述了微型超级电容器在微型化电子器件中的应用前景，并对微型超级电容器的制造和性能改进的研究进展进行了综述。

关键词：储能；微型超级电容器；制造方法；电极设计

10.1　引言

由于对能源的需求迅速增长，而传统能源的供应有限，因此迫切需要探索新的能源生产、储存和管理办法（Beidaghi 和 Gogotsi，2014；Kyerematenq 等，2017）。近几年来，便携式、无线和小型电子设备已成为当前和未来智能电子产品最具潜力的候选产品。这些智能设备的应用范围包括我们日常生活中使用的电子设备(智能手机、可穿戴设备、笔记本电脑等)、医疗应用(可穿戴医疗设备和医疗植入物)和工业应用(电动汽车、纳米机器人、微电子机械系统、无线传感器等)(Choi 等，2016)。这些应用都需要将微缩型电子设备集成在一起。迄今为止，许多研究都集中于为便携式电子设备供电的储能装置的小型化(Pech 等，2010；El-Kady 和 Kaner，2013；El-Kady 等，2015；Hyun 等，

P. Sundriyal，S. Bhattacharya
印度坎普尔理工学院，机械工程系，微观系统制造实验室，北方邦，坎普尔，208016，印度
电子邮箱：poonams@ iitk. ac. in
M. Sahu，O. Prakash
印度波音公司，新德里，印度

2017；Li 等，2017）。然而，要实现小型储能装置良好的电化学性能，它们与其他电子元件的集成以及这些元件在实际中的应用则是主要的挑战（Beidaghi 和 Gogotsi，2014；Tyagi 等，2015）。

在电池、超级电容器、电解电容器等不同的储能设备中，微型超级电容器（MSC）显示出了微型化电子应用的巨大潜力，具有高速率、长寿命、易集成等特点（Chmiola 等，2010）。近年来，通过使用不同的微制造方法已经开发出了几种微型超级电容器。广泛使用的制造技术包括印刷、光刻、激光划线、化学气相沉积和电化学/电泳沉积等（Pech 等，2010；El-Kady 等，2012；El-Kady 和 Kaner，2013；Su 等，2014b；Wu 等，2014；Xu 等，2014；Choi 等，2016；Sundriyal 和 Bhattacharya，2017a，b）。微型超级电容器的性能和可扩展性还取决于所选择的制造方法。目前的研究重点是制订适当的指导方针，选择合适的制造工艺，以简单、经济、环保和省时的方式制造高性能微型超级电容器。在不同的技术中，激光划线和喷墨印刷是制造微型超级电容器的趋势方法。然而，目前已开发的设备大多数都还处于研究阶段，要使其适用于实际应用还需要进一步的研究（Beidaghi 和 Gogotsi，2014；Tyagi 等，2015）。

电极设计和器件结构是微型超级电容器与电子器件获得高电化学性能和适当集成的关键因素（Beidaghi 和 Gogotsi，2014）。二维和三维电极设计是获得微型超级电容器高电化学性能的良好途径（Kyeremateng 等，2017）。此外，它们还提高了将这些设备安装到其他组件上的灵活性和方便性。

电极材料是影响储能装置整体性能的主要参数之一（Gogotsi，2014；Yu 等，2015）。器件的稳定性、寿命、功率都与电极材料及其形态和晶体结构有关。因此，有大量的文献都对储能设备的材料进行了研究。碳基材料、导电聚合物、过渡金属氧化物及其杂化物等材料作为先进的储能材料得到了广泛的研究。然而，它们在微型超级电容器上的应用仍然面临着工艺和规模化问题，为了使其在实际应用中更加有效，还需要进一步的研究。本文综述了近年来在微型超级电容器制造、电极设计、微电子器件材料开发等方面的研究进展。

10.2　储能装置的制造方法

MSC 的输出性能取决于电极材料、电极设计和器件结构。高效的材料和合适的制造工艺是构建高性能储能装置的关键点。薄膜电极广泛应用于制造芯片电子器件的储能装置。制造微型超级电容器的最具潜力的技术包括印刷技术、激光划线、光刻、气相沉积、电化学沉积和冲压。图 10-1 所示为构建微型超级电容器的不同制造工艺的示意图。

10.2.1　印刷技术

近年来，人们研究了制备薄膜微尺度储能器件的印刷方法（Wang 等，2015；Choi 等，2016；Sundriyal 和 Bhattacharya，2017a，b）。这些方法已被广泛应用于柔性、微型化电子

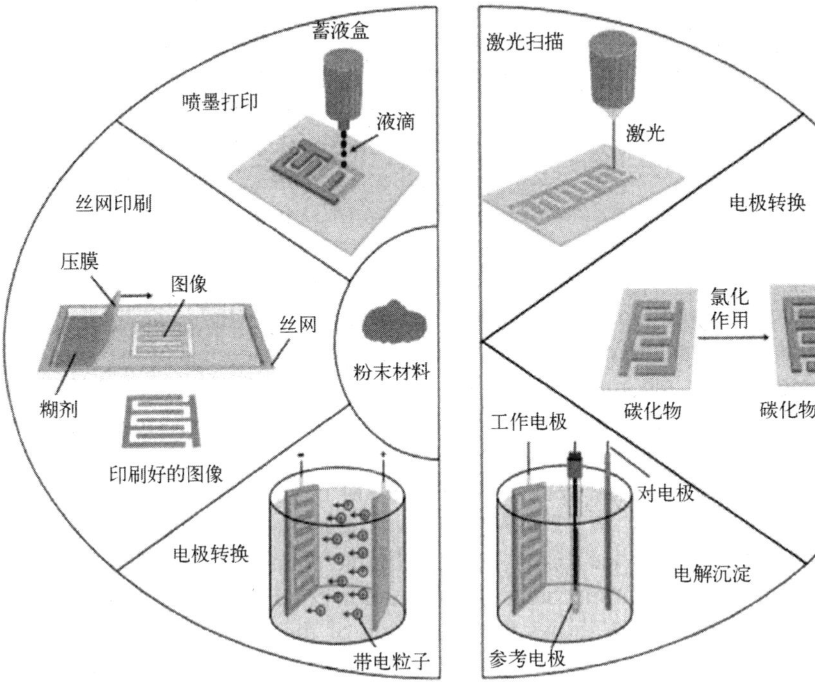

图 10-1　制作薄膜微型超级电容器的不同制造工艺示意图。
经英国《自然》周刊许可转载自 Kyeremateng 等（2017）

器件所要求的形状和尺寸可变器件的制造中。这种方法最吸引人的特点是用户对印刷图案的自定义，可以对电极的形状、尺寸、厚度、设计和定位完全控制。在不同的印刷技术中，喷墨打印被广泛地应用于微型化储能设备的制造中。

喷墨打印是一种直接的非接触式材料沉积方法，由于其具有成本低、环境友好、简单、工业成熟等优点，成为一种很有前途的薄膜器件制备技术（Ervin 等，2014）。由于其良好的性能以及与不同柔性衬底的相容性，被广泛用于制造柔性薄膜超级电容器和电池。Choi 等（2016）利用台式喷墨打印机在 A4 纸上制成了一种固态柔性超级电容器。以工业活性碳/碳纳米管为电极材料，离子凝胶为电解质，银纳米线为导电介质，成功地制备了不同形状和尺寸的超级电容器。为了提高印刷图案的分辨率，在纸基板上印刷了一层薄薄的纤维素纳米纤维（CNF）。图 10-2（a）所示为超级电容器装置不同部件的分步印刷示意图及印刷的超级电容器装置照片。图 10-2（b）~（e）为印刷的超级电容器的电化学性能。此外，所研制的器件在机械变形（弯曲）条件下的输出性能变化可以忽略不计，表明该器件具有出色的柔韧性。通过给 LED 供电，验证了打印设备的实际可行性，LED 在高温下也能正常工作［见图 10-2（f），（g）］。

我们课题组还报道了一种超低成本的纸基超级电容器，它利用喷墨打印机（Sundriyal 和 Bhattacharya，2017a，b）打印，具有极好的柔韧性和高电化学性能。对所用油墨的流

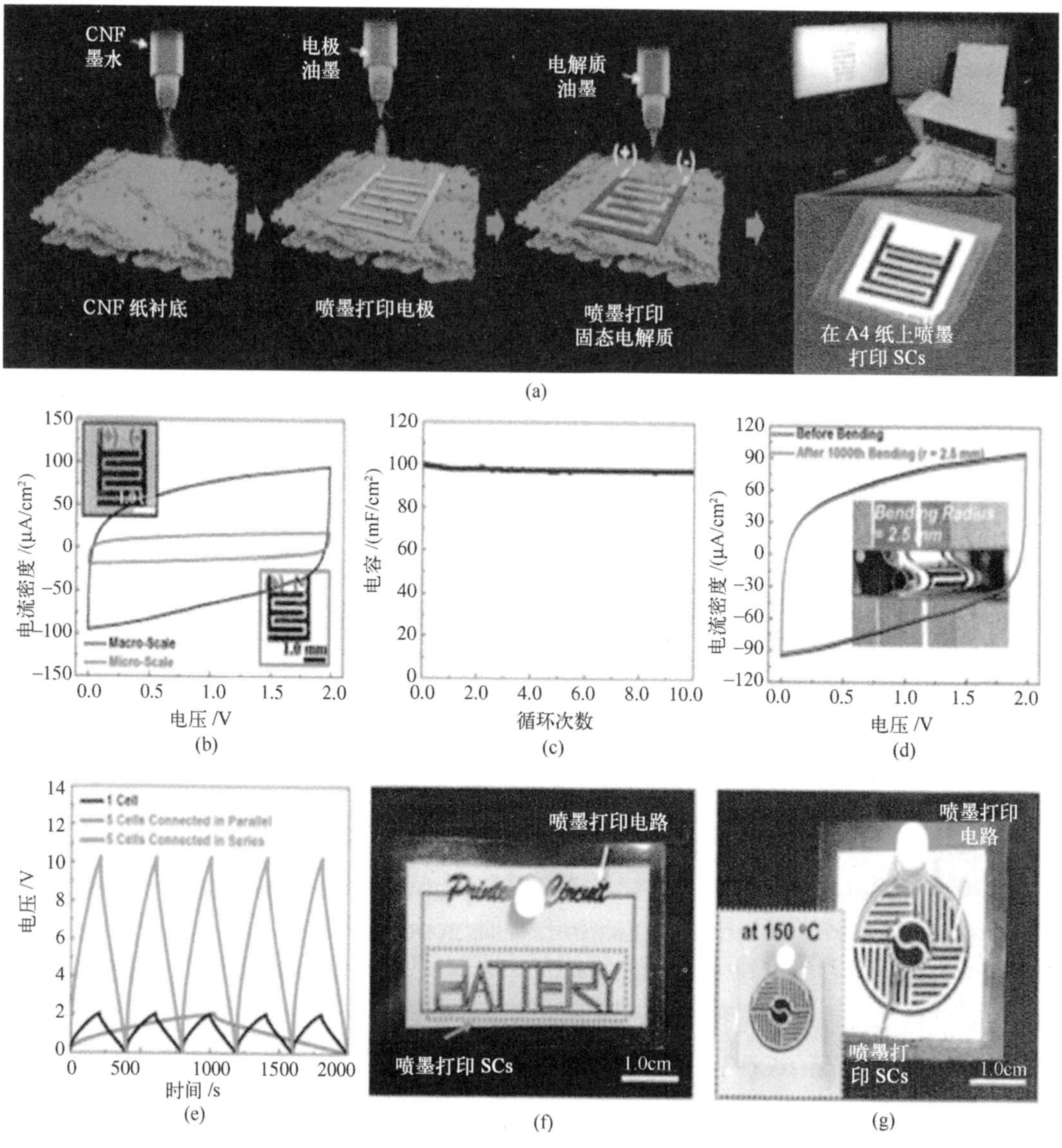

图 10-2　(a)为微型超级电容器的印刷步骤示意图，(b)~(e)为超级电容器的电化学性能，(f)，(g)为 LED 由印刷的微型超级电容器供电。经皇家化学学会许可转载自 Choi 等(2016)

变性能、油墨中材料的浓度和电极材料的印刷层进行了适当的优化，以研制出高性能的微型电容器。该装置具有良好的电化学性能，在 9000 次充放电循环后，电容保持率达到 89.6%。最大电流密度为 22mWh/cm^3，功率密度为 99mW/cm^3。此外，在不同的机械变形条件下，该器件的电化学性能变化可以忽略不计，表明其具有很高的柔韧性。图 10-3 所示为纤维素基板上印刷电极的示意图、设备组件的组装以及所开发的纸基微型电容器的循环伏安图曲线(插图所示为由两个串联设备供电的 LED)。

Lin 等采用市售二矩阵打印机构建了基于电极的平面内微型超级电容器的交错结构。他们报道了一个最大面积电容为 52.9mF/cm^2 的纳米孔结构的 Ni@ MnO_2 电极材料。将研制的微型超级电容器集成到一个可穿戴系统中，通过为一个自供电的可穿戴设备供电，证明了微型超级电容器切实可行。

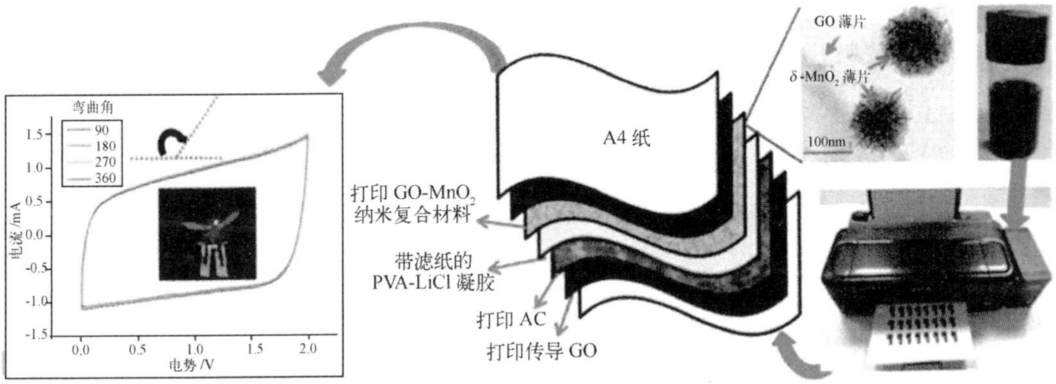

图 10-3　电极材料的喷墨打印、超级电容器组件的组装以及不同弯曲条件下器件的电化学性能。经美国化学学会许可转载自 Sundriyal 和 Bhattacharya（2017a，b）

Hyun 等（2017）报道了在塑料基板上使用毛细管辅助印刷工艺的石墨烯基微型超级电容器。这种基于毛细管流动的沉积方法提供了很高的打印分辨率（20μm，线的宽度），并显示出最大比电容为 269μF/cm^2（使用石墨烯材料的电极）。该方法可高效地制作大面积电子产品的储能装置。然而，该方法还需进一步改进，才能推广应用。Li 等还开发了基于喷墨打印石墨烯的微型超级电容器，用于各种衬底。他们报道了使用 100 个串联和并联设备的大规模微型超级电容器阵列。这些阵列具有 12V 的显著高压，稳定性长达 8 个月。

虽然喷墨打印已经成为微尺度储能器件的一种很好的解决方案，但是这种方法的某些固有局限性阻碍了它的全面利用。喷墨打印方法的主要问题是形成具有适当流变特性的可打印油墨。因此，只有溶液处理过的和小颗粒的材料才能用于喷墨打印。

10.2.2　激光刻划

激光刻划是另一种直接制备储能器件薄膜电极的方法。El-Kady 等及其团队最近提出，激光写入是制备石墨烯基薄膜微型超级电容器的一种有效方法（El-Kady 等，2012，2015；El-Kady 和 Kaner，2013）。他们对涂有氧化石墨烯的 DVD 光驱进行激光刻划，获得了高导电性（电导率为 1738 S/m）的石墨烯图形。所得石墨烯薄膜直接作为微型超级电容器的电极。所研制的微型超级电容器具有良好的电化学性能（El-Kady 等，2012）。在另一种方法中，基于激光刻划石墨烯的微型超级电容器实现了柔性电子应用（El-Kady 和 Kaner，2013）。图 10-4

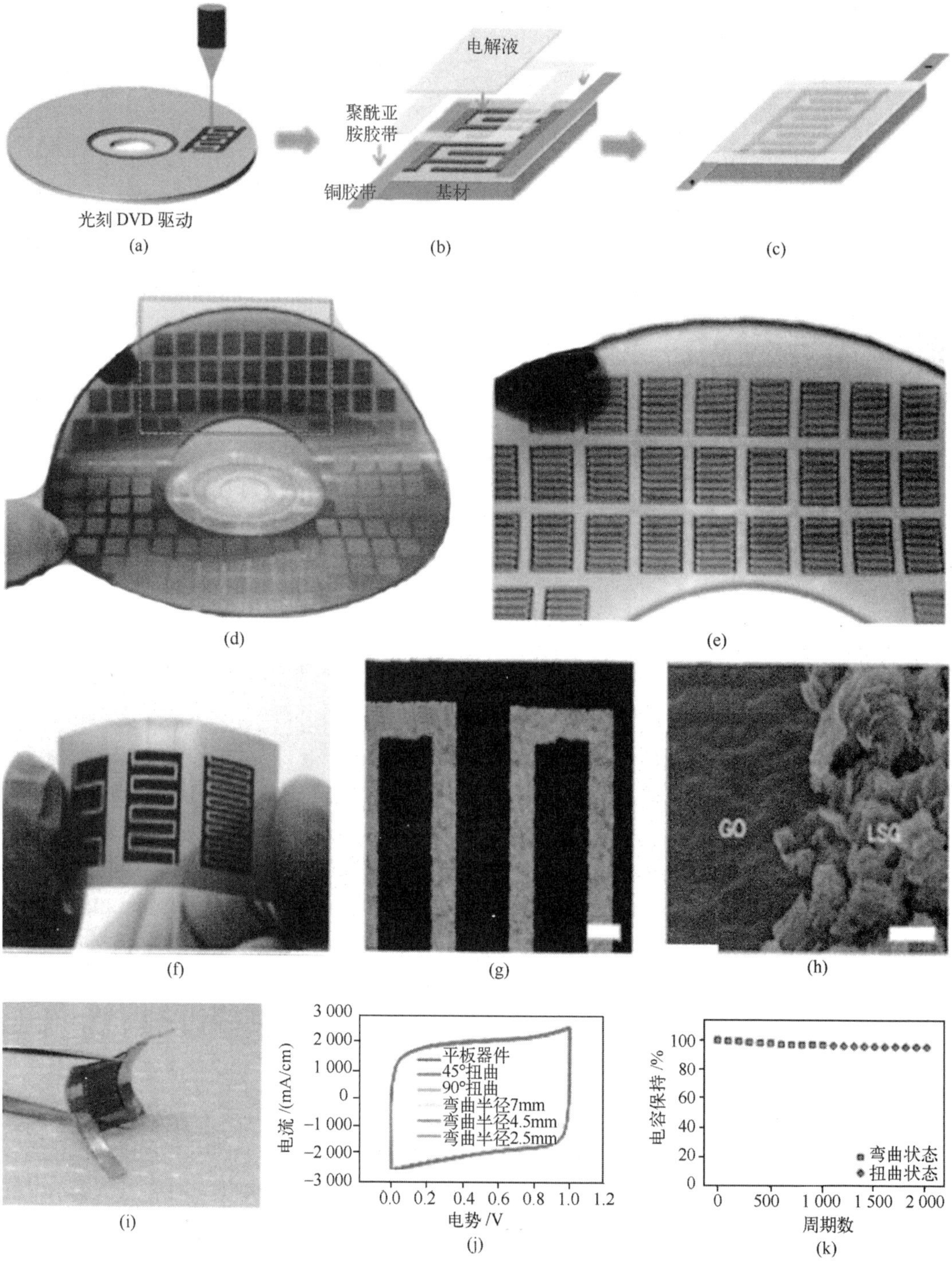

图 10-4　(a)~(e)为采用激光刻划法制作微型超级电容器；(f)和(i)为激光刻划微型超级电容器的数字照片；(g)和(h)为图案的光学和 FESEM 图像；(j)和(k)为装置的电化学性能。经美国化学学会许可转载自 El Kady 和 Kaner(2013)

(a)~(e)所示为采用激光刻划法进行单个器件制作和大规模制作的示意图。单个器件的数字照片和光学图像如图 10-4(f)、(h)所示。光学图像显示出清晰的无短路模式，SEM 图像[见图10-4(g)]清晰地显示了石墨烯氧化物和激光还原石墨烯侧面的参照图形之间的区别。柔性器件的照片及其在不同柔性条件下的电化学性能如图 10-4(i)~(k)所示。

该小组还报道了微型超级电容器和太阳能电池的组合系统，用于能源收集-存储系统(El-Kady 等，2015)。利用氧化石墨烯激光刻划和 MnO_2沉积技术研制了微型超级电容器。图 10-5(a)所示为不同串并联方式的平面内微型超级电容器的制作步骤及其电化学性能。图 10-5(b)所示为太阳能电池和微型超级电容器装置的集成示意图和照片。

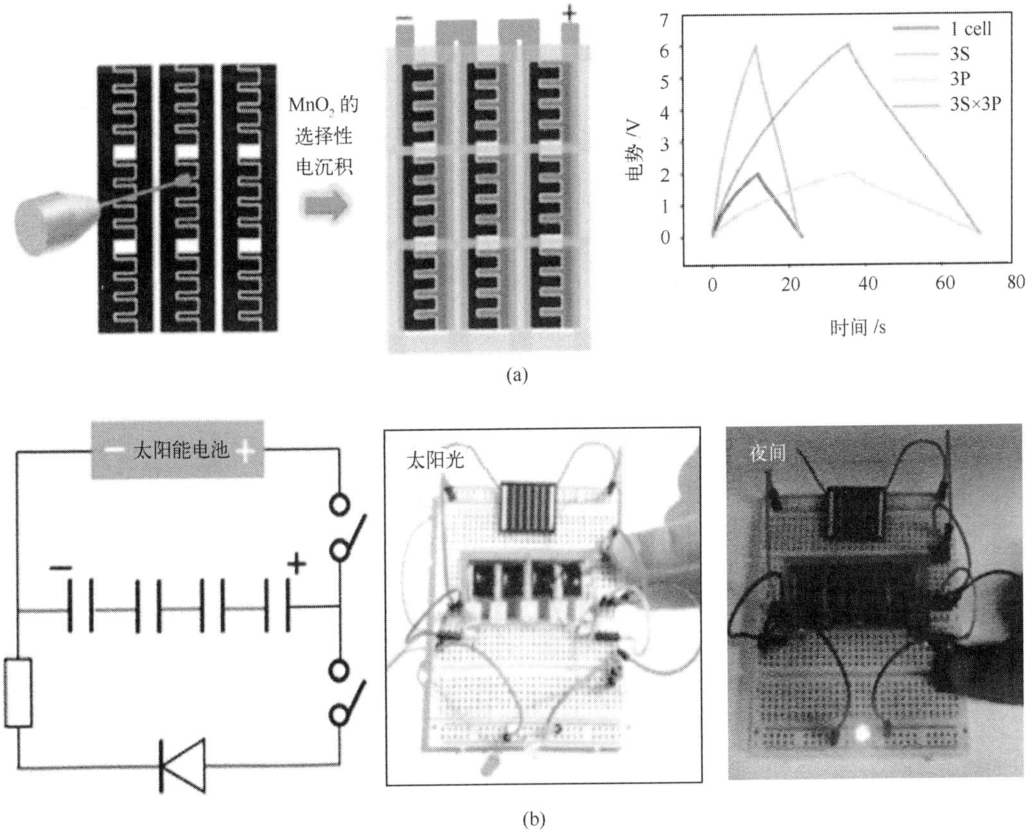

图 10-5　(a)为采用激光和电沉积方法制备微型超级电容器阵列，以及器件阵列的充放电曲线；(b)为微型超级电容器与太阳能电池装置的集成。经美国国家科学院院刊许可转载自 El-Kady 等（2015）

10.2.3　光刻技术

光刻是一种利用预制版掩模构造薄膜图形的微加工方法。图案通过光源转移到光刻胶上。它是一个多步骤的工艺过程，涉及许多化学处理过程，以获得最终的模式。该方法广泛应用于微型化薄膜图形的制作。也有报道将其作为构建面内微型超级电容器电极的有效方法之一(Wu 等，2014；Bhatt 等，2017；Pitkänen 等，2017)。图 10-6(a)所示为用这种

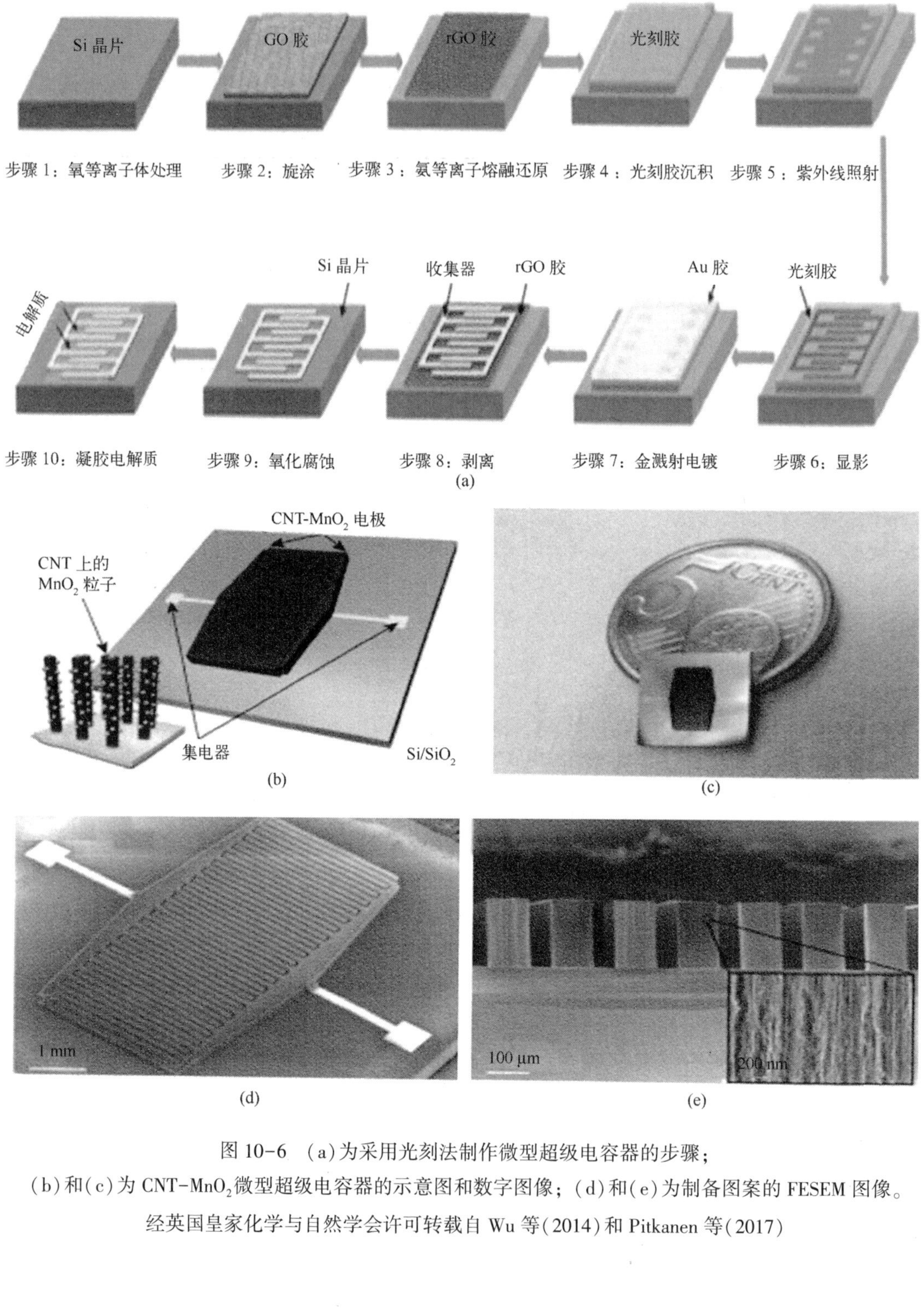

图 10-6　(a)为采用光刻法制作微型超级电容器的步骤；
(b)和(c)为 CNT-MnO_2微型超级电容器的示意图和数字图像；(d)和(e)为制备图案的 FESEM 图像。
经英国皇家化学与自然学会许可转载自 Wu 等(2014)和 Pitkanen 等(2017)

方法制备氧化石墨烯薄膜交错电极的步骤。制作了不同电极指数的微型超级电容器，并利用该微型超级电容器研究了电极指数与输出性能的关系。所开发的设备显示出高达 2000V/s 的扫描速率和高达 50000 个周期的良好循环稳定性(Wu 等，2014)。

Pitkanen 等(2017)还开发了一种微型超级电容器，利用光刻法进行芯片储能。铂和钼层用作集电器。所选电极材料为具有三维结构的 CNT-MnO_x。通过平面电极设计，他们获得的最大面积电容为 37mF/cm^2。图 10-6(b)所示为平面内 CNT-MnO_x电极设计的示意图，图 10-6(c)所示为图案化器件的光学图像，图 10-6(d)所示为图案化器件的 FESEM 图像，图 10-6(e)所示为图案化器件的横截面 FESEM 图像。

10.2.4　化学气相沉积

化学气相沉积(CVD)是一种制备薄膜器件的有效方法，用于半导体器件的所有应用领域。Yoo 等人(2011)报道了采用 CVD 技术制备的 1~2 层石墨烯薄膜，其比电容为 0.08 F/cm^2。Miller 等(2011)也利用 CVD 方法在镍箔上制备了垂直排列的石墨烯薄膜。所制备的微型超级电容器具有良好的频响特性，时间常数为 200 ms，功率输出良好。

Lee 等(2013)验证了一种用于超级电容器的多孔石墨烯纳米球薄膜。薄膜的比表面积为 508m^2/g，平均孔径为 4.27nm。研制的超级电容器比电容为 206F/g，充放电循环可达 10000 次，性能优良。Xu 等(2014)提出了一种有趣的方法，为微型超级电容器制备具有优异的电化学性能、柔韧性和可拉伸性的 CVD 生长透明石墨烯薄膜。据报道该装置具有 73%的透光率和良好的电化学性能，拉伸率高达 40%。图 10-7(a)~(d)所示为 CVD 生长石墨烯薄膜表面波纹的 FESEM 图像。图 10-7(e)所示为这些薄膜的 AFM 图像。这些表面波纹有利于提高超级电容器的性能。图 10-8 所示为所研制的器件在不同拉伸条件下的电化学性能。

10.2.5　电化学沉积和电泳沉积

电化学和电泳技术在制造微型超级电容器的薄膜电极中得到了广泛的关注。该方法具有成本低、制造面积大、仪器操作方便等优点，因而得到了广泛的应用。近年来，已经利用这些方法制备了石墨烯、碳纳米管、碳洋葱、活性炭、过渡金属氧化物、导电聚合物等电极材料的微尺度储能器件。Pech 等(2010)报道的重要文献之一是《电泳沉积技术在碳洋葱中的应用》。研制的直径为 6~7nm 的纳米碳洋葱电极，与工业活性炭基超级电容器相比，具有良好的扫描速率性能。图 10-9(a)~(e)所示为具有零维碳洋葱电极的微型超级电容器结构，图 10-9(f)、(g)所示为基于碳洋葱电极的微型超级电容器装置与活性炭基超级电容器、市售超级电容器和市售电解电容器电化学性能的对比。

在另一种方法中，Su 等将 MnO_2沉积在 3D 镍纳米锥阵列上(见图 10-10)。以活性炭为对电极，形成 3mm 厚的自支撑电极薄膜，具有良好的电化学性能。该薄膜器件的寿命为 20 000 次，电容保持率为 95.3%，最大能量密度为 52.2Wh/kg(Su 等，2014b)。

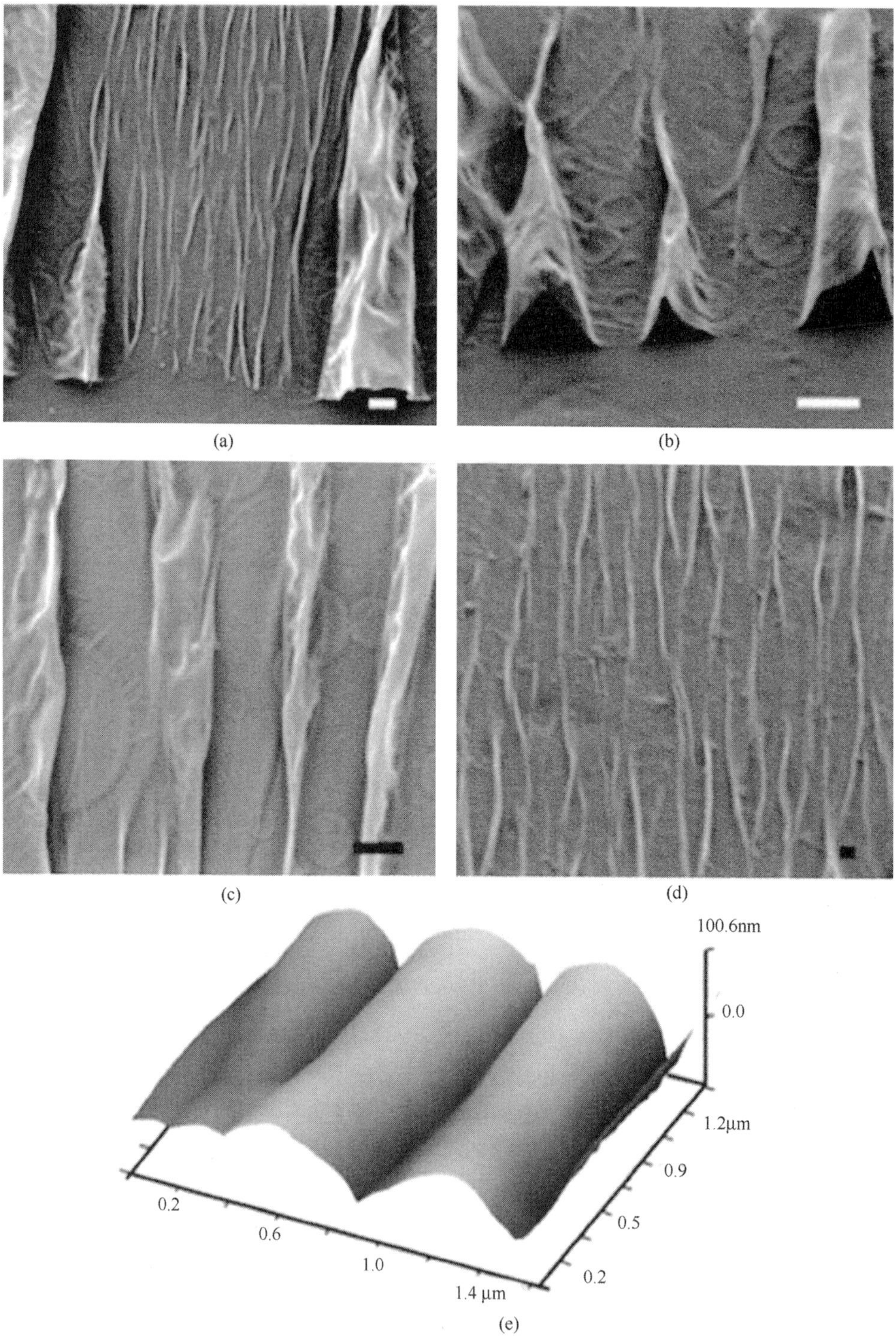

图 10-7　(a)~(d)为 CVD 生长石墨烯薄膜的 FESEM 图像；(e)为表面的 AFM 图像。经美国化学学会许可转载自 Xu 等(2014)

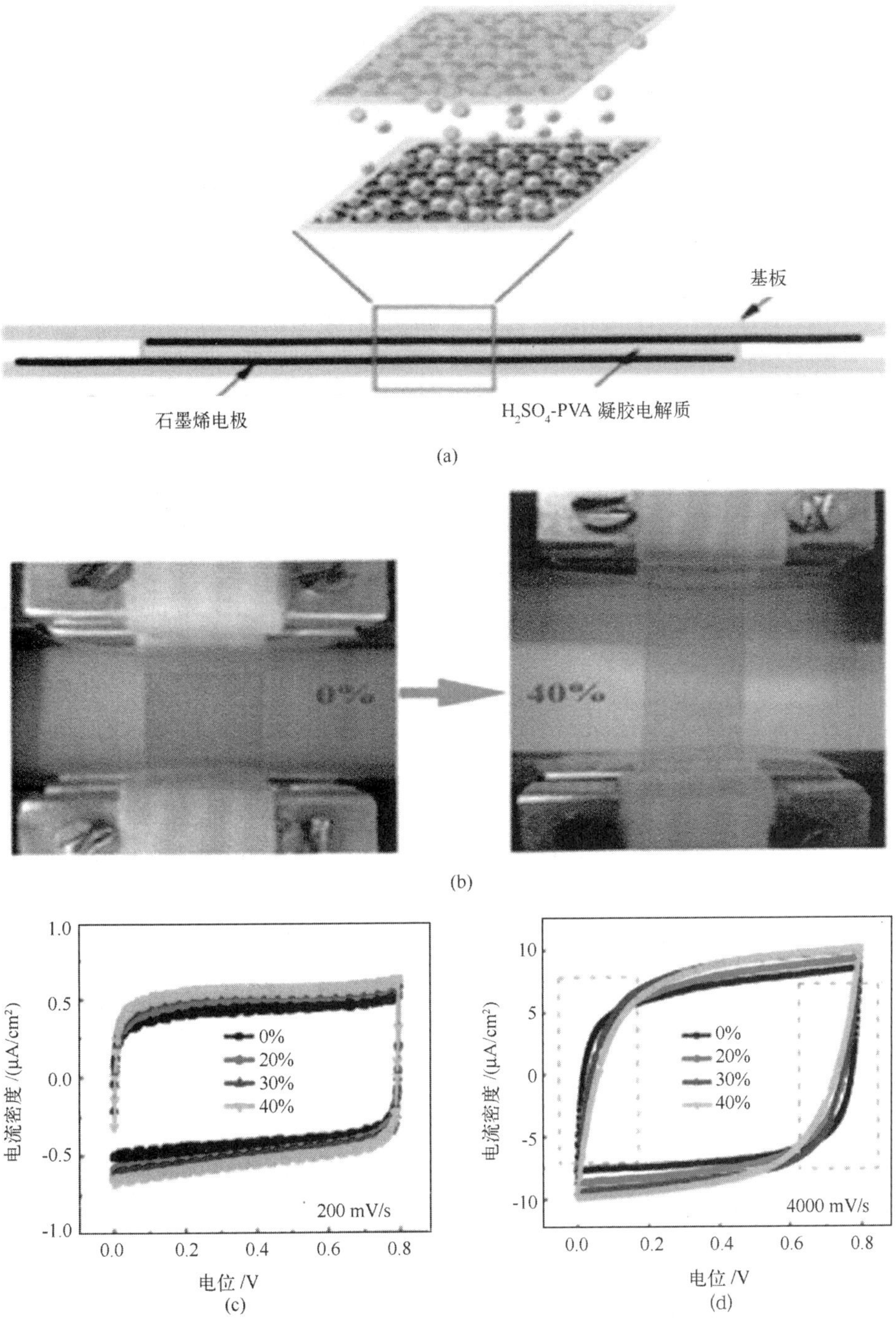

图 10-8　(a)为微型超级电容器组件示意图；(b)，(c)为拉伸条件下的器件；(d)为器件在不同拉伸条件下的电化学性能。经美国化学学会许可转载自 Xu 等（2014）

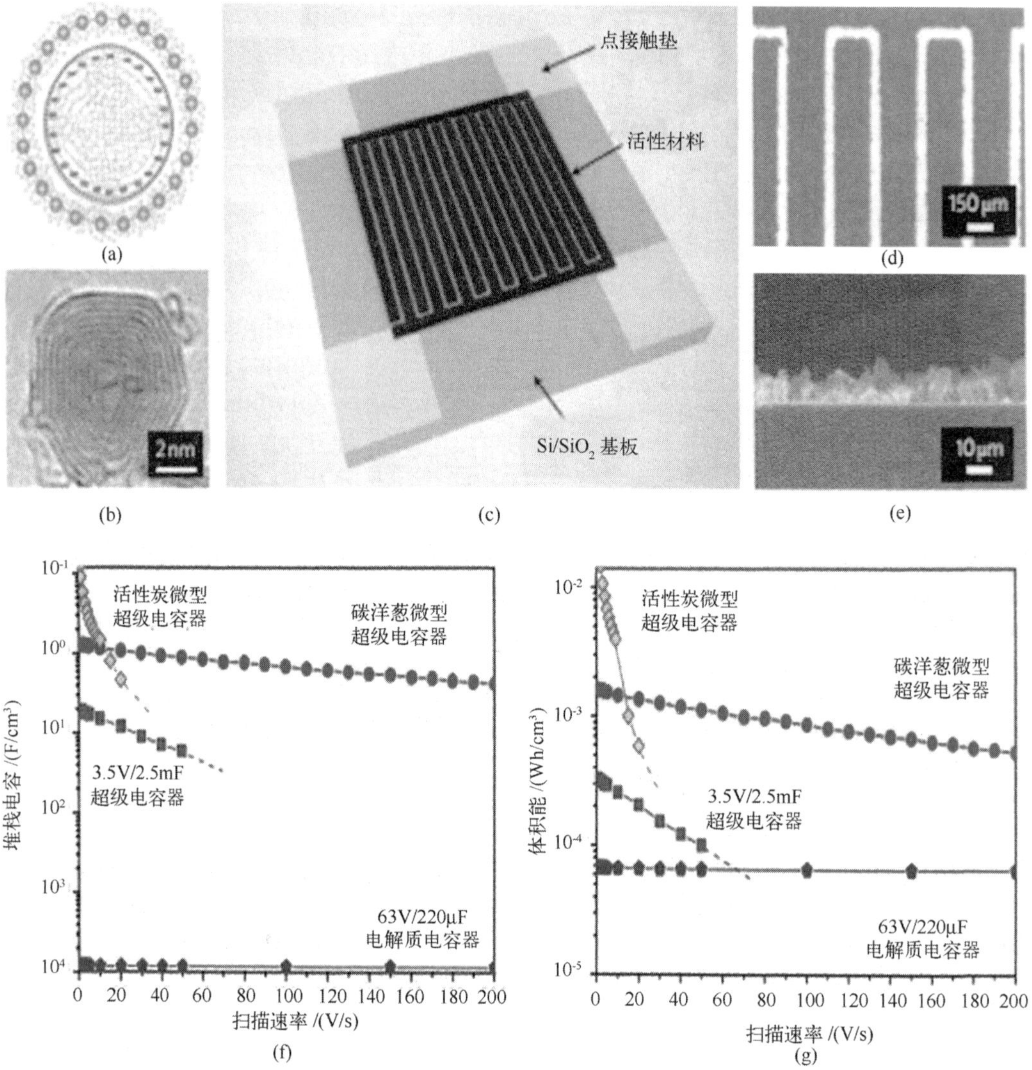

图 10-9 (a)~(e)为零维碳洋葱微型超级电容器结构；(f)，(g)为碳洋葱超级电容器与商业装置的电化学性能比较。经《自然》周刊许可转载自 Pech 等(2010)

10.3 微型超级电容器电极设计的最新进展

为了实现用于微型化或芯片电子化的微型超级电容器的高性能，对电极设计和器件结构的改进进行了大量的研究工作。电极设计对储能装置的输出性能影响非常大(Kyeremateng 等，2017)。在各种电极结构中，叉指式平面设计和电极的三维架构显著提高了微型超级电容器的性能，满足了微型化电子器件的能量需求。

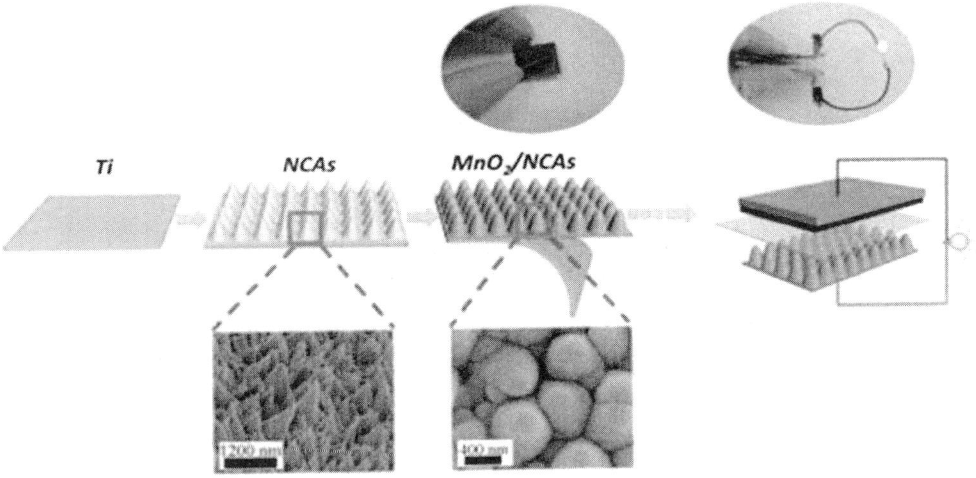

图 10-10　将 MnO_2沉积在镍纳米锥上制成三维微型超级电容器电极的示意图。
经英国皇家化学学会许可转载自 Su 等(2014a)

10.3.1　平面电极设计

平面电极结构是微型超级电容器装置获得高输出性能的有效设计方法。由于该平面结构具有较短的扩散路径和较快的电解质离子转移速度，因此，它具有比传统夹层结构更高的功率能力(Yoo 等，2011)。

它对实现器件的高电容、高频响应、良好的速率性能和优异的循环寿命等都有显著的作用(Liu 等，2015)。平面的设计还可减小储能元件的重量和厚度，并具有更高的灵活性，以便与紧凑型和便携式电子设备集成。利用 10.2 节所述的微制造技术，可以制造出平面微型超级电容器。近年来，为了消除电解液泄漏问题，并在实际应用中实现储能元件的高效运行，引入了固态平面微型超级电容器(Gao 和 Lian，2014)。大多数固态电解质是由聚合物和标准电解质在水溶液中混合而成的。然而，这些电解质的离子导电性差且在高温下不相容，据报道有一些离子凝胶可以克服这些问题(Le Bideau 等，2011)。图 10-11 所示为基于石墨烯的超级电容器的平面和传统夹层设计示意图。平面设计得益于离子转移的简单、快速，使得该装置充放电速度快，与夹层结构相比获得了巨大的增益。大部分潜在的储能材料，如碳基材料(石墨烯、碳纳米管、活性炭)、金属氧化物(RuO_2，MnO_2，NiO，V_2O_5等)和导电聚合物，都被用于制造平面微型超级电容器。尽管已经对平面内设计微型超级电容器的制造过程和功率性能进行了大量的研究，但是它们与其他电子元件的适当集成，并在不缩短阳极和阴极部件的情况下，实现实际应用所需的能量密度，缩小器件尺寸，仍然是一个很大的挑战。

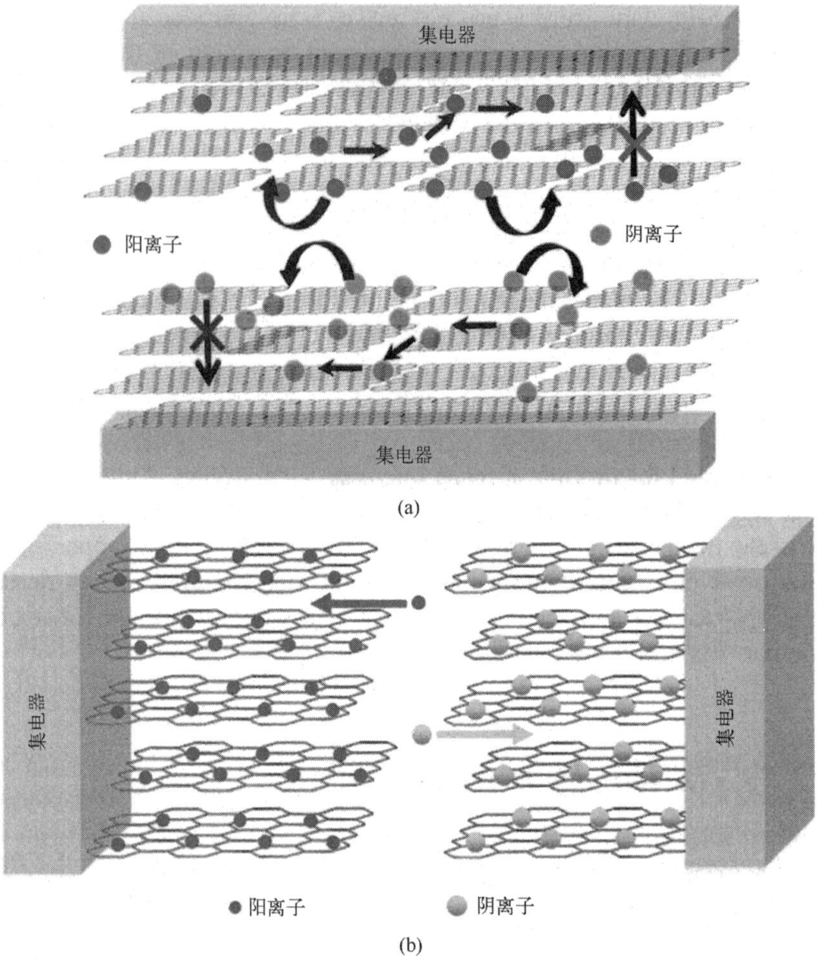

图 10-11　(a)为传统的夹层设计示意图，显示了由于堆叠层造成的离子传输路径中的障碍，导致活性材料不能充分利用并可能降低输出性能；(b)为平面内设计示意图，显示了活性电极层各侧面的完全可达性和离子的易输送性，有利于获得较高的电化学性能。经美国化学学会许可转载自 Yoo 等(2011)

10.3.2　三维电极设计

虽然薄膜微型超级电容器具有诸多优点，但是它的功率密度低，这阻碍了其在现实生活中的广泛使用（Kyeremateng 等，2017）。这个问题是由电活性材料的体积较小造成的，这种电活性材料的储电量较低。因此，每单位面积应该有足够体积的电极材料。一种方法是制作更厚的电极。然而，它们可能会影响微型超级电容器的性能。另一种方法是用三维电极设计代替平面电极设计。图 10-12 所示为采用三维电极设计的微型交叉超级电容器示意图。

近年来，纳米锥体、纳米线、纳米片等多种形态的三维电极设计已成为研究的热点。

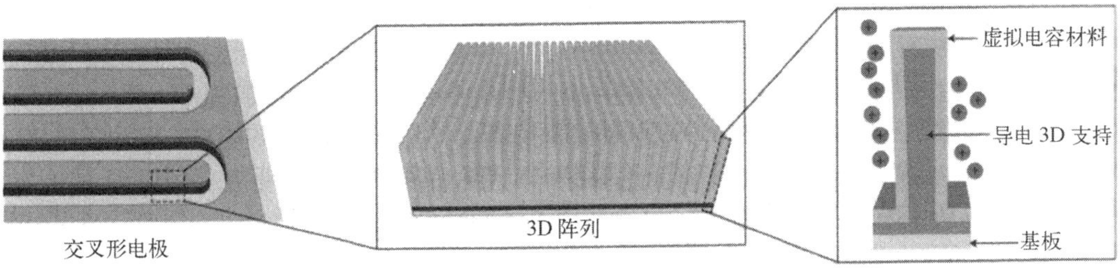

图 10-12　采用三维电极设计的平面微型超级电容器的示意图。
经《自然》周刊许可转载自 Kyeremateng 等(2017)

Qui 等人(2014)提出了使用软打印方法设计微型超级电容器的三维电极。将 MnO_2电极材料沉积在集电器的纳米锥形阵列上，形成电极的三维结构(见图 10-13)。所研制的器件在 2A/g 电流密度下，最大空气电容为 88. 2mF/cm^2，2000 次充放电循环后电容保持率为 96. 5%。

图 10-13　在不同沉积时刻 MnO_2沉积的纳米锥阵列的 FESEM 图像：(a)为 70s 时，(b)为 175s 时，(c)为 350s 时和(d)为 700s 时(比例尺：1mm)。经皇家化学学会许可转载自 Qiu 等(2014)

10.4 用于储能装置改进的材料研发进展

电极材料的选择是储能装置设计的重要组成部分，它直接影响到储能装置的性能(Yu 等，2015)。储能装置所需的比电容、循环稳定性、功率密度、能量密度、电导率和速率性能等参数都取决于电极材料的类型。因此，开发高效储能材料已成为材料研究领域的热点。目前，作为电极材料，碳基材料、金属氧化物/硫化物/氮化物/氢氧化物以及导电聚合物的不同形态和结构已得到广泛的研究。

10.4.1 碳基材料

碳基材料由于其实用性、导电性、高比表面积，以及良好的电化学稳定性和易加工等特点，在储能器件中得到了广泛的应用。各种碳基材料，如石墨烯、碳纳米管、碳洋葱，以及不同形态的活性炭等，都已经用于微型超级电容器(Xiong 等，2014)。此外，最近的研究重点之一是以环保的方式将生物废弃物转化为高效碳基电极(Sundriyal 和 Bhattacharya，2017a，b)。碳基材料的主要局限性在于其低电容，因此，提高其电化学性能仍需进行大量的研究。

10.4.2 金属氧化物

金属氧化物/硫化物/氮化物/氢氧化物的改进极大地提高了储能装置的输出性能。广泛开发的金属氧化物包括 RuO_2，MnO_2，NiO，V_2O_5，CoO，ZnO 等(Chauhan 和 Bhattacharya，2016，2018；Chauhan 等，2017；Patel 等，2017)。

10.4.2.1 二维形态

二维过渡金属氧化物已成为微型超级电容器极具潜力的高效电极材料。这些材料的薄结构具有更短的离子扩散路径和更大的表面积，与其块材相比可以得到更优的离子扩散性能和更高的电导率。许多研究小组已经对用于微型超级电容器的 $CoCO_3$(Jiang 等，2016)、MnO_2(He 等，2012；Shi 等，2013；Gao 等，2017；Kumbhar 和 Kim，2018)、NiO (Zhi 等，2016)、MoO_3(Zhu 等，2017)等的二维纳米结构进行了探索研究。这些材料的轻薄性和柔韧性也为研发灵活便携的电子设备提供了发展空间(Zhi 等，2016)。合成二维金属氧化物的有效方法为球磨法和微波曝光法。图 10-14 所示为使用球磨法得到的二维 MnO_2 的 FESEM 和 TEM 图像。

另一种过渡金属氧化物 Co_3O_4 具有经济、理论比电容高等优点。在纳米结构形式下，由于材料的表面积较大，比电容甚至更高。Ge 等人以 Co_3O_4 为介孔结构，获得了 238.4F/g 的比电容，Jing 等报道了多孔 Co_3O_4 板的比电容为 288F/g，Zaun 等报道了 Co_3O_4 二维形态的比电容为 1862F/g。

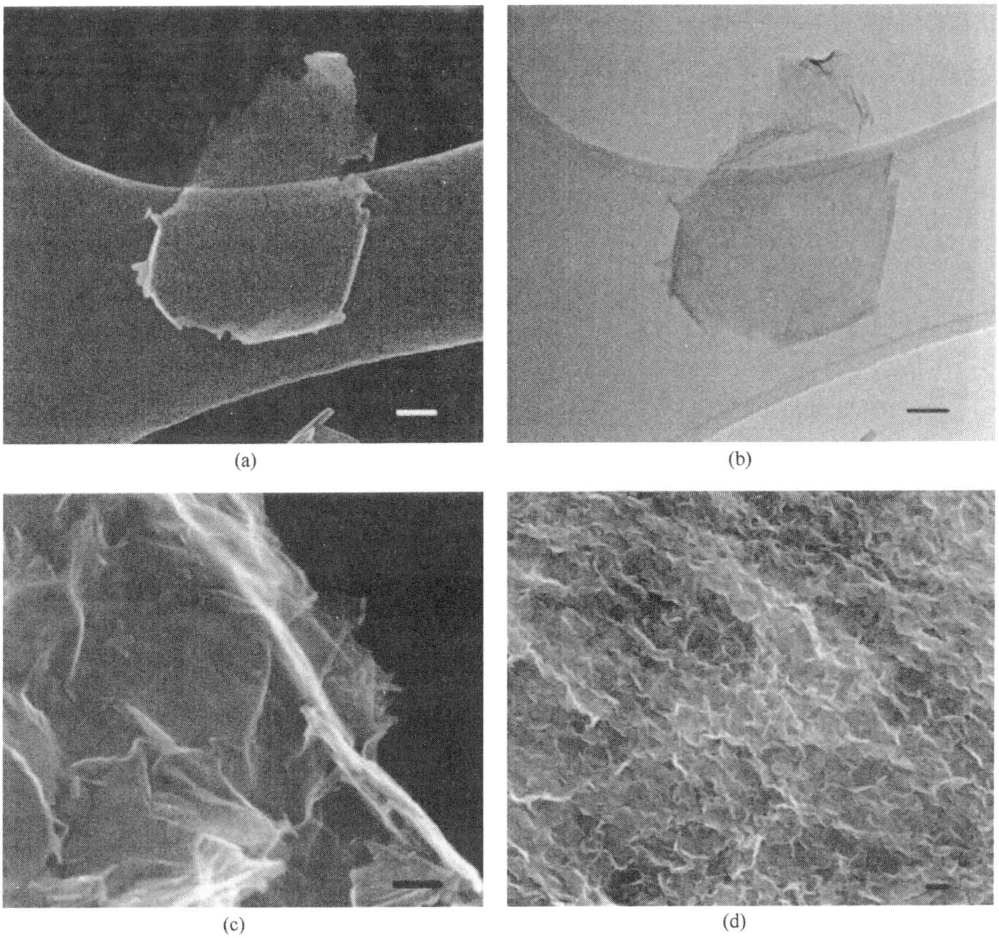

图 10-14　二维 MnO_2的电子显微镜图像：(a)，(c)，(d)为 FESEM 图像，(b)为 TEM 明视场图像［比例尺为(a)~(c)50nm 和(d)500nm］。经《自然》周刊许可转载自 Gao 等(2017)

10.4.2.2　核/壳纳米杂化结构

为了改善超级电容器电极的性能，已广泛采用的方法之一就是使用金属氧化物/金属氧化物、金属氧化物/金属氢氧化物等的核/壳结构。核/壳结构形态的材料可以改善电化学稳定性，扩大电活性位点，并促进与阴离子和阳离子的氧化还原反应(Liu 等，2011)。核/壳结构能够使超级电容器实现更高的静电荷存储容量。使用各种金属氧化物已经制备出了针状、纳米线状和带状的核/壳结构，如 Co_3O_4纳米线@ MnO_2(Liu 等，2011；Kong 等，2014)、$NiCo_2O_4$@ $NiWO_4$(Chen 等，2016)、CoO@ MnO_2(Li 等，2016)、$ZnFe_2O_4$@ MnO_2(Liu 等，2017)和 Co_3O_4@ NiO (Han 等，2017)。所有这些研究工作都涉及了使用纳米结构来增加表面积并提供更短的扩散路径以获得更好的电容性能。图 10-15 所示为泡沫

镍衬底上的 Co_3O_4@ NiO 纳米线@纳米片阵列的示意图，表 10-1 总结了最近报道的核/壳结构阵列的电化学性能。图 10-16 所示为 CoO@ MnO_2核/壳纳米结构的 FESEM 图像，图 10-17 所示为 $Ni(OH)_2$@ MnO_2核/壳结构的 TEM 图像。

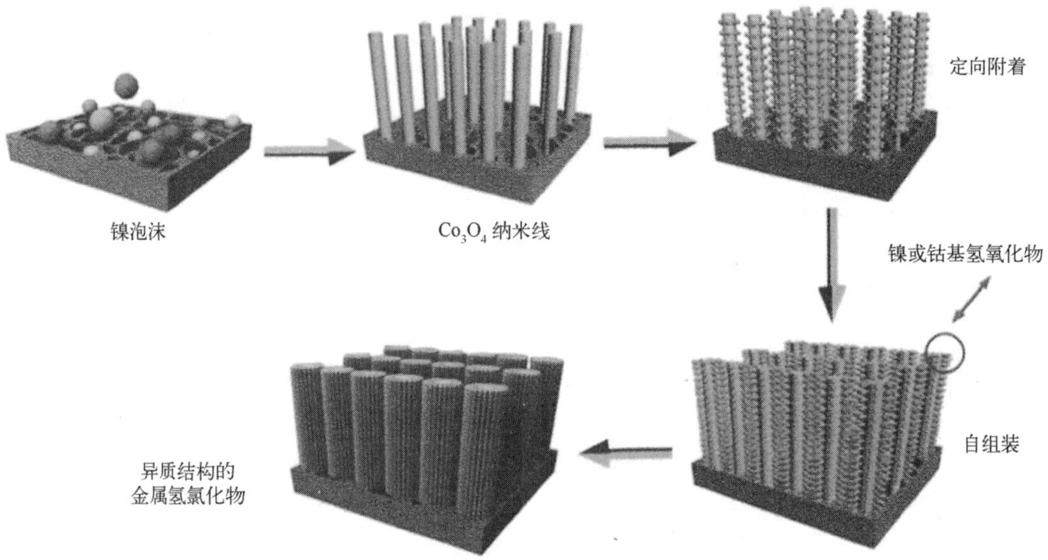

图 10-15　Co_3O_4@ NiO 纳米线@纳米片阵列的核/壳结构形成的示意图。经 Elsevier 许可转载自 Han 等（2017）

表 10-1　近期报道的核/壳结构阵列的电化学性能

序号	金属氧化物核/壳材料	比电容/(F/g)	电流密度/(A/g)	合成方法	参考文献
1	Co_3O_4纳米线@ MnO_2	480	2.67	水热法	Liu 等(2011)
2	Co_3O_4@ MnO_2纳米针	1693.2	1	水热法	Kong 等(2014)
3	$NiCo_2O_4$@ $NiWO_4$纳米线	1384	1	水热烧结	Chen 等(2016)
4	CoO@ MnO_2纳米网格	1835	1	水热烧结	Li 等(2016)
5	$NiCo_2O_4$@ NiCoAl 双氢氧化物纳米复合材料	1814	1	水热烧结	He 等(2017)
6	Co_3O_4/石墨烯量子点	2435	1	溶液-热处理	Shim 等(2017)
7	$MnCo_2O_4$@ $MnMoO_4$纳米片			水热烧结	Lv 等(2018)
8	磷掺杂 $Ni(OH)_2$/MnO_2	911	1	水热法	Li 等(2018)

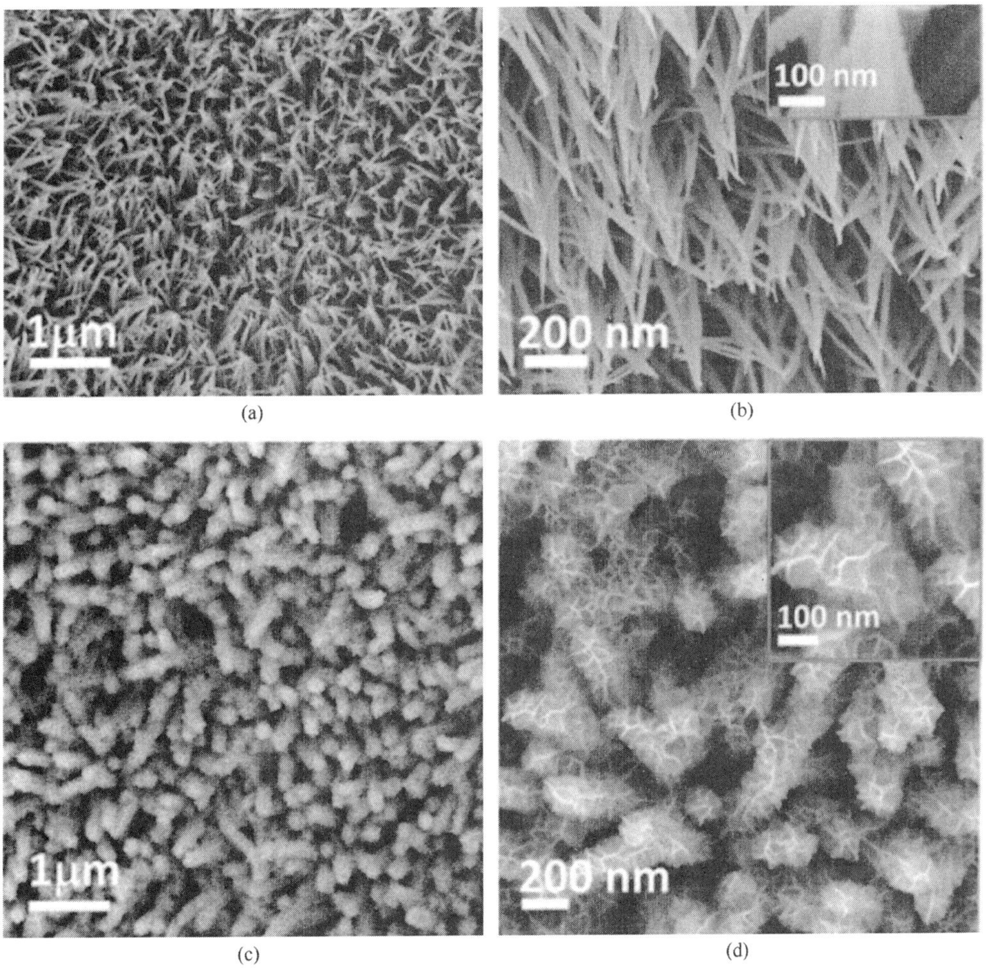

图 10-16　(a)和(b)为 CoO 纳米线的低、高倍 FESEM 图像；(c)和(d)为三维 CoO@ MnO_2 核/壳纳米混合材料的低、高倍 FESEM 图像。经英国皇家化学学会许可转载自 Li 等（2016）

10.4.2.3　三元过渡金属氧化物/混合过渡金属氧化物(MTMO)

为了满足对高功率和高能量密度的电极需求，人们对混合过渡金属氧化物进行了大量的研究。MTMO 的伪电容是由电极/电解质界面的快速氧化还原反应引起的。MTMO 的尖晶石结构有两个 TMO。MTMO 由于具有优良的电化学性能、易于合成和经济实用等优点而受到人们的广泛关注。MTMO 基电极与石墨电极相比，具有更高的比电容(Yuan 等，2014)。

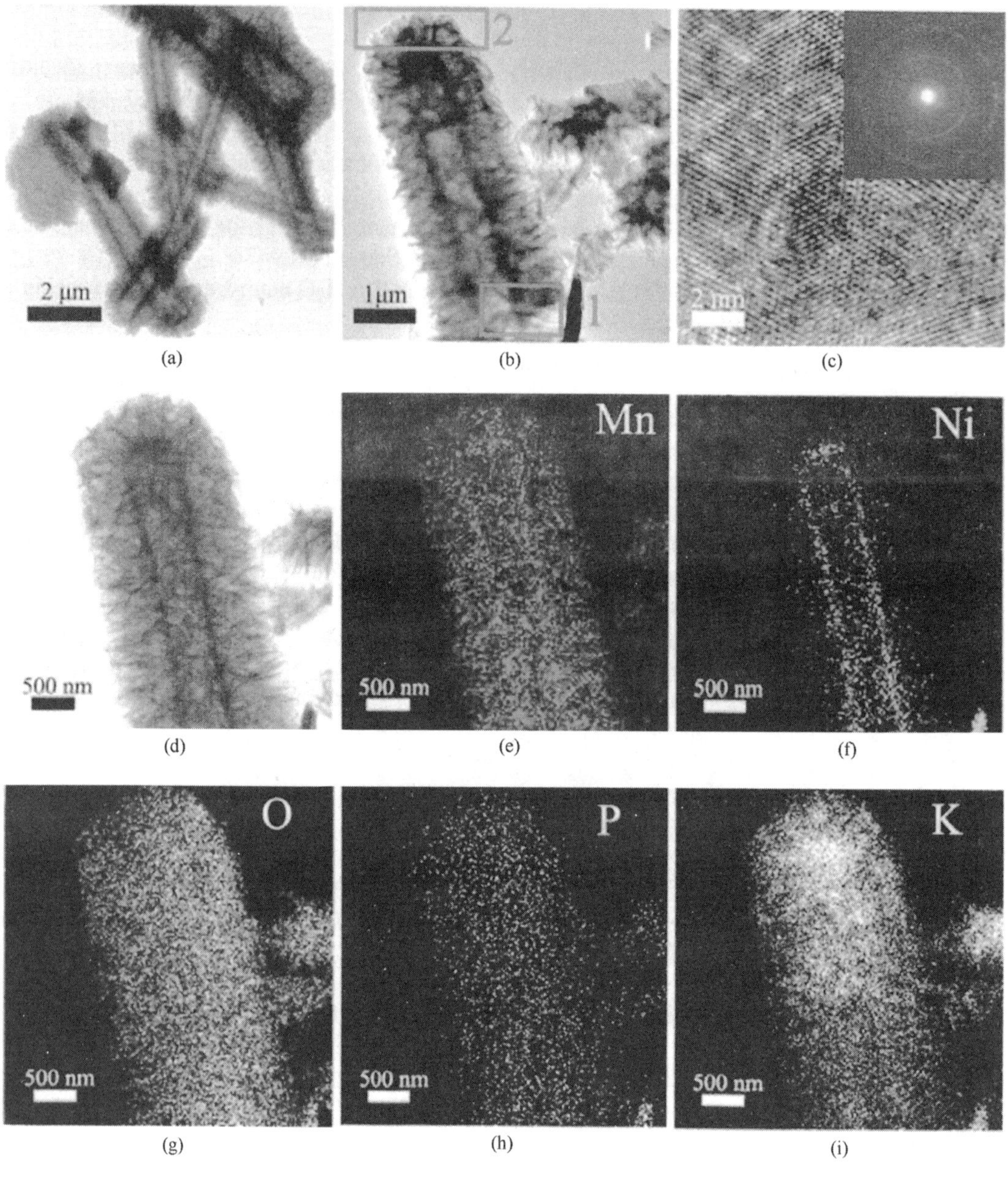

图 10-17　(a)和(b)为多孔 $Ni(OH)_2$@MnO_2 核/壳纳米结构的 TEM 图像，(c)为(b)标记区域的 HR-TEM 图像(插图显示了 SEAD 模式)，(d)~(i)为多孔 $Ni(OH)_2$@MnO_2 核/壳纳米结构的 EDS 元素图。经英国皇家化学学会许可转载自 Li 等（2018）

10.4.3　导电聚合物

聚苯胺、聚(3，4-乙烯二氧噻吩)、聚噻吩等导电聚合物，由于具有良好的导电性和多态氧化还原反应而被用作储能电极材料(Wang 等，2014)。目前研究的热点是利用这些导电聚合物提高现有超级电容器电极材料的电化学性能。这些电极材料在微型超级电容器中的应用，将大大提高薄膜储能器件的电化学性能。虽然对高效储能材料的开发已经进行了大量的研究，但其在微型超级电容器中的实际应用仍是一个挑战。

10.5　小结

综上所述，微型超级电容器是一种很有前途的储能装置，可以为便携式和微型化电子系统供电，有望满足未来智能电子的需求。研究的热点集中在制造、设计和材料的改进等方面。然而，要将其集成到微型化电子器件中，并在实际中加以应用，还需要进行进一步的研究。

参考文献

[1] Beidaghi M, Gogotsi Y (2014) Capacitive energy storage in micro-scale devices: recent advances in design and fabrication of micro-supercapacitors. Energy Environ Sci 7(3): 867-884.

[2] Bhatt G, Kant R, Mishra K, Yadav K, Singh D, Gurunath R, Bhattacharya S (2017) Impact of surface roughness on dielectrophoretically assisted concentration of microorganisms over PCB based platforms. Biomed Microdevice 19(2): 28.

[3] Chauhan PS, Bhattacharya S (2016) Vanadium pentoxide nanostructures for sensitive detection of hydrogen gas at room temperature. J Energy Environ Sustain 2: 69-74.

[4] Chauhan PS, Bhattacharya S (2018) Highly sensitive $V_2O_5 \cdot 1.6\ H_2O$ nanostructures for sensing of helium gas at room temperature. Mater Lett 217: 83-87.

[5] Chauhan PS, Rai A, Gupta A, Bhattacharya S (2017) Enhanced photocatalytic performance of vertically grown ZnO nanorods decorated with metals (Al, Ag, Au, and Au-Pd) for degradation of industrial dye. Mater Res Express 4(5): 055004.

[6] Chen S, Yang G, Jia Y, Zheng H (2016) Three-dimensional $NiCo_2O_4$@$NiWO_4$ core-shell nanowire arrays for high performance supercapacitors. J Mater Chem A 5(3): 1028-1034.

[7] Chmiola J, Largeot C, Taberna P-L, Simon P, Gogotsi Y (2010) Monolithic carbide-derived carbon films for micro-supercapacitors. Science 328(5977): 480-483.

[8] Choi K-H, Yoo J, Lee CK, Lee S-Y (2016) All-inkjet-printed, solid-state flexible supercapacitors on paper. Energy Environ Sci 9(9): 2812-2821.

[9] El-Kady MF, Kaner RB (2013) Scalable fabrication of high-power graphene micro-supercapacitors for flexible and on-chip energy storage. Nat Commun 4: ncomms2446.

[10] El-Kady MF, Strong V, Dubin S, Kaner RB (2012) Laser scribing of high-performance and flexible graphene-based electrochemical capacitors. Science 335(6074): 1326-1330.

[11] El-Kady MF, Ihns M, Li M, Hwang JY, Mousavi MF, Chaney L, Lech AT, Kaner RB (2015) Engineering three-dimensional hybrid supercapacitors and microsupercapacitors for high-performance integrated energy storage. Proc Nat Acad Sci 112(14): 4233-4238.

[12] Ervin MH, Le LT, Lee WY (2014) Inkjet-printed flexible graphene-based supercapacitor. Electrochim Acta 147: 610-616.

[13] Gao H, Lian K (2014) Proton-conducting polymer electrolytes and their applications in solid supercapacitors: a review. RSC Adv 4(62): 33091-33113.

[14] Gao P, Metz P, Hey T, Gong Y, Liu D, Edwards DD, Howe JY, Huang R, Misture ST (2017) The critical role of point defects in improving the specific capacitance of d-MnO_2 nanosheets. Nat Commun 8: 14559.

[15] Gogotsi Y (2014) Materials science: energy storage wrapped up. Nature 509(7502): 568.

[16] Han D, Jing X, Wang J, Ding Y, Cheng Z, Dang H, Xu P (2017) Three-dimensional Co_3O_4 nanowire@ NiO nanosheet core-shell construction arrays as electrodes for low charge transfer resistance. Electrochim Acta 241: 220-228.

[17] He Y, Chen W, Li X, Zhang Z, Fu J, Zhao C, Xie E (2012) Freestanding three-dimensional graphene/ MnO_2 composite networks as ultralight and flexible supercapacitor electrodes. ACS Nano 7(1): 174-182.

[18] He X, Liu Q, Liu J, Li R, Zhang H, Chen R, Wang J (2017) Hierarchical $NiCo_2O_4$@ NiCoAl-layered double hydroxide core/shell nanoforest arrays as advanced electrodes for high-performance asymmetric supercapacitors. J Alloy Compd 724: 130-138.

[19] Hyun WJ, Secor EB, Kim CH, Hersam MC, Francis LF, Frisbie CD (2017) Scalable, self-aligned printing of flexible graphene micro-supercapacitors. Adv Energ Mater 7(17): 1700285.

[20] Jiang Y, Chen L, Zhang H, Zhang Q, Chen W, Zhu J, Song D (2016) Two-dimensional Co_3O_4 thin sheets assembled by 3D interconnected nanoflake array framework structures with enhanced supercapacitor performance derived from coordination complexes. Chem Eng J 292: 1-12.

[21] Kong D, Luo J, Wang Y, Ren W, Yu T, Luo Y, Yang Y, Cheng C (2014) Three-dimensional Co_3O_4@ MnO_2 hierarchical nanoneedle arrays: morphology control and electrochemical energy storage. Adv Func Mater 24(24): 3815-3826.

[22] Kumbhar VS, Kim D-H (2018) Hierarchical coating of MnO_2 nanosheets on $ZnCo_2O_4$ nanoflakes for enhanced electrochemical performance of asymmetric supercapacitors. Electrochim Acta 271: 284-296.

[23] Kyeremateng NA, Brousse T, Pech D (2017) Microsupercapacitors as miniaturized energy-storage components for on-chip electronics. Nat Nanotechnol 12(1): 7.

[24] Le Bideau J, Viau L, Vioux A (2011) Ionogels, ionic liquid based hybrid materials. Chem Soc Rev 40(2): 907-925.

[25] Lee J-S, Kim S-I, Yoon J-C, Jang J-H (2013) Chemical vapor deposition of mesoporous grapheme nanoballs for supercapacitor. ACS Nano 7(7): 6047-6055.

[26] Li C, Balamurugan J, Thanh T, Kim N, Lee J (2016) 3D hierarchical CoO@ MnO_2 core-shell nanohybrid for high-energy solid state asymmetric supercapacitors. J Mater Chem A 5(1): 397-408.

[27] Li J, Sollami Delekta S, Zhang P, Yang S, Lohe MR, Zhuang X, Feng X, Östling M (2017) Scalable fabrication and integration of graphene microsupercapacitors through full inkjet printing. ACS Nano 11(8): 8249-8256.

[28] Li K, Li S, Huang F, Yu X-Y, Lu Y, Wang L, Chen H, Zhang H (2018) Hierarchical core-shell structures of P-$Ni(OH)_2$ rods@ MnO_2 nanosheets as high-performance cathode materials for asymmetric superca-

pacitors. Nanoscale 10(5): 2524-2532.

[29] Liu J, Jiang J, Cheng C, Li H, Zhang J, Gong H, Fan H (2011) Co_3O_4 nanowire@ MnO_2 ultrathin nanosheet core/shell arrays: a new class of high-performance pseudocapacitive materials. Adv Mater 23 (18): 2076-2081.

[30] Liu W, Lu C, Wang X, Tay RY, Tay BK (2015) High-performance microsupercapacitors based on two-dimensional graphene/manganese dioxide/silver nanowire ternary hybrid film. ACS Nano 9(2): 1528-1542.

[31] Liu C, Peng T, Wang C, Lu Y, Yan H, Luo Y (2017) Three-dimensional $ZnFe_2O_4$@ MnO_2 hierarchical core/shell nanosheet arrays as high-performance battery-type electrode materials. J Alloy Compd 720: 86-94.

[32] Lv Y, Liu A, Che H, Mu J, Guo Z, Zhang X, Bai Y, Zhang Z, Wang G, Pei Z (2018) Three-dimensional interconnected $MnCo_2O_4$ nanosheets@ $MnMoO_4$ nanosheets core-shell nanoarrays on Ni foam for high-performance supercapacitors. Chem Eng J 336: 64-73.

[33] Miller JR, Outlaw R, Holloway B (2011) Graphene electric double layer capacitor with ultra-high-power performance. Electrochim Acta 56(28): 10443-10449.

[34] Patel V, Sundriyal P, Bhattacharya S (2017) Aloe vera vs. poly (ethylene) glycol-based synthesis and relative catalytic activity investigations of ZnO nanorods in thermal decomposition of potassium perchlorate. Part Sci Technol 35(3): 361-368.

[35] Pech D, Brunet M, Durou H, Huang P, Mochalin V, Gogotsi Y, Taberna P-L, Simon P (2010) Ultrahigh-power micrometre-sized supercapacitors based on onion-like carbon. Nat Nanotechnol 5(9): 651.

[36] Pitkänen O, Järvinen T, Cheng H, Lorite G, Dombovari A, Rieppo L, Talapatra S, Duong H, Tóth G, Juhász KL (2017) On-chip integrated vertically aligned carbon nanotube based super- and pseudocapacitors. Sci Rep 7(1): 16594.

[37] Qiu Y, Zhao Y, Yang X, Li W, Wei Z, Xiao J, Leung S-F, Lin Q, Wu H, Zhang Y (2014) Three-dimensional metal/oxide nanocone arrays for high-performance electrochemical pseudocapacitors. Nanoscale 6 (7): 3626-3631.

[38] Shi S, Xu C, Yang C, Chen Y, Liu J, Kang F (2013) Flexible asymmetric supercapacitors based on ultrathin two-dimensional nanosheets with outstanding electrochemical performance and aesthetic property. Sci Rep 3: 2598.

[39] Shim J, Ko Y, Lee K, Partha K, Lee C-H, Yu K, Koo H, Lee K-T, Seo W-S, Son D (2017) Conductive Co_3O_4/graphene (core/shell) quantum dots as electrode materials for electrochemical pseudocapacitor applications. Compos B Eng 130: 230-235.

[40] Su Y-Z, Xiao K, Li N, Liu Z-Q, Qiao S-Z (2014a) Amorphous $Ni(OH)_2$@three-dimensional Ni core-shell nanostructures for high capacitance pseudocapacitors and asymmetric supercapacitors. J Mater Chem A 2(34): 13845-13853.

[41] Su Z, Yang C, Xie B, Lin Z, Zhang Z, Liu J, Li B, Kang F, Wong CP (2014b) Scalable fabrication of MnO_2 nanostructure deposited on free-standing Ni nanocone arrays for ultrathin, flexible, high-performance micro-supercapacitor. Energy Environ Sci 7(8): 2652-2659.

[42] Sundriyal P, Bhattacharya S (2017a) Inkjet-printed electrodes on A4 paper substrates for low-cost, disposable, and flexible asymmetric supercapacitors. ACS Appl Mater Interfaces 9(44): 38507-38521.

[43] Sundriyal P, Bhattacharya S (2017b) Polyaniline silver nanoparticle coffee waste extracted porous graphene oxide nanocomposite structures as novel electrode material for rechargeable batteries. Mater Res Express 4 (3): 035501.

[44] Tyagi A, Tripathi KM, Gupta RK (2015) Recent progress in micro-scale energy storage devices and future aspects. J Mater Chem A 3(45): 22507-22541.

[45] Wang K, Wu H, Meng Y, Wei Z (2014) Conducting polymer nanowire arrays for high performance supercapacitors. Small 10(1): 14-31.

[46] Wang S, Liu N, Yang C, Liu W, Su J, Li L, Yang C, Gao Y (2015) Fully screen printed highly conductive electrodes on various flexible substrates for asymmetric supercapacitors. RSC Adv 5 (104): 85799-85805.

[47] Wu Z-S, Parvez K, Feng X, Müllen K (2014) Photolithographic fabrication of high-performance all-solid-state graphene-based planar micro-supercapacitors with different interdigital fingers. J Mater Chem A 2(22): 8288-8293.

[48] Xiong G, Meng C, Reifenberger RG, Irazoqui PP, Fisher TS (2014) A review of graphene-based electrochemical microsupercapacitors. Electroanalysis 26(1): 30-51.

[49] Xu P, Kang J, Choi J-B, Suhr J, Yu J, Li F, Byun J-H, Kim B-S, Chou T-W (2014) Laminated ultrathin chemical vapor deposition graphene films based stretchable and transparent high-rate supercapacitor. ACS Nano 8(9): 9437-9445.

[50] Yoo JJ, Balakrishnan K, Huang J, Meunier V, Sumpter BG, Srivastava A, Conway M, Mohana Reddy AL, Yu J, Vajtai R (2011) Ultrathin planar graphene supercapacitors. Nano Lett 11 (4): 1423-1427.

[51] Yu Z, Tetard L, Zhai L, Thomas J (2015) Supercapacitor electrode materials: nanostructures from 0 to 3 dimensions. Energy Environ Sci 8(3): 702-730.

[52] Yuan C, Wu H, Xie Y, Lou X (2014) Mixed transition-metal oxides: design, synthesis, and energy-related applications. Angew Chem Int Ed 53(6): 1488-1504.

[53] Zhi J, Yang C, Lin T, Cui H, Wang Z, Zhang H, Huang F (2016) Flexible all solid state supercapacitor with high energy density employing black Titania nanoparticles as a conductive agent. Nanoscale 8 (7): 4054-4062.

[54] Zhu L, Nuo Peh CK, Zhu T, Lim Y-F, Ho GW (2017) Bifunctional 2D-on-2D MoO_3 nanobelt/Ni $(OH)_2$ nanosheets for supercapacitor-driven electrochromic energy storage. J Mater Chem A 5 (18): 8343-8351.

第11章 基于固体含能材料的空间应用微推力器

维奈·K. 帕特尔(Vinay K. Patel),
吉填德拉·库马尔·卡蒂亚(Jitendra Kumar Katiyar)和
山塔努·巴特查里亚(Shantanu Bhattacharya)

摘要：放眼全球，当前能量方案及管理系统的最新技术是将固体推进剂/含能材料集成到微电子机械系统(MEMS)中，将热能、机械能及化学能综合利用以满足民用及国防需要。固体推进剂具有高能量密度、能量释放快、推进压力高等特点，是一种极具优势的微推进能源。微推力器用来推动和引导导弹、炮弹，也用来定位和推动卫星及发射火箭。本章详细介绍了基于固体含能材料(推进剂和纳米铝热剂)的微推力器的设计、制造和建模方面的技术进展及其在空间应用方面的性能特点。

关键词：固体推进剂；微电子机械系统(MEMS)；微型航天器；微推进；微推力器；微点火器；纳米铝热剂；纳米含能材料

11.1 引言

随着微电子机械系统(MEMS)或微系统技术的快速发展，微机械已成功应用于空间工业，目的是减小卫星的部件尺寸、质量，降低制造成本及发射成本，同时提高卫星、火箭等微推进装置的可靠性和灵活性。1995年年初，美国国家航空航天局实施了“新千年计划”，通过开发不到10kg的微型航天器大大缩小了航天器的体积。对于这样的微推进系统，大部分的部件，包括用于姿态控制的推力器，都是利用微电子机械系统技术实现微型化目标的。推进系统在航天器小型化中起着关键作用，因为微型/纳米级航天器需要非常小(远小于牛顿级)和精准的力以实现稳定、轨道控制及指向(Rossi，2002)。传统的推进

V. K. Patel
戈文德巴拉布工程技术学院，机械工程系，北阿坎德邦，保里加瓦尔，246194，印度
J. K. Katiyar
SRM科学技术学院，机械工程系，泰米尔纳德邦，金奈，603203，印度
S. Bhattacharya
印度坎普尔理工学院，机械工程系，坎普尔，208016，印度
电子邮箱：bhattacs@iitk.ac.in

装置不能满足比冲精度、空间控制、推力大小(Helvejian, 1999)及重量要求，为此，利用MEMS技术研制了一种新型微推力器。微推力器主要用于微型航天器、微卫星(10~100kg)、纳卫星(1~10kg)和皮卫星(0.1~1kg)的推进及姿态控制①。

化学微推进系统通过液体/固体/气态推进剂在燃烧室燃烧，燃烧气体经过喷管加速，将化学能转化为推力。化学推进系统主要由储存推进剂的贮罐、点火装置和加速燃烧气体喷射的喷管组成。液体推进剂的局限性主要是泵和阀门必需的动力输入，以及为避免过热必须采用冷却系统。液体推进剂的毒性大，有储存及泄漏的风险，需采用额外的预防措施来防止，因此固体推进剂的可靠性更高(见角注①)。固体含能材料主要分为三类，即推进剂、炸药和烟火剂。推进剂/烟火剂通过相对缓慢的燃烧过程来释放能量，而炸药则通过爆炸的方式释放能量(Rossi, 2007)。固体推进剂微推力器理论是通过固体含能燃料在微推力室燃烧和燃烧气体超快速喷射产生推力来实现的。固体推进剂微推力器产生短脉冲，具有设计和结构简单、可靠、经济及能产生相对精确的比冲(100~200s)等优点(Rossi, 2002)。固体推进剂微推力器主要具有以下几点优势(见角注①；Rossi等，2002；Tanaka等，2003)。

1)组件数量少，整体紧凑性大；

2)无运动部件，消除了摩擦力；

3)固体推进剂不像液体推进剂有泄漏的风险，可长久保存；

4)微型燃烧室气体增压速度没有微型燃气轮机那样大，从而防止了机械故障的发生；

5)它能够以非常精确和预设大小施加推力；

6)整个系统是高度冗余的。

11.2 微推力器的设计、发展和性能研究

固体含能材料的优点使微推力器适用于10kg级微型航天器的简单姿态控制(Tanaka等，2003)。近年来，包括纳米铝热剂在内的烟火剂已发展成为具有超快燃烧反应性和能量释放特性的先进功能材料，优异的脉冲功率增压率使得这些材料直接/间接应用于民用、国防和微型制造领域(Zhou等，2014；Patel和Bhattacharya，2013；Patel等，2015，2018)。在本章中，重点探讨了采用固体推进剂和纳米铝热剂驱动的微推力器在设计、制造、建模和性能表征等方面的研究和进展。

11.2.1 基于固体推进剂的微推力器

Rossi等(2001)提出了小型化、低成本的微推力器概念，该设计具有高集成度，对空间限制如体积限制具有高响应性。他们在同一基片上制造了一个由36个独立的微推力器组成的阵列，其新颖之处在于在陶瓷、玻璃或硅片上制造的小型微推力室中使用了单固体

① 推进系统用含能材料的技术挑战。

推进剂(叠氮缩水甘油醚GAP)。微推力器的设计包括三个微机械结构：由模型式的聚硅电阻组成的点火器、推进剂贮箱和顶部的喷管。采用深反应离子刻蚀(DRIE)的方法制备了两种类型的微槽阵列，第一种在3mm的陶瓷基片上加工直径为1mm的孔槽，每个推力器间的距离为0.5mm，第二种是在硅基片上(厚度为1mm)加工面积为$1mm^2$的孔。他们认为，这种装置能够产生精准的脉冲，可使轨道移动更有效，轨道控制更稳定，微卫星姿态控制更精确。该装置具备在单个推力器内装载各种类型的推进剂的灵活性，因而具有很大的机动性。在设计中，可以灵活地设计燃烧室和喉部尺寸，以获得可编程的推力输出，从而能够产生几微牛到几十毫牛的推力，具有广泛的应用价值。图11-1所示为单个微推力器的设计，其能产生0.1mNs~1Ns范围的总冲(Rossi等，2002)。Orienx等(2002)根据集总参数理论对固体推进剂微型火箭(喉部直径108μm，燃烧室直径850μm，燃烧室长度1500μm，收敛段长度500μm，发散段长度500μm)的性能进行了预测。模型预测了燃烧室内压强约为5bar，推力值约为3mN，处于稳态。该模型表明，当外压非常接近真空时，发散段长度对推力有一定影响，因此必须进行优化，而当外压为大气压时对推力没有影响。

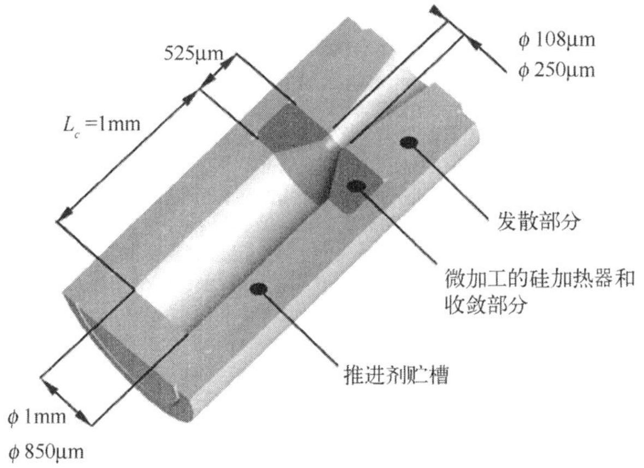

图11-1　单个微推力器的示意图，经Elsevier许可转载自Rossi等(2002)

Tanaka等(2003)研制并测试了一个原型机(10mm×10mm×ϕ0.8mm微型固体推进剂火箭，各个微推力器间隔1.2mm排列在20mm×22mm的基座上)，用于对10kg级类似弹头的微型航天器进行简单姿态控制。通过施加10Ns的总冲，微型航天器可得到1m/s的速度增值以调整方向飞向目标。微推力器由三层组成。第一层(硅层)装配有喷管和在隔膜上加工的点火加热器，隔膜具有隔绝点火加热器并对固体推进剂进行密封的作用。第二层(玻璃层)包括固体推进剂和电子馈通，电子馈通协助直接将控制电路连接到微推力器的背面。这样既减小了系统尺寸又保护了控制电路在宇宙射线下不受损坏。对小于1mNs的必要空气阻尼损失进行补偿，使脉冲推力维持在0.2×10^{-4}~3×10^{-4}Ns之间。

Zhang等(2004)设计了一种固体推进剂单微推力器，并进行了微加工和实验。晶片槽深度为0.35mm，加工喷管发散角为12°。喷管喉部设计为100μm的平面，以避免尖锐的边缘，并简化了微加工步骤。在海平面上固体燃料和高氯酸钾连续燃烧产生的总冲范围在 $(0.91\sim1.52)\times10^{-4}$Ns 之间。Zhang 等(2005)进一步报道了低温共烧陶瓷(LTCFC)微推力器的设计、微加工和实验。LTCFC 固体推进剂基微推力器在海平面上的总冲为 $(0.38\sim1.3)\times10^{-4}$ Ns，比冲为 5.6~14.4s，在真空中的总冲为 $(1.3\sim2.8)\times10^{-4}$ Ns，比冲为 19.1~31.6s。结果表明，LTCFC 固体推进剂基微推力器和原硅基微推力器相比，具有良好的批量生产适应性、高集成度、良好的点火性能和热学性能等优点，以及较好的设计灵活性。使用电阻丝点火器使 LTCFC 微推力器相比以前的硅基微推力器性能大幅提升。Zhang 等(2005)报道了利用标准微加工技术改进 Au/Ti 点火器的微推力器的性能。结果表明，采用 Au/Ti 点火器的固体推进剂微推力器与采用电阻丝点火器的微推力器相比，具有相同的总冲，但前者具有更大的比冲。图 11-2 所示为微推力器的前视图和侧视图，清楚地说明了点火器与微推力器的安装情况。

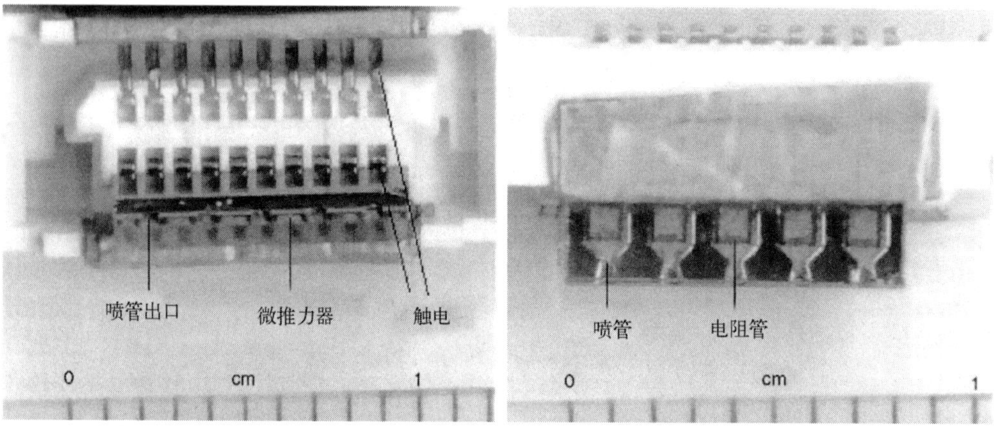

图 11-2　安装微型连接器的微推力器的前(左)视图和侧(右)视图，
显示了微推力器和点火器的安装情况。经 Elsevier 许可转载自 Zhang 等(2005)

Zhang 等(2006)通过流体动力学分析揭示了燃烧室面积与喉部面积比和出口与喉道面积比对射流现象的重要影响。模拟结果表明，由于壁面热损失，微推力器的总冲变化了 5%~7%。滑移壁面边界层效应因其稀薄效应在微推力器中起着重要作用。通过模拟发现，由于滑移壁面边界层效应，微推力器总冲相差了 11.3%。Zhang 等(2007)进行了电热特性有限元分析，研究了用于三维固体推进剂微推力器的 Au/Ti 点火器瞬态点火过程。他们证实，二氧化硅绝热层可减少漏气，提高点火效率。

Rossi 等(2005)制备了一个阵列(在 200mm^2 的基片上制备了 16 个 ϕ1.5mm×1.5mm 的烟火微推力器)来验证其工作原理。微推力器的结构如图 11-3 所示，包括硅喷管部件(喉部：250μm)、一个含锆/高氯酸钾(ZPP)的点火部件、一个 0.8mm^3 的空储器和一个含有 GAP/AP/锆的光敏玻璃储器。采用 ZPP 替代 GAP 推进剂点火器，仅需 100mW 的能量，点火成功率可达到 100%。采用光敏玻璃燃烧室后，微推力器阵列之间有了更好的隔热性，从而防止了各微推力器之间的热交换。在顶部没有喷管的情况下，燃烧速率为 2.8mm/s；顶部有一个喷管时，燃烧速率达到 3.2mm/s，推力在 0.3~2mN 之间。

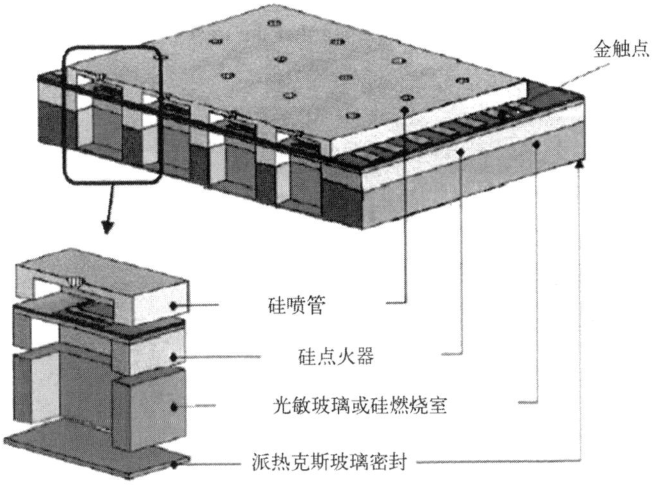

图 11-3　烟火推力器阵列的结构(无烟火材料)，经 Elsevier 许可转载自 Rossi 等(2005)

Rossi 等(2006)制造并模拟了由 16 个固体推进剂微推力器组成的阵列，每个微推力器由四个部分组成：喷管、加热器、燃烧室和密封。对微推力器(燃烧室面积：2.25mm^2，喉径：160μm、250μm 和 500μm)的模拟表明，产生的推力在 0.3~30mN 之间，可满足微卫星的轨道控制要求。根据点火器所使用的含能材料不同，点火功率在 80~150mW 之间。在类似的研究中，采用 ZPP 推进剂点火成功率达到了 100%。

Lee 和 Kim(2013)制造了集成在改进膜上的固体推进剂(斯蒂酚酸铅)推力器阵列的微点火器，并评估了其性能。他们利用感光玻璃膜(厚度：35μm)进行各向异性蚀刻，制造了微点火器，并采用铂作为加热元件。该玻璃膜的耐压能力与介质膜相比高 3 倍，即 1.53MPa。在给定能量的情况下，该微点火器可提供足够的热量点燃固体推进剂。玻璃膜具有很高的结构稳定性，能使固体推进剂更容易地进行装填。该微推力器阵列的最大推力和总冲分别为 3 619mN 和 0.38mNs。

Liu 等(2015)制造了一个 10×10 和一个 100×100 的具有多层结构的固体推进剂(AP/HTPB)微推力器阵列(点火回路结构、点火药结构、推进剂结构、腔结构和喷管结构)。由红外热像仪测得点火温度为 261.7℃，并通过瞬态传热数值模拟对结果进行了验证，得出最低点火功率为 0.72W。他们测量得到，10×10 阵列推力器的平均比冲为 117.67Ns/kg。

Zhang 等(2016)研究了壁面(材料和厚度)传热特性对基于固体推进剂(AP/HTPB)微推力器性能的影响。结果显示，采用较小导热系数和较大热容量的壁面可以提高微推力器的性能。壁厚对燃烧过程有显著影响，薄壁会使燃烧温度逐渐升高，从而使燃烧时间缩短。

11.2.2 纳米铝热剂基微推力器

Apperson 等(2009)探索研究了 CuO/Al 纳米铝热剂作为潜在的能量源，用于微推力器中可产生短持续时间和大振幅推力。他们通过在不锈钢螺栓上钻孔(燃烧室内径：1.59mm)来制造推力器。他们通过改变纳米铝热剂(9～38mg)的堆积密度测试了两种不同的微推力器：一种没有喷管，一种带有收敛-扩张喷管。在低堆积密度下，燃烧发生在快速反应区，产生持续时间短、大振幅的推力脉冲(推力：不到 50μs 内全宽半峰推力约 75N)。在高堆积密度下，燃烧发生在相对缓慢的反应区，在 1.5～3ms 的时间内产生较低的推力值(3～5N)。这两种情况都产生了大约 20～25s 的比冲。他们认为，由于与火箭理想性能条件有很大偏差，在快速反应区采用收敛-发散喷管没有特别的优势。

Staley 等(2013)在不使用收敛-发散喷管的情况下，采用 SS304 不锈钢制作了小型化、三件式设计的推力器，并对两种不同纳米铝热剂 Bi_2O_3/Al 和 CuO/Al 进行了推力测量。采用 Bi_2O_3/Al 纳米铝热剂产生了 46.1N 的平均推力，持续时间为 1.7ms，比冲为 41.4s，而 CuO/Al 纳米铝热剂的推力为 4.6N，持续时间为 5.1ms，比冲为 20.2s。Bi_2O_3/Al 纳米铝热剂由于具有较高的气体释放率和理论平均密度，因此，在比冲、体积冲量和能量转换效率方面都优于 CuO/Al。他们进一步研究发现，在纳米铝热剂中加入硝化纤维黏合剂后，平均推力降低，燃烧时间延长，与硝化纤维的质量浓度密切相关。硝化纤维在燃烧过程中容易分解成气态产物，提高了发动机的推力输出。当硝化纤维质量浓度达到 2.5%时，纳米铝热剂的比冲和体积冲量都得到提高。纳米铝热剂基推力器的独特性能优势在于其燃烧动力学的高反应性与大的理论平均密度相结合。硝化纤维添加剂还可显著提高重力加速度下发射的点火灵敏度，这是由于在高重力加速度条件下硝化纤维对纳米铝热剂起着包覆钝化及缓冲作用(Staley 等，2014)。

Ru 等(2017)制备了 10×10 固体推进剂(CuO/纳米 Al)微推力器阵列，以满足微纳卫星精确推进要求。与 Staley 等(2013)相似，该小组发现在纳米铝热剂中添加硝化纤维可以提高纳米铝热剂的推力性能。实验发现，无硝化纤维的 CuO/Al 的比冲和总冲分别为 10.2s 和 155.9μN s；添加硝化纤维黏合剂后，比冲和总冲分别提高到 27.2s 和 346.9μN s。

11.3 结论

本章介绍了固体推进剂和纳米铝热剂基微推力器的制造、组装、实验和建模的重要细节。固体推进剂基微推力器一般包含三个主要部件/层，第一层为微喷管硅层，第二层为加热元件硅层，第三层为作为推进剂储层的硅层。在点火器与推进剂之间安装一个硅燃烧室以便实现 100%点火及点火器与推进剂之间可靠的火焰传递。在固体推进剂微推力器中使用 Au/Ti 点火器可获得相同的总冲，但其比冲大于电阻丝点火器。作为微点火器平台的玻璃膜具有比介质膜高 3 倍以上的耐压能力。选择导热系数较小、热容量较大的壁面材料可以获得较好的推力器性能。由于偏离理想推进性能所必需的条件，在快速燃烧反应区不需要收敛-发散喷管。Bi_2O_3/Al纳米铝热剂由于具有较高的气体释放率和理论平均密度，因此，在比冲、体积冲量和能量转换效率方面都优于CuO/Al。硝化纤维在燃烧过程中容易分解成气态产物，可作为添加剂加入纳米铝热剂中，以提高其推力输出。本章系统地介绍了用于空间应用的固体含能材料(推进剂和纳米铝热剂)的研究进展。

参考文献

[1] Apperson SJ, Bezmelnitsyn AV, Thiruvengadathan R, Gangopadhyay K, Gangopadhyay S, Balas WA, Anderson PE, Nicolich SM(2009) Characterization of nanothermite material forsolid-fuel microthruster applications. J Propul Power 25: 1086-1091.

[2] Helvejian H(1999) Microengineering aerospace systems. AIAA.

[3] Lee J, Kim T(2013) MEMS solid propellant thruster array with micro membrane igniter. Sens Actuators, A 190: 52-60.

[4] Liu X, Li T, Li Z, Ma H, Fang S(2015) Design, fabrication and test of a solid propellant microthruster array by conventional precision machining. Sens Actuators, A 236: 214-227.

[5] Orieux S, Rossi C, Esteve D(2002) Compact model based on a lumped parameter approach for the prediction of solid propellant micro-rocket performance. Sens Actuators, A 101: 383-391.

[6] Patel VK, Bhattacharya S(2013) High-performance nanothermite composites based on aloe-vera-directed CuO nanorods. ACS Appl Mat Interfaces 5: 13364-13374.

[7] Patel VK, Ganguli A, Kant R, Bhattacharya S(2015) Micropatterning of nanoenergetic films of Bi_2O_3/Al for pyrotechnics. RSC Adv 5: 14967-14973.

[8] Patel VK, Kant R, Choudhary A, Painuly M, Bhattacharya S(2018) Performance characterization of Bi_2O_3/Al nanoenergetics blasted micro-forming system. Defence Technol.

[9] Rossi C(2002) Micropropulsion for space—a survey of MEMS-based micro thrusters and their solid propellant technology. Sens Update 10: 257-292.

[10] Rossi C, Do Conto T, Esteve D, Larangot B(2001) Design, fabrication and modelling of MEMS-based microthrusters for space application. Smart Mater Struct 10: 1156.

[11] Rossi C, Orieux S, Larangot B, Do Conto T, Esteve D(2002) Design, fabrication and modeling of solid propellant microrocket-application to micropropulsion. Sens Actuators, A 99: 125-133.

[12] Rossi C, Larangot B, Lagrange D, Chaalane A(2005) Final characterizations of MEMS-based pyrotechnical microthrusters. Sens Actuators, A 121: 508-514.

[13] Rossi C, Larangot B, Pham PQ, Briand D, de Rooij NF, Puig-Vidal M, Samitier J(2006) Solid propellant microthrusters on silicon: design, modeling, fabrication, and testing. J Microelectromech Syst 15: 1805-1815.

[14] Rossi C, Zhang K, Estève D, Alphonse P, Tailhades P, Vahlas C(2007) Nanoenergetic materials for MEMS: a review. J Microelectromech Syst 16: 919-931.

[15] Ru C, Wang F, Xu J, Dai J, Shen Y, Ye Y, Zhu P, Shen R(2017) Superior performance of a MEMS-based solid propellant microthruster (SPM) array with nanothermites. Microsyst Technol 23: 3161-3174.

[16] Staley CS, Raymond KE, Thiruvengadathan R, Apperson SJ, Gangopadhyay K, Swaszek SM, Taylor RJ,

Gangopadhyay S(2013) Fast-impulse nanothermite solid-propellant miniaturized thrusters. J Propul Power 29: 1400-1409.

[17] Staley CS, Raymond KE, Thiruvengadathan R, Herbst JJ, Swaszek SM, Taylor RJ, Gangopadhyay K, Gangopadhyay S(2014) Effect of nitrocellulose gasifying binder on thrust performance and high-g launch tolerance of miniaturized nanothermite thrusters. Propellants Explos Pyrotech 39: 374-382.

[18] Tanaka S, Hosokawa R, Tokudome SI, Hori K, Saito H, Watanabe M, Esashi M(2003)MEMS-based solid propellant rocket array thruster with electrical feedthroughs. Trans Jpn Soc Aeronaut Space Sci 46: 47-51.

[19] Zhang KL, Chou SK, Ang SS(2004) Development of a solid propellant microthruster with chamber and nozzle etched on a wafer surface. J Micromech Microeng 14: 785.

[20] Zhang KL, Chou SK, Ang SS(2005a) Development of a low-temperature co-fired ceramic solid propellant microthruster. J Micromech Microeng 15: 944.

[21] Zhang KL, Chou SK, Ang SS, Tang XS(2005b) A MEMS-based solid propellant microthruster with Au/Ti igniter. Sens Actuators, A 122: 113-123.

[22] Zhang KL, Chou SK, Ang SS(2006) Performance prediction of a novel solid-propellant microthruster. J Propul Power 22: 56-63.

[23] Zhang KL, Chou SK, Ang SS(2007) Investigation on the ignition of a MEMS solid propellant microthruster before propellant combustion. J Micromech Microeng 17: 322.

[24] Zhang T, Li GX, Chen J, Yu YS, Liu XH(2016) Effect of wall heat transfer characteristic on the micro solid thruster based on the AP/HTPB aerospace propellant. Vacuum 134: 9-19.

[25] Zhou X, Torabi M, Lu J, Shen R, Zhang K(2014) Nanostructured energetic composites: synthesis, ignition/combustion modeling, and applications. ACS Appl Mat Interfaces 6: 3058-3074.

第 12 章　用于光催化制氢的纳米材料

艾哈迈德 · M. A. 埃尔 · 那贯尔(Ahmed M. A. El Naggar),
默罕默德 · S. A. 达尔维什(Mohamed S. A. Darwish)和
阿斯玛 · S. 莫尔西德(Asmaa S. Morshedy)

摘要：近几十年来，纳米结构材料因其独特的特性和亚驱动反应性而受到世界各国的广泛关注。其在各个领域的广泛成功应用更加凸显了这类材料的价值。近年来，纳米材料与光催化工艺的结合得到了不同应用领域的广泛关注，增强了纳米技术应用的可行性。其中比较重要的一个应用是利用纳米光催化材料裂解水制取氢气。本章介绍了光催化的主要概念及其相关术语，阐述了高效光催化剂的主要特点和测量这些性能的方法。此外，还简要介绍了目前这些催化剂的制备方法。介绍了光催化裂解水制氢领域中所使用的不同类型的半导体。本章还介绍了一种以贵金属附着的磁性纳米粒子(核/壳结构)为主的光催化材料用于水裂解过程的新方法。这些材料可被用于不同的领域，如生物医学过程、水处理和储能。由于它们具有磁性，易于分离和回收，在进一步的反应中可重复使用，因此在催化领域具有重要意义。在裂解水的过程中，采用适当的磁力可以提高制氢效率。这些材料具有磁性，可以通过淬灭辐射散射揭示其光催化活性的机理。

关键词：光催化；水裂解法；氢能；磁性材料；半导体

本章概述

本章第一部分阐述了光催化的定义和术语，以及光催化工艺在各领域中的主要应用。这一部分介绍了光催化的分类和基本的光电特性，详细讨论了催化剂性能与辐照源间的关系。在本章的第二部分中，对两种不同途径裂解水过程中的光催化剂进行了全面介绍，并对最常见和最有效的裂解水制氢的光催化剂进行了简要介绍。

A. M. A. El Naggar, M. S. A. Darwish, A. S. Morshedy
埃及石油研究所，炼油部，开罗，埃及
电子邮箱：drmeto1979@ yahoo. com

12.1 光催化

光催化是一个发展迅速的研究领域，在各种工业应用中具有很大潜力，包括空气和水的消毒、有机污染物的矿化、可再生燃料的制造和有机物创造。光催化这一术语由两部分组成：光(辐射)和催化(部分断裂或分解)。这个术语通常可以用来描述基于光激活物质的过程。光催化剂是该过程的一个重要组成部分。它被用来改变化学反应的速率，但不参与化学变化。常规热催化剂与光催化剂的主要不同点在于活化方式。热催化剂在热效应下生效，而光催化剂可以通过具有合适功率的光子来诱导。

12.1.1 光催化的类型

光催化过程可能以均相或非均相的方式发生。在过去几十年中，研究人员主要对非均相光催化进行了系统的研究，因为它极有可能应用于与环境、能源和有机物制造等相关的多种领域。

12.1.1.1 均相光催化

在均相光催化反应中，反应物和催化剂处于同一相。最常用的均相光催化剂包括光芬顿系统(Fe^{2+}和Fe^{2+}/H_2O_2)。这类介质中的活性物质是反应[式(12-1)~式(12-5)](Ciesla等，2004)生成的·OH基(Wu和Chang，2006)。

$$Fe^{2+}+H_2O_2 \longrightarrow {}^{\cdot}OH+Fe^{3+}+OH^- \tag{12-1}$$

$$Fe^{3+}+H_2O_2 \longrightarrow HO_2^{\cdot}+Fe^{2+}+H^+ \tag{12-2}$$

$$Fe^{2}+{}^{\cdot}OH \longrightarrow Fe^{3+}+OH^- \tag{12-3}$$

对于光与芬顿试剂反应，应当考虑额外生成的·OH基。具体来说，羟基自由基(·OH)是通过H_2O_2光解以及随后在紫外线照射下铁离子Fe^{3+}的还原而释放的，参见化学方程式(12-4)和化学方程式(12-5)。

$$H_2O_2+h\upsilon \longrightarrow 2{}^{\cdot}OH \tag{12-4}$$

$$Fe^{3+}+H_2O_2+h\upsilon \longrightarrow OH+Fe^{2+}+H^+ \tag{12-5}$$

芬顿工艺的有效性可能受到各种操作因素的影响，如过氧化氢的强度、pH值和辐射强度(Wu和Chang，2006；Ciesla等，2004)。均相光相关方法的主要好处是可以使用日光，辐射敏感度约为450nm。因此，可以减少紫外线灯和耗电费用。这些反应比形形色色的光催化具有更高效率。但另一方面，该工艺的一个主要缺点是必须在低pH值条件下进行。这主要是由于pH值升高时铁离子会产生沉淀。

12.1.1.2 非均相光催化

在多相光催化反应过程中，系统需要在固体光催化剂和限制反应物和反应产物的流体之间的界面进行早期配置。研究涉及点亮金属界面的各种相互作用，一般属于光化学的一个分支领域。

非均相光催化进程基本上可以在与液相或气相连接的吸光半导体中实现。尽管并非所有的非均相光催化剂都是半导体，但这类固体是最具代表性，被广泛研究的光活性物质。因此，了解此类半导体的物理化学特性以及它们与辐射源相互作用的机理是至关重要的（Ciesla 等，2004）。

12.1.2　非均相半导体的光电特性

半导体和绝缘体的电子特性对能带理论有很强的依赖性。由于大量的原子及其相关电子在固体材料中相互作用，等效能级之间间隔紧密，形成带状结构。每一个能带都有自己的能级，电子占据了从最低能级到最高能级的能带，这类似于电子参与某个原子轨道（Moliton 和 Hiorns，2004）。

分子中已占有电子的能级最高的轨道（HOMO），称为价电子带（V_B）。比 V_B 能量更高的轨道包含这个分子的自由轨道（LUMO），称为传导带（C_B）。显然，V_B 和 C_B 通过带隙（E_{bg}）被疏远。因此，固体材料类型如导体、半导体或绝缘体的分类与其满带、粒子大小和带隙有关，如图 12-1 所示。

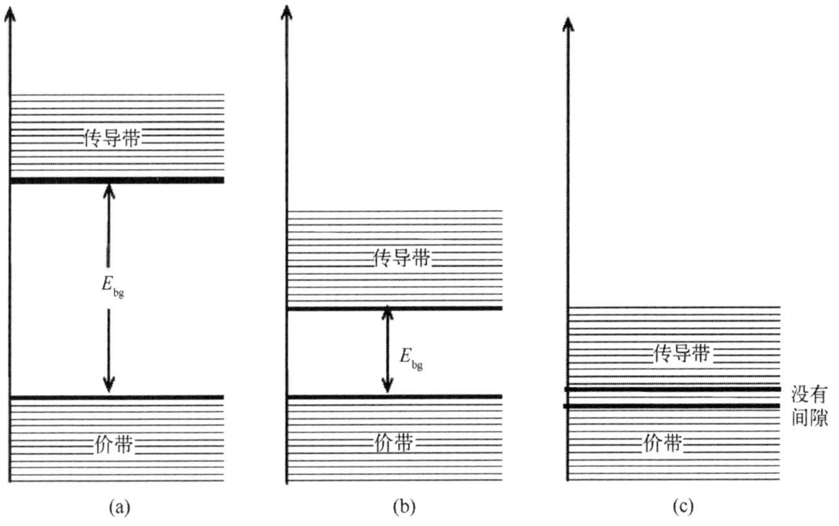

图 12-1　固体中的能带：（a）绝缘体；（b）半导体；（c）导体

一般来说，如果分子内有部分被占据或完全空的带，电子可以通过施加电场的方式在固体中移动。另一方面，电绝缘体的 V_B 被电子完全占据，C_B 的能量太高，电子无法到达，因此其内部不能存在电子流。而在导体中，V_B 会干扰 C_B（Park 等，1995），因此，电子可以自由地交叉转移。对于半导体，E_{bg} 小于 4 eV，它可以用热感应或光等能量进行桥接，因为这些能量源可以使电子从 V_B 移动到传导带。

半导体基本上可以分为两类：本征半导体和杂质半导体。本征半导体包括非掺杂光活性材料。因此，V_B 中产生的空穴是在电子的热激发作用下形成的，随后到达 C_B。这种类型的半导体的特性很大程度上取决于周围的温度。例如，在绝对零度(K)下，本征半导体的电荷转移是不可能实现的，此时转变成绝缘体(Langot 等，1996)。在有限的温度下，V_B 的电子(e^-)可以吸收热量奔向 C_B，在 V_B 中形成空位状态，称为空穴(h^+)。电子和空穴被称为本征载流子，它们通常向相反的方向运动。

在本征半导体中，C_B 中的每个电子在 V_B 中都有一个对应的空穴。因此，电子的数目总是与空穴的数目相同。这个数字用 n_i 表示，称为本征载流子浓度。本征半导体可以通过掺杂阶段将杂质原子插入晶体中而转变为杂质半导体。掺杂步骤使掺杂物质中电子和空穴的相对数量发生变化。这种变化对掺杂原子的类型和包含的数目具有很强的依赖性(Perera 等，1992)。可以使电子进入传导带的化学杂质称为供体。用这些供体原子掺杂的半导体可以称为 n 型半导体。n 型半导体中的载流体为电子(Shim 和 Guyot，2000)，电子的数量(n)等于供体所含原子的数量。相反，空穴是 p 型半导体的主要载流子(Chang 和 James，1989)。这种半导体的空穴浓度(p)等于受体原子的浓度。

12.1.3　半导体的电子结构

12.1.3.1　费米能级

费米能级(E_f)是能带理论中一个重要的术语。根据费米-狄拉克的统计，固体材料的电子在现有能级中传播。这些统计数字描述了给定能级(E)在一定温度下被电子填充的可能性。费米能被描述为占据一个能级的概率等于 0.5 时所需要的能量。然而，这种能量的大小是根据系统中电子的数量来决定的(Li 等，2005)。本征半导体的费米能级(见图 12-2)可以看作位于 C_B 和 V_B 的中间，这两个能级具有相同的统计潜力，从而使电荷转运可以通过这两个能带进行。

插入具有本征半导体结构的供体杂质将增加面对自由电子的机会。因此，费米能级逐渐接近 C_B 而不是 V_B。另一方面，受体杂质对本征半导体的掺杂降低了遇到自由电子的可能性。但可以增加遇到空穴的可能性，因此费米能级重新分配到更接近 V_B 而不是 C_B。

12.1.3.2　表面特性与体特性

半导体周期结构在其自由表面的消失可以使其在与表面成直角的方向上失去对称性。这可导致半导体表面产生局部电子状态。这种状态可能会影响表面的电子特性，进而通过表面与吸附物质之间的相互作用发挥关键作用。表面状态可以表示为：

1)悬空键的存在，即表面没有可以与之结合的表层原子；

2)表面重建或弛豫，如表面原子的位置和/或化学键排列变化，因此表面能将被最小化；

3)表面结构缺陷；

4)作为表面杂质的异类原子的吸附；

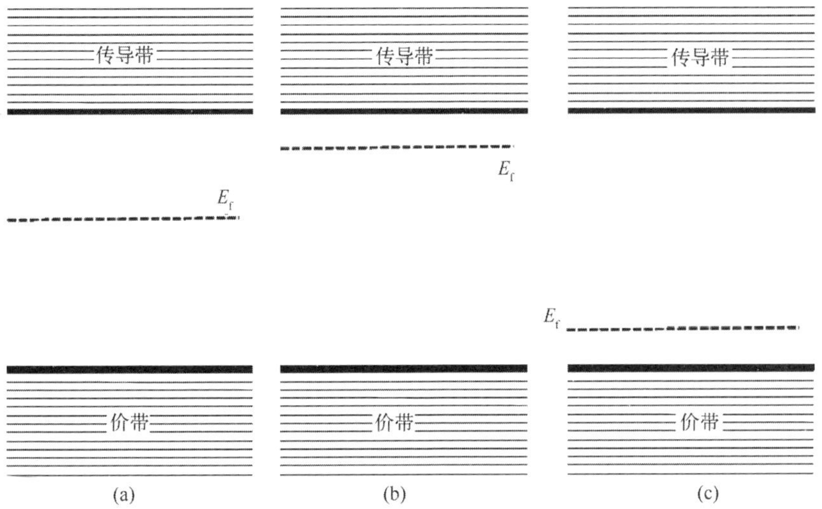

图 12-2　有关 V_B 和 C_B 的费米能级位置：(a)本征半导体；(b)n 型半导体；(c)p 型半导体

5)表面原子和新相原子的键合。

禁隙区所处的能级对半导体光学性质具有特殊的意义。表面局域态表现的是原子核与表面电荷的运动，从而在核与表面之间建立热平衡。因此，表面环境中电荷传递的密度偏离了它的平衡值，使半导体体中形成了非中性区。这个区域通常被认为是表面空间电荷区(SCR)。纯半导体的体特性在其晶体核心的几个原子层之外得到了改进。对于掺杂半导体来说，表面状态的诱导可能会导致 SCR 的形成，SCR 可以深入固体中(高达数千埃)。通过空间电荷区得到的静电势(V)，将在靠近表面的能带结构中发展，称为能带弯曲。对于 n 型半导体，能带向上至表面，而对于 p 型半导体，能带向下扭转。在第一种情况下，这些作用是由于电子从供体的表面区域转移到表面状态，而在第二种情况下，电子从表面状态转移到受体。掺杂半导体的功函数(表面电子态的影响和弯曲)与掺杂物质的浓度无关。半导体与供体的掺杂会使费米能级膨胀。因此，这种半导体的功函数减小。但是这种效应可以通过使削磨电子掠过 SCR 以提高能量消耗的方法而失去作用。掺杂半导体中的这一现象称为“费米能级钉住效应”(Walukiewicz，1988)。

12.1.4　紫外和可见光谱

电磁辐照的吸收通常会改变分子的能量状态。这些能量状态的变化包括：

- 电子状态的变化 $\Delta E_e = 150 \sim 600$kJ/mol；
- 振动状态的变化 $\Delta E_v = 2 \sim 60$kJ/mol；
- 旋转状态的变化 $\Delta E_r \approx$ 3kJ/mol。

以上能量状态的变化与吸收辐射波长的关系为

$$\Delta E = \Delta E_e + \Delta E_v + \Delta E_r = hv = h \cdot c/\lambda$$

式中，(普朗克常数)$h = 6.626 \times 10^{-34}$ Js。

分子键、非键和反键轨道之间的能隙在每摩尔 125~650kJ 之间。这种能量差异是由光谱中紫外线和可见光区域的电磁辐照造成的（Perliski 和 Solomon，1993；Waymouth，1971；Sommerer，1996）。

紫外线-可见光谱可以分为三个不同的区域：

1）远紫外线（10~200nm）；

2）近紫外线（200~380nm）；

3）可见光（400~800nm）

上述特定光谱区域的相关辐照仅能通过某些类型的玻璃器皿。表 12-1 总结了能通过某些类型玻璃的可能传输波长值，这些类型的玻璃可用于光催化反应。

表 12-1　玻璃类型及其相应的截止波长

玻璃类型	截止波长/nm
派热克斯玻璃（Pyrex）	<275
柯芮克士玻璃（Corex）	<260
维克玻璃（Vycor）	<220
石英（Quartz）	<170

12.1.5　辐射源

良好的光谱源具备辐射稳定和强度高等特点。这样的光谱源具有提供覆盖宽范围波长的能力。因此，单一光源无法适合所有的光谱区域。辐照源可分为放热电源和放电电源。热辐射一般是在某个过程中工作温度升高而产生的。下文举例说明一些常见的辐照源。

（1）氘放电灯

利用放电将氘分子分解成原子（Waymouth，1971）。这一过程伴随着不间断的紫外线辐射，其辐射范围在 160~380nm 之间。

（2）钨丝灯

最常见的可见光辐射源是普通钨丝灯。它是由密封在真空玻璃灯泡内细细的钨丝螺旋制成的。通过灯丝的电能被转换成热能，使其发出“白热”光（Waymouth，1971）。汞在高压下用于 Hg 放电管。因此，这种光源不能在光谱的不间断研究中应用。这显然是由于在不间断的背景上锐利的线条或条纹将被覆盖。

（3）氙气放电灯

该灯使用类似于线性卤素灯的低压 DC 电源工作，但氙气压力范围为 10~30atm（1atm＝101325 Pa）。近紫外线的强度实际上远大于 LHL 灯的强度，但在可见光区域更大的强度可能会造成潜在的杂散辐射问题（Sommerer，1996）。

（4）单色仪

单色仪是一种辐射源，可以用来分散铬获得所需波长。棱镜被广泛用于实现这一目的。玻璃、石英和熔融石英是制作棱镜最常用的材料。在这些材料中，玻璃可以算作分辨力最高的材料。这是因为玻璃可以沿着光谱的可见光区域稳定地散射光。然而，玻璃不允许波长在350~200nm之间的辐射通过。因此，玻璃不能在这样的波长范围内被利用。另一方面，石英通常允许200~700nm的波长穿透。因此，石英适用于紫外线区域。

12.1.6　光催化金属氧化物

就分子结构而言，金属氧化物(MO_x)由至少一个金属原子与一个或多个氧原子组合而成。除了一些较轻的惰性气体([He]，[Ne]，[Ar]和[Kr])外，几乎所有其他元素都能氧化，特别是金属元素。由于材料基体中存在自由电子，金属往往具有很高的导电性。然而，在氧化过程中，金属原子的电子被氧夺取，形成正离子，从而形成正电状态。金属氧化物一般被归类为半导体，因为其导电性通常取决于外部激发水平(Wong和Fierro，2006；Cox，1996)。

这些金属氧化物半导体(MOS)的典型应用包括晶体管、电阻、发光二极管、太阳能电池、气体传感器和压电传感器等。虽然MOS技术主要应用于电气和计算机行业，但在其他领域也多有涉及，包括化学、机械、环境、能源和石油(Wong和Fierro，2006)。用于光催化应用的理想光催化剂必须具有以下特性(Carp等，2004)：

1)辐照光子的稳定性；

2)对化学和生物物质影响小；

3)储量高且制造成本低；

4)具备在适当的光刺激能量下($h\nu \geq E_g$)吸引反应物质的能力，其中E_g表示能带隙。

最近，一些光催化剂得到了改进，以用于光辐照引发的多重应用。在不同应用中广泛使用的光催化剂/半导体通常是过渡金属的氧化物形式。这些金属氧化物通常具有独特的特征。半导体总是具有空能量区，不能提供任何能量水平。因此，可以有效地禁止半导体中的光活化产生的电子和空穴之间的结合(Ghosh和Rao，2004；Jing和Guo，2006；Selvam等，2011)。表12-2列出了在各种应用中一些广泛使用的光催化剂的带隙值。

氧化镉是一种作为光催化剂潜力巨大的化合物，可以用在太阳能电池(Salehi，2014)、光电晶体管(Kondo等，1971)、光电二极管(Benko和Koffyberg，1986)、透明电极(Chang等，2007)，以及气体传感器(GHOSH和RAO，2004)等多个领域。镉化合物的另一个例子是硫化镉，它是众所周知的高效光催化剂。据所知，CdS被认为是最具光活性的材料之一，广泛应用于光催化过程(El Naggar等，2013)。另一方面，尽管CdO被认为是一种有价值的光催化剂，但它还没有得到广泛的应用。氧化镉具有一个特殊的特征，因为它具有2.3 eV的直接E_{bg}和1.36 eV的间接E_{bg}(Dou等，1998)。CdO还具有特殊的催化作用，使其能够光分解各种有机结构，如染料和部分环境污染物(Nezamzadeh-Ejhieh和Banan，2011；Karunakaran和Dhanalakshmi，2009；Karunakaran等，2010)。

高效光催化氧化物(广泛使用)的另一个例子是氧化锌。锌在其最外层价层中含有两个电子。锌由于具有形成保护性氧化物的能力，常被用于防锈涂料中。锌通常与其他金属结合形成合金，如与铜结合成黄铜(Taylor，1964；Bertini，2007)。

表 12-2　半导体激发波长及其匹配的带隙能示例

半导体示例	带隙能/eV	波长/nm
二氧化钛(金红石)	3	413
二氧化钛(锐钛矿)	3.2	388
氧化锌	3.2	388
硫化锌	3.6	335
硫化镉	2.4	516
氧化镉	2.1	550

氧化锌是最稳定的形式。这种无机化合物可以自然地以一种黄色矿物的形式存在，即锌矿。它是一种宽 E_{bg}(3.37eV)半导体，具有 60 eV 的高激发结合能(Fan 和 Lu，2005；Ashfold 等，2007；Kim 等，2010)。这种半导体在颜料工业中广泛用于制造白色涂料。氧化锌还可以用于橡胶材料的催化制备。由于具有较高的折射率(n=2.0)，它也被添加到聚合物中，用作防紫外线辐射的保护剂(Zhang 等，2004；Jacobson，2005；Hewitt 和 Jackson，2008)。

另一个常见半导体的例子是氧化钛。钛金属被认为是地壳中第九种最丰富的元素，含量为 6600 ppm(ppm 表示百万分之一)。与锌一样，钛在大多数环境条件下暴露在空气中时会形成一层薄薄的保护性氧化层(Taylor，1964；Bertini，2007)。最稳定和最主要的形式是二氧化钛，这是一种无机化合物，天然存在于岩浆岩和热液矿脉中，呈白色结晶粉末状(Fu 等，2009)。

二氧化钛主要有三种结构形式。金红石和锐钛矿是最广泛分布的具有四方晶体排列的相。布鲁克岩不常见但仍具有代表性，以正交晶形存在。二氧化钛被认为是一种中等宽度的 E_{bg}(从 3.00~3.20 eV，取决于波系数)半导体，据报道结合能介于 45~55 eV 之间(Hashimoto 等，2005；Fujishima 等，2008)。

二氧化钛由于具有高折射率(n=2.7)，被广泛用作美白颜料，并在大多数防晒霜中提供物理阻滞剂(Jacobson，2005)。虽然二氧化钛在产生自由基方面非常有效，但它的激发需要相对高强度的活化能(仅在紫外光谱中发现)。在过去几十年中，金属氧化物光催化剂的发展取得了重大进展(Miyauchi 等，2002；Li 等，2008；Brezesinski 等，2010)。然而，氧化钛仍然是备受关注的，它继续展现出光催化前景。通过将这两种成熟的金属氧化物混合形成异质的纳米结构，预计可以实现光催化的进步(Moradi 等，2015)。

12.1.7　纳米结构生长技术对金属氧化物光催化效率的重要性

在更小的复合体中应用更多先进技术的愿望持续推动着科学界改进和开发新的材料。通过对纳米结构材料的持续研究，这种趋势得以维持。纳米尺度的材料随着特征尺寸的缩小，通常表现出与宏观物质不一样的特性。随着特征尺寸的缩小，量子力学的影响开始显现。表面积的大幅增加使其在应用上表现出巨大潜力，特别是在能源方面。了解金属氧化物半导体在原子水平上的行为仍然是研究界的关注重点。目前已经形成了若干方法用以生产 MOS 纳米结构，包括纳米管、纳米线、纳米棒、纳米带、纳米推进器和纳米线圈（Fan 和 Lu，2005；Song 等，2006；Tong 等，2006）。生产这些纳米结构最常用的方法包括气液固相技术（VLS）、脉冲激光沉积、水热生长（HG）和溅射方法（Ashfold 等，2007；Tak 等，2009；Akhtar 等，2010；Ottone 等，2014；Smith 等，2015）。其中，廉价和有效的基于自组装生长模式的沉淀合成被认为是最有潜力的技术之一。该方法有望制备出一种新型具有光催化优势的金属氧化物纳米结构。

12.2　制氢

氢气作为一种高能量清洁能源近年来备受瞩目。目前，生物废料的热解气化、碳氢化合物的催化分解、乙醇和甲烷的蒸气和干法重整以及光催化水裂解等制氢技术已得到应用。然而，考虑到简化生产程序和降低能耗，通过水分子的光催化分解制氢比其他方法更有优势。光催化制氢通常是通过水的光催化或电化学分解来实现的。

12.2.1　光催化水分解

通过光催化途径分解水，利用两类丰富的可再生资源——水和阳光，这已成为获得氢的一个趋势（Ni 等，2007；Zheng 等，2009）。在这一过程中使用合适的光催化剂是一个必需的途径，其优势如下：催化剂以固相形式引入，制造成本低，无操作风险，不失活（Naik 等，2011；Pradhan 等，2011）。

可见光的光致水分解系统，可以通过各种途径进行改进。其中一个有效路径为染料敏化。在这种方法中，染料敏化剂被引入光催化反应器中。然后，由于可见光照射的影响，敏化被激发。染料敏化剂的分子在激发态下会把电子带到光催化剂附近的 C_B 上。这些电子随后沿整个光催化剂晶体结构传输。这些电子接下来将到达催化剂表面，从而完成还原水分子以释放氢（Dhanalakshmi 等，2001；Sreethawong 和 Yoshikawa，2012）。

12.2.1.1　半导体

电子的有序转移是为了被某种基底的分子所接收，它与半导体的物理化学特性，如比表面积、结晶体和多孔结构等有很高的相关性。从 Fujishima 和 Honda（1972）的早期研究以来，采用半导体进行水裂解来产生氢已经获得了极大的关注。这两位科学家是最早探索水分子可以通过光电化学途径分解成氢和氧的科学家。为了实现这一过程，研究人员在紫外线的作用下使用了一种半导体电极，即 TiO_2。大量的金属氧化物和硫化物，如二氧化钛（Karakitsou 和 Verykios，1995），WO_3（Abe 等，2005），钛酸锶（Zou 和 Liu，2006），氧化锌（Hoffman 等，1992），硫化镉和硫化锌（Maeda 等，2005；Guan，2004），铌酸（Izumi 等，1987），钽酸盐（Furube 等，2002）之后被视为裂解水制氢的催化剂。在过去的十年里，科学家们致力于对光催化剂进行改性，以增强其在波长为 1400～700nm 之间的辐射条件下的能力。改性阶段包括用一些过渡金属如铂(Ikeda 等，2006)、铬(Kim 等，2005)和钒(Wang 等，2006)掺杂这些催化剂。也可以使用非金属成分进行掺杂，如氮(Gu 等，2007)、硫(Yin 等，2007；Murakami 等，2007)以及各种碳(Yu 等，2005；Liu 等，2007)。改性后的光催化剂有望成为光催化制氢的有效候选材料。

作为一种产生氢气的光过程，在光反应过程中分离电荷重新结合的可能性对水溶液的添加剂有很强的依赖性。而金属与半导体结构的结合是控制分离电荷间集成的另一个因素。一旦电荷分离完成，C_B中的电子就可以通过半导体表面现有的金属粒子来限制。由于费米能与功函数不同，在这一阶段发生了电子停滞。在水制氢的过程中，需要同时含有水和甲醇的溶液。这样的溶液，质子的出现是由于水或甲醇通过辐射产生的空穴被氧化。然后质子在催化剂的金属表面通过电子服从还原步骤，以产生氢分子。式(12-6)~式(12-9)为光催化制氢过程中发生的相互作用(Choi 和 Kang，2007)

$$hv \longrightarrow e^- + h^+ \tag{12-6}$$

$$4h^+ + 2H_2O \longrightarrow O_2 + 4H^+ \tag{12-7}$$

$$2H^+ + 2e^- \longrightarrow H_2 \tag{12-8}$$

总反应为

$$4hv + 2H_2O \longrightarrow O_2 + 2H_2 \tag{12-9}$$

在混合物中加入甲醇作为氧化介质，以防止由于光催化剂表面吸附水分子而产生的氧气泄漏。换句话说，甲醇被用来有效地分离空穴电荷，而这些电荷正是重新组合空穴电子对的原因。此外，甲醇还具有另一种特殊的作用，即作为空穴清除剂。在这个阶段，甲醇可以参与制氢，如方程(12-10)~方程(12-12)所示。这就产生了氢气。除了生成氢气外，发生的副反应还会产生二氧化碳(Kawai 和 Sakata，1980；Chen 等，1999)。

$$MeOH \longleftrightarrow H_2CO + H_2 \tag{12-10}$$

$$H_2CO + H_2O \longleftrightarrow H_2CO_2 \tag{12-11}$$

$$H_2CO_2 \longleftrightarrow CO_2 + H_2 \tag{12-12}$$

12.2.1.2 高效水分解催化剂

硫化镉是一种 n 型半导体，能带隙为 2.4 eV。它是在可见光照射下对 H_2生成具有合理光催化作用的光催化剂之一。但是，强烈建议使用 C_2H_5OH、HS 或 SO_3(Sathish 等，2006)等作为电子供体，这会产生大量的 H_2，有利于克服硫化镉在存在 O_2的条件下产生的光致腐蚀。从另一个角度来看，通常可以通过改变或管理其晶体尺寸来调节电子状态以及半导体的光活性，特别是半导体的硫化物，而不影响化学结构。Hoffman 和他的合作者们提出，通过将半导体的晶体尺寸从 40nm 减小到 23nm，氧化锌纳米颗粒光催化制备过氧化氢的效率提高了 10 倍。Hoffman 等(1994)的另一项研究报告称，利用尺寸量子化的硫化镉粒子，甲基丙烯酸甲酯的光聚合量子能力增强，同时晶体尺寸减小。组合具有各种能级的两个或更多个半导体有利于成功断开电荷。

纳米复合结构由于其在紫外线和可见光区域的响应比基于光的过程更强而备受关注

(Morales-Torres 等，2012，2013)。二氧化钛被认为是活性最高的光催化剂。然而，二氧化钛在光催化裂解水中的使用取决于标准氢电极(NHE)条件下的氧化还原电位(Perez-Larios 和 Gomez，2013)。为了提高二氧化钛对水分子裂解反应的光催化性能，前人进行了多项研究。通过掺杂铁、锌、铜、钒、镁和镍，得到了一种改进的二氧化钛结构(Tseng 和 Jeffrey，2004)。Sreethawong 等(2005)报道的另一种二氧化钛改性方法是在其颗粒中浸渍铂、钯和金等贵金属。

混合氧化物基光催化剂的出现也引起了许多科学家的关注。这些混合结构可能同时含有两种或两种以上的金属氧化物，氧化铜、氧化锌、氧化镍和氧化铈(Erdoelyi 等，2006；Yoong 等，2009；Cesar 等，2008；Banerjee，2011；Galindo-Hernandez 和 Gomez，2011)。混合氧化物基光催化剂具有优异的光催化性能，是一种制造成本较低的材料。两种或两种以上氧化物结合的影响与它们晶体结构中现有的氧空位密切相关(Nakamura 等，2000；Ihara 等，2003)。El Naggar 及其合作者在之前的研究(El Naggar 等，2013)中已经证明，在氧化锌(E_{bg}为 3.37 eV)和硫化镉(E_{bg}为 2.42 eV)单独存在或混合的条件下，水-甲醇混合物中的水在光催化下裂解为氢气。已经明确提到，CdS 和 ZnO 无论是在紫外光谱还是在可见光光谱条件下均能将水转化为氢气。

12.2.2　光电化学制氢

在光电化学过程中，即直接将太阳能转化为化学能，具体过程是阳光催化裂解半导体材料中的水，从而使水分解产生氢气。

通过光催化裂解水分子产生氢气的最具挑战性的任务是通过经济有效的方法使产生的H_2的量最大化。市场可行性需要在成本、效率和不变性方面进行改进，主要包括：

1)通过更好的表面催化来提高效率，以促进阳光吸收。

2)使用保护性涂层对催化剂进行修复。

3)通过降低材料和工艺成本，使成本效益得到提高。

半导体电极的排列对水的光电化学裂解性能有较大的影响。采用光电化学方法研究了制氢过程中 TiO_2、α-Fe_2O_3、WO_3等不同半导体组分(Cha 等，2011；Kim 等，2012)。异质结电极(至少有两种光催化剂)与单半导体电极相比具有更多的优点(Hoshino 等，2006)。Hyun 等最近制备了 CdS/ZnSe 纳米核/壳光电极。与 CdS 光电极薄膜相比，CdS/ZnSe 纳米核/壳光电极具有更强的光催化特性。与 CdS 薄膜电极相比，带结构刺激半导体电极中载流子的电荷分离，从而可以在较低和较高的偏置电压下加速水的裂解过程(Ki 和 Yun，2017)。研究比较了 CdSe 和 CdSe/CdS 量子点(QDs)、CdSe 量子棒(QRs)、CdSe/CdS 棒内量子点(dot-in-rods)(DIRs)等多种 CdSe 半导体纳米粒子光催化制氢(H_2)的活性。H_2产生速率为 CdSe QDs $\gg$ CdSe QRs > CdSe/CdS QDs > CdSe/CdS DIRs。光激发表面电荷密度与制氢速率呈正相关，制氢效率主要受纳米粒子大小和形貌的影响(Fen 等，2016)。在另一篇报道中，在 ZnS-CdS 表面沉积 Ru 后，制氢速率提高了 4 倍以上。此外，制备的 ZnS-CdS 纳米复合材料表现出超过 50 h 的良好稳定性(Jingyi，2017)。

嵌入结构的使用，其中一种组分被另一种组分包围，为电子更自由地转移创造了更大的接触面积，从而更好地实现异质结系统中的协同效应。硅掺杂和钛掺杂的 $\alpha-Fe_2O_3$ 表现出比未掺杂材料更高的光电化学活性。提出的增强光电流的机理是由于表面电荷转移率系数的提高而减少复合，也可能是掺杂剂使晶界钝化(Glasscock 等，2007)。采用喷雾热解法制备了掺杂碳的 In_2CO_3 薄膜，并对其光电催化性能进行了评价。在可见光照射下，C 掺杂薄膜的光电流密度可达 $1mA/cm^2$。在相同的辐照条件下，C 掺杂的 In_2CO_3 薄膜的光电流密度高于未掺杂的薄膜(Yanping 等，2008)。最近，以 $S^{2-}/SO_3{}^{2-}$ 水溶液在紫外光照射下制氢为基础，合成了掺杂铜的 ZnS/沸石复合材料，并对其光催化活性进行了评价。研究发现，CuZnS/沸石复合材料的制氢速率明显高于大块 ZnS(Toru 和 Morio，2017)。迄今为止，研究人员已经制造出各种具有大结构空隙和表面积的纳米结构，包括纳米粒子、纳米棒、纳米管和纳米线。纳米硅基板的抗反射性能可以提高硅制氢的效率。与裸硅纳米线($-5\ mA/cm^2$)相比，涂有铁硫羰基催化剂的硅纳米线能够产生更大的光电流密度($-17\ mA/cm^2$)。此外，涂覆有铁硫羰基催化剂的硅纳米线在低偏压电位下产氢量较大(315μmol/h)(Soundarrajan 等，2016)。他们采用溶胶-凝胶法和热法在 600℃ 条件下，制备了不同钐含量的 $SiC-TiO_2-Sm_2O_3$。据报道，在 $SiC-TiO_2-Sm_2O_3$ 上由硫酸溶液通过 UV 光施加偏置电势产生氢。结果表明，对于具有 2.0% Sm^{3+} 的样品，入射光子转换效率的百分比达到最大(% IPCE = 4.7)(Isaias 等，2015)。$WO_3/BiVO_4$ 异质结被认为是制氢的最佳结对之一，但其光电流密度较低。研究人员研究了螺旋纳米结构在光电化学太阳能裂解水中的应用优势。与可逆氢电极相比，掺杂有钒酸铋的三氧化钨螺旋纳米结构因光散射、电荷分离与传输更有效以及与电解质接触面积更大等获得了 1.23V 下最高的光电流密度。(Xinjian 等，2014)。文献报道了在涂有氧化镍的铟锡氧化物(ITO)电极上制备 CdSe 量子点致敏光电阴极，该光电阴极可以用于在光照射时制备氢。在白光 LED 照明下，与反向彩虹阴极相比，具有正向能量梯度的彩虹阴极具有良好的光捕获能力和改善的光响应。在最小优化条件下，光电流密度达到 $115\mu A/cm^2$，法拉第效率达到 99.5%。这是最有效的基于量子点的光电阴极水分解系统之一(Hongjin 等，2017)。以二氧化钛微球为主要光阳极材料，加入银纳米粒子/石墨的异质结构，构成一种新型的光电制氢装置。这种异质结构不仅大大提高了光捕获效率(LHE)，而且提高了电荷收集效率。二氧化钛微球/银/石墨烯电池(cell)的 PCE(光转化率)比纯 P_{25} 电池提高了 2.5 倍(Chun-Ren 等，2016)。采用铂和石墨烯(GN)对二氧化钛纳米粒子进行改性。研究了 GN/TiO_2(TG)、$Pt-TiO_2$(PT)、PT-GN/TiO_2(PTG)的制氢性能。当 Pt 含量为 1.0%时，最大产氢速率约为 4.71mmol/(h · g)。石墨烯的产氢速率与铂相似。当 Pt 含量为 1.5%、GN 为 5%时(1.5PTG5)，最大产氢速率为 6.58mmol/(h · g)，分别是 $Pt-TiO_2$ 和 GN/TiO_2 二元复合材料的 1.4 倍和 2.2 倍(Nguyen 等，2018)。

利用贵金属/磁性纳米粒子(核/壳结构)作为光材料在水裂解过程中具有广阔的应用前景。采用无贵金属催化剂磁性加热可提高制氢速率。利用暴露于高频磁场磁性加热环境的碳化镍/铁核/壳结构，在碱水电解流动池内制氧需要的过电势(在 $20mA/cm^2$ 下)下降了

200mV，制氢则下降了 100mV。氧释放动力学的增强与电池温度升高至约 200℃ 相对应；然而，实际上，它只上升了 5℃（Christiane 等，2018）。

12.3　结论

本章介绍了光催化的定义、重要性和类型。详细介绍了光催化半导体的电子和光学特性。对不同半导体的能带隙及其相关的辐照光谱类型进行了讨论。本章还介绍了各种玻璃的适用性及其与辐射源的匹配情况。各种金属氧化物基半导体已被报道是最有效和应用最广泛的光催化剂。在这些金属氧化物中，钛、锌和镉氧化物被列为活性最高的光催化剂，尤其是在能源生产领域。本章还介绍了光催化的一个独特用途，特别是在能量生成方面，即光催化水转化为氢。考虑到氢被认为是一种重要的新能源载体，本章阐明了采用水裂解制氢的重要性。本文还介绍了两种水裂解途径：光催化和光电化学方法，以及它们所依赖的光催化剂，展示了两条水裂解工艺路线中各种半导体的效率。

参考文献

[1] Abe R, Takata T, Sugihara H, Domen K (2005) Photocatalytic overall water splitting under visible light by TaON and WO_3 with an IO_3^-/I^- shuttle redox mediator. Chem Commun 30: 3829-3831.

[2] Akhtar MS, Hyung JH, Kim DJ, Kim TH, Lee SK, Yang O (2010) A comparative photovoltaic study of perforated ZnO nanotube/TiO_2 thin film and ZnO nanowire/TiO_2 thin film electrode-based dye-sensitized solar cells. J Korean Phys Soc 56(3): 813-817.

[3] Ashfold MNR, Doherty RP, Ndifor-Angwafor NG, Riley DJ, Sun Y (2007) The kinetics of the hydrothermal growth of ZnO nanostructures. Thin Solid Films 515: 8679-8683.

[4] Banerjee AN (2011) The design, fabrication, and photocatalytic utility of nanostructured semiconductors: focus on TiO_2-based nanostructures. Nanotechnol Sci Appl 4: 36-65.

[5] Benko FA, Koffyberg FP (1986) Quantum efficiency and optical transitions of CdO photoanodes. Solid State Commun 57: 901-903.

[6] Bertini I (2007) Biological inorganic chemistry: structure and reactivity, chap. 2. University Science Books, pp 7-30.

[7] Brezesinski K, Ostermann R, Hartmann P, Perlich J, Brezesinski T (2010) Exceptional photocatalytic activity of ordered mesoporous TiO_2 - Bi_2O_3 thin films and electrospun nanofiber mats. Chem Mater 22: 3079-3085.

[8] Carp O, Huisman CL, Reller A (2004) Photoinduced reactivity of titanium dioxide. Prog Solid State Chem 32: 33-177.

[9] César DV, Robertson RF, Resende NS (2008) Characterization of ZnO and TiO_2 catalysts to hydrogen production using thermoprogrammed desorption of methanol. Catal Today 133: 136-141.

[10] Cha HG et al (2011) Facile preparation of Fe_2O_3 thin film with photoelectrochemical properties. Chem Commun 47: 2441-2443.

[11] Chang YC, James RB (1989) Saturation of intersubband transitions in p-type semiconductor quantum wells. Phys Rev B 39: 12672.

[12] Chang J, Mane RS, Ham D, Lee W, Cho BW, Lee JK, Han S-H (2007) Electrochemical capacitive properties of cadmium oxide films. Electrochim Acta 53: 695-699.

[13] Chen J, Ollis DF, Rulken WH, Bruning H (1999) Photocatalyzed oxidation of alcohols and organochlorides in the presence of native TiO_2 and metallized TiO_2 suspensions. Part (II): photocatalytic mechanisms. Water Res 33: 669-676.

[14] Choi H-J, Kang M (2007) Hydrogen production from methanol-water decomposition in a liquid photosystem using the anatase structure of Cu loaded TiO_2. Int J Hydrogen Energy 32: 3841-3848.

[15] Christiane N, Stéphane F, Alexis B, Jonathan D, Marian C, Julian C, Bruno C, Alain R (2018) Improved water electrolysis using magnetic heating of FeC-Ni core-shell nanoparticles. Nat Energy 3: 476-483.

[16] Chun-Ren K, Jyun-Sheng G, Yen-Hsun S, Jyh-Ming T (2016) The effect of silver nanoparticles/graphene-coupled TiO_2 beads photocatalyst on the photoconversion efficiency of photoelectrochemical hydrogen production. Nanotechnology 27(43).

[17] Ciesla P, Kocot P, Mytych P, Stasicka Z (2004) Homogeneous photocatalysis by transition metal complexes in the environment. J Mol Catal A Chem 224: 17-33.

[18] Cox PA(1996) The surface science of metal oxides, chap. 5. Cambridge University Press, Cambridge, pp 158-246.

[19] Dhanalakshmi KB, Latha S, Anandan S, Maruthamuthu P (2001) Dye sensitized hydrogen evolution from water. Int J Hydrogen Energy 26: 669-674.

[20] Dou Y, Egdell RG, Walker T, Law DSL, Beamson G (1998) N-type doping in CdO ceramics: a study by EELS and photoemission spectroscopy. Surf Sci 398: 241-258.

[21] El Naggar AMA, Nassar IM, Gobara HM (2013) Enhanced hydrogen production from water via a photo-catalyzed reaction using chalcogenide d-element nanoparticles induced by UV light. Nanoscale 5: 9994-9999.

[22] Erdőelyi A, Raskó J, Kecskés T, Tóth M, Dömök M, Baán K (2006) Hydrogen formation in ethanol reforming on supported noble metal catalysts. Catal Today 116: 367-376.

[23] Fan Z, Lu JG (2005) Zinc oxide nanostructures: synthesis and properties. J Nanosci Nanotechnol 5: 1561-1573.

[24] Fen Q, Zhiji H, Jeffrey JP, Michael YO, Kelly LS, Todd DK (2016) Photocatalytic hydrogen generation by CdSe/CdS nanoparticles. Nano Lett 16(9): 5347-5352.

[25] Fu N, Wu Y, Jin Z, Lu G (2009) Structural-dependent photoactivities of TiO_2 nanoribbon for visible-light-induced H_2 evolution: the roles of nanocavities and alternate structures. Langmuir 26: 447-455.

[26] Fujishima A, Honda K (1972) Electrochemical photolysis of water at a semiconductor electrode. Nature 238: 37.

[27] Fujishima A, Zhang X, Tryk DA (2008) TiO_2 photocatalysis and related surface phenomena. Surf Sci Rep 63: 515-582.

[28] Furube A, Shiozawa T, Ishikawa A, Wada A, Domen K, Hirose C (2002) Femtosecond transient absorption spectroscopy on photocatalysts: K4Nb6O17 and Ru(bpy)3 2+ intercalated K4Nb6O17 thin films. J Phys Chem B 106: 3065-3072.

[29] Galindo-Hernández F, Gómez R (2011) Degradation of the herbicide 2, 4-dichlorophenoxyacetic acid over TiO_2-CeO_2 sol-gel photocatalysts: effect of the annealing temperature on the photoactivity. J Photochem Photobiol A Chem 217: 383-388.

[30] Ghosh M, Rao CNR (2004) Solvothermal synthesis of CdO and CuO nanocrystals. Chem Phys Lett 393: 493-497.

[31] Glasscock JA, Barnes PRF, Plumb IC, Savvides N (2007) Enhancement of photoelectrochemical hydrogen production from hematite thin films by the introduction of Ti and Si. J Phys Chem C 111 (44): 16477-16488.

[32] Gu DE, Yang BC, Hu YD (2007) A novel method for preparing V-doped titanium dioxide thin film photocatalysts with high photocatalytic activity under visible light irradiation. Catal Lett 118: 254-259.

[33] Guan GQ, Kida T, Kusakabe K, Kimura K, Fang XM, Ma TL et al (2004) Photocatalytic H_2 evolution under visible light irradiation on CdS/ETS-4 composite. Chem Phys Lett 385: 319-322.

[34] Hashimoto K, Irie H, Fujishima A (2005) TiO_2 photocatalysis: a historical overview and future prospects. Jpn J Appl Phys 44: 8269-8285.

[35] Hewitt CN, Jackson AV (2008) Handbook of atmospheric science: principles and applications, chap. 13. Wiley, pp 339-371.

[36] Hoffman AJ, Yee H, Mills G (1992) Photoinitiated polymerization of methyl methacrylate using Q-sized zinc oxide colloids. J Phys Chem 96: 5540-5546.

[37] Hoffman AJ, Carraway ER, Hoffman MR (1994) Photocatalytic production of H_2O_2 and organic peroxides on quantum-sized semiconductor colloids. Environ Sci Technol 28(5): 776-785.

[38] Hongjin L, Congcong W, Guocan L, Rebeckah B, Todd DK, Yongli G, Richard E (2017) Semiconductor quantum dot-sensitized rainbow photocathode for effective photoelectrochemical hydrogen generation. PNAS 114(43): 11297-11302.

[39] Hoshino K, Hirasawa Y, Kim S-K, Saji T, Katano J-I (2006) Bulk heterojunction photoelectrochemical cells consisting of oxotitanyl phthalocyanine nanoporous films and I_3^-/I^- redox couple. J Phys Chem B 110: 23321-23328.

[40] Ihara T, Miyoshi M, Iriyama Y, Matsumoto O, Sugihara S (2003) Visible-light-active titanium oxide photocatalyst realized by an oxygen-deficient structure and by nitrogen doping. Appl Catal B Environ 42: 403-409.

[41] Ikeda S, Fubuki M, Takahara YK, Matsumura M (2006) Photocatalytic activity of hydrothermally synthesized tantalite pyrochlores for overall water splitting. Appl Catal A 300: 186-190.

[42] Isaías J-R, Leticia MT-M, Christian G-S, Juan CB (2015) Photoelectrochemical hydrogen production using SiC-TiO_2-Sm_2O_3 as electrode. J Electrochem Soc 162(4): H287-H293 Izumi N, Junji A, Masayuki I, Ritsuro M, Yoshinori S, Kichiro K (1987) Characterization of the amorphous state in metamict silicates and niobates by EXAFS and XANES analyses. Phys Chem Miner 15: 113-124.

[43] Jacobson MZ(2005) Fundamentals of atmospheric modeling, chap. 21. Cambridge University Press, Cambridge, pp 681-708.

[44] Jing D, Guo L (2006) A novel method for the preparation of a highly stable and active CdS photocatalyst with a special surface nanostructure. J Phys Chem B 110: 11139-11145.

[45] Jingyi X(2017) Preparation of ZnS-CdS nanocomposite for photoelectrochemical hydrogen production. Int J Electrochem Sci 12: 2253-2261.

[46] Karakitsou KE, Verykios XE (1995) Definition of the intrinsic rate of photocatalytic cleavage of water over Pt-RuO_2/TiO_2 Catalysts. J Catal 152: 360-367.

[47] Karunakaran C, Dhanalakshmi R (2009) Selectivity in photocatalysis by particulate semiconductors. Open Chem 7: 134-137.

[48] Karunakaran C, Dhanalakshmi R, Gomathisankar P, Manikandan G (2010) Enhanced phenol-photodegradation by particulate semiconductor mixtures: interparticle electron-jump. J Hazard Mater 176: 799-806.

[49] Kawai T, Sakata T (1980) Photocatalytic hydrogen production from liquid methanol and water. J Chem Soc Chem Commun 15: 694.

[50] Ki HC, Yun MS (2017) Photoelectrochemical performance of CdS/ZnSe core/shell nanorods grown on FTO substrates for hydrogen generation. J Electrochem Soc 164: H382-H388.

[51] Kim S, Hwang SJ, Choi WY (2005) Visible light active platinum-ion-doped TiO_2 photocatalyst. J Phys Chem B 109: 24260-24267.

[52] Kim SJ, Kim HH, Kwon JB, Lee JG, Beom-Hoan O, Lee SG, Lee EH, Park SG (2010) Novel fabrication of various size ZnO nanorods using hydrothermal method. Microelectron Eng 87: 1534-1536.

[53] Kim JK, Moon JH, Lee T-W, Park JH (2012) Inverse opal tungsten trioxide films with mesoporous skeletons: synthesis and photoelectrochemical responses. Chem Commun 48: 11939-11941.

[54] Kondo R, Okimura H, Sakai Y (1971) Electrical properties of semiconductor photodiodes with semitransparent films. Jpn J Appl Phys 10: 1493-1659.

[55] Langot P, Tommasi R, Vallae F (1996) Non-equilibrium hole relaxation dynamics in an intrinsic semiconductor. Phys Rev B 54: 1775.

[56] Li SX, Yu KM, Wu J, Jones RE, Walukiewicz W, Ager JW, Shan W, Haller EE, Lu H, Schaff WJ (2005) Fermi-level stabilization energy in group III nitrides. Phys Rev B 71: 161201-161225.

[57] Li HX, Xia RH, Jiang ZW, Chen SS, Chen DZ (2008) Optical absorption property and photo-catalytic activity of tin dioxide-doped titanium dioxides. Chin J Chem 26: 1787-1792.

[58] Liu H, Imanishi A, Nakato Y (2007) Mechanisms for photooxidation reactions of water and organic compounds on carbon-doped titanium dioxide, as studied by photocurrent measurements. J Phys Chem C 111: 8603-8610.

[59] Maeda K, Takata T, Hara M, Saito N, Inoue Y, Kobayashi H, Domen K (2005) ZnO solid solution as a photocatalyst for visible-light-driven overall water splitting. J Am Chem Soc 127: 8286-8287.

[60] Miyauchi M, Nakajima A, Watanabe T, Hashimoto K (2002) Photocatalysis and photoinduced hydrophilicity of various metal oxide thin films. Chem Mater 14: 2812-2816.

[61] Moliton A, Hiorns RC (2004) Review of electronic and optical properties of semiconducting of conjugated polymers: applications in optoelectronics. Polym Int 53: 1397-1412.

[62] Moradi S, Vossoughi M, Feilizadeh M, Zakeri SME, Mohammadi MM, Rashtchian D, Booshehri AY (2015) Photocatalytic degradation of dibenzothiophene using La/PEG-modified TiO_2 under visible light irradiation. Res Chem Intermed 41: 4151-4167.

[63] Morales-Torres S, Pastrana-Martinez LM, Figueiredo JL, Faria JL, Silva AMT (2012) Desing of graph-

eme-based TiO_2 photocatalysts—a review. Environ Sci Pollut Res 19：3676-3687.

[64] Morales-Torres S，Pastrana-Martinez LM，Figueiredo JL，Faria JL，Silva AMT（2013）Graphene oxide-P25 photocatalysts for degradation of diphenhy-dramine pharmaceutical and methyl orange dye. Appl Surf Sci. https：//doi. org/10. 1016/j. apsusc. 2012. 11. 157.

[65] Murakami Y，Kasahara B，Nosaka Y（2007）Photoelectrochemical properties of the sulfur-doped TiO_2 film electrodes：characterization of the doped states by means of the photocurrent measurements. Chem Lett 36：330.

[66] Naik B，Martha S，Parida KM（2011）Facile fabrication of Bi_2O_3/TiO_2-xNx nanocomposites for excellent visible light driven photocatalytic hydrogen evolution. Int J Hydrogen Energy 36：2794-2802.

[67] Nakamura I，Negishi N，Kutsuna S，Ihara T，Sugihara S，Takeuch K（2000）Role of oxygen vacancy in the plasma-treated TiO_2 photocatalyst with visible light activity for NO removal. J Mol Catal A Chem 161：205-212.

[68] Nezamzadeh-Ejhieh A，Banan Z（2011）A comparison between the efficiency of CdS nanoparticles/zeolite A and CdO/zeolite A as catalysts in photodecolorization of crystal violet. Desalination 279：146-151.

[69] Nguyen N-T，Zheng D-D，Chen S-S，Chang C-T（2018）Preparation and photocatalytic hydrogen production of Pt-graphene/TiO_2 composites from water splitting. J Nanosci Nanotechnol 18（1）：48-55.

[70] Ni M，Leung MK，Leung DY，Sumathy K（2007）A review and recent developments in photocatalytic water-splitting using TiO_2 for hydrogen production. Renew Sustain Energy Rev 11：401-425.

[71] Ottone C，Laurenti M，Motto P，Stassi S，Demarchi D，Cauda VA（2014）ZnO nanowires：synthesis approaches and electrical properties，nanowires，synthesis，electrical properties and uses in biological systems，chap. 1. Nova Publisher，New York，NY，USA，pp 1-57.

[72] Park JH，Domenico T，Dragel G，Clark R（1995）Development of electrical insulator coatings for fusion power applications. Fusion Eng Des 27：682-695.

[73] Perera AGU，Sherriff RE，Francombe MH，Devaty RP（1992）Far infrared photoelectric thresholds of extrinsic semiconductor photocathodes. Appl Phys Lett 60：3168-3170.

[74] Pérez-Larios A，Gómez R（2013）Hydrogen production using mixed oxides：TiO_2-M（CoO and WO_3）. Adv Invest Ing 10：27-34.

[75] Perliski LM，Solomon S（1993）On the evaluation of air mass factors for atmospheric near ultraviolet and visible absorption spectroscopy. J Geophys Res Atmos 98：10363-10374.

[76] Pradhan AC，Martha S，Mahanta SK，Parida KM（2011）Mesoporous nanocomposite Fe/Al_2O_3- MCM-41：an efficient photocatalyst for hydrogen production under visible light. Int J Hydrogen Energy 36：12753-12760.

[77] Salehi B，Mehrabian S，Ahmadi M（2014）Investigation of antibacterial effect of cadmium oxide nanoparticles on Staphylococcus aureus bacteria. J NanoBioTechnol 12：12-26.

[78] Sathish M，Viswanathan B，Viswanath RP（2006）Alternate synthetic strategy for the preparation of CdS nanoparticles and its exploitation for water splitting. Int J Hydrogen Energy 31：891-898.

[79] Selvam NCS，Kumar RT，Yogeenth K，Kennedy LJ，Sekaran G，Vijaya JJ（2011）Simple and rapid synthesis of cadmium oxide（CdO）nanospheres by a microwave-assisted combustion method. Powder Technol 211：250-255.

[80] Shim M, Guyot P (2000) N-type colloidal semiconductor nanocrystals. Nature 407: 981-983.

[81] Smith NA, Evans JE, Jones DR, Lord AM, Wilks SP (2015) Growth of ZnO nanowire arrays directly onto Si via substrate topographical adjustments using both wet chemical and dry etching methods. Mater Sci Eng B 193: 41-48.

[82] Sommerer TJ(1996) Model of a weakly ionized, low-pressure xenon dc positive column discharge plasma. J Phys D Appl Phys 29: 769-780.

[83] Song T, Zhang Z, Chen J, Ring Z, Yang H, Zheng Y (2006) Effect of aromatics on deep hydrodesulfurization of dibenzothiophene and 4, 6-dimethyldibenzothiophene over NiMo/Al_2O_3 catalyst. Energy Fuels 20: 2344-2349.

[84] Soundarrajan C, Thomas N, Nicolas HV (2016) Silicon nanowire photocathodes for photoelectrochemical hydrogen production. Nanomaterials 6(8): 144. https://doi.org/10.3390/nano6080144.

[85] Sreethawong T, Yoshikawa S (2012) Impact of Pt loading methods over mesoporous-assembled TiO_2-ZrO_2 mixed oxide nanocrystal on photocatalytic dye-sensitized H_2 production activity. Mater Res Bull 47: 1385-1395.

[86] Sreethawong S, Suzuki Y, Yoshikawa S (2005) Photocatalytic evolution of hydrogen over mesoporous TiO_2 supported NiO photocatalyst prepared by single step sol-gel process with surfactant template. Int J Hydrogen Energy 30: 1053-1062.

[87] Tak Y, Hong SJ, Lee JS, Yong K (2009) Solution-based synthesis of a CdS nanoparticle/ZnO nanowire heterostructure array. Cryst Growth Des 9: 2627-2632.

[88] Taylor SR(1964) Abundance of chemical elements in the continental crust: a new table. Geochim Cosmochim Acta 28: 1273-1285.

[89] Tong Y, Liu Y, Dong L, Zhao D, Zhang J, Lu Y, Shen D, Fan X (2006) Growth of ZnO nanostructures with different morphologies by using hydrothermal technique. J Phys Chem B 110: 20263-20267.

[90] Toru K, Morio N (2017) Cu-doped ZnS/zeolite composite photocatalysts for hydrogen production from aqueous S^{2-}/SO_3^{2-} solutions. Chem Lett 46(12): 1797-1799.

[91] Tseng IH, Jeffrey CSW (2004) Chemical states of metal-loaded titania in the photoreduction of CO_2. Catal Today 97: 113-119.

[92] Walukiewicz W(1988) Fermi level dependent native defect formation: consequences for metals of semiconductor and semiconductor of semiconductor interfaces. J Vac Sci Technol B 6: 1257-1262 272.

[93] Wang DF, Ye JH, Kako T, Kimura T (2006) Photophysical and photocatalytic properties of $SrTiO_3$ doped with Cr cations on different sites. J Phys Chem B 110: 15824-15830.

[94] Waymouth JF(1971) Electrical discharge lamps, chap. 14. Cambridge University Press, Cambridge, pp 331-347.

[95] Wong MS, Fierro JG (2006) Metal oxides, chemistry and applications, chap. 17. Taylor & Francis, pp 543-568.

[96] Wu CH, Chang CL (2006) Decolorization of reactive red 2 by advanced oxidation processes: comparative studies of homogeneous and heterogeneous systems. J Hazard Mater 128: 265-272.

[97] Xinjian S, Yong C, Kan Z, Jeong K, Dong YK, Ja KL, Sang HO, Jong KK, Jong HP (2014) Efficient photoelectrochemical hydrogen production from bismuth vanadate-decorated tungsten trioxide helix nanostruc-

tures. Nat Commun 5. Article number: 4775.

[98] Yanping S, Carl JM, Karla RR, Enrique AR, Justin PL, Daniel R (2008) Carbon-doped In_2O_3 films for photoelectrochemical hydrogen production. Int J Hydrogen Energy 33: 5967-5974.

[99] Yin S, Komatsu M, Zhang QW, Saito F, Sato T (2007) Synthesis of visible-light responsive nitrogen/carbon doped titania photocatalyst by mechanochemical doping. J Mater Sci 42: 2399-2404.

[100] Yoong LS, Chong FK, Dutt BK (2009) Development of copper-doped TiO_2 photo-catalyst for hydrogen production under visible light. Energy 34: 1652-1661.

[101] Yu JC, Ho WK, Yu JG, Yip H, Wong PK, Zhao JC (2005) Efficient visible-light-induced photocatalytic disinfection on sulfur-doped nanocrystalline titania. Environ Sci Technol 39: 1175-1179.

[102] Zhang M, An T, Hu X, Wang C, Sheng G, Fu J (2004) Preparation and photocatalytic properties of a nanometer $ZnO-SnO_2$ coupled oxide. Appl Catal A 260: 215-222.

[103] Zheng XJ, Wei LF, Zhang ZH, Jiang QJ, Wei YJ, Xie B et al (2009) Research on photocatalytic H_2 production from acetic acid solution by Pt/TiO_2 nanoparticles under UV irradiation. Int J Hydrogen Energy 34: 9033-9041.

[104] Zou JJ, Liu C (2006) Preparation of $NiO/SrTiO_3$ with cold plasma treatment for photocatalytic water splitting. Acta Phys Chim Sin 22: 926-931.

第13章 采用纳米冲击实验和纳米力学拉曼光谱研究含能材料的界面力学性能

钱德拉·普拉喀什(Chandra Prakash),
阿约托米·奥罗昆(Ayotomi Olokun),
I. 埃姆雷·京迪兹(I. Emre Gunduz)和
维卡斯·托马尔(Vikas Tomar)

摘要：含能材料对机械冲击很敏感，高速冲击产生的缺陷可能由于形成热点而引起不必要的爆炸。为了了解其潜在机理，需要研究高应变率力学性能的表征。导致这种缺陷的一个关键因素是界面处的失效，如端羟基聚丁二烯(HTPB)和环四亚甲基四硝胺(HMX)[或HTPB和高氯酸铵(AP)]之间的失效。在本研究中，HTPB-HMX和HTPB-AP界面的界面力学性能是通过应变率高达100 s^{-1}的纳米级动态冲击实验来表征的。为了分析化学组分对界面力学性能的影响，在混合物中加入了黏合剂。对于HTPB-AP样品，以替帕诺(Tepanol)为黏合剂，对于HTPB-HMX样品，以丹托酚(Dantocol)为黏合剂。研究人员确定了主体HTPB、HMX和AP以及HTPB-HMX和HTPB-AP界面的冲击响应。通过对实验应力-应变-应变率数据的拟合，得到了基于应变率相关黏塑性幂律的本构模型。利用原位纳米力学拉曼光谱(NMRS)装置研究了黏合剂对界面层失效性能的影响。

关键词：含能材料；MRS；HTPB；HMX；AP

13.1 引言

含能化合物是一种复合材料，常用于国防、航空航天和民用各种领域，如炸药、固体推进剂和烟火剂等。这些材料对热冲击和力学冲击很敏感，热冲击和力学冲击可能是由温

C. Prakash, A. Olokun, V. Tomar
普渡大学，航空航天学院，印第安纳州，西拉菲特 IN 47907，美国
电子邮箱：tomar@ purdue. edu
I. Emre Gunduz
普渡大学，机械工程学院，印第安纳州，西拉菲特 IN 47907，美国

度突然升高或材料内任何区域的冲击造成的。高能材料可以在微观结构中足够大的、达到临界温度(即所谓的“热点”)的区域开始化学反应，进而引发爆炸。这种材料主要由结晶氧化剂(如 HMX 或 AP)组成，氧化剂由聚合物黏合剂(如 HTPB)结合。例如，固体推进剂是一种混合物，含有约 60%～95%的氧化剂，以爆炸物的形式存在(Benson 和 Conley，1999)，而混合物的剩余部分通常是聚合物黏合剂(如 HTPB)或黏合剂与金属(如 Al 等)的某种组合。含能材料在冲击下表现出非常复杂的力学行为，这是由于其复杂的微观结构和各种化学和物理过程发生在多个尺度上所导致的。由于子弹或碎片的意外撞击，这些过程中的几个过程可能会结合在一起，并可能导致微观结构内温度分布的突然变化。这可能会导致高能炸药和推进剂过早爆轰或爆炸。了解这些材料在撞击或冲击下的物理性质和响应是准确预测含能材料力学行为的重要任务。需要特别注意含能材料中的失效机制，失效机制可大致描述为粒子内的断裂、各种界面的失效以及粒子和黏合剂中的空洞形核和坍塌(Palmer 等，1993)。在文献中，使用实验和数值技术来研究这些材料的失效和界面的影响。界面比主体材料相弱，在拉伸载荷下，粒子-基体脱粘是聚合物黏结炸药(PBX)的主要失效模式(Palmer 等，1993)，这也表明界面是发生裂纹的地方。裂纹扩展主要发生在固体推进剂中粒子和黏合剂的界面上(Rae 等，2002a，b)。已证明，粒子-基体界面韧性和材料的组分(即粒子类型、黏合剂和其他成分)可提高此类材料的整体抗断裂性(Stacer 等，1990；Stacer 和 Husband，1990)。Rae 等(2002)和其他研究人员(Kimura 和 Oyumi，1998；Khasinov 等，1997；Drodge 等，2009)通过实验证明了粒度对含能材料整体力学特性的影响。Drodge 等(2009)已经证明，增大 PBX 的粒度会降低屈服应变。Chen 等(2011)通过使用数字图像相关技术测量应变场，认为 PBX-9501 中的界面失效是主要的失效行为。Yeager(2011)已经证明，PBX 复合材料的力学性能受到组分与相应微观结构之间的界面/中间相的影响。还证明，通过将黏合剂与增塑剂混合，可以改变复合材料中的界面结构，增塑剂可以抑制微观结构内形成大的界面/中间相。结果表明，增塑剂的加入改变了界面结构，对裂纹的形成和扩展以及爆炸敏感性有显著影响。

为了了解复合材料的复杂力学行为，研究人员开发了有限元法、无网格法等多种数值计算方法来模拟复合材料因冲击引发的失效行为。为了确定这些方法的失效准则，需要对失效行为进行实验观察。基于黏聚区模型的有限元方法(CFEM)是一种通过对断裂过程的显式模拟来定量分析材料断裂行为的技术，广泛用于模拟不同材料中的裂纹扩展和分析界面断裂。使用 CFEM 的优点是能够在微型尺度下工作。黏聚区模型(CZMs)已被许多研究人员(Barua 和 Zhou，2011；Barua 等，2012；Tan，2012；Tan 等，2005a)用于模拟界面脱粘。对于含能材料中的粒子-基体脱粘，Tan 等(2005b)使用了非线性三阶段内聚定律。在其研究中，Tan 等利用势能最小原理，对界面处位移的跃迁进行了研究。研究表明，在含能材料中，小粒子的存在有助于硬化行为，而大粒子会软化复合材料。结果表明，大粒子的脱粘导致了不稳定的裂纹扩展，从而导致灾难性的失效。应变率对弹性粒子与 PBX 样品黏弹性基体之间界面分层的影响已被证明，会影响复合材料的整体力学性能(Tan 等，2008)。所有这些研究都基于界面的内聚定律的假设，利用了材料的宏观失效行为。然而，界面分离是一种微观现象，不能用宏观观察准确地表示出来。

本章主要研究了界面化学对含能材料应变率相关本构模型的影响以及黏结断裂性能的影响。本章分析了含能材料黏合剂对 HTPB-HMX(和 HTPB-AP)复合材料界面黏结强度和应变率对本构模型和失效性能的影响。基于对分析的粒子-基体界面进行的纳米级动态冲击实验，建立了一种应变率相关黏塑性本构模型。使用原位纳米力学拉曼光谱(NMRS)装置(GaN 和 Tomar，2014)获得分析样品中的黏结断裂分离特性，包括界面强度和黏结断裂能。测量的局部黏结参数准确地反映了这些界面的失效行为以及界面化学变化对这些参数的影响。

本章其余部分按以下方式组织。13.2 节介绍了纳米级动态冲击实验和黏塑性本构模型的实验细节。13.3 节解释了力学拉曼光谱，并分析了界面化学对界面分层的影响。最后，在 13.4 节对实验结果进行了总结，并给出了结论。

13.2　应变率相关本构模型

本节详细阐述了获得应变率相关黏塑性本构模型的实验方法。首先，解释了从液态 HTPB 和 AP 晶体开始制造样品所需的步骤。在下一小节中，将讨论所使用的纳米级动态冲击实验。接下来将讨论 Prakash 等(2018a)从实验数据中获得模型参数的方案以及黏合剂对这些参数的影响。

13.2.1　样品制备

下文所述实验中使用的样品是由嵌入 HTPB 黏合剂中的粒子组成的单粒子样品。为了制造界面分层实验所需的样本，在界面周围失效保持对称的情况下，手动选择接近球形的粒子(从 Firefox 公司获得的 HMX 和 AP)。对于所有样品类型，在选择粒子(从可用尺寸范围 600~1000μm)时，应仔细对粒子和粒子-基体界面进行目视检查。HTPB 最初是由液态聚丁二烯(Firefox 公司的 R-45M)和异佛尔酮二异氰酸酯(IPDI)混合而成的，使 OH 指数比保持在 1.05。为了改变界面化学成分，将 HTPB-HMX 样品的丹托酚(Dantocol)和 HTPB-AP 样品的替帕诺(Tepanol)以 0.5 的质量比加入黏合剂中，使粒子-黏合剂的表面黏附力增加，同时保持相同的 OH 指数比。将液态聚丁二烯和 IPDI 手动混合，真空放置 30min，尽可能避免残留气体。将其倒入 1mm 深，边长为 50mm 的方形 PTFE 模具中并添加粒子，将混合物再次在真空中脱气 30min。将样品在恒温 60℃的对流炉中固化 7 天。固化后，将固化材料从模具中剥离，并将几个单粒子样品切割成所需尺寸进行测试。

13.2.2　纳米级动态冲击实验

Wiegand(1961)早些时候已经证明，力学性能随用于制造固体推进剂的氧化剂的尺寸和类型而变化。由于这些材料的粒子和界面尺寸是微米级的，因此需要具有足够(纳米级)空间分辨率的实验技术来正确表征其力学性能，如本构模型和破坏强度。在目前的研究中，使用动态冲击装置测量了应变率相关的黏塑性。使用改进的英国微材料高应变率冲击模块（Verma 等，2017a，b；Prakash 等，2017）对主体材料（HTPB、HMX 和 AP）及其内部界面进行了动态冲击实验。采用上述冲击技术对几种不同的材料成功进行了现场特定的高应变率压缩特性表征，如玻璃-环氧界面（Verma 等，2016）。其新颖之处在于，实验的精度范围在几纳米之内，并且冲击是在界面上精确进行的。冲击能量精确传递到冲击点，确保变形仅限于相关区域，如界面区域。选择半径为 1μm 的球形冲击器进行所有冲击实验，以便根据需要在精确位置进行界面冲击测量。实验装置包括一个垂直的摆锤，在摆锤上安装冲击器，以及一个允许样品在 x、y 和 z 方向移动的 3D 平台。垂直的钟摆悬挂在一个无摩擦的弹簧上，这样它就可以在冲击过程中自由移动。如图 13-1（a）所示，电磁铁用于向摆锤施加力。在摆锤的后部安装一对电容器板，通过测量冲击器移动时板的电容变化来测量压痕的深度。它允许深度测量中使用纳米分辨率，这是作为冲击器的运动来进行测量的。为了提供冲击器高速运动所需的附加力，在摆锤的下部安装了一个电磁线圈。在实验开始之前，对载荷和深度设置进行了校准。整个装置被保存在一个热稳定的室内，并带有一个隔振台，以避免外部机械和热噪声影响测量。如前所述，力通过电磁铁和电磁线圈施加在摆锤上。这意味着，在冲击开始之前，首先在两端拉动摆锤，然后在冲击瞬间关闭电磁线圈，释放摆锤，冲击器自由移动并以一定速度撞击样品。在确定冲击速度的实验中，预先选择了动态冲击载荷。从电磁线圈将摆锤拉向自身时起，冲击器的位置将连续记录为时间 t 的函数，记录整个冲击持续时间，包括初始冲击轨迹和冲击器撞击材料表面后的后续反弹。对于 HTPB 上的单次冲击实验，图 13-1（b）示出了一个具有代表性的深度（冲击器位置），包括反弹和随后的运动，直到冲击器静止。

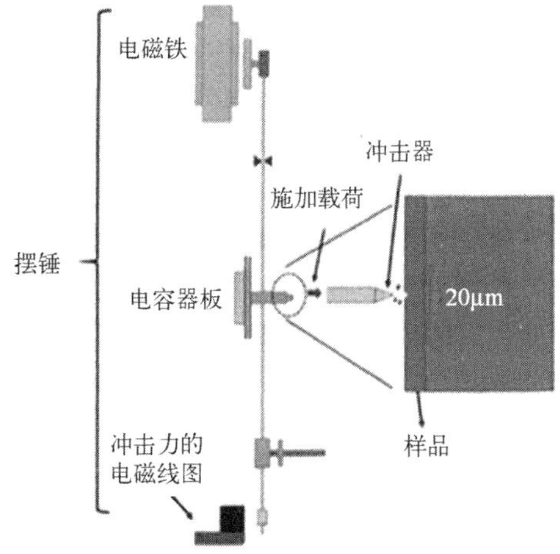

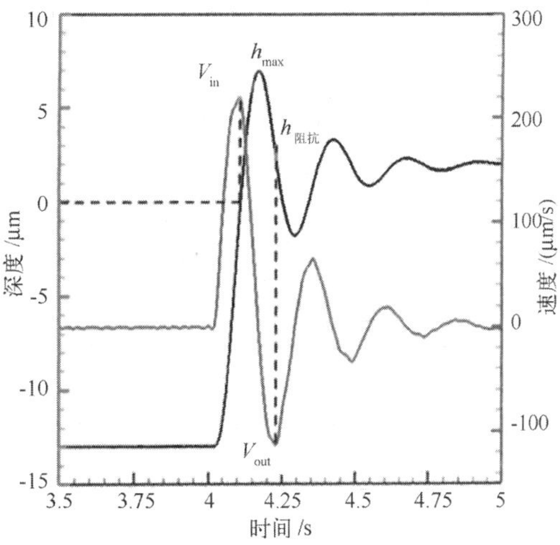

图 13-1　（a）纳米级动态冲击实验的实验装置；（b）从单个冲击实验获得的深度与时间数据。经 Springer Nature 许可转载自 Prakash 等（2017）

根据该数据计算了冲击器在给定载荷下达到的穿透深度(h_{max})、冲击器第一次接近表面的接触速度(V_{in})、冲击器缩回的速度(V_{out})和冲击器离开样品表面后的深度(h_{res})，如图 13-1(b)所示。应变的时间变化率 $\dot{\varepsilon}$，即冲击发生的时间变化率，随冲击深度的变化而变化。为了定义一个名义应变率，平均应变率通过使用以下表达式的近似值来定义，即

$$\dot{\varepsilon} \approx \frac{V_{in}}{h_{max}} \tag{13-1}$$

Prakash 等(2017)和 Verma 等(2016)给出了应变和应力的计算公式

$$\bar{\varepsilon} = \frac{h_{res}^2}{h_{max}^2}, \quad \bar{\sigma} = \frac{P}{\pi h_{max}^2} \tag{13-2}$$

其中，h_{res}已和 h_{max} 在图 13-1(b)中定义。对于本实验研究，有效应力-有效黏塑性应变曲线假定由幂律模型表征(Prakash 等，2018a)

$$\bar{\sigma} = F_0\left(\frac{\dot{\bar{\varepsilon}}^{vp}}{\dot{\bar{\varepsilon}}^0}\right)(\bar{\varepsilon}^{vp})^n \tag{13-3}$$

式中，$\dot{\bar{\varepsilon}}^{vp}$ 为有效黏塑性应变率，$\dot{\bar{\varepsilon}}^0$ 为参考应变，假定为 $1s^{-1}$，F_0、m 和 n 为黏塑性材料参数。按照 Prakash 等(2018b)提出的方法，在样品的不同位置进行多个纳米级冲击实验，获得黏塑性材料参数。

13.2.3 黏塑性模型参数评价

为了获得式(13-3)中的黏塑性模型参数，将其改写为

$$\bar{\sigma} = A(\bar{\varepsilon}^{vp})^n \tag{13-4}$$

其中

$$A = F_0\left(\frac{\dot{\bar{\varepsilon}}^{vp}}{\dot{\bar{\varepsilon}}^0}\right)^m$$

然后将参数 A 绘制为重对数尺度上有效黏塑性应变率 $\dot{\bar{\varepsilon}}^{vp}$ 的函数。图 13-2(a)所示为 HTPB 黏合剂振幅 A 与有效黏塑性应变率的示例图。利用图 13-2(a)所示的重对数图，参数χ 和 m 分别为截距和斜率。同样，n 可以通过绘制给定应变率下的应力与应变关系图来获得。

一旦计算出参数 m、n 和χ，该幂律模型可用于预测材料在高应变率下的本构行为。在图 13-2(b)中，对于高应变率的 HTPB，我们通过拟合由 Cady 等(2006)进行的分离式霍普金森杆实验(SHPB)得出的实验数据，证明了当前模型的有效性。

采用相似的拟合方法，对实验获得的其他应变率和不同样品的应力、应变数据进行拟合，得到了主体(HTPB、HMX 和 AP)和界面(HTPB-HMX 和 HTPB-AP，无论有无黏合剂)的应力-应变曲线。图 13-3 示出了使用上述步骤对含能材料(如 AP、HMX 和粒子-基体界面)单个组分冲击实验所得数据拟合的应力-应变曲线。如图 13-3 所示，界面化学对

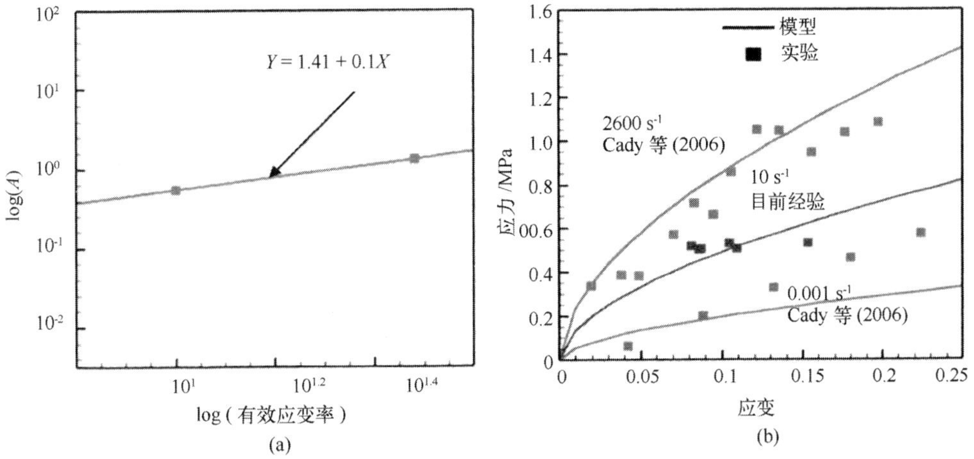

图 13-2　(a)参数 A 与幂律模型参数应变率的重对数图；(b)使用这些参数拟合 HTPB 当前实验数据得到的应力-应变曲线示例。经 Elsevier 许可转载自 Prakash 等(2018a)，并与 Cady 等(2006)采用 SHPB 实验获得的数据进行比较

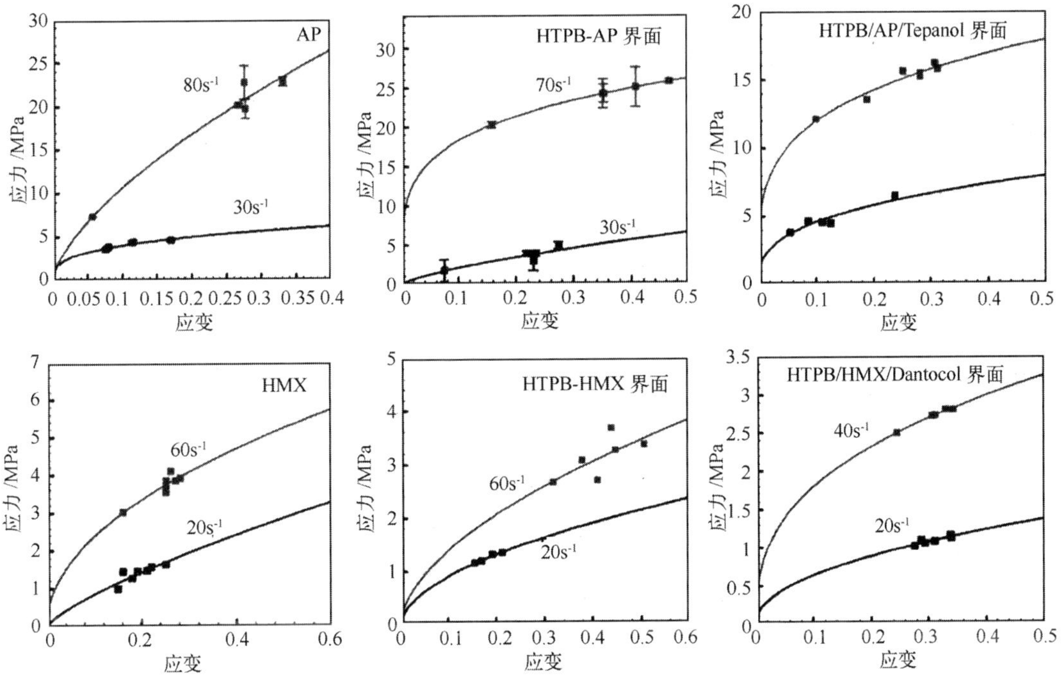

图 13-3　对 AP、HTPB-AP 界面、HTPB/AP/Tepanol 界面、HMX、HTPB-HMX 界面和 HTPB/HMX/Dantocol 界面，采用幂律模型进行应力-应变曲线拟合。经 Springer Nature 许可转载自 Olokun 等(2018)

界面应力-应变曲线的影响最为显著。

表 13-1 给出了不同组分的黏塑性模型参数值。表 13-1 中的参数显示了化学对界面本构关系的影响。然后利用这些参数模拟含能材料在高应变率下的冲击特性。这些参数可用于数值方法，如有限元方法，以模拟含能材料的高应变率行为。

表 13-1　从 AP、HMX、HTPB 和界面获得的黏塑性材料参数

参数	F_0/MPa	m	n
HTPB	1.41	0.1	0.56
HMX	0.95	0.5	0.63
AP	0.016	1.67	0.17
HTPB-HMX 界面	0.78	0.46	0.53
HTPB/HMX/Dantocol 界面	0.1	1.14	0.4
HTPB-AP 界面	0.01	2.01	0.41
HTPB/AP/Tepanol 界面	0.011	2.16	0.5

13.3　界面失效特性测量

如前所述，为了模拟复合含能材料的失效特性，需要一个失效模型，如黏聚区模型。文献中用于获取黏聚区模型参数的实验方法使用的是宏观失效观测，不适用于此类模型。黏聚区模型基于局部断裂行为，模型参数需要从局部失效考虑中获得。纳米力学拉曼光谱(NMRS)是一种可以用来获得黏聚区模型参数的方法。为了建立一个完整的黏聚区模型，需要获得黏结强度、临界位移或内聚能。内聚能可以基于内聚能等于生成分层表面所消耗的能量的假设来计算。然而，黏结强度需要从局部变形中获得。在这项研究中，Prakash 等(2018a)提出了一种原位力学拉曼光谱测试，以获得黏聚区参数。

13.3.1　原位纳米力学拉曼光谱

力学拉曼光谱(MRS)是一种用于测量入射光频率变化或“拉曼位移”，以及材料加载时最终应力的技术。根据 Prakash 等(2018a)提出的步骤，使用 NMRS 计算裂纹扩展过程中裂纹尖端区域附近的应力。Anastasakis 等(1970)是最早研究外部施加的应力对硅拉曼模式影响的研究人员之一。从那时起，大量的研究人员使用拉曼散射测量值来测量在不同材料上存在远程施加应力条件下的局部应力(De Wolf，1996)。拉曼振动模式的位移通常以波数报告。波数具有长度倒数单位(通常以 cm^{-1} 为单位)，并与能量直接相关(见图 13-4)。

研究人员开展了大量关于聚丁二烯和 AP 的拉曼振动光谱的研究，并在文献中进行了报道(Buback 和 Schulz，1976；Chakraborty 等，1986；Nallasamy 等，2002；Peiris 等，2000)。Peiris 等(2000)、Brill 和 Goetz(1976)研究了外加压力对 AP 内模频率的影响。他

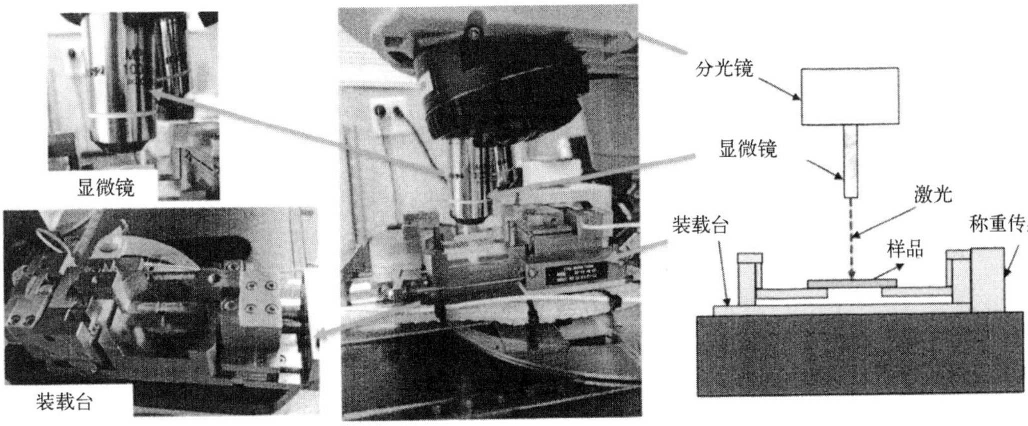

图 13-4　力学拉曼光谱的实验装置

经 Elsevier 许可转载自 Prakash 等(2018)

们发现，随着压力的增加，NH_4^+和 ClO_4^-的拉曼频率偏移都会增加。然而，N-H 拉伸模式并非如此，并且发现拉曼位移随压力增加而降低(Lin 等，2008)。Chakraborty 等(1986)还研究了单晶 AP 的拉曼活性模式对温度的依赖性。Nallasamy 等(2002)对顺丁-和反-1，4-聚丁二烯进行了拉曼光谱以及红外光谱分析，他们识别各个振动模式并将其分配给每个频率。Fell 等(1995)使用傅里叶变换拉曼光谱对几种不同类型的含能材料和推进剂进行了表征，发现这些不同含能材料的拉曼光谱在 100~3000cm^{-1}范围内。

13.3.2　拉曼位移与应力校准

在 NMRS 方法中(Gan 和 Tomar，2014；Prakash 等，2018a)，在加载期间原位测量材料中的拉曼位移。然后，根据在相同载荷和边界条件下进行的校准，将这些局部拉曼位移转换为应力。在目前的研究中，应力与拉曼位移的校准是通过使用拉伸下的 HTPB 样品获得的。Nallasamy 等(2002)研究了具有代表性的拉曼光谱和每个峰值的相应振动模式，如图 13-5(a)所示。采用拉伸/压缩装载台(英国 Deben 公司)向样品施加拉伸载荷。以准静态方式(0.1mm/min)施加载荷，直至完全失效。使用拉曼光谱仪(Horiba Xplora Plus，来自 Horiba 有限公司)记录样品材料扫描区域内多个点的拉曼光谱，如图 13-5(b)所示。为此，采用了波长为 532nm、2400 个格栅的激发激光器。利用显微物镜为 100 倍和数值孔径(N.A)为 0.95 的上述激光器，在近 CH_2拉伸区得到的拉曼光谱仪的分辨率为 1.4cm^{-1}。该装置的空间分辨率为 1μm。当施加的载荷准静态增加时，观察并连续记录上述拉曼振动模式(CH_2拉伸区)中的位移，如图 13-5(a)所示。绘制了如图 13-5(b)所示给定横截面上的拉曼位移与已知应力的关系。为了表示由施加的外部载荷 Δw 和应力 σ 引起的波数变化，应力可以采用下式表示(Wu 等，2007)

$$\sigma = C\Delta w \qquad (13-5)$$

式中，C 是校准常数。如图 13-5(b)所示，该校准常数是拉曼位移与应力曲线斜率的倒数。在这项研究中，拟合线的常数 C 值为 0.23cm^{-1}/MPa。以这种方式获得的校准常数随后用于相似边界条件下样品的应力评估。在目前的研究中，上述校准用于测量单粒子 HTPB-HMX 和 HTPB-AP 样品拉伸边缘裂纹试样中界面周围的应力。

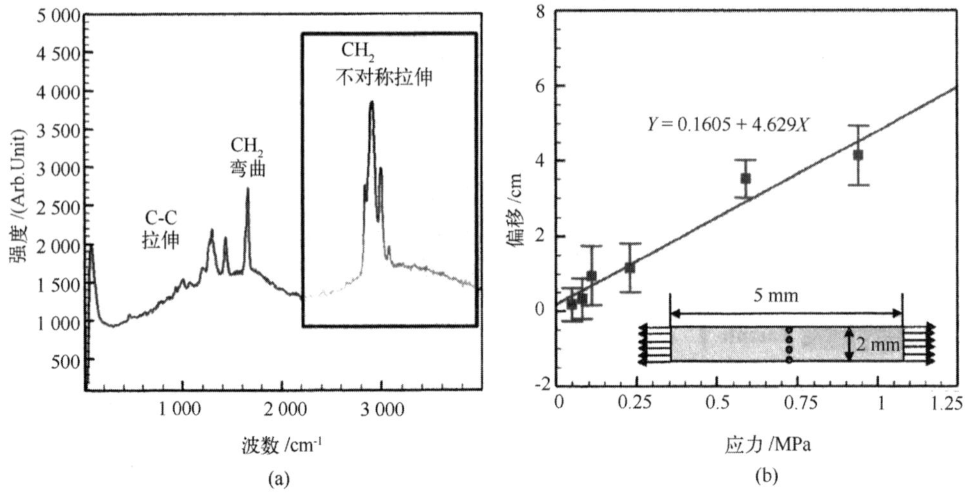

图 13-5　(a)样品中观察到的 HTPB 拉曼光谱；(b)应力-位移校准曲线。
经 Elsevier 许可转载自 Prakash 等(2018a)

13.3.3　黏聚区模型参数评估

粒子-基体界面的双线性黏聚区模型参数，如界面强度和黏聚能，从分析单粒子样品的粒子-基体界面的粒子-基体分层实验中获得，如图 13-6(a)所示。界面的局部应力和粒子完全分层过程中所用能量的组合，被用来获得双线性黏聚区模型参数。如前一小节所述，NMRS 测量用于在粒子-基体界面分层过程中获取界面附近的应力。通过拉伸加载样品在初始边缘裂纹非常靠近界面的单粒子样品中进行实验，如图 13-6(b)所示。随着在样品端施加的载荷增加，裂纹进一步扩展并到达界面，界面分离立即开始。裂纹扩展所需的能量可从载荷-位移曲线中获得，如图 13-6(c)中阴影区域所示。

从载荷与位移数据来看，图 13-6(c)显示了当裂纹到达界面的位置以及界面完全失效的位置。在这两点之间的荷载-位移曲线下的面积被认为是界面失效所需的能量(Prakash 等，2017)，这相当于内聚能。利用 NMRS 计算了裂纹扩展过程中裂纹尖端附近试样的应力。

然后，将上述内聚能和应力测量相结合，得出双线性黏聚区规律参数。这里，假设一旦裂纹到达界面，除了分层之外，没有其他耗散机制发生。这里的假设是有效的，因为样本处于准静态载荷下。HTPB-AP 试样在 0.7N 左右分层，而 HTPB-HMX 试样在 0.6N 处失效。记录并观察裂纹扩展，直至其到达界面。如图 13-7(b)和(c)所示，当裂纹向界面推进时，扫描面积减小。

从图 13-7 可以看出，界面周围的应力分布取决于界面组成。根据使用 NMRS 获得的应力分布计算界面强度，前提是当分层开始时，界面附近出现的最大应力等于分层界面所

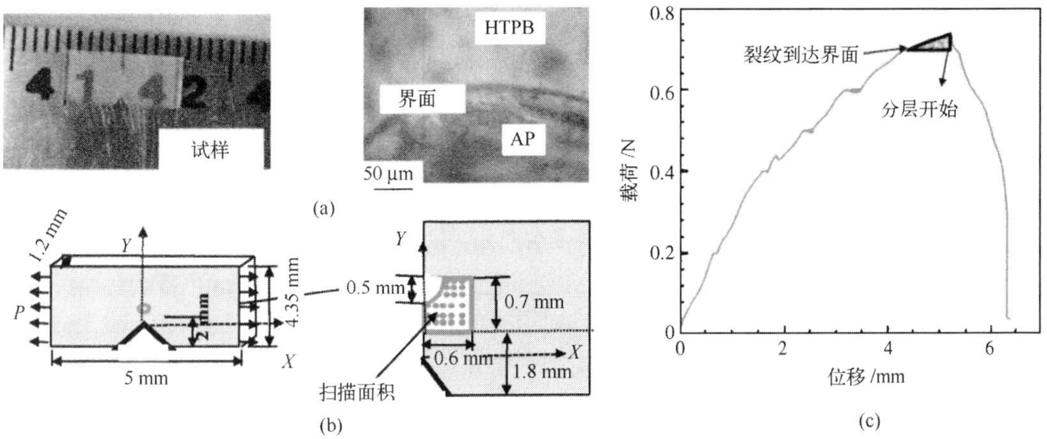

图 13-6　(a)用于基于 NMRS 的实验的代表性样品；(b)样品尺寸、加载条件和拉曼扫描区域；(c)在加载期间获得的 HTPB-AP-TEPANOL 样品的实验载荷-位移曲线。经 Elsevier 许可转载自 Prakash 等(2018a)

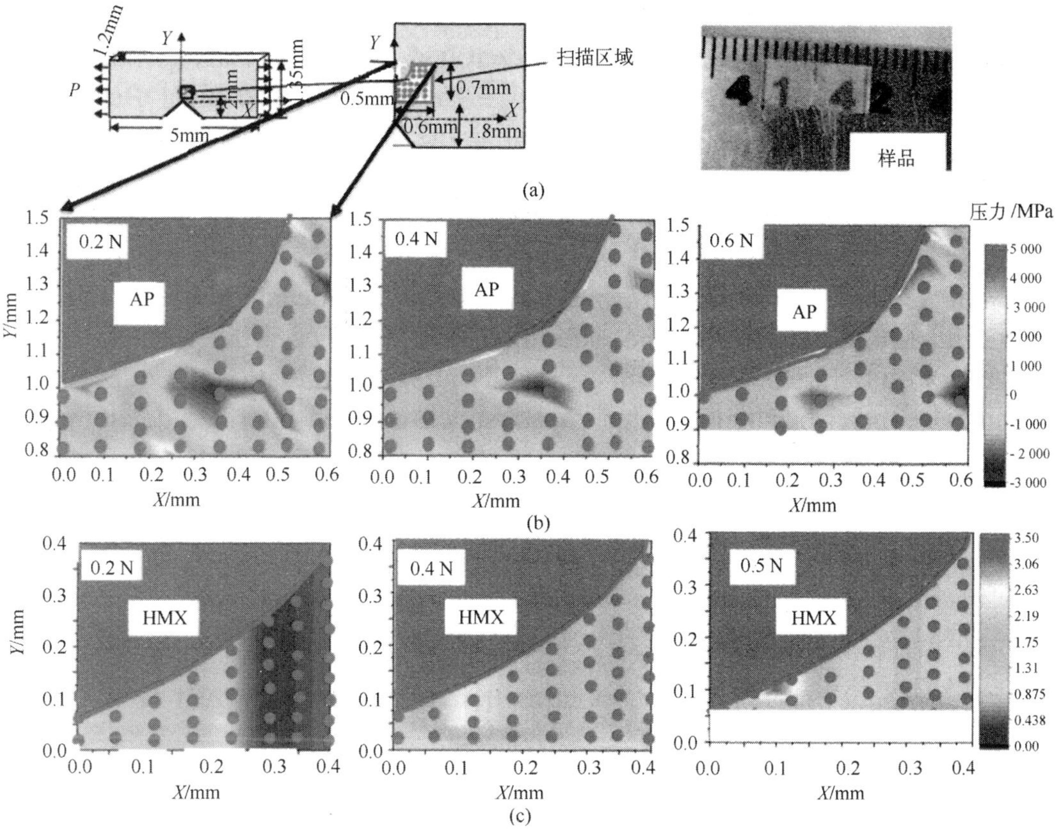

图 13-7　(a)代表性样品(HTPB-AP)、样品尺寸、实验加载条件和扫描面积；(b)HTPB-AP-Tepanol 样品不同载荷下界面附近的应力分布。经 Elsevier 许可转载自 Prakash 等(2018a)；(c)HTPB-HMX-Dantocol 样品

需的应力。表 13-2 给出了不同界面的黏聚区参数。这表明，通过在混合物中添加黏合剂，界面强度增加。

表 13-2 含有和不含有黏合剂的粒子-基体界面黏聚区参数

界面类型	黏合剂	黏结强度/MPa	临界位移/mm	内聚能/(N/mm)
HTPB-AP	不含黏合剂	1.1	0.12	0.065
	Tepanol	2.91	0.11	0.16
HTPB-HMX	不含黏合剂	1.6	0.16	0.13
	Dantocol	2.2	0.30	0.33

13.4 结论

为了模拟含能材料冲击热点产生的复杂机理，需要对组成材料和界面的力学性能进行模拟。本章介绍了获取主体相及界面本构模型的方法。分析了黏合剂对含能材料界面本构和失效性能的影响。我们通过纳米级的动态冲击实验获得了含能材料(HTPB-HMX 和 HTPB-AP)组分的应变率相关本构模型，该模型不仅可以获得主体材料的性能，还可以获得其他难以获得的界面性能。确定了双线性黏聚区模型，并通过实验获得了相应的模型参数。原位力学拉曼光谱可以有效地从局部失效的角度获得界面黏结性能。结果表明，添加黏合剂带来的界面化学性质变化，会通过提高界面刚度和提高含能材料的界面破坏强度来影响本构模型特性。界面力学特性的提高会影响粒子-基体界面的冲击诱导断裂行为。界面化学对失效特性的影响最终会影响热点的形成，这是因为摩擦接触发生在材料内冲击引发的界面分层之下。

致谢 本研究得到美国 AFOSR Grant FA9550-15-1-0202(项目经理 Martin Schmidt 博士)的支持。

参考文献

[1] Anastassakis E et al(1970) Effect of static uniaxial stress on the Raman spectrum of silicon. Solid State Commun 8(2): 133-138.

[2] Barua A, Zhou M (2011) A Lagrangian framework for analyzing microstructural level response of polymer-bonded explosives. Modell Simul Mater Sci Eng 19(5): 055001.

[3] Barua A, Horie Y, Zhou M (2012) Microstructural level response of HMX-Estane polymer-bonded explosive under effects of transient stress waves. Proc R Soc A Math Phys Eng Sci 468(2147): 3725-3744.

[4] Benson DJ, Conley P (1999) Eulerian finite-element simulations of experimentally acquired HMX microstructures. Model Simul Mater Sci Eng 7: 333-354.

[5] Brill T, Goetz F (1976) Laser Raman studies of solid oxidizer behavior. In: AIAA 14th aerospace sciences

meeting. American Institute of Aeronauticcs and Astronautics, Washington, D. C. Buback M, Schulz KR (1976) Raman scattering of pure ammonia to high pressures and temperatures. J Phys Chem 80(22): 2478-2482.

[6] Cady CM et al(2006) Mechanical properties of plastic-bonded explosive binder materials as a function of strain-rate and temperature. Polym Eng Sci 46(6): 812-819 288.

[7] Chakraborty T, Khatri SS, Verma AL (1986) Temperature-dependent Raman study of ammonium perchlorate single crystals: The orientational dynamics of the NH_4 + ions and phase transitions. J Chem Phys 84 (12): 7018.

[8] Chen P, Zhou Z, Huang F (2011) Macro-micro mechanical behavior of a highly-particle-filled composite using digital image correlation method. In: Tesinova P (ed) Advances in composite materials—analysis of natural and man-made materials. InTech De Wolf I (1996) Micro-Raman spectroscopy to study local mechanical stress in silicon integrated circuits. Semicond Sci Technol 11: 139-154.

[9] Drodge DR et al(2009) The effects of particle size and separation on Pbx deformation, pp 1381-1384.

[10] Fell NF et al (1995) Fourier transform Raman (FTR) spectroscopy of some energetic materials and propellant formulations II. Army Research Laboratory, Aberdeen Proving Ground, MD, p 34.

[11] Gan M, Tomar V (2014) An in situ platform for the investigation of Raman shift in micro-scale silicon structures as a function of mechanical stress and temperature increase. Rev Sci Instrum 85(1).

[12] Khasainov BA et al(1997) On the effect of grain size on shock sensitivity of heterogeneous high explosives. Shock Waves 7: 89-105.

[13] Kimura E, Oyumi Y (1998) Shock instability test for azide polymer propellants. J Energ Mater 16 (2-3): 173-185.

[14] Lin Y et al(2008) Raman spectroscopy study of ammonia borane at high pressure. J Chem Phys 129 (23): 234509.

[15] Nallasamy P, Anbarasan PM, Mohan S (2002) Vibrational spectra and assignments of cis- and trans-1, 4- polybutadiene. Turk J Chem 26: 105-111.

[16] Olokun AM et al(2018) Interface chemistry dependent mechanical properties in energetic materials using nano-scale impact experiment. In: SEM annual conference. Springer, Greenville.

[17] Palmer SJP, Field JE, Huntley JM (1993) Deformation, strengths and strains to failure of polymer bonded explosives. Proc R Soc A Math Phys Eng Sci 440: 399-419.

[18] Peiris SM, Pangilinan GI, Russell TP (2000) Structural properties of ammonium perchlorate compressed to 5.6 GPa. J Phys Chem A 104: 11188-11193.

[19] Prakash C et al. (2017) Strain rate dependent failure of interfaces examined via nanoimpact experiments. In: Challenges in mechanics of time dependent materials, vol 2: Conference Proceedings of the Society for Experimental Mechanics Series.

[20] Prakash C et al(2018a) Effect of interface chemistry and strain rate on particle-matrix delamination in an energetic material. Eng Fract Mech 191: 46-64.

[21] Prakash C et al(2018b) Effect of interface chemistry and strain rate on particle-matrix delamination in an energetic material. Eng Fract Mech 191C: 46-64.

[22] Rae PJ et al(2002a) Quasi-static studies of the deformation and failure of b-HMX based polymer bonded

explosives. Proc R Soc A Math Phys Eng Sci 458: 743-762.

[23] Rae PJ et al(2002b) Quasi-static studies of the deformation and failure of PBX 9501. Proc R Soc A Math Phys Eng Sci 458: 2227-2242.

[24] Stacer RG, Husband M (1990) Small deformation viscoelastic response of gum and highly filled elastomers. Rheol Acta 29: 152-162.

[25] Stacer RG, Hubner C, Husband M (1990) Binder/filler interaction and the nonlinear behavior of highly-filled elastomers. Rubber Chem Technol 63(4): 488-502.

[26] Tan H(2012) The cohesive law of particle/binder interfaces in solid propellants. Prog Propuls Phys 2: 59-66.

[27] Tan H et al(2005a) The cohesive law for the particle/matrix interfaces in high explosives. J Mech Phys Solids 53(8): 1892-1917.

[28] Tan H et al(2005b) The Mori-Tanaka method for composite materials with nonlinear interface debonding. Int J Plast 21(10): 1890-1918.

[29] Tan H, Huang Y, Liu C (2008) The viscoelastic composite with interface debonding. Compos Sci Technol 68(15-16): 3145-3149.

[30] Verma D, Exner M, Tomar V (2016) An investigation into strain rate dependent constitutive properties of a sandwiched epoxy interface. Mater Des 112: 345-356.

[31] Verma D, Prakash C, Tomar V (2017) Properties of material interfaces: dynamic local versus nonlocal. In: Voyiadjis G (ed) Handbook of nonlocal continuum mechanics for materials and structures. Springer, Cham, pp 1-16.

[32] Verma D, Prakash C, Tomar V (2017b) Interface mechanics and its correlation with plasticity in polycrystalline metals, polymer composites, and natural materials. Procedia Eng 173: 1266-1274.

[33] Wiegand JH(1961) Study of mechanical properties of solid propellant. Armed Forces Technical Information Agency, Arlington Wu X et al (2007) Micro-Raman spectroscopy measurement of stress in silicon. Microelectron J 38(1): 87-90.

[34] Yeager JD(2011) Microstructural characterization of simulated plastic bonded explosives, in mechanical and materials engineering. Washington State University, Washington.